ŒUVRES SCIENTIFIQUES

DE

JULES JANSSEN

*

Jules JANSSEN

1824-1907

Jules JANSSEN

MEMBRE DE L'INSTITUT DE FRANCE
ET DU BUREAU DES LONGITUDES
DIRECTEUR DE L'OBSERVATOIRE D'ASTRONOMIE PHYSIQUE
DE MEUDON

ŒUVRES SCIENTIFIQUES

RECUEILLIES ET PUBLIÉES

PAR

Henri DEHÉRAIN

Conservateur de Bibliothèque de l'Institut de France

TOME PREMIER

PARIS
SOCIÉTÉ D'ÉDITIONS
GÉOGRAPHIQUES, MARITIMES ET COLONIALES
184, BOULEVARD SAINT-GERMAIN, (VIᵉ)
1929

PRÉFACE

L'idée première de cet ouvrage appartient à Mlle Antoinette Janssen.

Mlle Janssen fut associée intimement à la vie scientifique de son père. Elle suivait au jour le jour ses travaux à Meudon et à Chamonix ; elle était au courant des difficultés inévitables qu'il rencontrait ; elle prenait joyeusement part à ses succès ; elle l'accompagnait souvent dans ses voyages.

Après la mort du grand astronome, elle se donna pour tâche de glorifier sa mémoire.

De cette noble ambition, elle voulut bien me faire le confident.

Nos relations remontaient fort loin. Deux jeunes gens, Jules Janssen et Pierre-Paul Dehérain se rencontraient un jour de l'année 1856 à la Faculté des Sciences de Paris, aux cours de préparation à l'examen de la licence ès-sciences physiques. Ils décidèrent de travailler en commun. Entre eux naquit dès lors une amitié, que les années rendirent de plus en plus étroite. Et ensuite les familles des deux savants partagèrent les mêmes sentiments.

Un jour, pendant mon enfance, mon père me conduisit à Meudon chez Janssen, qui commençait à installer l'Observatoire d'astronomie physique dans les bâtiments qui avaient échappé à la destruction du Château, opérée par les Allemands en 1871. Janssen revenait d'un grand voyage en Extrême-Orient et j'écoutai avidement les récits où il décrivait l'Inde, la Chine et le Japon. Je regardais avec curiosité les objets exotiques qui meublaient le salon : étoffes, vases, plateaux de laque. Je manifestai pour de petits éléphants en ébène venant de l'Inde une admiration qui, je m'en souviens, amusa beaucoup Janssen.

Et depuis lors, je remontai souvent la royale avenue qui conduit à l'Observatoire.

Le premier dessein de Mlle Janssen fut d'élever en souvenir de son père un monument sur cette terrasse de l'Observatoire de Meudon que pendant plus de trente années il avait parcourue de son pas lent et régulier. Des amis et des confrères de Janssen formèrent un Comité, dont Henri Poincaré accepta la présidence, M. Guillaume Bigourdan la vice-présidence et où je remplis l'office de trésorier. En juin 1914, les souscriptions étaient recueillies et nous allions passer à l'exécution du monument, quand la guerre éclata. Mlle Janssen, qui de longue date s'était instruite des soins à donner aux blessés, fut immédiatement chargée d'un service d'infirmière-major dans un hôpital. Elle s'y dévoua entièrement pendant toute la guerre.

Aussitôt que les circonstances le permirent, nous revînmes à notre projet ; il fut réalisé et le dimanche 31 octobre 1920, le monument, belle œuvre du statuaire Hippolyte Lefebvre et de l'architecte Debat Ponsan, était enfin inauguré. Le monument se compose d'une statue représentant Janssen dans la pose méditative qui lui était habituelle et d'un piédestal orné de bas-reliefs rappelant les épisodes principaux de sa carrière. Groupés sur la terrasse de Meudon par une belle et douce après-midi d'automne, nous entendîmes célébrer éloquemment Janssen, sa vie et ses travaux par les représentants des corps savants, auxquels il avait appartenu. Cette journée fut pour Mlle Janssen, qui maîtrisait difficilement son émotion, l'une des plus heureuses de sa vie.

Mais elle ne s'en tint pas là.

Si Janssen avait beaucoup écrit, il n'avait jamais composé de livre. Pendant ses dernières années, il avait recueilli quelques morceaux de littérature scientifique particulièrement accessibles au grand public et les avait publiés sous le titre de *Lectures académiques. Discours.* Mais ce volume ne reproduisait qu'une fraction minime de son œuvre.

Mlle Janssen projeta donc de composer un ouvrage avec les articles, études, communications, allocutions, que son père avait dispersés dans de nombreux recueils périodiques. Elle me pria de la seconder dans ce travail. Maintes et maintes fois, nous nous entretînmes de ce projet.

La bibliothèque personnelle de Janssen nous fournit une partie des textes, qui devaient former l'ouvrage. Ces éléments furent complétés grâce aux ressources de la Bibliothèque de l'Institut.

Mlle Janssen n'eut pas la joie de voir achever cette seconde tâche que sa piété filiale s'était assignée. Elle exprima en ses dernières volontés le désir que je la terminasse et pourvut aux moyens matériels d'exécution.

Ainsi est né cet ouvrage. Les œuvres dont il se compose ont été rangées dans l'ordre chronologique de leur publication. Les articles parus dans le cours d'une même année forment un chapitre ; chacun d'eux porte à l'intérieur du chapitre un numéro d'ordre : I, II, III, etc. On a mentionné le titre et le numéro du fascicule du périodique d'où chaque article est extrait, ainsi que, le cas échéant, les reproductions et les traductions en langues étrangères dont il a été l'objet (1).

Rapprochées pour la première fois, ces études scientifiques, dont la composition s'est étendue sur un demi-siècle, mettent en relief les hautes qualités dont Janssen était doué, et qui formaient en quelque sorte l'armature de cette grande personnalité de savant.

On le voit entreprenant, audacieux, courageux, mettant une volonté forte au service de conceptions élevées et longuement mûries, ingénieux dans l'invention des moyens qui devaient les faire réussir. On le voit clairvoyant et perspicace, prévoyant par exemple les conséquences lointaines et surprenantes de l'invention de la photographie, prévoyant l'immense avenir de l'aéronautique et de l'aviation.

Et enfin, on le voit surtout incessamment préoccupé d'arracher aux astres le secret de leur nature, affamé pour ainsi dire de découvertes, bref dominé par la passion qui fut la passion de toute sa vie : l'amour de la science.

H. D.

Décembre 1928.

---

(1) M. Louis Fontaine, sous chef de bureau honoraire au Ministère de l'Instruction publique, m'a apporté dans l'élaboration matérielle de cet ouvrage un concours dont je lui exprime ici tous mes remerciments.

1859

NOTE SUR UNE PROPRIÉTÉ DE L'ŒIL RELATIVEMENT A LA CHALEUR RAYONNANTE (1)

Je viens, pour prendre date, consigner ici les résultats principaux d'un travail dont je m'occupe en ce moment et qui a trait à une propriété de l'œil relativement à la chaleur rayonnante.

D'après les expériences que j'ai déjà faites et qui ont commencé en février 1859 au Creusot, et aussitôt que M. Ruhmkorff m'eut envoyé un appareil thermo-électrique de Nobili et Melloni, j'ai pu constater que les membranes et les milieux de l'œil jouissent à un haut degré de la propriété d'absorber la chaleur rayonnante tandis qu'ils sont d'une transparence parfaite pour la lumière.

Voici quelques détails sur mes expériences :

Après avoir fait une étude préalable du galvanomètre et du meilleur mode expérimental, je m'arrêtai aux dispositions suivantes.

Dispositions générales.

Pour obtenir des résultats bien constants et dégagés de toute perturbation, il est nécessaire de placer la pile au milieu d'une grande cage formée d'écrans et noircie à l'intérieur ; la mienne était placée dans une espèce de chambre noire de 1 mètre de haut et 1 m. 5o de long. La face de cette chambre correspondante à la face ouverte de la pile était percée de deux fenêtres symétri-

(1) Note déposée à l'Académie des Sciences, sous pli cacheté, par Jules Janssen, le 12 septembre 1859, ouvert en la séance du 20 juillet 1925.

quement placées par rapport à l'axe de la pile, fenêtres susceptibles d'être fermées par des écrans mobiles. Afin de soustraire
cette face au rayonnement continuel des lampes, rayonnement
qui aurait fini par l'échauffer, j'avais disposé un second écran
entre celui-ci et les lampes avec fenêtres correspondantes aux
premières et pouvant également se fermer. Les sources employées
ont été jusqu'ici la lampe Locatelli et de fortes lampes modérateur munies de réflecteurs. Le galvanomètre placé sur une planchette scellée dans le mur était éloigné de toute masse de fer et
abrité contre la lumière par un écran placé devant la croisée et
ne laissant passer que le jour nécessaire aux lectures. Le galvanomètre dont j'avais réduit beaucoup la sensibilité avait une
marche parfaitement régulière et proportionnelle jusqu'à 22°.
Je l'ai gradué par la méthode des deux lampes du même côté,
de M. Desains. J'observais toujours d'un même côté en notant
la déviation, la pile étant ouverte et les écrans fermés (déviation
qui n'atteignait généralement pas 1°), puis la déviation maximum (premier maximum) sous l'influence de la source ; je fer-
mais alors les écrans, je laissais l'aiguille revenir à sa déviation
initiale près de zéro, la pile restant toujours ouverte, j'interposais
le corps à étudier, et, ouvrant les écrans, je notais de nouveau
la déviation maximum ; puis je recommençais le même couple
d'expériences pour obtenir des moyennes. La constance des résultats partiels démontrait la constance de la source et montrait
le degré de confiance qu'on devait avoir dans les résultats.

Expériences sur la cornée transparente.

Ces expériences ont été faites sur des cornées de bœuf, de veau,
de poulet, etc...

La cornée était interposée entre deux lames de glace mince
d'Allemagne d'une épaisseur de 1 millimètre environ et le système scellé à la cire. La lame mixte était interposée sur le trajet
du faisceau et pour déterminer l'absorption produite par les
lames de glace on les superposait en les collant à l'essence de
térébenthine, puis on déterminait l'absorption qu'elles produisaient sur un faisceau. Il est clair que si, sur un même faisceau,

on interpose tantôt le système des lames collées à l'essence, et tantôt le système des mêmes lames avec la cornée interposée, la différence des résultats devra être attribuée à l'absorption de la cornée.

Or, sur 100 rayons d'une lampe modérateur, 56,7 ont traversé le système des deux plaques collées à l'essence, et 28,1 le système des plaques avec la cornée de bœuf interposée. La différence ou 28,6 représente donc l'absorption produite par la cornée dans les circonstances où l'on opère.

Avec une cornée de jeune coq, sur 100 rayons, 25,8 ont traversé le système, ce qui donne une absorption de 30,9 pour cette cornée. Dans les mêmes circonstances, une lame d'eau de même épaisseur absorbait seulement 23,9.

Expériences sur l'humeur vitrée.

Pour expérimenter les liquides de l'œil, on se servait d'auges formées des mêmes glaces que ci-dessus et ayant une épaisseur (les auges) à peu près égale à celle des liquides dans l'œil.

Sur 100 rayons lampe modérateur, une auge remplie d'humeur vitrée et épaisse de 9 à 10 millimètres, n'en laissait passer que 3,8 ; la différence à 56,7 est de 52,9 et représente l'absorption de cette humeur.

Cristallin.

Pour opérer sur le cristallin, on le pressait légèrement entre les glaces de manière à former un système à faces parallèles qu'on peut soumettre aux expériences comme un liquide.

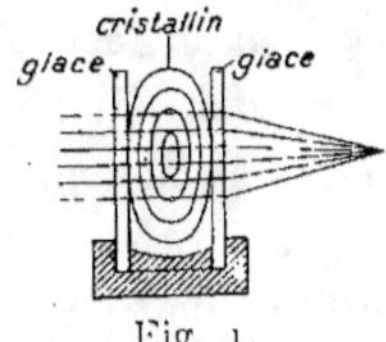

Fig. 1.

Dans ces circonstances, l'absorption était de 51 pour 100. (Ce système, bien qu'à faces parallèles, se comporte encore comme une lentille (figure 1), ce qui, en passant, peut être considéré comme une démonstration très simple de l'augmentation de l'indice de réfraction dans les couches de plus en plus centrales du cristallin).

Expériences sur l'œil entier.

Pour expérimenter sur l'œil entier, on prenait un œil dont on enlevait, à la partie postérieure, une calotte formée de la sclérotique, la choroïde et la rétine, de manière à laisser à nu l'humeur vitrée (fig. 2). L'œil ainsi préparé était placé dans un étui de liège (fig. 3) formé de deux couronnes *aa*, *bb*, capables de loger l'œil entier dans leur cavité lorsqu'elles étaient réunies. La couronne *aa* portait un écran métallique *m*, *m* dont l'ouverture était plus petite que la pupille.

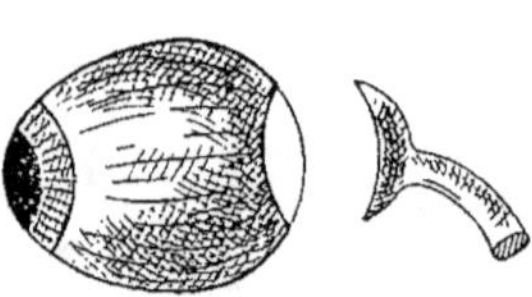

Fig. 2.

La couronne *bb* portait en *n*, *n* un segment de boule soufflée à la lampe, ayant pour but de maintenir l'humeur vitrée en place et la concavité tournée de manière à diminuer la convergence des rayons. Un pareil système a son foyer placé à 2 ou 3 centimètres en arrière et on s'assurait, par des essais préliminaires,

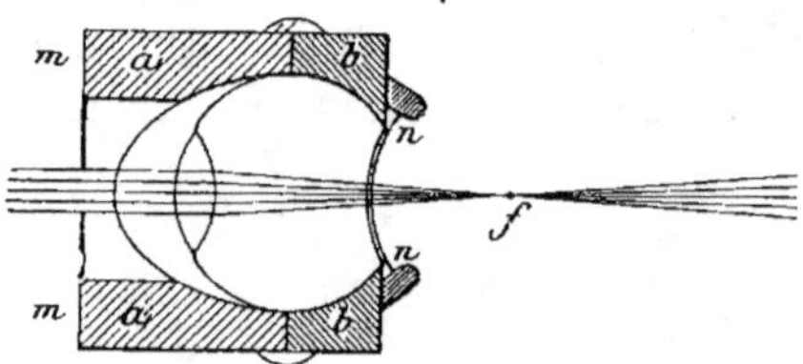

Fig. 3.

que tout le flux calorifique qui l'avait traversé pouvait être reçu sur la face de la pile. Pour le flux direct, on se servait d'un écran d'une ouverture exactement pareille à celle *m*, *m* placée au-devant de l'œil. L'œil et l'écran ainsi préparés étaient placés en *a* et *b* sur l'écran à fenêtres de la pile (fig. 4) et il suffisait de tourner l'écran circulaire A d'une fraction de tour, pour amener à tour de rôle l'œil *a* et l'écran *b* sur l'axe du flux calorifique. Les expériences ont été faites soit avec la pile dans l'état ordinaire, soit avec la pile armée de son cône.

Dans ces conditions, un œil de veau a donné, soit avec le cône, soit sans le cône, 4,8 rayons sur 100 incidents pour les rayons non absorbés et non réfléchis.

Un autre œil a donné 6,1 pour 100, un autre 5,7. Ainsi, une radiation 100 tombe au 1/20 de sa valeur après avoir traversé l'œil.

Le fait de l'absorption considérable de la chaleur rayonnante par l'œil me semble donc démontré, mais il est évident que les expériences doivent être encore multipliées et variées. Je me propose de déterminer la part d'absorption que chaque membrane ou humeur de l'œil fait éprouver à la chaleur, en tenant compte

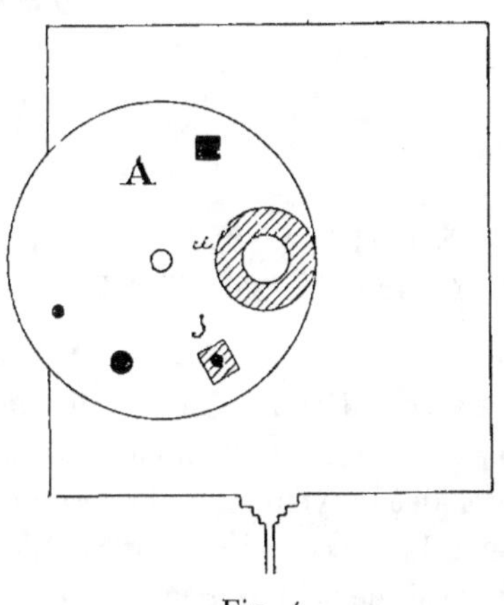

Fig. 4.

des modifications que celle-ci éprouve à mesure qu'elle traverse les diverses humeurs de l'œil. Il convient aussi de déterminer le mode d'action de l'œil sur les diverses sources calorifiques ; de comparer son mode d'action avec celui de l'eau et de quelques liquides, ce qui pourrait conduire à quelques résultats utiles sur la nature des humeurs de l'œil. Enfin, il serait bon d'étudier la réfraction de la chaleur dans l'œil, afin de savoir où se forment les images calorifiques et s'il n'y aurait pas, dans une différence d'indice avec la lumière, une nouvelle cause de protection de l'organe contre l'action calorifique des rayons de chaleur qu'émettent toutes les sources lumineuses.

(Archives de l'Académie des Sciences).

1860

I

MÉMOIRE SUR L'ABSORPTION DE LA CHALEUR RAYONNANTE OBSCURE DANS LES MILIEUX DE L'ŒIL

La considération de certains faits m'avait conduit à penser que les milieux de l'œil devaient jouir de la propriété d'absorber la chaleur rayonnante obscure qui accompagne les rayons lumineux. Parmi ces faits, je citerai les suivants : On sait que la vision du soleil devient très facile à travers un verre noir, même assez mince, qui arrête surtout les rayons lumineux et laisse passer une proportion considérable de chaleur obscure ; or, si cette chaleur n'était pas absorbée avant de parvenir à la rétine, elle y formerait des foyers calorifiques intenses et on concevrait difficilement que cette membrane ne fût pas blessée. Lorsque la source émet surtout de la chaleur et peu de lumière, cette propriété se révèle alors d'une manière encore plus manifeste. Ainsi, ayant eu l'occasion d'assister souvent à la coulée de hauts fourneaux, j'ai remarqué que le rayonnement du bain de métal en fusion, rayonnement si intense et si douloureux pour la figure, n'affecte les yeux en aucune façon ; de manière qu'on peut suivre sans fatigue les diverses phases de cette opération, si l'on a la précaution de se garantir le visage avec un masque qui découvre seulement les yeux.

Cette absorption des milieux de l'œil m'ayant paru un fait physiologique important, je me suis proposé de la constater et de la mesurer par des expériences précises. C'est l'objet de ce Mémoire, qui comprend :

1º La détermination de la quantité de chaleur qui parvient à la rétine dans les yeux de divers animaux et pour diverses sources ;

2º La recherche de la fraction d'absorption afférente à chaque milieu dans l'effet total ;

3º L'étude de la thermochrose des milieux.

Je donnerai d'abord quelques détails sur le mode d'expérimentation.

L'appareil de Nobili et Melloni employé dans ces recherches sortait des ateliers de M. Ruhmkorff. Cet habile artiste a bien voulu en construire plusieurs jusqu'à ce que nous ayons obtenu un instrument tout à fait satisfaisant.

Amené à son plus grand état de sensibilité, le galvanomètre est beaucoup plus propre à mettre en évidence de faibles radiations calorifiques qu'à les mesurer. Aussi, est-ce en diminuant beaucoup la sensibilité de l'instrument que j'ai pu lui donner la régularité indispensable aux mesures délicates et nombreuses qui forment la base de ce travail. Ainsi modifié, le galvanomètre était plus prompt dans ses indications (premier maximum en douze secondes) ; il était d'une symétrie presque parfaite (maximum des différences 0,4), circonstance très importante pour ces recherches, parce qu'elle permettait d'observer près de zéro.

J'ai gradué cet instrument à diverses époques, et par des méthodes variées ; celle de MM. de la Provostaye et P. Desains, qui consiste à faire agir deux sources égales, tour à tour réunies et séparées, sur une même face de la pile, me paraît à l'abri de toute objection ; elle fournit très rapidement une table fort exacte. J'ai été conduit à une petite modification de cette méthode, modification qui permet de n'employer qu'une lampe à la graduation. Voici en quoi elle consiste :

Un écran (1) est percé de deux petites fenêtres ; des lames métalliques, mobiles autour de deux centres, permettent de fermer ces fenêtres à volonté. On conçoit qu'un pareil écran, disposé

____

(1) Depuis, M. Ruhmkorff m'a appris qu'il avait imaginé de son côté, sans l'avoir publiée, une disposition analogue pour la graduation du galvanomètre.

sur l'axe d'un flux de chaleur de manière à le partager en deux
parties sensiblement égales, pourra remplacer deux sources séparées. Des lames semblables aux premières sont disposées sur
l'autre face de l'écran, et des vis de pression permettent de les
fixer dans une position déterminée ; ces lames servent à régler à
volonté l'ouverture des fenêtres et permettent ainsi de modifier
l'intensité des flux de chaleur définis par chacune d'elles. La
graduation, à des intervalles éloignés, m'a démontré que les
galvanomètres subissent quelquefois des variations dans leur
état. Je regarde donc comme prudent, chaque fois qu'on fait
une détermination un peu importante, de s'assurer, au moyen
d'un fil de dérivation ou de l'écran cité, que le galvanomètre est
resté semblable à lui-même depuis la dernière graduation. Les
graduations portaient sur les déviations impulsives ou premiers
maximas ; ce mode d'observation n'a que des avantages.

Voici les dispositions spéciales concernant le banc et la pile :
un système de grands écrans formait chambre noire alentour,
et une seconde enceinte plus petite entourait la pile ; elle avait
pour objet de mettre celle-ci absolument à l'abri des rayonnements étrangers et de permettre de la désarmer lorsque cela
était nécessaire. A l'exemple de M. P. Desains, tous ces grands
écrans étaient formés de feuilles minces de cuivre poli ; ces
feuilles, par leur grand pouvoir réfléchissant, leur peu de masse,
leur conductibilité, sont parfaitement propres à cet usage.

J'ajouterai enfin que la pièce où se faisaient ces expériences
était située au Nord, qu'on n'y laissait pénétrer que le jour strictement nécessaire, et seulement au moment des expériences, et
que, malgré la rigueur de la saison pendant laquelle une partie de
ce travail a été exécutée, on n'y a jamais laissé faire de feu.

§ I. — Absorption de l'ensemble des milieux de l'œil sur la chaleur rayonnante

Parmi les sources artificielles de lumière, la lampe à modérateur est une des plus importantes et des plus répandues ; en
outre, à raison de la constance et de l'intensité du flux lumineux
et calorifique qu'elle fournit, elle se prête particulièrement bien
aux expériences.

.Ces raisons m'ont engagé à prendre cette source comme base des déterminations sur les milieux de l'œil, en généralisant ensuite les résultats à l'aide des autres sources.

Les yeux qui ont servi dans ces expériences sont ceux du bœuf, du mouton et du porc. Il ne m'a pas été possible de soumettre l'œil humain à cette étude, mais nous verrons que les résultats obtenus permettent de conclure avec beaucoup de certitude la nature et la valeur de son pouvoir absorbant sur la chaleur.

Lorsqu'on veut mesurer la transmission calorifique d'un œil entier, une difficulté toute particulière se présente d'abord. En

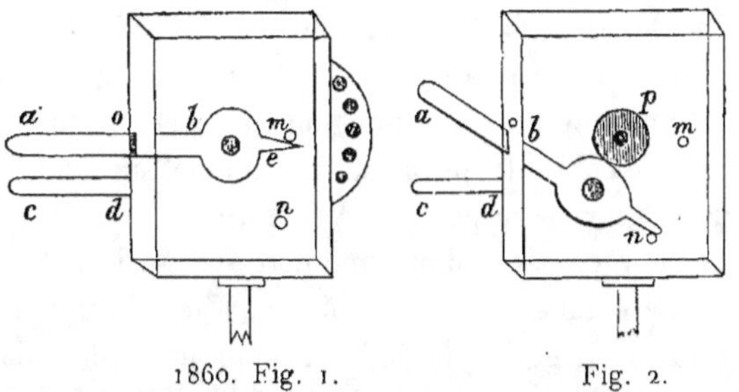

1860. Fig. 1.   Fig. 2.

effet, dans les expériences ordinaires de transmission, on opère sur des plaques ou des auges à faces parallèles et d'une certaine étendue ; ces milieux ne déviant point les rayons incidents, il est indifférent que le flux de chaleur direct soit reçu tout entier ou en partie sur la face de la pile ; mais, quand il s'agit de l'œil qui réfracte la chaleur comme la lumière, il est de nécessité absolue que tous les rayons qui tombent sur la pile quand on fait agir le flux direct puissent y tomber encore après l'interposition de l'œil, modifiés seulement par l'absorption et les réflexions qu'ils auront éprouvées dans les milieux interposés.

Voici la disposition d'écran qui permettait de satisfaire à ces conditions.

C'est l'écran ordinaire à ouvertures variables, auquel on a adapté plusieurs pièces *ab*, *cd* (fig. 1 et 2). La pièce *ab* est une lame métallique mobile autour du point *o* ; en *b* elle est percée d'une ouverture de même grandeur que celle de l'écran, et qui coïncide avec elle quand la lame prend la position horizontale.

Afin que la course de cette pièce soit bien réglée, elle se prolonge en *e* sous forme d'appendice, et, dans les positions extrêmes de la lame, cet appendice vient buter contre les saillies *m* et *n*. Une couronne de liège placée en *p* sert à fixer les objets en expérience. La pièce *cd* est toute semblable à la première, seulement, elle est fixée sur la face opposée de l'écran. En outre, un rebord de 2 à 3 centimètres de hauteur est soudé tout autour de l'écran, excepté dans la portion *ob*, où une petite ouverture est ménagée pour le passage de la lame *ab* ; ce rebord est destiné à recevoir la caisse qui forme chambre noire autour de la pile.

Voyons maintenant comment l'œil était préparé pour les expériences. On débarrassait l'organe de tous ses muscles de manière à mettre à nu la sclérotique ; alors, pratiquant une incision sur cette membrane un peu au-dessous du nerf optique, on enlevait une calotte concentrique à cet axe, qui mettait à nu l'humeur vitrée sur une surface à peu près égale à celle de l'iris. Avec de l'habitude on y parvient d'une manière fort satisfaisante, et la rétine se sépare sans aucune déchirure. L'œil était alors placé dans un étui de liège formé de deux couronnes, dont la cavité présentait après leur réunion la forme de l'organe. L'une d'elles portait une petite lamelle de glace mince de 0 mm. 1 à 0 mm. 15 d'épaisseur, destinée à maintenir l'humeur vitrée ; ces deux couronnes étaient réunies par une virole métallique dans laquelle elles entraient à frottement, ce qui permettait de les approcher plus ou moins et de donner à l'œil le degré de pression qui devait lui rendre sa forme naturelle. On fixait ensuite l'étui sur la couronne de l'écran et on approchait la pile désarmée. La lumière qui accompagnait ici la chaleur fournissait un moyen facile de s'assurer que tout le flux calorifique direct ou réfracté était reçu sur la pile ; il fallait en effet que les bords de celle-ci débordassent toujours notablement le cercle lumineux qui tombait sur elle. Enfin, on approchait la petite chambre noire, on laissait l'équilibre de température s'établir rigoureusement, et, lorsque l'aiguille du galvanomètre était bien fixée près de zéro, on mesurait plusieurs séries de transmissions croisées entre elles et combinées de manière à annuler l'effet d'un défaut de constance dans la source.

Voici les moyennes générales résultant d'un grand nombre de déterminations. Les nombres sont corrigés de la réflexion qui s'opère à la seconde face de la lamelle de glace placée sur l'humeur vitrée. Cette correction a pour valeur 0,3 (4 pour 100).

Rayons qui parviennent à la rétine sur 100 rayons d'une lampe à modérateur incidents sur la cornée.

Œil de bœuf.	Œil de mouton.	Œil de porc.
7,7	8,4	9,1

On voit combien est faible pour la chaleur de cette source la transmission des milieux de l'œil. Maintenant, sans rapporter de nombres, je dirai que pour la lampe Locatelli on aurait des quantités notablement plus faibles encore ; que pour la spirale de platine les résultats sont même douteux, ce qui très certainement ne veut pas dire qu'il ne passe pas de chaleur, mais seulement que cette chaleur est une fraction si faible du flux incident, que nos appareils thermoscopiques sont encore inhabiles à la mesurer.

Avant d'aborder la discussion de ces résultats, nous chercherons à déterminer la part qui revient à chaque milieu dans l'effet total.

§ II. — ABSORPTION DE CHAQUE MILIEU SUR LA CHALEUR DE LA LAMPE A MODÉRATEUR

Cornée.

Cette membrane était toujours prise sur les yeux d'animaux sacrifiés tout récemment. Pour mesurer sa transmission, on la plaçait entre deux lamelles de glace mince (0 mm. 1 à 0 mm. 2 d'épaisseur), en prenant des précautions particulières pour éviter l'interposition des bulles d'air et les plissements de la membrane ; on s'assurait de plus du parallélisme des lamelles, après quoi on scellait à la cire pour assurer la fixité du système.

Dans quelques expériences, on a opéré avec des cornées placées entre des fragments de boules soufflées : cette disposition a l'avantage de laisser à la membrane sa forme naturelle.

Voici les nombres obtenus comme moyennes d'un grand nombre de mesures :

	Bœuf.	Mouton.	Porc.
	32,2	34,9	34,4

Pour déduire de ces nombres les quantités de chaleur transmises par la membrane dans l'œil même, il reste à faire la correction relative à l'absorption des lamelles de glace et à la réflexion qui s'opère à la face postérieure du système. Des mesures prises sur ces lames ont donné 7 pour 100 pour leur absorption moyenne sur le flux direct, tandis que cette absorption paraissait sensiblement nulle sur le flux qui avait déjà traversé une cornée ; il n'y a donc à tenir compte que de l'absorption de la première lamelle en calculant l'augmentation de rayons transmis pour 7 rayons incidents de plus. On trouve ainsi respectivement 2,7 ; 2,9 ; 2,8. Ajoutant ensuite la valeur de la réflexion sur la face postérieure de la seconde lamelle, réflexion qui est égale à 1,3 (4 pour 100), on aura les nombres qui doivent être ajoutés aux transmissions observées :

On a ainsi :

Quantités de chaleur (lampe à modérateur) *absorbées et transmises aux autres milieux par la cornée.*

	CORNÉE DE BŒUF	CORNÉE DE MOUTON	CORNÉE DE PORC
Rayons réfléchis à la surface de la cornée	4	4	4
Rayons absorbés...................	59,8	56,9	57,5
Rayons transmis aux autres milieux .	36,2	39,1	38,5
Rayons incidents	100,0	100,0	100,0

Tels sont les nombres qui doivent représenter l'absorption de la chaleur dans l'œil par la cornée. On voit que cette membrane, dont l'épaisseur n'atteint pas 1 millimètre, absorbe cependant 60 pour 100 de la chaleur obscure contenue dans le flux lumineux incident. Voyons maintenant ce que devient le reste de la chaleur dans les autres milieux.

Humeur aqueuse.

Cette humeur est presque aussi fluide que l'eau. Aussi se la procure-t-on très facilement en pratiquant une ponction sur la cornée transparente ; l'humeur s'échappe alors et peut être recueillie. Lorsque l'humeur aqueuse s'est entièrement écoulée, la cornée s'affaisse sur le cristallin. Cette circonstance permet d'obtenir l'épaisseur de la couche d'humeur aqueuse dans l'œil, car il suffit évidemment de mesurer le diamètre antéro-postérieur du globe oculaire avant et après l'écoulement de l'humeur pour en conclure par différence l'épaisseur cherchée.

Dans ces expériences, on plaçait l'humeur aqueuse dans des auges formées avec le verre mince cité ; l'épaisseur de ces auges étant égale à celle de l'humeur aqueuse dans l'œil étudié. Ces auges étaient placées derrière des cornées préparées comme il a été indiqué, et l'on mesurait le flux de chaleur direct, et celui qui avait traversé le double système de la cornée et de l'humeur.

Voici les nombres moyens :

Bœuf.	Porc.
13,3	14,2

Remarquons maintenant que la chaleur transmise par les cornées placées entre les lamelles a été trouvée égale à :

Bœuf.	Porc.
32,2	34,4

et que ce sont ces quantités qui, dans l'expérience, tombaient sur les auges contenant l'humeur aqueuse ; cette chaleur se divise ensuite comme il suit :

	Bœuf.	Porc.
Rayons réfléchis à la première surface de l'auge (4 pour 100).................	1,3	1,3
Rayons absorbés par l'humeur aqueuse .	17,1	18,4
Rayons réfléchis à la deuxième surface (4 pour 100)	0,5	0,5
Rayons transmis	13,3	14,2
Rayons transmis par la cornée entre ses verres	32,2	34,4

Or dans l'œil, les cornées de bœuf et de porc transmettent réellement 36,2 et 38,5 à l'humeur aqueuse ; il faut donc forcer proportionnellement à cette augmentation les nombres 17,1 et 18,4 qui représentent ici l'absorption de cette humeur.

On a donc enfin :

Rayons absorbés dans l'œil par l'humeur aqueuse (lampe à modérateur).

Bœuf.	Porc.
19,2	20,6

Un nouveau cinquième du flux total est donc absorbé dans l'humeur aqueuse.

Cristallin.

On aurait pu déterminer le pouvoir absorbant de ce milieu en le plaçant derrière le système de la cornée et de la couche d'humeur aqueuse préparées comme il a été expliqué plus haut ; mais, outre que ce moyen eût manqué d'élégance, le grand nombre de réflexions à travers un système aussi complexe eût rendu les déterminations incertaines. On a opéré d'une manière beaucoup plus directe. Pour cela, on détachait de l'œil la moitié postérieure qui emportait avec elle l'humeur vitrée, et il restait une espèce de lentille complexe formée de la cornée, de l'humeur aqueuse et du cristallin. On prenait la transmission de cette lentille en la plaçant dans un étui tout à fait semblable à ceux qui servaient pour l'œil entier, à cela près qu'il était moins profond. Les transmissions moyennes corrigées d'abord de la seconde réflexion donnaient, par différence avec la transmission de l'humeur aqueuse, le nombre de rayons arrêtés par le cristallin. On a obtenu ainsi :

Rayons absorbés dans l'œil par le cristallin.

Bœuf.	Porc.
6,8	7,2

Humeur vitrée.

Nous connaissons maintenant le nombre de rayons absorbés par la cornée, l'humeur aqueuse, le cristallin. D'un autre côté, nous savons combien de rayons parviennent à la rétine, nous pouvons donc conclure l'absorption de l'humeur vitrée par une simple différence. C'est ce qui a été fait dans le tableau suivant, qui présente le résumé des déterminations précédentes.

Absorption de la chaleur rayonnante émanée d'une lampe à modérateur dans les milieux de l'œil.

	BŒUF	MOUTON	PORC
Rayons réfléchis à la surface de la cornée..........................	4	4	4
Rayons absorbés par la cornée	59,8	56,9	57,5
Rayons absorbés par l'humeur aqueuse	19,2		20,6
Rayons absorbés par le cristallin	6,8	30,7	7,2
Rayons absorbés par l'humeur vitrée .	2,5		1,6
Rayons qui parviennent à la rétine ...	7,7	8,4	9,1
Rayons incidents	100,0	100,0	100,0

Les données précédentes ont permis de construire la courbe qui donne la représentation géométrique du phénomène. On a pris pour ordonnées les quantités de chaleur transmise, et pour abscisses les épaisseurs des milieux.

Voici d'abord des mesures moyennes de ces épaisseurs :

	BŒUF	MOUTON	PORC
Cornée...............................	0,93	0,71	0,8
Humeur aqueuse	4	3,3	2,6
Cristallin............................	12	9,3	7,5
Humeur vitrée	18,5	12,7	10
Diamètre antéro-postérieur interne...	35,43	26,01	20,9

Lléments de la construction de la courbe.

DISTANCES A LA SURFACE DE L'ŒIL	RAYONS transmis par les milieux	ORDONNÉES de la courbe	DIFFÉRENCES
	mm			
Face postérieure de la cornée (mouton) 0,71	39,1	39,1	0
— — (porc) .. 0,80	38,5	37,7	+ 0,8
— — (bœuf) . 0,93	36,2	36,2	0
Face antérieure du cristallin (porc) . 3,4	17,9	18,8	— 0,9
— — (bœuf). 4,9	17,0	16,3	+ 0,7
Face postérieure du cristallin (porc) . 11,0	10,7	11,5	— 0,8
-- — (bœuf). 16,9	10,2	10,2	0,0
Fond de l'œil (porc) 20,9	9,1	9,1	0,0
— (mouton)........... 26	8,4	8,4	0,0
— (bœuf) 35,4	7,7	7,7	0,0

La première colonne contient les distances de chaque limite de milieu à la surface de l'œil.

La deuxième colonne donne les transmissions des milieux telles qu'elles résultent des déterminations expérimentales.

La troisième colonne contient les ordonnées correspondantes dans la courbe régulière qui relie autant que possible les lignes représentant ces transmissions.

La quatrième colonne donne enfin les différences entre les ordonnées de la courbe et les déterminations expérimentales. On voit que les plus grandes différences ne s'élèvent pas à 1 pour 100.

La courbe qu'on obtient ainsi est très régulière ; elle s'approche très rapidement de l'axe des abscisses pour lui devenir sensiblement parallèle vers les points qui répondent aux rétines.

La figure ci-dessous est destinée à donner une idée de sa forme. (A rayons incidents ; B rayons qui parviennent à la rétine). (Fig. 3).

Ainsi, sauf de très légères différences, il est possible de relier toutes les ordonnées de transmission pour les yeux de bœuf, de mouton, de porc par une seule et même courbe. Ce résultat nous conduit aux conclusions suivantes :

1º Les milieux des yeux appartenant aux divers genres de

mammifères agissent de la même manière sur la chaleur rayonnante.

2° Les différents milieux d'un même œil agissent comme le
ferait un seul et même milieu.

On pourrait se demander maintenant si les huit ou neuf rayons
qui parviennent à la rétine contiennent de la chaleur obscure.

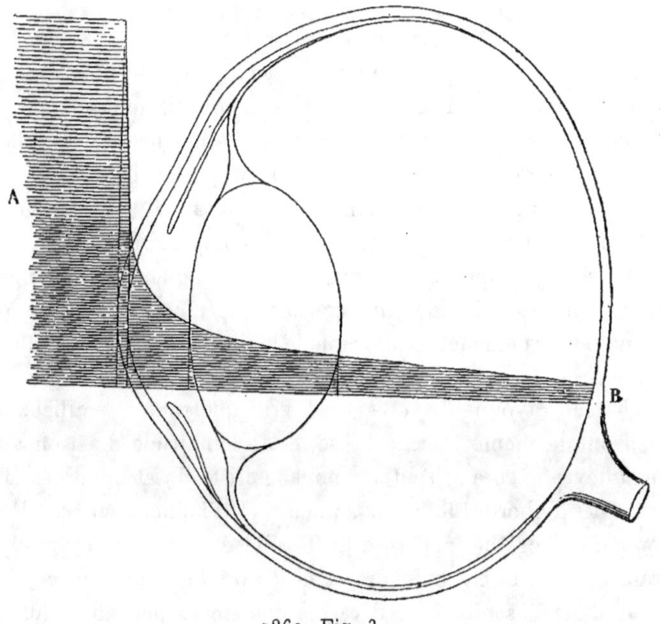

1860. Fig. 3.

Je pense qu'ils en contiennent fort peu, et cela me paraît résulter,
d'une manière évidente, de la forme de la courbe d'absorption
qui, aux abscisses répondant au fond de l'œil, est déjà parallèle
à l'axe horizontal. D'un autre côté, les milieux que nous étudions
sont d'une transparence parfaite pour la lumière. Nous conclu-
rons de tout ceci que les milieux de l'œil possèdent cette belle
propriété d'opérer une séparation complète entre les radiations
obscures et celles qui sont lumineuses. Ne pourrait-on pas encore,
bien que les questions qui touchent à la théorie de l'identité de la
chaleur et de la lumière demandent une grande circonspection,
ne pourrait-on pas, dis-je, regarder comme infiniment probable

que ces huit à neuf centièmes de chaleur parvenant à la rétine
ne sont que l'expression du pouvoir calorifique des radiations
lumineuses contenues dans le flux incident. Pour moi, je n'hésite
pas à le croire, et c'est dans ce sens que je compte poursuivre
l'étude des questions physiques que j'ai entreprises sur l'œil.

§ III. — Thermochrose des milieux

L'identité des courbes de transmission pour les différents yeux
et la régularité de la courbe pour un même œil nous avaient fait
conclure que la diathermanéité et la thermochrose des milieux
de l'œil étaient les mêmes. Nous nous proposons ici de confirmer
cette proposition et de déterminer la nature de cette thermochrose en lui cherchant un terme de comparaison.

Or, si nous remarquons que l'humeur aqueuse et l'humeur
vitrée sont des liquides qui contiennent plus de 98 pour 100
d'eau, on sera amené à penser que le mode d'action de ces milieux
doit offrir une grande similitude avec celle que l'eau exerce sur
la chaleur rayonnante, et s'il est vrai que tous les milieux de
l'œil ont la même thermochrose, cette similitude d'action avec
l'eau devra encore se soutenir pour le cristallin et la cornée. J'ai
examiné d'abord l'humeur aqueuse et l'humeur vitrée. Pour
comparer leur thermochrose avec celle de l'eau, je mesurais la
transmission de ces humeurs et de ce liquide placés successivement dans des auges de diverses épaisseurs pour des flux de
chaleur de qualités très différentes, c'est-à-dire dans lesquelles
dominaient successivement des rayons appartenant à toutes les
parties du spectre calorifique. Il est clair, en effet, que si deux
épaisseurs identiques de deux corps transmettent le même nombre de rayons pour toute espèce de source, c'est une preuve que
leur action sur les rayons de toute longueur d'onde est la même,
et dès lors que leur thermochrose et leur diathermanéité sont
semblables.

Pour réaliser expérimentalement ces épreuves, il était évidemment suffisant de prendre trois ou quatre sources de chaleur de
qualités très différentes : par exemple, une source de chaleur
obscure ou formée de rayons à grande longueur d'onde ; une

source qui commence à être lumineuse (la spirale de platine) ; une source très lumineuse (la lampe à modérateur) ; enfin, une source presque exclusivement formée de rayons à très courte longueur d'onde (le flux de la lampe à modérateur ayant déjà traversé une assez forte épaisseur d'eau).

Transmissions comparées de l'humeur aqueuse et de l'eau pour diverses sources.

	CHALEUR obscure	CHALEUR de la spirale de platine	CHALEUR de la lampe à modérateur	CHALEUR de la lampe à modérateur ayant traversé 22 mm. de glace	CHALEUR de la lampe à modérateur ayant traversé 20 mm. d'eau
Couche d'humeur aqueuse de 1 millimètre d'épaisseur ..	0,0	4,4	»	»	»
Eau, même auge	0,0	4,6	»	»	»
Couche d'humeur aqueuse de 3 millimètres d'épaisseur ..	»	»	20,7	25,1	83,2
Couche d'eau de même épaisseur, même récipient.....	»	»	21,4	24,6	84,7
Couche de 10 millimètres d'épaisseur, humeur aqueuse.	»	»	13,5	»	»
Couche de 10 millimètres d'épaisseur, eau	»	»	13,5	»	»

Transmissions comparées de l'humeur vitrée et de l'eau pour diverses sources.

	CHALEUR de la spirale de platine	CHALEUR de la lampe à modérateur	CHALEUR de la lampe à modérateur ayant traversé 1 mm. d'eau
Couche d'humeur vitrée de 1 millimètre d'épaisseur	4,8	»	»
Couche d'eau de même épaisseur (même récipient)...................	4,8	»	»
Couche d'humeur vitrée de 8^{mm},5 d'épaisseur	»	14,8	39,5
Couche d'eau de même épaisseur (même récipient)...................	»	14,8	39,5

Il résulte de la concordance presque parfaite des nombres rapportés dans ces deux tableaux, que l'humeur aqueuse et l'humeur vitrée de l'œil agissent sur la chaleur rayonnante d'une manière tout à fait semblable à celle de l'eau.

Poursuivons cette étude sur les autres milieux.

Pour obtenir cette comparaison à l'égard du cristallin, il paraissait indispensable de pouvoir reproduire une lentille d'eau de dimensions identiques à celles de ce corps et de mesurer les transmissions de ces deux milieux pour les diverses sources ; mais cette méthode présentait des difficultés que nous avons tournées en opérant ainsi :

Dans un disque de liège d'épaisseur plus petite que celle du cristallin, on pratiquait une ouverture circulaire capable de le loger. Sur l'une des faces de cette couronne de liège, on fixait à la cire une feuille de verre mince (o mm. 13), on introduisait alors le cristallin et on plaçait dessus un second verre ; en appuyant légèrement et peu à peu, on faisait fléchir cette lentille sans la fendre et de manière que le second verre arrivât à toucher le liège ; alors on le fixait à la cire et l'on passait aux expériences de transmission (1). Ces mesures prises, on enlevait une petite pièce de la couronne, et avec un fil recourbé on retirait le cristallin à la place duquel on versait de l'eau ; remettant alors la pièce enlevée, on recommençait la même série de déterminations. Par là on pouvait comparer le cristallin et une couche d'eau d'épaisseur égale et placée dans des conditions identiques.

Transmissions comparées du cristallin et d'une égale épaisseur d'eau pour la chaleur de la lampe à modérateur.

Ces transmissions sont entre elles comme les nombres.

Cristallin de bœuf	20 : 19,5
Eau, même épaisseur	
Cristallin de bœuf	9,1 : 9
Eau, même épaisseur	

Cornée.

Venons enfin à la cornée. C'est à l'égard de cette membrane qu'on aurait pu le moins soupçonner un pouvoir d'absorption

---

(1) Quoique le cristallin pressé entre deux verres plans constitue un système à faces parallèles, il forme encore des images réelles à son foyer qui est seulement situé un peu plus loin que dans l'état naturel. Nous proposons cette expérience comme une démonstration très simple de l'existence dans cette lentille de couches centrales à indices de réfraction plus élevés.

semblable à celui de l'eau, et cependant nous allons voir qu'il est tout à fait identique.

Voici le mode d'expérimentation adopté : il nous paraît à l'abri de toute espèce d'objection.

La cornée était isolée et préparée comme il a été expliqué au § II ; mais de plus on avait le soin d'employer des verres assez grands, afin qu'il restât à côté la place nécessaire pour loger une lame d'eau de même étendue que cette membrane. Lors donc que la cornée était placée entre les verres et qu'on s'était assuré du parallélisme des faces du système, on scellait à la cire chaude trois de ses quatre tranches, et l'on introduisait ensuite par la quatrième tranche laissée ouverte la quantité d'eau nécessaire pour remplir le vide. On mesurait alors la transmission de la cornée et de l'eau placée à côté d'elle, en croisant les expériences. Or, nous devons dire que nous n'avons jamais pu saisir la plus légère différence entre ces transmissions comparées.

Voici les nombres :

	CHALEUR obscure	SPIRALE de platine	LAMPE à modérateur	CHALEUR DE LA LAMPE à modérateur ayant traversé	
				1 mm. d'eau	8,05 d'eau
Cornée de porc......	0,0	»	36,4	69,3	
Eau	0,0	»	36,4	69,3	
Cornée de bœuf.....	»	»	33,8	»	86,2
Eau	»	»	33,8	»	86,2
Cornée de bœuf.....	»	»	34,0	»	»
Eau	»	»	34,0	»	»
Cornée de mouton ...	»	8,3	34,2	»	»
Eau	»	8,3	34,2	»	»

Il nous paraît résulter des tableaux que nous venons de construire sur les transmissions comparées des milieux de l'œil avec l'eau, que l'action de ces milieux sur la chaleur rayonnante est identique à celle de l'eau elle même, et que dès lors leur thermochrose se trouve fixée (1). Cette conformité d'action des milieux

---

(1) Pensant que la cornée devait à l'eau qu'elle contient son pouvoir absorbant sur la chaleur, je laissai dessécher, avec des précautions particu-

nous explique comment, en mesurant l'absorption de chaque milieu et en construisant la courbe d'absorption, nous étions arrivés à une courbe générale dont les différentes parties s'accordaient entre elles à former une courbe continue, et telle qu'aurait pu la donner un seul et même milieu. On voit comme conséquence de ces derniers résultats que nous sommes en mesure d'assigner très exactement la quantité de chaleur qui, dans l'œil humain, parvient à la rétine, bien que nous n'ayons pu opérer particulièrement sur lui ; car, s'il s'agissait de la chaleur de la lampe à modérateur, par exemple, il suffirait de prendre sur la courbe que nous avons construite une abscisse égale à la profondeur de cet œil, qui est en moyenne de 24 millimètres ; l'ordonnée correspondante représenterait, à l'échelle adoptée, la valeur de cette absorption. On trouverait ainsi un nombre fort approché de 8,7.

Plusieurs questions de physiologie pourraient se résoudre au moyen des propositions que nous exposons. On sait, par exemple, que dans le cas de la cataracte opérée soit par extraction, soit par abaissement du cristallin, les malades peuvent recouvrer, en s'aidant de verres très puissants, l'usage intégral de l'œil opéré ; or on peut se demander si dans ce cas la rétine reste suffisamment protégée contre l'action de la chaleur rayonnante. Remarquant alors que le cristallin absent est remplacé par de l'humeur aqueuse sécrétée extraordinairement et s'appuyant sur l'égalité des thermochroses des milieux de l'œil, on pourra affirmer que la quantité de chaleur qui, dans cet œil, parvient à la rétine, n'est point changée.

Résumé

1º Chez les animaux supérieurs, les milieux de l'œil, qui sont d'une transparence si parfaite pour la lumière, possèdent au contraire la propriété d'absorber d'une manière complète les rayons

---

lières, une cornée de bœuf entre deux verres ; elle conserva une transparence parfaite et diminua d'épaisseur ; dans cet état, son pouvoir absorbant était en effet énormément diminué, car elle transmettait 60 pour 100 de chaleur de la lampe à modérateur et 20 pour 100 de celle de la spirale.

de chaleur obscure, opérant ainsi une séparation des plus nettes entre ces deux espèces de radiations.

2º Au point de vue physiologique, cette propriété des milieux paraîtra importante sous le rapport de la protection qui en résulte pour la rétine, si l'on considère que dans nos meilleures sources artificielles de lumière (lampe Carcel, etc.), l'intensité calorifique de ces radiations obscures est décuple de celle des radiations lumineuses.

3º Ces radiations obscures s'éteignent en général avec une rapidité extrême dans les premiers milieux de l'œil : pour la source citée, la cornée en absorbe les deux tiers ; l'humeur aqueuse les deux tiers du reste ; de sorte qu'une fraction extrêmement faible se présente aux autres milieux.

4º Quant à la cause de cette propriété des milieux de l'œil, elle réside tout entière dans leur nature aqueuse ; leur thermochrose est identique à celle de l'eau.

5º Enfin une dernière réflexion semble naturelle à l'égard de nos sources artificielles de lumière : ne doit-on pas les considérer comme bien imparfaites encore, puisqu'il existe pour les meilleures d'entre elles une si grande disproportion entre les rayons utiles et ceux qui sont étrangers au phénomène de la vision : disproportion qui se retrouve nécessairement entre la dépense totale et celle qui serait théoriquement nécessaire.

Historique

L'œil a été le sujet d'un grand nombre de recherches, et à des points de vue bien divers. Cependant, lorsque j'ai entrepris ce travail (en janvier 1859, et en septembre de la même année, les principales conclusions ont été déposées, dans une lettre cachetée, à l'Académie), je pensais qu'on n'avait jamais essayé de constater, et encore moins de mesurer l'absorption de la chaleur rayonnante dans cet organe. J'ai appris depuis que des expériences se rapportant au même sujet avaient été faites à l'étranger par MM. Cima et Tyndall. M. Cima (*Annali di Fisica e Chimica* de Turin, 1850) avait constaté le fait du pouvoir absorbant des milieux pour le flux d'une lampe Locatelli ; mais, se bornant à cette simple notion, il n'avait pas cherché à obtenir des mesures exactes ni à déterminer la nature de la chaleur absorbée. M. Tyndall (lecture faite à l'Institution royale le 10 juin 1859) trouva que le corps vitré d'un œil de bœuf arrêtait la chaleur obscure d'un spectre d'origine électrique. Malgré tout ce que ces notions présentaient d'incomplet, il m'a paru convenable de les mentionner ici.

Ce mémoire fut présenté par Janssen comme thèse de doctorat ès sciences physiques à la Faculté des Sciences de Paris le 17 août 1860. — Un résumé en fut communiqué à l'Académie des Sciences à la séance du 23 juillet 1860, *C. R. Acad. Sc.*, T. 51, p. 128. —

Il fut reproduit presque intégralement dans les *Annales de Physique et de Chimie*, 3e série, t. 60, p. 71-93.

II

LETTRES SUR LES TRAVAUX DE M. A. CIMA

Le Creusot, 30 août 1860.

Monsieur le Président,

Je lis dans le compte rendu de la séance du 20 août 1860 une note de M. A. Cima, professeur de Physique au Collège national de Turin, note de laquelle il résulte que ce savant s'occupait en même temps que moi de recherches sur l'absorption de la chaleur rayonnante dans l'œil et de plus que nos résultats sont différents (1).

Je dois dire d'abord combien je regrette que l'ignorance où

---

(1) M. Ant. Cima avait adressé à l'Académie une étude intitulée : *Sur le pouvoir des humeurs de l'œil pour transmettre le calorique rayonnant*, parue dans le numéro d'août 1850 des *Annali di Fisica e Chimica* de Turin, avec une lettre, dont un extrait fut publié dans les *Comptes rendus*, t. 51, p. 303. La lettre et la note furent renvoyées, à titre de renseignement, à une commission composée de Regnault, Senarmont et Claude Bernard. (*Note de l'éditeur*).

je me trouvais du travail de M. Cima m'ait empêché de le citer ;
ensuite, comme l'absorption de la chaleur obscure par les milieux
de l'œil est un fait physiologique important, il me paraît désirable que nos méthodes puissent être comparées, et dans ce but,
j'écris à M. Cima pour lui demander d'échanger une traduction
de nos mémoires et le prier de faire part à l'Académie des critiques que la lecture de mon travail pourra lui suggérer.

Je vous prie, Monsieur le Président, de vouloir bien faire insé-
rer cette lettre au compte rendu de la prochaine séance de
l'Académie et d'agréer l'expression des sentiments de respectueuse considération

de votre très humble et très dévoué serviteur

J. JANSSEN.

En ce moment au Creusot (Saône-et-Loire).

Le Creusot, 23 septembre 1860.

MONSIEUR LE PRÉSIDENT,

M. A. Cima, professeur au Collège national de Turin, en m'accusant réception de mon mémoire sur l'absorption de la chaleur
rayonnante obscure dans les milieux de l'œil, veut bien me prévenir en même temps, qu'après examen, il adopte mes déterminations.

Sans entrer dans le détail des raisons exposées dans sa lettre,
il m'a paru que je devais faire part de cette déclaration à l'Académie, puisque, dans une précédente communication, M. Cima
avait signalé un désaccord entre nos résultats.

Veuillez agréer, Monsieur le Président, l'expression de ma très
respectueuse considération.

J. JANSSEN (1).

---

(1) Aucune des deux lettres de Janssen ne fut publiée dans les *Comptes
rendus de l'Académie*. Elles furent renvoyées à l'examen de la commission
précédemment nommée, T. 51, p. 508. (*Note de l'éditeur*).

1861

I

NOTE SUR L'OPHTALMOSCOPIE

MM. Janssen et Follin soumettent au jugement de l'Académie une Note sur l'Ophtalmoscopie, et spécialement sur une modification qu'ils proposent d'introduire dans le mode d'éclairage employé pour l'examen ophtalmoscopique.

(Commissaires MM. Flourens, Rayer, Bernard, Cloquet, Jobert.)

C. R. Acad. Sc., Séance du 22 avril 1861, T. 52, p. 812.

(Cette Note sur l'Ophtalmoscopie a été développée dans l'article suivant.)

II

CONSIDÉRATIONS PHYSIOLOGIQUES SUR L'ÉCLAIRAGE ET APPLICATIONS A L'EXAMEN OPHTALMOSCOPIQUE (1)

Nous nous proposons surtout d'exposer dans ce travail une modification que nous avons essayé d'introduire dans le mode d'éclairage adopté pour l'examen ophtalmoscopique ; mais nous ferons précéder cette étude de quelques considérations sur la lumière envisagée en elle-même et dans ses rapports avec l'organe de la vision. Ces considérations nous permettront de donner

---

(1) Mémoire composé par Janssen et E. Follin, professeur agrégé à la Faculté de Médecine de Paris, chirurgien de l'hospice de la Salpêtrière.

plus de clarté à notre exposé et de présenter des remarques nouvelles sur les causes de l'irritation lumineuse ; elles nous ont
semblé d'une certaine utilité pour le médecin qui est chargé de
régler l'hygiène oculaire des personnes atteintes d'affections des
yeux.

I

On sait que, lorsqu'un faisceau de rayons solaires tombe sur
un prisme, ce faisceau se résout en une infinité de rayons de diffé-

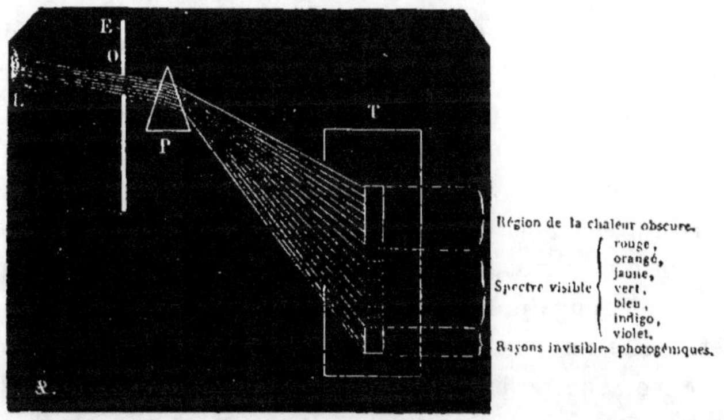

1861. Fig. 1.

rentes couleurs. C'est l'expérience fondamentale par laquelle
Newton établit, vers 1669, la véritable composition de la lumière
blanche. Nous nous arrêterons un instant sur cette expérience
pour y ajouter quelques remarques.

Les rayons solaires, L, tombent sur un volet, E ; une portion
de ces rayons pénètre par l'ouverture, O, et traverse le prisme, P ;
celui-ci les sépare et en opère comme une sorte de triage. Ces
rayons sont reçus ensuite sur un tableau blanc, T, et viennent
y former ce qu'on appelle le *spectre solaire*. Dans ce spectre, les
rayons rouges occupent, comme on sait, la partie supérieure ;
au-dessous on remarque les rayons orangés, puis les rayons
jaunes, puis le vert, le bleu, l'indigo, et enfin le violet, qui se
trouve à l'extrémité inférieure et à la limite du *spectre visible*.

Tous ces rayons colorés étaient contenus dans la lumière blanche ; le prisme, formé d'une substance incolore et très pure (cris-

tal ou flint), n'a fait que les séparer. Au reste, Newton montra que si on réunit de nouveau tous les rayons du spectre au moyen d'une lentille, on reconstitue de la lumière blanche.

Cette composition complexe de la lumière solaire étant parfaitement établie, demandons-nous maintenant si les rayons colorés que l'organe de la vue nous révèle dans le spectre sont les seuls qui y soient réellement contenus. Pour cela, interrogeons le spectre avec un thermomètre délicat et très sensible, en promenant lentement cet instrument depuis le violet jusqu'au rouge. Dans le violet, nous reconnaîtrons des traces de chaleur très sensibles, et même nous pourrons en constater au-dessous du violet, ce qui nous montre déjà qu'il existe des rayons calorifiques non lumineux, au delà de cette couleur. A partir du violet, la chaleur augmente jusqu'au rouge, et même, ce qui est très remarquable, fort au-dessus. Enfin, en continuant notre exploration dans les régions qui s'étendent au-dessus du rouge, nous reconnaîtrons la présence de rayons de chaleur dans la partie obscure à une distance du rouge presque égale à celle qui sépare le rouge du violet. Cette expérience si simple nous apprend donc que le soleil envoie, outre les rayons lumineux qui forment la lumière blanche, un nombre considérable de rayons de *chaleur obscure*. Des mesures précises, prises à cet égard, ont montré en effet que la radiation solaire contient plus de la moitié de rayons de chaleur obscure.

Si l'on examinait maintenant le spectre au point de vue photographique, c'est-à-dire au point de vue de son action sur les substances chimiques impressionnables, on reconnaîtrait que c'est vers sa partie inférieure, c'est-à-dire dans les rayons bleus, violets, et plus bas encore dans la portion invisible (qui est la région des rayons qu'on appelle ultra-violets), que se trouve en général l'action photographique.

On voit, par cette analyse rapide, combien les rayons qui jouissent de la propriété d'exciter sur la rétine la sensation lumineuse sont en faible proportion parmi la totalité de ceux que le soleil nous envoie ; tandis qu'au contraire tous les rayons, qu'ils soient obscurs, lumineux ou photographiques, jouissent de la propriété calorifique qui paraît être leur attribut inséparable.

Abordons maintenant le côté physiologique de la question.

Supposons que nous ayons enlevé le tableau blanc sur lequel le spectre solaire se projetait dans notre expérience, et qu'une personne se place de manière à recevoir successivement dans l'œil les rayons de diverses couleurs. On remarquera que, lorsque son œil sera plongé dans le bleu ou le vert, il n'éprouvera aucune fatigue, et qu'en même temps la pupille se maintiendra largement dilatée ; mais, à mesure qu'on fera pénétrer dans l'organe les rayons jaunes, orangés, l'irritation augmentera, la pupille se resserrera et cet effet atteindra son maximum dans les rayons rouges-orangés. Au delà, c'est-à-dire dans les rayons rouges obscurs, l'irritation décroîtra rapidement et la pupille se dilatera de nouveau. Il y a plus, si l'œil, en continuant son mouvement, vient se placer dans les régions de la chaleur obscure, on pourra constater une dilatation encore plus grande de la pupille, quoique la quantité de chaleur qui tombe alors sur l'œil soit beaucoup plus considérable que dans aucune partie du spectre visible. La raison de ce fait a été donnée, par l'un de nous, dans un travail inséré dans les *Annales de physique et de chimie*, septembre 1860, et analysé dans les *Archives générales de médecine* (janvier 1861). C'est que la chaleur obscure est absorbée par la cornée transparente et les premiers milieux de l'œil, de sorte qu'aucune portion sensible de cette chaleur ne peut parvenir à la rétine. Cette propriété importante des milieux de l'œil était en quelque sorte une nécessité physiologique, puisque ces rayons obscurs, étrangers au phénomène de la vision, eussent tout à fait compromis cette fonction par leur action calorifique sur la rétine et la choroïde.

On voit par là combien il est inexact de penser, comme on l'a fait généralement jusqu'à ce jour, que la fatigue et l'irritation des membranes profondes de l'œil, résultant d'un travail soutenu à la lumière artificielle, proviennent de la chaleur rayonnée par les lampes ou autres sources lumineuses employées. La seule quantité de chaleur pouvant parvenir à la rétine est celle qui est propre aux rayons lumineux, et celle-là est toujours bien faible, puisque dans une lampe à modérateur, par exemple, elle n'est environ que la douzième partie de la chaleur totale envoyée par la flamme. Mais, si la chaleur obscure ne peut être invoquée comme cause d'irritation de la rétine, on voit qu'il est loin d'en être ainsi pour les diverses espèces de rayons qui composent le spectre, et, sous ce rapport, l'expérience désigne, ainsi que nous venons de le voir, les rayons jaunes, rouges, comme les plus actifs.

Ajoutons, de plus, que la partie violette extrême, et au delà la partie ultra-violette, qui est, comme nous venons de le dire, la région des rayons chimiques, paraît offenser l'œil d'une manière particulière. Dans la lumière électrique, par exemple, qui est extrêmement riche de ces radiations chimiques, ce phénomène se produit au plus haut degré, et les expérimentateurs qui sont dans la nécessité de supporter cette lumière pendant quelque temps ressentent de vives douleurs, une congestion croissante, et comme un sentiment de gravier dans les yeux. Heureusement nous possédons dans les verres colorés à l'oxyde d'urane un moyen des plus efficaces pour arrêter toutes les radiations chimiques d'une lumière quelconque.

En rapprochant ces faits, nous pourrons en tirer cette conclusion assez remarquable, savoir : que c'est dans la partie verte (1) et celles qui l'avoisinent que nous trouvons les rayons qui parais-

---

(1) L'influence, favorable à la vue, de la couleur verte, a été connue de tout temps, et un passage de Pline le Naturaliste renferme à cet égard des remarques intéressantes. C'est en parlant des pierres précieuses et à propos des émeraudes (lib. xxxvii, § 16) qu'il nous fait connaître son opinion sur ce point d'optique physiologique. « D'abord, dit-il, il n'est point de pierre dont l'aspect soit plus doux ; notre vue se fixe avidement sur le vert des herbes, des feuilles ; celui de l'émeraude est d'autant plus agréable qu'aucune nuance verte n'est verte si on la compare à l'émeraude. Seule de toutes les pierres précieuses, elle réjouit l'œil sans le lasser ; son aspect ranime et délasse la vue fatiguée par sa tension vers d'autres objets. C'est sur elle surtout que les lapidaires aiment à reposer leurs yeux, tant la lassitude de l'organe diminue en présence de ce vert tendre. »

On trouve plus loin, dans ce passage de Pline, quelques phrases qui permettent de croire qu'on avait déjà constaté une des propriétés des lentilles convexes : « Iidem, dit-il, plerumque et concavi, ut visum colligant... Quorum vero corpus extensum est, eadem, qua specula, ratione supini imagines rerum reddunt... » (Le plus souvent les émeraudes sont concaves, afin de réunir les rayons visuels... Quant aux émeraudes dont le corps est renflé (*extensum*), elles *renvoient une image inverse.*)

sent les mieux appropriés aux conditions de notre vision, et
qu'au fur et à mesure que les rayons lumineux s'éloignent de
ceux-là, ils perdent de plus en plus cette appropriation. N'y a-t-il
pas là un parallèle remarquable entre l'optique et l'acoustique,
où un fait analogue se produit, puisque nous savons que les sons
trop graves ou trop aigus offensent également l'oreille ? Si maintenant nous admettons, avec tous les physiciens, que les rayons
lumineux ne sont que des mouvements vibratoires exécutés dans
l'éther, comme les sons proviennent des mouvements vibratoires
de l'air, ce parallèle deviendra encore plus saisissant.

L'analyse que nous venons de faire de la lumière solaire, appliquée à chacune de nos sources artificielles de lumière, montre
alors la cause de bien des effets observés. Ainsi la lumière des
lampes fournit un spectre où les rayons de chaleur obscure entrent
pour les 11 douzièmes, et la partie lumineuse consiste surtout
en rayons rouges et orangés ; les propriétés irritantes, reconnues
depuis longtemps à ces lumières, s'expliquent donc tout naturellement. Encore voulons-nous parler ici des lampes perfection-
nées, où la combustion s'effectue avec un double courant d'air ;
car, dans les lampes défectueuses, ces éléments défavorables, ces
rayons rouges, orangés, atteignent des proportions considérables.

La lumière du gaz, beaucoup plus riche en rayons bleus et violets, contient encore une proportion trop forte de rayons rouges
et orangés, et elle émet d'ailleurs une chaleur considérable. Ces
conditions défavorables, jointes à l'abondante quantité de cette
lumière dans les magasins où des objets blancs réfléchissent de
tous côtés les rayons lumineux, suffisent à expliquer la fatigue
et les affections de la vue chez les personnes qui vivent dans ces
établissements si splendidement éclairés. Cette fatigue des yeux
par la lumière du gaz est frappante encore chez les composi-
teurs d'imprimerie, travaillant le soir devant un papier blanc
qui réfléchit dans l'œil une très grande partie de cette lumière
irritante.

Il est une lumière dont l'étude offre un grand intérêt à cause
de l'avenir qui lui paraît réservé comme éclairage public, c'est
la lumière électrique ; elle présente à l'analyse une particularité
fort remarquable dont nous avons dit un mot. En effet, complè-

tement différente de la lumière des lampes, elle contient beaucoup plus de rayons violets et surtout ultra-violets que les verres d'urane peuvent lui enlever ; mais il reste encore une intensité de rayonnement, un défaut de volume et de diffusion, qui s'opposent aux grandes applications, et demandent des études de la part des physiciens et des ingénieurs.

D'après ces indications, lorsqu'une flamme contient une proportion trop forte soit de rayons rouges ou orangés, soit au contraire de rayons ultra-violets, on doit s'efforcer de ramener la lumière à une composition normale, en absorbant les rayons nuisibles au moyen de verres convenables. Pour les rayons rouges et jaunes, des verres légèrement verts ou teintés de bleu par le cobalt conviennent parfaitement ; si au contraire on se trouvait en présence d'une lumière du genre de celle qui est engendrée par l'électricité, il faudrait faire usage de verres teintés par l'oxyde d'urane, ou même, à leur défaut, de simples verres jaunes, qui, sans être aussi actifs, produiront encore un bon effet.

II

C'est en appliquant les principes précédents à l'éclairage de l'ophtalmoscope, que nous avons été conduits à un mode d'examen qui apporte des facilités toutes nouvelles à ce procédé de diagnostic des maladies oculaires.

La brillante découverte d'Helmholtz, perfectionnée par des travaux récents, permet maintenant une exploration très exacte de la surface rétinienne, et il est devenu absolument impossible aujourd'hui d'aborder sans l'emploi de l'ophtalmoscope le diagnostic des affections désignées naguère sous le nom d'*amaurose*.

Ce précieux instrument, aussi indispensable au médecin que le stéthoscope, exige, dans un petit nombre de cas, peu de lumière : c'est quand il s'agit d'examiner par l'éclairage direct la transparence des milieux de l'œil. Mais, le plus souvent, pour bien voir les altérations les plus fines de la choroïde et de la rétine, besoin est d'un éclairage plus intense. Dans ce dernier cas, le mode d'éclairage qu'on emploie habituellement, la lampe modérateur ou autre, laisse beaucoup à désirer, car la grande quantité de rayons rouges, orangés, jaunes, qu'elle envoie dans l'œil,

amène bientôt de la fatigue chez les individus les moins sensibles
à l'action de la lumière.

Ces inconvénients de la lumière grandissent encore chez les
individus blonds, dont l'œil est peu riche en pigment choroïdien
noir, chez les personnes nerveuses, que la moindre chose irrite,.
enfin chez tous les malades atteints d'affections inflammatoires
de l'œil.

Mais, dans les conditions les plus favorables, l'organe étant
peu sensible aux impressions lumineuses, l'emploi de la lumière
rouge, orangée, jaune, des lampes, amène une contraction de la
pupille, et diminue d'autant le champ d'observation de la cavité
oculaire. Certes, on peut voir, à travers un trou d'épingle fait à
une carte, l'intérieur d'un appartement, mais à la condition de
placer son œil contre ce trou ; si l'on s'en éloigne, on n'aperçoit
plus que confusément un point de l'appartement. Il en est de
même pour un œil dont la pupille est trop étroite : on ne voit plus
qu'un espace très limité de la surface rétinienne et l'on est dans
la nécessité de provoquer la dilatation pupillaire. Mais les substances mydriatiques qu'on emploie produisent une dilatation
souvent considérable de la pupille, et paralysent, temporairement du moins, le muscle ciliaire qui sert à l'accommodation de
l'œil ; de là des troubles fâcheux dans l'exercice de la vision pendant une journée au moins et souvent durant plusieurs jours.
Ces troubles proviennent d'une trop grande quantité de rayons
lumineux qui pénètrent forcément dans l'œil, et de l'impossibilité
où se trouve le muscle ciliaire d'agir sur le cristallin pour amener
des images nettes sur la rétine (1).

---

(1) L'un de nous a souvent cherché le moyen d'obtenir une dilatation
rapide, mais fugace, de la pupille à l'aide d'autres mydriatiques que l'atropine ; il a fait usage alors des alcaloïdes du *datura stramonium* et de la *jus-
quiame*. Mais la daturine et la hyoscyamine ne paraissent pas avoir d'avantages, à ce point de vue, sur les sels d'atropine. Dans des expériences souvent répétées, il s'est convaincu que le moyen le plus commode d'obtenir
une dilatation prompte et peu durable de la pupille, c'est d'employer une
solution très faible de sel d'atropine ; ainsi 1 centigramme de sulfate neutre
d'atropine, dissous dans 3o à 4o grammes d'eau, suffit à amener une my-
driase très convenable et de peu de durée, sans paralyser le muscle de l'accommodation de l'œil.

Il est vrai qu'en réfléchissant aux conditions de l'expérience,
il paraissait difficile de modérer l'intensité du flux lumineux
pénétrant dans l'œil, tout en conservant un éclairage suffisant
des membranes profondes, puisque ces membranes, constituées
pour absorber la lumière, ne peuvent devenir visibles qu'en raison même de l'excès de cet agent qui tombe sur elles.

Mais, s'il paraît démontré qu'un éclairage intense est indispensable à la production du phénomène, il est évident qu'on reste encore
maître du choix de la lumière em-
ployée ; or l'examen ophtalmoscopique se fait constamment à la lumière
d'une lampe, et cette lumière, si
riche en rayons rouges et orangés,
ne peut qu'être bien irritante pour
la vue.

Nous avons constaté que, lorsqu'on
éclaire l'œil avec la lumière légèrement bleue, les images de la rétine
conservent toute leur netteté, gagnent
même en blancheur, ce qui doit être,
mais qu'en outre, l'iris ne se contracte
plus sensiblement ; d'où il résulte que
l'examen ophthalmoscopique se fait
sans fatigue sensible, tant pour le
sujet que pour le chirurgien.

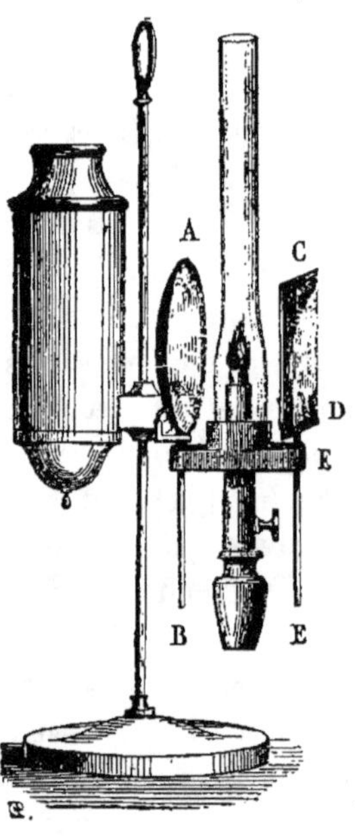

1861. Fig. 2.

Mais, lorsqu'il s'agira d'un examen
où il sera indispensable de dilater
largement la pupille, afin de ne laisser échapper aucune
des lésions qui peuvent exister à la circonférence du cristallin
ou dans la région de l'*ora serrata*, l'éclairage à la lumière tamisée
présentera encore de précieux avantages, puisqu'il permettra de
faire, sans fatigue sensible, un examen qui est toujours assez
pénible pour le patient à cause de l'énorme quantité de lumière
qui se trouve alors projetée sur la rétine.

Quant au procédé qui nous permet d'atteindre ce but, il est
des plus simples. Voici l'appareil que nous employons (fig. 2).

La lampe représentée ci-contre est celle dont nous faisons usage dans la plupart de nos examens ophtalmoscopiques ; elle est mobile sur une longue tige, et à l'aide d'une vis, elle peut être placée à une hauteur convenable, mais différente, selon la taille du malade qu'on examine. L'appareil destiné à tamiser la lumière se compose d'un anneau de cuivre, F, qui supporte deux tiges : l'une B, surmontée d'un miroir concave, A ; l'autre E, qui se termine en D, par une double pince à pression continue, destinée à recevoir des verres bleus, C, de teintes variées. Les deux tiges, B et E, glissent de haut en bas et de bas en haut dans l'anneau et peuvent toujours être placées de façon que le centre du miroir corresponde bien à celui de la flamme de la lampe.

Le miroir, A, a pour fonction de renvoyer un grand nombre de rayons lumineux, qui, sans lui, s'irradieraient en pure perte pour l'observateur. La tige, ED, sert à supporter toutes sortes de verres colorés, depuis ceux qui sont légèrement bleus jusqu'à ceux qui sont fortement teintés en bleu. Afin de ne pas mêler la lumière tamisée par ces verres avec les rayons lumineux renvoyés par la surface jaune de la lampe en cuivre, nous avons soin, en outre, d'entourer tout l'appareil d'un cylindre de carton percé seulement au niveau de la flamme. On réalise ainsi les deux principales conditions d'un bon examen ophthalmoscopique : une obscurité complète et une lumière dépouillée de ses rayons irritants.

Nous n'employons dans l'examen ophtalmoscopique habituel que des verres bleus de teinte variable, parce que la lumière dont nous nous servons est peu riche en rayons chimiques ; mais, si l'on voulait purifier davantage cette lumière de tous ses rayons irritables pour l'œil, on pourrait la tamiser encore à l'aide d'un verre coloré par l'oxyde d'urane, et on la dépouillerait ainsi de tous ses rayons chimiques. A cet effet, il suffirait de mettre dans la pince D, à côté d'un verre bleu, une lame mince d'un verre coloré par l'oxyde d'urane.

On obtient ainsi une lumière des plus agréables à l'œil et que le chirurgien, comme le malade, peut regarder de tout près, sans être fâcheusement ébloui.

Le petit appareil que nous venons de décrire a été construit

par un habile opticien, M. Duboscq ; il est d'un prix très peu
élevé, et peut s'adapter à toutes les lampes.

Les remarques précédentes peuvent s'appliquer très bien au
choix souvent si irrationnel des verres de conserves. Le médecin
n'est guère consulté sur ce choix, laissé presque toujours au ca-
price de chacun, et il s'est introduit ainsi dans la pratique des
erreurs qu'il est bon de relever.

On emploie maintenant pour les conserves deux sortes de
verres : 1° des verres colorés en bleu de cobalt, en vert, etc. ;
2° des verres dits enfumés, qui doivent leur couleur à quelque
oxyde de fer ; ces derniers même tendent à se substituer dans une
large proportion aux premiers, et cela au grand désavantage
des malades, selon nous.

Les conserves vertes, qui naguères étaient d'un emploi fréquent, ont été peu à peu abandonnées par la mode, et il serait
assez difficile aujourd'hui d'en faire porter à un malade. Les
verres colorés par le bleu de cobalt les ont presque partout remplacées, et, d'après les indications fournies plus haut, il est facile
de comprendre qu'ils conviennent très bien aux personnes sensibles à la lumière et exposées aux sources lumineuses habituelles,
toujours riches en rayons rouges, orangés, etc. Le médecin devra
conseiller d'abord des verres peu colorés.

Si quelqu'un était exposé à subir l'action de la lumière électrique, il devrait avoir recours aux verres d'urane, qui absorbent,
comme on sait, les rayons chimiques du spectre.

On pourrait obtenir des conserves excellentes en combinant
ces deux sortes de verre, en collant, par exemple, à l'aide des
procédés connus des opticiens, une lame de verre bleu de cobalt,
sur une lame de verre colorée par l'oxyde d'urane. Dépouillée
ainsi de ses rayons rouges, orangés, jaunes, par le verre de cobalt,
et de ses rayons chimiques par le verre d'urane, la lumière qui
arriverait à l'œil serait d'une convenance parfaite pour les yeux
les plus sensibles. Il suffirait d'une lame très mince de verre
d'urane pour arriver à ce résultat, car les lumières dont nous
nous servons sont peu riches en rayons chimiques et sont surtout
fatigantes par les rayons rouges, orangés, qu'elles contiennent
en excès.

Quant aux verres dits enfumés, ils n'exercent pas sur la lumière
ce tamisage utile des verres dont nous venons de parler, et ils
conviennent moins bien qu'eux pour les conserves. Ils se bornent
à absorber une quantité plus ou moins grande des rayons lumineux, et ils placent ainsi le malade dans une obscurité relative
qui peut, dans des cas d'inflammation aiguë de l'œil, être de
quelque utilité, mais qui, pour la généralité de ceux qui portent
des conserves, est plus nuisible qu'utile. En effet, l'obscurité
relative créée par ces conserves commande une attention plus
soutenue, et partant une certaine fatigue de l'organe pour distinguer les objets ; puis la rétine, habituée à un milieu obscur,
dans un véritable cachot, acquiert une sensibilité fâcheuse,
qu'elle n'a pas sous l'influence de la lumière tamisée mais encore
très éclatante des verres bleu de cobalt.

Toutes ces raisons nous font penser qu'on peut réserver les
verres enfumés à certains cas d'inflammation aiguë de l'œil, mais
que dans l'usage habituel des conserves, il faut leur préférer
les verres bleu de cobalt.

De tout ce qui précède nous concluons :

1º Que les rayons jaunes, orangés, rouges du spectre visible et
les rayons photogéniques exercent, lorsqu'ils sont en excès, une
irritation fâcheuse sur l'œil ;

2º Que l'examen ophtalmoscopique se faisant avec une lumière dépouillée de l'excès de ses rayons orangés, les images se
rapprochent davantage de leur couleur naturelle ;

3º Que la lumière employée étant beaucoup moins irritante,
la fatigue du sujet et celle du chirurgien se trouvent considérablement diminuées ;

4º Que dès lors, la pupille se maintenant beaucoup plus dilatée,
l'exploration porte sur un champ beaucoup plus étendu de la
rétine ;

5º Que la dilatation artificielle de la pupille par les préparations
mydriatiques peut être supprimée dans la plupart des cas, sans
que cette suppression nuise à l'exactitude de l'examen ;

6º Que les considérations qui précèdent s'appliquent aussi
bien à l'emploi des verres de conserves qu'à l'examen ophthalmoscopique, et que ces verres, dans l'usage habituel, remplissent

bien toutes les conditions de bonnes conserves, lorsqu'ils épurent la lumière de l'excès de ses rayons rouges, orangés, jaunes, et de ses rayons chimiques.

Archives générales de Médecine, numéro de juillet 1861.

1862

I

NOTE SUR LES RAIES TELLURIQUES DU SPECTRE SOLAIRE

Je suis arrivé récemment à constater dans le spectre solaire la présence des raies permanentes qui doivent être incontestablement attribuées à l'action de l'atmosphère terrestre. Divers physiciens parmi lesquels je citerai M. Khun, Piazzi Smith, Brewster et Gladstone, avaient découvert dans le spectre des raies ou bandes singulières apparaissant seulement le soir ou le matin, mais s'évanouissant aussitôt que le Soleil atteignait une certaine hauteur au-dessus de l'horizon. L'existence temporaire de ces raies les avait fait considérer soit comme accidentelles, soit comme dues à l'action des vapeurs que les rayons solaires doivent nécessairement traverser lorsque cet astre est à son lever ou à son coucher. Les éminents physiciens que je citais en dernier lieu ont signalé, il est vrai, quelques bandes visibles d'une manière permanente, mais alors seulement que le soleil était obscurci par la présence de brouillards ou de vapeurs atmosphériques.

Or il est incontestable que s'il existe dans le spectre solaire des raies dues à une absorption élective des gaz de l'atmosphère terrestre, ces raies doivent y exister d'une manière permanente et présenter seulement des variations d'intensité en rapport avec l'épaisseur de la couche d'air traversée. Je me suis donc attaché à construire un appareil qui permît de décider la question de l'existence ou de la non existence de ces raies pour les plus grandes altitudes du soleil. Le spectroscope que j'ai construit à cet effet produit l'effet de cinq prismes de flint lourd et possède un pouvoir considérable de dispersion. Une seconde fente, disposée en avant et à quelques décimètres de la fente ordinaire, permet de modérer à volonté l'intensité lumineuse et donne par là une netteté beaucoup plus grande aux images, surtout dans la région D où l'excès de lumière empêche la vision des raies les plus fines.

A l'aide de cet instrument, j'ai pu suivre depuis le lever du soleil jusqu'à son coucher, et d'instants en instants, des groupes de raies toujours visibles, variant seulement d'intensité suivant que semble l'exiger la hauteur de l'atmosphère, hauteur qui, étant mal connue, ne permet pas d'asseoir des rapports d'une manière certaine.

Les groupes de raies que j'ai particulièrement étudiées sont situés dans la région CD du spectre, surtout près de D où l'on observe des groupes très remarquables, et je compte en publier la carte avec le Mémoire que j'aurai l'honneur de présenter à l'Académie, aussitôt que ce travail sera terminé et complété par l'étude des spectres positifs des gaz azote et oxygène obtenus par l'étincelle d'induction ou l'électricité atmosphérique, l'objet de cette Note étant uniquement de me réserver le droit de continuer ces études dans le cas où un nouveau travail sur ce sujet viendrait à être publié.

C. R. Acad. Sc. Séance du 23 juin 1862, T. 54, p. 1280.

II

NOTE SUR DE NOUVEAUX SPECTROSCOPES

Présentée par M. P. Volpicelli.

Le premier de ces instruments est un spectroscope à vision directe dont voici la description (fig. 1) : derrière la lunette qui porte la fente et qui sert de collimateur se trouve un prisme de flint comme à l'ordinaire, mais ce prisme est suivi d'un prisme réflecteur de crown dont les faces sont normales au faisceau réfracté à son entrée et à sa sortie ; la face de ce prisme où s'opère

la réflection totale, est inclinée de telle sorte sur les faces d'entrée et de sortie que le faisceau sort parallèlement à l'axe du
collimateur. Un second système de deux prismes crown et flint,
parfaitement semblable au premier, et disposé d'une manière
symétrique, a pour effet de doubler la dispersion du faisceau et
de le faire sortir non plus seulement parallèlement, mais dans le

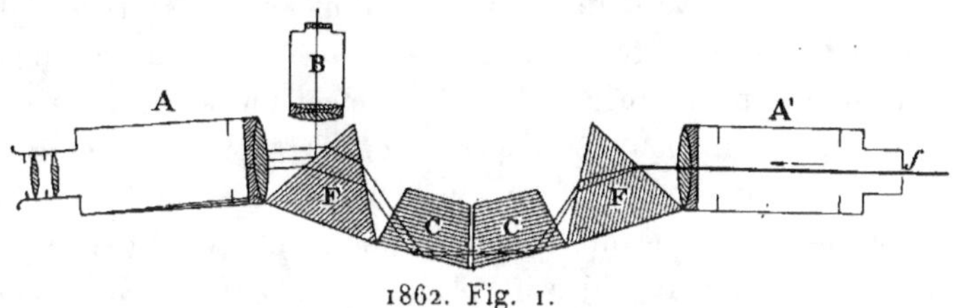

1862. Fig. 1.

prolongement même de l'axe du collimateur. Chaque prisme de
flint est solidaire avec son prisme de crown, et une vis de rappel
règle le mouvement des deux systèmes de prismes de telle sorte
que les prismes actifs se présentent toujours dans la position du
minimum de déviation ; ce mouvement a pour effet, en outre, de
faire passer chaque partie du spectre au milieu du champ de la
lunette d'exploration. Les autres parties de l'instrument sont

18ˆ2. Fig. 2.

construites comme à l'ordinaire. Ce spectroscope, d'un usage
très facile, joignant à un grand pouvoir dispersif une facilité de
construction qui permet de le livrer à un prix très modéré, me
paraît appelé à rendre des services à cette partie de l'analyse
chimique fondée sur l'optique, et qui prend tous les jours de si
rapides développements.

Le second instrument est un spectroscope de poche (fig. 2) ;
il est également à vision directe et forme une très petite lunette.
Le redressement du faisceau est obtenu au moyen d'un prisme
composé construit sur le principe de celui de M. Amici, qui est
formé, comme on sait, d'un prisme central en flint très dispersif

accolé à deux prismes de crown à sommets opposés en flint, et qui redressent le faisceau. Cette ingénieuse disposition a seulement l'inconvénient de ne pas donner une dispersion aussi énergique qu'on pourrait le désirer à cause de l'action des prismes de crown, qui tendent à achromatiser le faisceau. Pour remédier à ce défaut sans augmenter démesurément la longueur de la lunette, j'ai employé deux prismes de flint extra-dispersif à 90°, faisant corps avec trois prismes de crown taillés sous les angles convenables pour procurer le redressement du faisceau. Ce système jouit d'un pouvoir dispersif considérable, et conserve au faisceau presque tout son pouvoir lumineux, à cause de la faible valeur des réflexions intérieures. La lunette qui sert à explorer le spectre porte deux objectifs placés à faible distance l'un de l'autre. Cette disposition, qui augmente beaucoup le champ de la lunette, permet d'embrasser le spectre d'un coup d'œil. Enfin une échelle gravée sur verre sert à mesurer la position des raies dans les spectres qu'on étudie.

Avec ce petit instrument, on peut voir le spectre solaire pour ainsi dire en tout temps, la plus faible lumière diffuse suffit pour l'obtenir. Il devient très facile de suivre les progrès des bandes obscures que l'atmosphère terrestre fait naître dans le spectre solaire à mesure que cet astre descend sur l'horizon. En substituant ce spectroscope à l'oculaire d'une lunette de quelques pouces d'ouverture, et dirigeant l'instrument sur la Lune, on obtient un spectre lunaire dans lequel on peut reconnaître les raies de Fraunhofer, et même, si l'astre est peu élevé sur l'horizon, quelques bandes atmosphériques terrestres.

Mais c'est surtout pour l'analyse des flammes que ce petit instrument me paraît appelé à rendre des services. Je citerai comme exemple la flamme d'une bougie, dans laquelle on reconnaît de suite la raie du sodium et celles que donne le gaz oxyde de carbone en brûlant dans l'oxygène.

Le prisme de ce spectroscope placé devant l'oculaire d'une lunette peut servir à obtenir des spectres très vifs, des étoiles, même dans les grandeurs inférieures. Ces jours derniers, le révérend père Secchi ayant eu l'obligeance de mettre à ma disposition le bel équatorial de l'observatoire du collège Romain, j'ai eu le plaisir de lui montrer avec quel éclat de couleurs les spectres stellaires se présentaient par-ce moyen. On comprend de suite l'intérêt de cette méthode pour la comparaison et l'étude des couleurs des étoiles

Atti del Accademia Pontificia de' Nuovi Lincei. Sessione I^a de. 7 dicembre 1862, Anno XVI, Tomo XVI, p. 73 (1).

III

NOTE SUR LES SPECTRES STELLAIRES

J'ai l'honneur de communiquer à l'Académie les premiers résultats qui viennent d'être obtenus sur les spectres des étoiles avec le spectroscope (dit de poche) que je présente.

Sur l'invitation gracieuse et toute cordiale du révérend père Secchi, le spectroscope a été appliqué au foyer du grand équatorial de l'observatoire du collège Romain. (Le R. P. s'était chargé de faire confectionner le tube qui était nécessaire pour cela) et nous avons tourné l'instrument sur l'étoile Wega de la Lyre. Nous avons vu alors un spectre avec de belles couleurs ; très étroit du côté du rouge, très développé du côté du violet ; de plus, ce spectre présentait l'aspect d'un triangle dont le sommet aurait été tourné vers le rouge, et la base vers le violet. Cette circonstance s'explique parfaitement, et montre que la

______

(1) La même étude a paru sous le titre de *Note sur trois spectroscopes* dans *C. R. Acad. Sc.*, Séance du 6 octobre 1862, T. 55, p. 576.

Cette dernière Note se termine par les lignes suivantes :

« J'ai fait aussi construire un modèle plus grand de cet instrument pour les expériences qui exigent une dilatation plus considérable du spectre. J'ajouterai en terminant que tous ces instruments sortent des ateliers de M. Hoffmann qui en a soigné beaucoup la partie optique.

Un des spectroscopes décrits dans cette note est mis sous les yeux de l'Académie par M. Babinet. »

Sous le titre de : *Spectroscope de poche*, Janssen lut une note identique en 1866 à la Section d'Astronomie de l'Association britannique pour l'avancement des Sciences, *Report of the British Association for the Advancement of Science*, 36th. Meeting, Nottingham, August 1866, p. 11. (*Note de l'éditeur*).

lumière qui vient de cette étoile est très riche en rayons violets. et devient de plus en plus pauvre à mesure qu'on marche vers le rouge. On sait du reste que cette étoile est bleuâtre. L'analyse spectrale explique donc parfaitement l'apparence de l'étoile. Nous avons constaté aussi une lacune de rayons dans la région bleue violette. — La lunette a été tournée vers l'étoile jaune α d'Orion, et comme l'illumination n'était pas encore suffisante, j'ai eu l'idée d'enlever la lunette du spectroscope. Quand on retire la lunette de l'instrument, c'est l'œil lui même qui en fait fonction, le spectre est plus petit mais aussi beaucoup plus lumineux. C'est alors que nous avons vu un magnifique spectre aux couleurs vives, et avec de larges raies notamment dans le rouge orangé. L'heure ne nous a pas permis d'aller plus loin, mais je compte demander au révérend père Secchi la permission de continuer avec lui cette belle étude et j'aurai l'honneur de faire part à l'Académie des résultats obtenus.

Je prie le révérend père Secchi de recevoir ici publiquement le témoignage de ma gratitude pour son extrême obligeance et son précieux concours.

Atti della Accademia Pontificia de'Nuovi Lincei, Sessione I^a del 7 dicembre 1862, Anno XVI, Tomo XVI, p. 84.

1863

I

LETTRE SUR LA PRIORITÉ DE CONSTRUCTION D'UN SPECTROSCOPE

Académie de France, Rome, 16 janvier 1863.

Monsieur le Secrétaire perpétuel,

M. Littrow fils a présenté à l'Académie des Sciences de Vienne, au courant de décembre dernier, un spectroscope qui me paraît tout à fait le même que l'instrument dont je me sers depuis le mois de mai dernier dans mes études sur les raies atmosphériques du spectre solaire, études que je poursuis en ce moment en Italie avec mission du gouvernement français. J'ai parlé de ce spectroscope dans la note que j'ai eu l'honneur de présenter à l'Académie il y a six mois. J'ai eu aussi l'avantage d'en exposer le plan à un des membres de l'Académie, M. Babinet, en lui présentant mes premières cartes des raies telluriques. Voici en outre une copie de la déclaration de MM. Secchi et Volpicelli qui ont vu mon instrument au commencement de novembre dernier, c'est-à-dire plus d'un mois avant la publication de M. Littrow. Je ne désire point soulever de question de priorité ; aussi, dans ma pensée je ne produis ces documents que pour établir que je ne suis point redevable à M. Littrow fils de l'instrument avec lequel je poursuis mes études sur le spectre solaire depuis plus de huit mois.

Je compte, Monsieur le Secrétaire perpétuel, sur votre bien-

veillance pour l'insertion de cette lettre et de la déclaration ci-
jointe au compte rendu.

Veuillez recevoir, Monsieur, l'expression de mes sentiments de
respectueuse considération.

J. JANSSEN,
Docteur ès-sciences, chargé de mission en Italie.

Nous certifions que M. Janssen qui est à Rome depuis le commencement de novembre 1862 nous a communiqué ses recherches
sur les raies atmosphériques du spectre solaire et nous a montré
ce spectre avec un spectroscope fondé sur le même principe que
celui dont M. Littrow a publié la description en décembre 1862.

Dans cet instrument, la lumière au sortir de la lunette colli-
matrice tombe sur plusieurs prismes à 60° et finalement sur un
dernier à 30° dont la face postérieure est étamée. Là le faisceau se
réfléchit, repasse par les mêmes prismes et rentre dans le collimateur où il trouve près de la fente un prisme réflecteur qui le
renvoie dans un oculaire disposé latéralement. Une vis qu'on
fait mouvoir à la main détermine le mouvement des prismes et
fait défiler le spectre devant l'œil.

Pour donner une idée de la puissance et perfection de cet instrument, nous dirons qu'on voit très distinctement trois fines
raies entre les deux larges raies qui constituent la raie D de Fraunhofer.

Signé : PAUL VOLPICELLI,
Directeur du Musée de Physique.

Je soussigné approuve l'exactitude et j'assure la vérité de
tout ce qui est dit ci-dessus.

Signé : P. ANGELO SECCHI,
Directeur de l'Observatoire du Collège romain.

Rome, 2 janvier 1863.

C. R. Acad. Sc., Séance du 26 janvier 1863, T. 56, p. 189.

II

NOTE SUR LES SPECTRES PAR PROJECTION

J'ai l'honneur de présenter à l'Académie une note sur une modification que je me propose d'introduire dans le mode d'expérience que l'on a coutume de suivre pour obtenir les spectres par projection, comme par exemple, ceux qui sont destinés à être montrés à un grand nombre de personnes dans un amphithéâtre.

La méthode suivie généralement aujourd'hui est à peu près celle qui a été employée par Newton dans ses admirables expériences d'optique. On place la lentille à une distance de la fente lumineuse égale au double de sa distance focale principale ; le spectre se forme à égale distance de l'autre côté.

Dans cette disposition la lentille se trouve placée précisément au milieu entre la fente et le spectre ; le prisme se place soit avant, soit après cette lentille.

Or, j'ai reconnu qu'il était très important pour avoir de bons spectres que les rayons qui tombent sur le prisme fussent rigoureusement parallèles, et cette condition n'est pas évidemment satisfaite dans la disposition que je cite ici, puisque les rayons, au sortir de la lentille, vont former une image réelle de la fente.

Il est donc très préférable d'employer deux lentilles, et de placer le prisme au milieu. On place la première à une distance de la fente égale à sa distance focale principale, alors les rayons qui en sortent sont parallèles entre eux, la seconde lentille sert à faire converger les rayons à leur sortie du prisme, et à former ainsi l'image du spectre.

Dans ces conditions le spectre a une pureté plus grande, et l'on peut y distinguer un plus grand nombre de raies quand la lumière employée les comporte.

Le R. P. Secchi m'a fait remarquer avec raison que M. Zantedeschi avait déjà employé, vers 1853, cette disposition des deux lentilles dans son spectromètre. Il paraît même que ce mode d'expérience est encore plus ancien : car M. le Professeur Volpicelli m'a montré une planche manuscrite, remontant à l'année 1850, dans laquelle sont figurées diverses expériences que M. Duboscq fait de temps en temps dans son atelier, et qui contient la disposition expérimentale en question. Quoi qu'il en soit à cet égard, et n'ayant pas encore en mains de documents positifs, je ne me prononcerai pas sur la question de priorité, je me contenterai seulement de dire que mes expériences personnelles m'ont démontré l'excellence de cette disposition, et qu'il serait désirable de la voir employée universellement dans les expériences de cours.

Si au lieu de se servir d'un prisme simple on prend un des prismes redresseurs, que j'emploie dans les spectroscopes que j'ai présentés à l'Académie (7 décembre 1862), on obtiendra alors un spectre en ligne droite, disposition très commode dans la pratique, et, de plus, le grand pouvoir dispersif de ces prismes permettra d'avoir des spectres très dilatés dans un local très petit. Ces divers avantages seront, j'espère, appréciés des physiciens.

J'ai l'honneur de faire hommage à l'Académie d'un mémoire de physique physiologique sur la propriété importante que possèdent les milieux de l'œil, chez l'homme et les animaux supérieurs, d'absorber les radiations de chaleur obscure, et de ne laisser parvenir à la rétine à peu près que les rayons de lumière qui sont nécessaires à la vision. Le but physiologique de cette propriété des milieux est évidemment de protéger la rétine contre l'action calorifique des rayons de chaleur obscure que le cristallin y concentrerait, et qui compromettraient l'existence de cette membrane nerveuse si délicate.

Ces rayons de chaleur obscure sont, en effet, en proportion considérable dans la plupart des sources de lumière. Dans les meilleures lampes modérateurs ils forment plus des 9/10 de la totalité des rayons émis.

Je fais aussi hommage à l'Académie d'un mémoire sur l'ophthalmologie fait en commun avec M. Follin, professeur à la Faculté de Médecine de Paris.

Atti dell' Accademia Pontificia de' Nuovi Lincei. — Sessione IVa del 1º marzo 1863, Anno XVI, Tomo XVI, p. 482.

III

APPLICATION DE L'ANALYSE SPECTRALE A LA QUESTION CONCERNANT L'ATMOSPHÈRE LUNAIRE

L'éclipse solaire partielle qui vient d'avoir lieu le 17 de ce mois fournissait aux physiciens qui s'occupent d'analyse spectrale un moyen nouveau de corroborer les indications astronomiques touchant l'atmosphère de notre satellite. J'avais moi-même pris des dispositions dans cette intention ; l'état du ciel à Paris, au moment du phénomène, ne m'a pas permis de les utiliser. Cependant, comme il sera intéressant de joindre cette étude à celles qu'on a coutume de faire en cette circonstance, je pense qu'il ne sera pas inutile de faire connaître les dispositions instrumentales qui me paraissent propres à atteindre ce but. L'étude de l'action de notre atmosphère sur les lumières solaire et stellaires m'a convaincu que si notre satellite avait une atmosphère, quelque rare qu'elle soit, elle manifesterait sa présence par une action absorbante particulière sur les rayons lumineux qui la traverseraient, ou, en d'autre termes, qu'elle ferait naître des bandes obscures ou des raies dans le spectre de ces rayons. D'un autre côté, la rareté de cette atmosphère si elle existe, nous conduit à admettre que ces raies ou bandes atmosphériques seraient probablement très légères, d'où il résulte qu'il faut des spectroscopes d'un pouvoir dispersif considérable pour les déceler ; or, ces instruments nécessitent une grande intensité lumineuse. Nous sommes ainsi conduits à rechercher les circonstances où une lumière extrêmement intense traverse cette atmosphère hypothétique, pour la soumettre à l'analyse ; et c'est précisément ce qui a lieu au moment des éclipses solaires.

Parmi les méthodes qui pourront être employées alors, la suivante me paraît être la plus propre à résoudre la question.

Je suppose qu'on se procure à l'aide d'un bon objectif une image de l'éclipse dont le diamètre soit inférieur à la hauteur de la fente du spectroscope. Je suppose de plus qu'on fasse tomber

cette image sur la fente, de manière que celle-ci déborde l'image
des deux côtés, et qu'elle la divise en deux segments symétriques. La fente de l'instrument coïncidera alors avec la ligne
des centres des deux astres et sera éclairée par les points du
disque solaire qui lui appartiennent, mais le point de cette fente
où se projette l'échancrure de l'astre recevra des rayons qui auront rasé la surface de la Lune, et par conséquent traversé son
atmosphère si elle existe. Considérons maintenant le spectre produit. Dans ce spectre, on retrouvera d'abord toutes les raies solaires proprement dites, et, suivant la hauteur de l'astre des raies
telluriques (ou atmosphère terrestre) plus ou moins accusées,
mais si l'on considère le bord qui correspond à l'échancrure, il
représentera des lignes nouvelles, mais qui s'évanouissent bientôt à une petite distance de ce bord. Ces lignes, par leur position,
leur nombre, leur intensité, pourraient donner sur la nature de
l'atmosphère lunaire des indications précieuses. Il est ainsi infiniment probable que l'expérience, même conduite avec toute
l'habileté voulue, et dans les circonstances les plus favorables,
donnera un résultat négatif. Mais alors même dans ce cas l'analyse spectrale aura apporté aux indications astronomiques un
nouvel appui. Il sera donc toujours très intéressant d'instituer
une semblable expérience aux prochaines éclipses.

On conçoit tout de suite que cette méthode d'analyse peut
s'appliquer à tout astre qui passe sur le disque du Soleil. Si l'on
voulait en faire usage pour l'étude de l'atmosphère de Vénus,
il faudrait d'abord amplifier considérablement le disque de cette
planète afin de donner aux lignes atmosphériques une hauteur
appréciable dans le spectre produit.

Je m'occupe, depuis longtemps déjà, d'appliquer ce mode
d'analyse à l'étude de la constitution physique du Soleil.

C. R. Acad. Sc., Séance du 18 mai 1863. T. 56, p. 962.

IV

SUR LES RAIES DES SPECTRES DES ÉTOILES

La grande difficulté de ces études réside dans la faible quantité de lumière dont on dispose pour l'analyse. Aussi, malgré les efforts des expérimentateurs pour collecter le plus de lumière possible, est-il toujours arrivé que les spectres produits avaient trop peu d'intensité pour permettre d'y voir beaucoup de raies, et même de fixer avec exactitude la position des raies principales.

Nous allons voir cette supposition ressortir pleinement de la comparaison des résultats obtenus.

Fraunhofer employait le prisme devant l'objectif, ce qui limitait beaucoup la grandeur de ce dernier ; il regardait l'image de l'étoile formée au foyer de sa lunette comme un point, et se servait d'une lentille cylindrique pour la transformer en ligne lumineuse. Cette méthode est très défectueuse, car l'image d'une étoile est toujours entourée de cercles de diffraction ; le spectre obtenu dans ces conditions ne peut être qu'une série d'images circulaires empiétant les unes sur les autres, et rendant impossible toute observation un peu délicate. Mais Fraunhofer est le premier qui nous ait donné des indications spectrales sur la lumière stellaire, et la science lui doit une grande reconnaissance pour des travaux qui ont ouvert une voie si féconde et si importante.

Après Fraunhofer, M. Donati est l'auteur du travail le plus remarquable sur les spectres stellaires. La science doit à cet astronome l'idée importante de rapporter les raies des spectres stellaires à celles du Soleil observées pendant la journée avec le même instrument. C'est aussi avec grande raison que cet auteur rejetait l'analyse de la lumière derrière l'objectif ; il est fâcheux seulement qu'il n'ait pu se servir que d'une lentille non achromatique, donnant un foyer trop large et mal défini, ce qui ne lui a permis de faire pénétrer dans la fente fixe qu'il employait du reste avec beaucoup de raison, qu'une quantité insuffisante de lumière ; aussi on remarquera que les spectres donnés par cet auteur manquent de la partie rouge et ne commencent que vers la région D. M. Donati n'en a pas moins fait faire un progrès important à la question.

On doit aussi à M. Kirchhoff une comparaison de quelques spectres stellaires à celui du Soleil au point de vue chimique. Cette étude était une application immédiate de ses belles découvertes sur la signification chimique des raies solaires.

Je viens maintenant au travail de M. Rutherfurd (1), qui est étendu, bien qu'il ne renferme aucune disposition expérimentale nouvelle. Les spectres de cet observateur contiennent beaucoup plus de lignes que ceux de ses prédécesseurs, ce qui tient à la puissance du collecteur employé, et aussi sans doute à l'habileté des dispositions instrumentales. Cependant il est quelques positions de raies, notamment dans Sirius, qui sont en désaccord avec les observations concordantes des autres observateurs, et paraissent nécessiter une revision.

Au moment où M. Rutherfurd exécutait ce travail, je m'occupais moi-même, à Rome, avec le R. P. Secchi, directeur de l'Observatoire du Collège romain, du même sujet (novembre décembre 1862 et janvier 1863). Cette étude était un des points de ma mission scientifique en Italie, et elle était motivée par la construction récente de mon spectroscope à vision directe (présenté à l'Académie par M. Babinet, en octobre 1862), qui paraissait devoir apporter des facilités toutes nouvelles dans ces études. En effet, dans cet instrument où j'utilise le prisme de M. Amici, on obtient une dispersion considérable du faisceau lumineux sans déviation d'axe, ce qui permet d'employer le spectroscope à la manière d'un oculaire ; mais de plus, et c'est ici l'avantage le plus considérable, les faisceaux du prisme composé sont peu inclinés sur le faisceau incident. Aussi, les pertes

---

(1) Le travail de M. Rutherfurd sur les spectres stellaires daté : New York, 4 décembre 1862, parut dans l'*American Journal of Science*. Janssen en donna la traduction dans *Les Mondes*, numéro du 28 mai 1863, p. 247. (*Note de l'éditeur*).

par réflexion sont-elles très faibles, et on utilise la presque totalité de la lumière (1).

Les spectres obtenus avec cet instrument, adapté simplement comme oculaire à l'équatorial de 9 pouces du Collège romain, ont surpassé mon attente. Les couleurs étaient des plus vives, les raies très nombreuses et très visibles, les spectres de l'étendue même du spectre solaire, et quelquefois plus. J'ai consigné ces résultats dans une note remise à l'Académie de' Nuovi Lincei de Rome, le 7 décembre 1862 et dans les séances suivantes. Cet instrument a permis de constater nettement la coïncidence d'une large raie noire de *a* d'Orion avec la raie D du spectre solaire. J'ai pu aussi reconnaître la présence des raies atmosphériques terrestres dans le spectre de Sirius. Il ne m'a pas été donné d'achever complètement ce travail sur les spectres stellaires, mais le Directeur de l'Observatoire cité a publié dans les *Astronomische Nachrichten*, n° 140, 18 février 1863, une carte des spectres obtenus dans ces conditions expérimentales. On me

---

(1) A propos de l'invention de cet appareil, Janssen publia dans *Les Mondes, Science pratique*, numéro du 16 juillet 1863, p. 636, la note suivante :

« J'ai laissé jusqu'ici sans réponse les allégations aussi étranges que peu fondées de M. Hoffman, constructeur d'instruments d'optique, relativement à l'invention du petit spectroscope à vision directe, où se trouve utilisé le prisme d'Amici ; mais, enfin, puisque M. Hoffman insiste, je me vois forcé de dire un mot en réponse à ses assertions.

Je déclare donc ici que M. Hoffman a construit ce petit appareil sur mes dessins et avec mes indications journalières, indications qui ont été nombreuses, parce que M. Hoffman ne les saisissait pas avec toute la facilité désirable. Je lui ai même fourni un modèle provisoire exécuté par moi, et que j'ai montré à plusieurs physiciens, notamment à M. Ruhmkorff ; j'ai donc d'autant plus de peine à comprendre les prétentions de M. Hoffman.

M. Hoffman ajoute qu'il a construit cet instrument sur les indications de M. Babinet ; mais alors ce serait M. Babinet et non M. Hoffman qui serait l'inventeur de l'instrument ; certes, si M. Babinet eût voulu construire ce petit appareil, il l'eût fait, et beaucoup mieux que moi, mais tel n'a pas été le cas, puisque le savant académicien a bien voulu présenter, au contraire, en mon nom, cet instrument à l'Académie des sciences, le 6 octobre 1862 (voir les *Comptes rendus*), on pourra juger, par ce dernier fait, de l'exactitude des assertions de M. Hoffman.

En résumé, lorsque M. Hoffman se dit l'inventeur de ce spectroscope, il abuse de la confiance que j'ai eue en lui, comme constructeur, en lui fournissant mes dessins et mes modèles. »

permettra de faire remarquer quel progrès considérable ces spectres réalisent sur ceux qui résultent des travaux antérieurs. Il me paraît donc que ce spectroscope doit être pris en très sérieuse considération par les observateurs qui s'occupent d'analyse spectrale céleste. Mon expérience sur ce sujet m'a démontré aussi de quelle importance il serait de neutraliser l'effet de la scintillation. En général, je suis persuadé que les résultats importants dans cette étude seront bien plutôt obtenus par l'habileté des dispositions et la perfection des instruments que par l'exagération dans les dimensions des appareils. Quant aux classifications déjà proposées pour les spectres stellaires, je prendrai la liberté de dire qu'elles sont tout à fait prématurées. En effet, si l'on jette les yeux sur une carte comparative des spectres obtenus jusqu'ici, on constate une telle discordance dans les observations, qu'on reste convaincu de la nécessité de s'attacher d'abord à obtenir de bons spectres où la position des raies soit fixée d'une manière assez certaine et assez concordante pour permettre d'édifier ensuite, avec quelque solidité, les théories qui viendront ensuite.

Une remarque très importante encore, c'est qu'il est désormais de la plus haute importance que les observateurs donnent les coordonnées des astres au moment de l'observation. Il serait impossible, autrement, de discuter et de comparer les observations sans cet élément important.

M. Airy vient de publier dans les *Monthly Notices*, avril 1863, un nouveau travail sur les spectres solaires. Cette communication ne nous paraît qu'une prise de date. Nous ne discuterons donc pas ici la méthode employée et ses résultats ; mais nous avons fait entrer les spectres de *a* d'Orion et de Sirius obtenus ainsi dans la carte comparative ci-jointe. Dans cette carte les numéros 1 désignent les spectres de M. Donati, les numéros 2 ceux de Rutherfurd, les numéros 3 ceux qui ont été obtenus au Collège romain par le P. Secchi et moi avec mon appareil, les numéros 4 ceux de M. Airy.

Les Mondes, n° du 4 juin 1863, p. 265.

V

REMARQUES
A L'OCCASION D'UNE COMMUNICATION DU P. SECCHI SUR LES SPECTRES PRISMATIQUES DES CORPS CÉLESTES.

Le P. Secchi vient de publier, dans le dernier compte rendu, une note sur les spectres des planètes dont les conclusions ne me paraissent pas exactes ; je demande donc à présenter à cet égard quelques observations.

En étudiant avec mon petit spectroscope de poche les spectres que fournit la lumière atmosphérique, le P. Secchi remarque que les bandes telluriques nébuleuses sont plus visibles les jours de grande humidité et d'atmosphère blanchâtre et vaporeuse, que lorsque l'atmosphère est sèche et d'un bleu foncé ; il en conclut, relativement à la cause qui produit ces bandes, que « l'agent principal est la vapeur aqueuse ».

Si cette conclusion était légitime, il y aurait là un fait très important acquis à la science ; mais malheureusement elle est en contradiction avec les observations les mieux conduites et les plus sainement interprétées.

J'ai moi-même remarqué, au moment où je construisais le petit spectroscope qui sert au P. Secchi dans ses études, que, quand le ciel se trouve voilé par un beau rideau de nuages blancs, les bandes nébuleuses telluriques sont beaucoup plus visibles que par un ciel pur, mais je reconnus en même temps la cause de ce fait.

Lorsque l'atmosphère est légèrement voilée de nuages blancs, un point déterminé du ciel envoie à l'œil une quantité de lumière beaucoup plus grande que quand le ciel est pur et cette lumière provient des réflexions multipliées qui ont eu lieu sur les parti-cules aqueuses. Dans ces conditions le spectre que l'on obtient est plus lumineux ; en outre il est formé de rayons qui ont, par le fait de leurs réflexions nombreuses, traversé de grandes épais-seurs d'atmosphère : ces deux conditions expliquent parfaite-ment la vision plus facile et plus marquée des bandes telluriques qui a lieu alors. Ici la vapeur du nuage n'a servi que de réflecteur pour faire parvenir à l'instrument des rayons qui ont traversé de grandes épaisseurs d'atmosphère, mais on ne serait aucunement en droit d'attribuer à l'action de cette vapeur elle-même la présence des bandes telluriques.

En effet si, en se plaçant dans ces conditions beaucoup mieux définies que celles de l'observation de la lumière des nuages, on opère sur la lumière directe du Soleil, analysée avec de puissants spectroscopes, toute incertitude disparaît. Voici, en effet, les conclusions qui ressortent des études que je poursuis sur ce sujet :

Les raies telluriques du spectre solaire sont toujours visibles dans l'instrument, leur intensité dépend seulement de la hauteur du Soleil sur l'horizon, c'est-à-dire de l'épaisseur d'atmosphère traversée par les rayons.

Leur place est fixe et invariable dans le spectre quels que soient l'époque de l'année, le lieu où on les observe.

Enfin la présence de nuages ou vapeurs nuageuses sur le trajet des rayons solaires n'ajoute rien à leur intensité, et nuit au contraire à leur visibilité en affaiblissant la quantité de lumière reçue.

Il résulte donc de tout ceci que la vapeur d'eau, dans cet état physique particulier où elle constitue les nuages et les vapeurs atmosphériques, ne saurait être invoquée comme la cause des raies telluriques du spectre solaire, et, dès lors, les conclusions que le P. Secchi en tire, relativement à la constitution de l'atmosphère des planètes, ne peuvent être considérées comme fondées.

D'ailleurs, l'observation de bandes nébuleuses faite dans un très petit instrument est tout à fait insuffisante pour nous conduire à la connaissance de la composition des atmosphères planétaires. Ces bandes sont en effet des agglomérations de raies pouvant caractériser les corps les plus divers, et tant qu'on ne sera pas parvenu, d'une part à séparer ces groupes complexes en raies distinctes, et d'autre part à déterminer les systèmes de raies qui caractérisent les différents gaz, on ne pourra rien prononcer, avec quelque apparence de certitude, touchant la composition de ces atmosphères.

C. R. Acad. Sc., Séance du 27 juillet 1863, T. 57, p. 215.

VI

RAPPORT SUR LES RÉSULTATS D'UNE MISSION (DONNÉE LE 27 SEPTEMBRE 1862) EN ITALIE, POUR DES ÉTUDES DE PHYSIQUE CÉLESTE (1).

Sur les raies telluriques du spectre solaire

Depuis longtemps déjà on avait remarqué que le spectre solaire ne présentait pas, quant à ses raies ou lacunes de rayons, la fixité qu'on lui avait d'abord attribuée. Aux raies ordinaires, si bien enregistrées dans les belles cartes de Fraunhofer, venaient encore s'ajouter, lorsque le Soleil était très abaissé sur l'horizon, des raies nouvelles, ou plutôt des bandes sombres qui se montrent surtout dans les espaces rouge, orangé et jaune du spectre. La question de savoir qui le premier a fait la remarque de ces bandes sombres, est un point historique assez délicat, mais ce qui est incontestable, c'est que M. Brewster, s'il n'est le premier qui a aperçu le phénomène, mérite pleinement, par la sagacité qu'il a montrée dans ces recherches, d'être considéré comme l'auteur de cette belle découverte.

Les publications du célèbre physicien anglais sur ce sujet

______

(1) M. le Ministre de l'Instruction publique en transmettant à l'Académie le travail de Janssen, l'accompagna de la lettre suivante :

« Monsieur le Secrétaire perpétuel, M. J. Janssen, docteur ès-sciences, chargé par le Ministre d'État, en 1862, d'une mission scientifique en Italie, à l'effet d'y étudier divers phénomènes de physique céleste, vient de m'adresser un rapport spécialement relatif à l'analyse du spectre solaire, ainsi que de ceux de Sirius et d'Orion ; travaux au sujet desquels il paraît avoir envoyé directement plusieurs notes à l'Académie des Sciences pendant le cours de cette année.

« J'ai l'honneur de vous adresser ci-joint communication de ce rapport. Je vous serai très obligé de le soumettre à l'examen de l'Académie des Sciences, et de me le renvoyer en me faisant connaître l'appréciation qui en aura été faite, ainsi que l'avis de l'Académie sur une demande de continuation de sa mission, formée par M. J. Janssen. »

Le travail de M. Janssen est renvoyé à l'examen d'une commission composée de MM. Pouillet, Le Verrier et Faye.

C. R. Acad. Sc. Séance du 21 décembre 1863, T. 57, p. 1008.

remontent à l'année 1833 et parurent dans les *Transactions philosophiques* d'Edimbourg pour cette même année.

Dans ce mémoire, l'auteur signale la présence de bandes nouvelles dans le spectre, lorsque le Soleil est très abaissé sur l'horizon, et rapprochant ce fait de l'action si énergique du gaz
nitreux sur la lumière, il émet l'opinion que notre atmosphère
peut agir d'une manière analogue sur la lumière solaire, et qu'on
peut la considérer comme la cause du phénomène observé.

En 1858, M. Piazzi Smith publia dans les *Transactions philosophiques de la Société Royale de Londres*, des observations faites
au Pic de Ténériffe, sur les raies atmosphériques ; ces observations faisaient partie d'un programme d'astronomie et de physique très étendu ; aussi l'auteur ne paraît-il pas avoir pu donner
à cette question tout le temps qu'elle réclamait, et ses cartes,
bien que présentant des groupes de raies très accusées, sont-elles
peu comparables entre elles. Néanmoins, les résultats obtenus
sont dignes d'intérêt.

Enfin, en 1860, parut dans le célèbre recueil que je viens de
citer, un grand mémoire de MM. Brewster et Gladstone, sur le
spectre solaire et les bandes atmosphériques qu'il présente.
M. Gladstone résume en quelque sorte dans ce travail tous les
travaux de M. Brewster fondus avec ses propres observations.

Je dois ici entrer dans quelques détails, afin de bien préciser
l'état de la question après la publication de cet important travail.

Parmi les cartes spectrales qui accompagnent ce mémoire,
figure une carte des bandes atmosphériques du spectre solaire.
Ce sont les bandes noires qui apparaissent dans le spectre quand
le Soleil est très bas sur l'horizon ; cette carte est d'une très
belle exactitude. Quant à la cause qui produit ces bandes, les
auteurs pensent qu'on doit l'attribuer à l'atmosphère terrestre ;
cependant leurs conclusions à cet égard paraissent moins prononcées que dans d'autres mémoires de M. Brewster. On lit en
effet : « *In calling them « atmospheric » nothing more is meant to
be expressed by the term than the mere fact that there lines or bands
become much more visible as the sun's rays pass through an increasing amount of atmosphere.* » En les appelant atmosphériques,
nous n'entendons rien de plus que d'exprimer simplement le

fait que ces lignes ou bandes deviennent beaucoup plus visibles quand les rayons du Soleil passent à travers une plus grande épaisseur d'atmosphère. »

Ainsi, en 1860, on savait donc que le spectre solaire se charge de bandes obscures nouvelles, lorsque le Soleil est très abaissé sur l'horizon ; mais aussitôt que cet astre s'élève d'une manière notable, ces bandes disparaissent du spectre. Quant à la cause du phénomène, la découverte de M. Brewster sur l'action si énergique du gaz hypo-azotique sur les rayons solaires, rendait probable une action analogue des gaz de notre atmosphère.

Mais pour que cette conclusion probable devînt entièrement certaine, n'était-il pas nécessaire de pouvoir constater la présence permanente, dans le spectre solaire, des bandes qu'on y voyait seulement le soir et le matin ? De plus, ne devait-on pas suivre les variations d'intensité de ces groupes, et voir si elles s'accordaient avec les variations d'épaisseur de la couche atmosphérique traversée par les rayons solaires aux différentes heures du jour ?

Or, j'ai pensé que si ces bandes et raies atmosphériques n'avaient pas encore pu être aperçues dans le spectre du Soleil lorsque cet astre est très élevé sur l'horizon, la cause en était principalement due à l'excès de lumière qui inonde alors les espaces orangé et jaune et qui, par irradiation, devait masquer le phénomène ; d'où il résultait que si l'on employait cet excès de lumière à agrandir l'image spectrale, on aurait de grandes chances de résoudre la question. L'expérience a confirmé cette manière de voir.

C'est donc à obtenir une image du spectre très pure, modérément lumineuse et considérablement agrandie, que tendirent mes efforts. Je donnerai maintenant le détail des dispositions expérimentales qui m'ont permis d'obtenir ces résultats.

Instruments d'analyse, spectroscopes. — Le spectroscope qui a été principalement employé dans ces recherches offre une extension du principe employé par M. Duboscq dans ses petits spectroscopes monoprismes pour la chimie.

Si l'on imagine qu'à la suite d'une lunette qui porte la fente

et qui sert de collimateur, on dispose une série de prismes mobiles
sur des platines qui permettent de leur donner les mouvements
convenables, et qu'on termine cette série par un prisme à 30°
dont la face postérieure soit étamée, le faisceau après avoir traversé la série des prismes pénétrera dans le prisme à 30° et tombera normalement sur la face étamée. Là, il subira une réflexion
qui le fera revenir sur lui-même et traverser de nouveau la série
des prismes, puis rentrer dans le collimateur où il rencontrera un
prisme à 45° qui le rejettera finalement sur un oculaire disposé
latéralement.

Dans cette disposition, le faisceau, avant de revenir sur lui-
même, peut décrire facilement les trois quarts d'une circonférence, ce qui donne une circonférence et demie pour la réfraction
totale. On peut donc obtenir une dispersion correspondant à
cette énorme réfraction, tandis que dans les spectroscopes à deux
lunettes, il devient difficile de réfracter le faisceau de beaucoup
plus d'une demi-circonférence. Il est vrai qu'on a construit des
spectroscopes dont les prismes sont disposés en hélices, mais il
est visible que cette disposition, où le faisceau lumineux change
constamment de plan, est défectueuse au point de vue optique.
Un autre avantage précieux de ce genre de spectroscope, c'est
le faible volume de l'instrument qui, à puissance égale, est toujours moitié d'un spectroscope à deux lunettes.

En résumé, et sans penser pour cela que, dans des circonstances déterminées, on ne puisse employer avec avantage d'autres dispositions, je pense que le spectroscope avec retour du
rayon, en raison de sa facilité de construction, de sa grande puissance, de son petit volume, est appelé à rendre de grands services à la spectrologie, et spécialement lorsqu'il s'agira de voyages
scientifiques

M. Littrow fils, de Vienne, a fait connaître en décembre 1862
un spectroscope fondé sur le même principe que celui que je
viens de décrire. Quant à moi, je dois dire que j'ai employé cette
disposition dès le mois de mai 1862 pour l'étude des raies telluriques et j'ai établi cette antériorité de construction (26 janvier 1863, *Comptes rendus de l'Académie*) ; mais je pense qu'il est
tout à fait inutile de soulever une question de priorité à cet

égard ; nous devons être satisfaits, M. Littrow et moi, si nous avons donné un analyseur qui puisse être de quelque utilité à la science. Pour compléter la description des dispositions expérimentales, j'ajouterai que, dès l'origine de ces recherches, j'ai fait usage d'une seconde fente placée à quelques décimètres de la première. Cette seconde fente, en définissant le pinceau-incident sur la première, donne une pureté toute nouvelle au spectre et c'est même à ce moyen combiné avec l'association des prismes, que j'ai dû de pouvoir constater la présence, à midi, des raies telluriques dans le spectre. Aujourd'hui, je me sers souvent d'un artifice qui me paraît devoir être recommandé pour les analyses spectrales qui exigent un spectre d'une très grande pureté. Voici en quoi il consiste : Je suppose qu'au moyen d'un bon objectif de même longueur focale que celui de la lunette du spectroscope, on fasse tomber une image du Soleil sur la fente de l'instrument (voir la note publiée dans les *Comptes rendus de l'Académie des Sciences* le 18 mai 1863) (1), et que, vers le milieu de la distance qui sépare cet objectif de la fente, on place un prisme d'Amici. Le faisceau se trouvera décomposé sans être dévié sensiblement. Alors, au lieu de l'image du disque solaire, on aura sur la fente une série d'images formées chacune avec une seule espèce de rayons du spectre. Ces images empièteront les unes sur les autres, de sorte que la lumière qui pénétrera dans la fente, proviendra des disques voisins qui se trouvent plus ou moins coupés par celle-ci. Cette lumière décomposée dans l'instrument formera donc une portion très limitée du spectre, et toute lumière étrangère sera éliminée ; il en résultera une pureté et une intensité toutes nouvelles pour le spectre.

J'ai obtenu, au moyen de cette méthode, des résultats inespérés, et elle me paraît susceptible de beaucoup d'avenir pour les analyses qui exigent une très grande pureté d'image et une grande précision.

Lorsqu'on n'emploie pas de prisme à dispersion, et qu'on se contente de faire tomber l'image du Soleil sur la fente de l'instrument, on obtient un spectre où les lignes lumineuses transversales

---

(1) Voir ci-dessus, pages 49-50.

(parallèles aux raies) sont formées par des rayons qui viennent des différents points d'un diamètre du disque solaire (voir *Comptes rendus de l'Académie déjà cités*) c'est une nouvelle forme donnée à l'analyse, et qui conduira à des résultats importants sur la constitution physique du Soleil. Je développerai ailleurs les résultats que j'ai déjà obtenus sur ce nouveau sujet.

Premier résultat. — Au moyen des méthodes que je viens d'exposer, il m'a été très facile, d'une part, de résoudre en raies déterminées, les bandes atmosphériques seules aperçues jusqu'alors, et de plus, de constater que *ces raies existent d'une manière permanente dans le spectre.* C'est-à-dire qu'à toute heure du jour, j'ai pu les suivre pendant un laps de temps qui dépasse déjà une année et demie, et pour des stations très différentes, telles que : Paris, Turin, Gênes, Florence, Pise, Rome, Naples, etc.

Ainsi s'est trouvée résolue la première partie du problème ; il restait à voir si les variations d'intensité de ces lignes s'accordaient bien avec l'hypothèse d'une atmosphère limitée, et pour cela, il était nécessaire de pouvoir mesurer l'intensité des raies telluriques aux diverses heures du jour.

Position et intensité. — La position des raies a été déterminée au moyen d'un micromètre gravé sur un verre placé au foyer de la lunette du spectroscope. On notait la position des diverses raies formant le groupe à étudier par rapport aux divisions du micromètre ; après quoi, par le moyen de la vis qui agit sur les prismes, on faisait défiler les raies du spectre jusqu'à ce que la dernière raie notée devînt la première sur l'échelle ; on répétait alors les mêmes déterminations pour le groupe suivant qui se trouvait ainsi lié au premier, et ainsi de suite.

Pour mesurer l'intensité des lignes du spectre, les procédés photométriques dont la science dispose, me paraissent, quant à présent, impraticables ; j'ai obtenu des résultats satisfaisants et plus que suffisants pour le but que je me proposais, en comparant les lignes du spectre à des échelles présentant des lignes de largeurs et d'intensités graduées. Un tire-ligne dont l'écartement des branches se règle au moyen d'une vis à tête graduée,

permettait d'obtenir une série de lignes de largeurs déterminées ;
pour obtenir ensuite la même série en diverses intensités, on
employait des liqueurs contenant un principe colorant dont les
quantités pour un même volume de mélange croissaient comme
les nombres 1, 2, 3, etc...

Je dirai encore que pour rendre les comparaisons plus exactes
et plus faciles, j'ai souvent employé des échelles dont le fond
était coloré comme la portion du spectre à étudier.

Enfin une disposition très avantageuse consiste à reproduire
un groupe tellurique tout entier avec ses lignes, ses couleurs et
à divers degrés d'intensité. On a ainsi une échelle qui permet
d'estimer tout de suite l'intensité de toute une région tellurique
du spectre, et qui met en évidence, de la manière la plus nette,
le fait de la variation d'intensité des raies telluriques, et donne
même d'une manière approximative, la mesure de cette variation.

Tels étaient donc les moyens d'estimer la variation d'intensité
des raies du spectre solaire. Voici maintenant comment ces
moyens étaient employés. Après avoir réglé le spectroscope de
manière à obtenir le spectre dans sa plus grande pureté, on
notait, pour la portion étudiée, la position de chaque raie, à
l'aide du micromètre, sa largeur, son intensité au moyen des
échelles, et l'on continuait ainsi à faire défiler les diverses portions du spectre en les reliant entre elles comme il a été expliqué
plus haut. La hauteur du Soleil au moment de l'observation
était prise au théodolite, ou bien on notait l'heure pour en conclure cette hauteur. Les diverses circonstances atmosphériques
étaient aussi indiquées, afin de posséder tous les éléments de
discussion.

Les tables qui accompagnent ce mémoires, ont été construites
d'après ces principes ; je ne donne ici que celles qui sont relatives
au passage du Soleil au méridien, et pour une hauteur de 5° sur
l'horizon, parce que ces deux tables suffisent pour la distinction
des raies telluriques dans le spectre ; mais je dois dire que les
observations ont été faites pour des hauteurs très variées du
Soleil, et que les intensités des raies ont été rapprochées des
épaisseurs atmosphériques traversées (couche de la hauteur du
Soleil) et que l'accord est assez satisfaisant pour qu'on puisse

considérer comme indubitable, la cause atmosphérique assignée comme origine à ces raies.

Cartes spectrales. — On remarquera un groupe vers la région B de Fraunhofer, trois entre C et D, le premier placé très près de C, le second au tiers environ de la distance entre C et D vers C ; le troisième très près de D. Au delà de D existe encore un groupe remarquable, mais plus difficile à résoudre en raies. Dans les parties verte, bleue, violette, l'action de l'atmosphère s'exerce d'une manière plutôt générale que particulière sur certains rayons ; aussi quand le Soleil s'abaisse, l'intensité lumineuse de ces espaces décroît-elle rapidement, et il paraît difficile d'y reconnaître

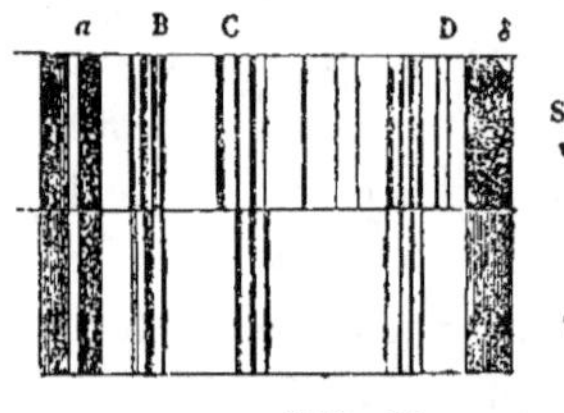

1863. Fig. 1.

des groupes de raies importants. Les petites bandes au contraire s'y rencontrent plus nombreuses ; mais comme elles se détachent sur un fond très obscur, elles ne supportent pas un grossissement capable de les résoudre en raies déterminées. Il faut remarquer aussi que les raies telluriques diffèrent entre elles, non seulement par la longueur, mais encore par l'intensité, ce qui nous montre que l'action absorbante de l'atmosphère ou le coefficient d'extinction est variable pour chaque radiation lumineuse élémentaire. Les raies produites par une action énergique ou assez énergique sont visibles pendant toute la journée dans mon instrument ; celles au contraire, qui sont faibles, même le soir et le matin, c'est-à-dire quand les rayons solaires ont traversé l'épaisseur plus que décuplée de notre atmosphère, deviennent nécessairement très difficiles à suivre pour les grandes altitudes du Soleil, mais on comprend très bien que leur invisibilité n'est qu'une conséquence de l'imperfection relative de nos moyens optiques, et qu'il suffit pleinement, pour asseoir notre doctrine, que nous ayons démontré qu'il existe dans le spectre un système de raies toujours visibles, et dont l'intensité varie comme les épaisseurs d'air traversées.

Je ferai remarquer, comme conséquence immédiate de ces principes, que dans un avenir très prochain, il nous sera sans doute permis d'acquérir, sur la nature des atmosphères des autres planètes de notre système solaire, des notions qu'on aurait vainement demandées à d'autres méthodes d'analyse.

Il faut désormais ajouter les gaz de notre atmosphère à la liste de ceux qui ont le pouvoir de faire naître des bandes obscures dans le spectre, et il devient infiniment probable que cette propriété, qu'on avait considérée comme exceptionnelle, est au contraire générale parmi les substances gazeuses.

Je propose de nommer raies telluriques les lacunes que notre atmosphère fait naître dans le spectre du Soleil ou des autres astres ; la dénomination d'atmosphériques pouvant laisser dans l'esprit une certaine confusion, puisqu'en définitive toutes les raies des spectres cosmiques sont produites par des atmosphères ou du moins peuvent être produites par des atmosphères.

SUR LES BANDES TELLURIQUES OBSERVÉES DANS LE SPECTRE DE SIRIUS

L'étude que j'ai poursuivie à Rome des raies et bandes telluriques du spectre solaire m'a fourni naturellement les éléments d'une recherche analogue sur les étoiles ; j'ai examiné le spectre d'une étoile très rapprochée de l'horizon. On sait, en effet, que les bandes telluriques du spectre solaire s'accusent surtout énergiquement lorsque cet astre se lève ou se couche. L'étoile la plus propre à ce genre de recherches est Sirius ; d'abord à cause du volume de lumière qu'elle nous envoie, ce qui permet de la voir très près de l'horizon, mais surtout parce que son spectre propre ne présente pas de grandes lacunes dans les espaces qui précèdent le vert, espaces où l'atmosphère de la Terre fait naître surtout les bandes obscures les plus larges et les mieux caractérisées.

Le spectre de Sirius a donc été examiné lorsque l'étoile se dégageant des vapeurs de l'horizon envoyait une quantité de lumière suffisante pour l'observation. J'ai remarqué alors dans le spectre de l'étoile où les couleurs étaient d'ailleurs des plus vives, des bandes obscures qui, d'après mes mesures correspon-

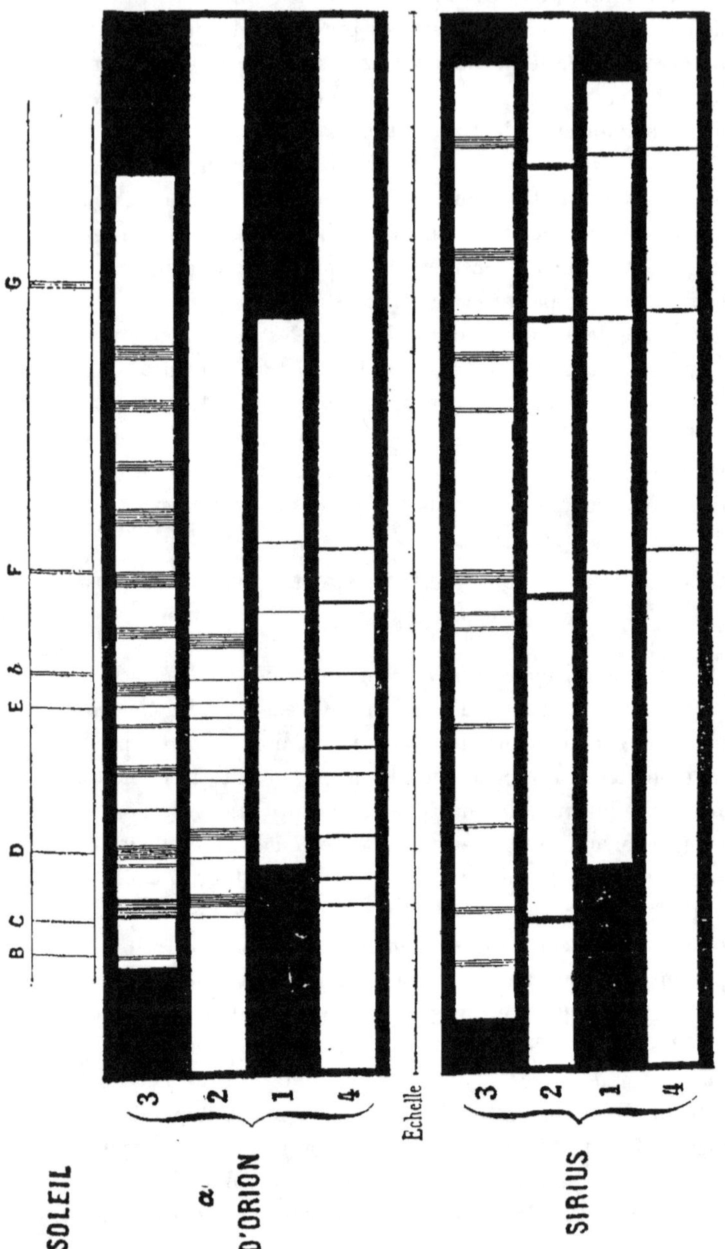
B C D E b F G
3 2 1 4
SOLEIL
α D'ORION
Echelle
3 2 1 4
SIRIUS
1863. Fig. 2.

dent d'une manière tout à fait satisfaisante avec celles que le même instrument montre dans le spectre solaire lorsque cet astre est près de l'horizon. La bande tellurique nommée δ dans les cartes publiées par M. Brewster et Gladstone a été vue, notamment dans deux observations différentes.

SUR LE SPECTRE DE L'ÉTOILE ·α. ORION

J'avais remarqué que la raie située entre le jaune et le vert, dans le spectre de l'étoile, occupait la place de la raie D dus pectre solaire. Pour vérifier cette conjecture, j'armai le spectroscope d'un prisme à réflexion devant la fente ; le tube qui portait l'instrument fut percé d'une petite ouverture correspondante, et on disposa en face une petite lumière donnant la raie du sodium en excès parmi les autres rayons. On avait ainsi deux spectres superposés : celui de l'étoile avec ses raies noires et espaces obscurs, et celui de la petite flamme artificielle avec la raie jaune du sodium brillant sur le fond du spectre. Or, j'ai pu constater une coïncidence parfaite entre la raie D de la flamme et la raie noire de l'étoile.

Suivant la théorie de MM. Kirchhoff et Bunsen, si l'étoile possède une atmosphère, cette atmosphère doit compter le sodium au nombre des vapeurs métalliques qu'elle contient. Avant d'affirmer définitivement un fait de cette importance, il est peut-être prudent d'attendre que nous soyons en état de produire des spectres plus dilatés qui permettent de voir la raie D double ainsi qu'elle est réellement constituée. Dans tous les cas, il y a là une coïncidence bien remarquable, et il m'a paru convenable de signaler un fait qui est sans doute notre premier pas dans l'étude de la constitution chimique de notre nébuleuse.

26 novembre 1863.

(Archives de l'Académie des Sciences).

Plusieurs notes, qui ont ensuite été réunies dans ce Rapport, ont paru d'abord dans les recueils suivants : *Atti dell' Accademia Pontificia de' Nuovi Lincei*, Sessione IIᵃ del 4 gennaio 1863, p. 261 ; *Les Mondes*, numéros du 12 janvier 1863 et du 5 mars 1863, p. 13 et 57 C. ; *R. Acad. Sc.*, Séance du 23 mars 1863, T. 56, p. 538.

VII

CARTES SPECTRALES DU SOLEIL

Société philomathique, séance du 28 novembre 1863.

M. J. Janssen a mis dans cette séance sous les yeux des membres de la Société des cartes spectrales du Soleil montrant la distinction des raies dues à l'action de notre atmosphère de celles qui appartiennent en propre à la lumière solaire. Il a lu en même temps à ce sujet la note que voici :

Sans faire ici l'historique de cette question, je dirai qu'au moyen des dispositions optiques que j'ai employées, je puis suivre dans le spectre deux sortes de raies ; les unes d'intensité constante, qui sont les raies solaires proprement dites ; les autres, variables en intensité avec la hauteur du Soleil, quoique toujours visibles dans le spectre, et qui me paraissent devoir être attribuées, d'une manière incontestable, à l'action de notre atmosphère. Ces raies prennent, pour la plupart, une intensité considérable le soir et le matin ; aussi, un grand nombre de raies solaires qui, dans le milieu du jour, surpassent beaucoup en intensité des raies telluriques voisines sont surpassées à leur tour par celles-ci quand le Soleil s'abaisse sur l'horizon. Les groupes telluriques gardent, au contraire, les mêmes rapports d'intensité entre eux pendant toute la durée du jour.

Ces faits me paraissent destinés à modifier beaucoup nos idées sur les conditions de la production des raies par les substances gazeuses. Je pense aussi qu'on pourra en tirer un utile parti pour la recherche de la composition des atmosphères des planètes, sujet dont j'espère pouvoir m'occuper lorsque les cartes que je présente seront terminées.

Société philomathique de Paris. Extraits des Procès-verbaux des séances pendant l'année 1863.

1864

SUR LES RAIES TELLURIQUES DU SPECTRE SOLAIRE

J'ai l'honneur de présenter à la Société un résumé succinct des nouvelles recherches que je viens de faire sur les raies telluriques du spectre solaire, en vertu d'une mission de M. le Ministre de l'Instruction publique, mission donnée sur un rapport favorable de l'Académie des Sciences, en date du 2 mai 1864.

J'ai déjà eu l'honneur de faire part à la Société des premiers résultats que j'avais obtenus sur ce sujet.

Dans cette communication, j'annonçais que les bandes obscures découvertes par M. Brewster dans le spectre solaire quand le Soleil est près de l'horizon ; que ces bandes, dis-je, se résolvent en raies déterminées comparables aux raies solaires proprement dites ; que ces raies sont toujours visibles quelle que soit la hauteur du Soleil ; enfin, que ces raies présentent des variations d'intensité aux diverses heures du jour qui paraissent en rapport avec les épaisseurs atmosphériques traversées par les rayons solaires.

En outre, j'ai eu l'honneur de présenter en même temps des cartes très détaillées, où la distinction entre les raies dues à l'action de notre atmosphère, et que j'appelle, en conséquence, telluriques, est indiquée avec celles qui sont purement solaires. Ces cartes comprenaient la portion CD du spectre.

La communication que j'ai l'honneur de faire aujourd'hui peut se résumer ainsi :

J'ai constaté dans les études que je viens de faire sur le Faulhorn à près de 3 000 mètres de hauteur,

Que l'intensité des raies telluriques décroît à mesure qu'on s'élève dans l'atmosphère.

Que les intensités de ces raies, pour une même hauteur du

Soleil sur une montagne et dans la plaine, sont loin d'être les mêmes ; elles sont d'autant plus faibles pour une même hauteur du Soleil que la montagne est plus élevée.

Que la présence des nuages et vapeurs atmosphériques sur le trajet des rayons solaires n'augmente point l'intensité de ces raies, d'où il résulte que les nuages, brouillards, vapeurs atmosphériques ne sauraient être considérées comme cause du phénomène ; mais que la quantité totale de vapeur d'eau, à l'état de fluide élastique, que contient l'atmosphère, a, au contraire, une influence nettement appréciable sur le phénomène. Je me propose d'instituer des expériences directes pour démontrer d'une autre manière cette action.

Que dans le spectre solaire la région comprise entre A et B est presque exclusivement sillonnée de raies telluriques, notamment le groupe A de Fraunhofer. Les cartes de M. Kirchhoff ne présentent point de raies métalliques pour ce groupe, résultat qui s'accorde avec mes conclusions.

Enfin, j'ai annoncé que dans une expérience faite sur le lac de Genève, entre Genève et Nyon, j'avais constaté la présence des bandes telluriques dans le spectre d'une flamme (flamme d'un bûcher de bois de sapin) qui de près n'en donnait aucune ; expérience qui me parait démontrer d'une manière certaine l'action absorbante élective de l'atmosphère.

La production de raies fines et déterminées par l'atmosphère terrestre, c'est-à-dire par des fluides aériformes à basse température, étant un fait tout à fait nouveau, puisque jusqu'ici les raies brillantes ou obscures étaient exclusivement produites par des milieux à haute température, il m'a paru nécessaire d'appuyer ma proposition non seulement par des observations directes sur le spectre solaire, mais encore en montrant des résultats analogues sur d'autres gaz.

Or, je puis anoncer ici qu'une étude attentive des vapeurs d'acide hypo-azotique, d'iode, de brome, etc., m'a convaincu que ces vapeurs *à la température de notre atmosphère*, produisent dans le spectre des bandes *résolubles en raies fines et déterminées* tout à fait comparables aux raies solaires elles-mêmes.

Le fait que j'ai annoncé, à savoir : que notre atmosphère produit dans le spectre solaire tout un système de raies qui lui sont propres, n'est donc point sans faits analogues, mais paraît au contraire se rattacher à un nouvel ordre de phénomènes très nombreux et dont il ne serait qu'un cas particulier.

Du reste je crois que, sinon pour tous les gaz, au moins pour un très grand nombre parmi ceux qu'on a reconnus inactifs, on pourrait manifester le phénomène des raies en les prenant sous une épaisseur suffisante.

Je ne concevrais pas, par exemple, comment l'hydrogène, qui n'est en définitive qu'une vapeur métallique énormément loin de son point de liquéfaction, serait inactif, tandis que les autres vapeurs métalliques exercent des actions d'absorption élective si remarquables sur la lumière.

Les physiciens voudront bien remarquer combien ces recherches étendent le champ de l'analyse spectrale qui pourra s'appliquer désormais à l'étude des fluides aériformes, quelle que soit leur température.

Comme application à la physique céleste, je ferai remarquer, ainsi que j'ai déjà eu occasion de le faire dans une communication à l'Académie de Rome, le 4 janvier 1863, que l'on pourra aborder désormais avec fruit l'étude spectrale des atmopshères planétaires des milieux cosmiques à basse température.

Bulletin de la Société philomathique de Paris. Séances du 26 novembre et du 10 décembre 1864, p. 132 et 134. Reproduit dans *L'Institut,* numéros du 30 novembre et du 21 décembre 1864, p. 380 et 402.

1865

I

RAÏES ATMOSPHÉRIQUES

J'ai cherché à établir d'une manière incontestable l'action d'absorption élective que l'atmosphère terrestre exerce sur la lumière. Cette action se traduit par des raies sombres, fines et très nombreuses dans le spectre de toute lumière dont les rayons ont traversé une épaisseur suffisante de notre atmosphère.

M. Brewster avait annoncé en 1833 que le spectre du Soleil à l'horizon présentait des bandes sombres nouvelles, bandes qui disparaissaient d'une manière complète quand l'astre s'élevait notablement. Mais cette circonstance que ces bandes disparaissaient pendant la journée avait toujours empêché de les attribuer d'une manière incontestable à l'action de l'atmosphère terrestre ; et dans le mémoire sur ce sujet, publié dans les Transactions philosophiques de Londres, l'auteur ne s'arrête pas, en effet, à cette explication.

J'ai eu occasion de m'occuper de ce sujet, à mon tour ; et par des dispositions optiques convenables, j'ai pu constater :

1° Que les bandes de M. Brewster se résolvaient en lignes fines comparables aux raies solaires proprement dites ;

2° Que ces raies étaient toujours visibles dans le spectre, et variaient seulement d'intensité suivant la hauteur du Soleil.

Ce caractère spécial des raies du spectre solaire d'origine terrestre m'a permis de dresser une carte du spectre où cette distinction est présentée pour la première fois.

Grâce à plusieurs missions du gouvernement obtenues avec l'appui de l'Académie (et je lui en exprime ici ma reconnaissance) j'ai pu travailler à ces cartes en Italie et sur les Alpes.

J'ai .trouvé que dans la partie rouge et orangée du spectre solaire, les raies d'origine terrestre ou *telluriques* sont beaucoup plus importantes et plus nombreuses que les raies d'origine solaire.

Par une expérience directe faite sur le lac de Genève, j'ai constaté la présence de ces bandes dans le spectre de la flamme d'un bûcher de bois de sapin brûlant à 21 kilomètres. Cette flamme ne donnait aucune raie de près.

Enfin, j'ai pu constater, d'après certaines observations, que la vapeur d'eau, dissoute dans l'air ou à l'état de fluide élastique, devait avoir une part importante dans la production du phéno- mène. Je m'occupe de la vérification directe de ce fait important.

Ainsi que je l'ai fait remarquer dans une communication à l'Académie de Rome, le 4 janvier 1863, ces nouveaux faits sont de nature à étendre beaucoup le champ de l'analyse spectrale qui pourra désormais s'appliquer à l'étude des gaz à basse tem- pérature, et notamment à l'étude des atmosphères des planètes au point de vue de leur composition chimique. Les résultats récents obtenus par MM. Huggins et Miller sur la lumière des planètes sont une confirmation de ces idées.

Les Mondes, numéro du 5 janvier 1865, p. 41.

II

SUR LES RAIES TELLURIQUES DU SPECTRE SOLAIRE CONCERNANT L'ANALYSE PRISMATIQUE DE LA LUMIÈRE SOLAIRE ET CELLE DE PLUSIEURS ÉTOILES.

Le mémoire que j'ai aujourd'hui l'honneur de soumettre au jugement de l'Académie contient l'exposé et la discussion des observations faites dans un récent voyage fait aux Alpes. Voici le résumé des résultats obtenus :

Sur le Faulhorn (Oberland bernois 2 683 mètres d'altitude), j'ai constaté une diminution de tous les groupes de raies telluriques du spectre solaire, résultat qui était une conséquence de l'altitude du lieu et qui démontre l'origine atmosphérique terrestre de ces lignes.

Au contraire, j'ai pu remarquer que les lignes d'origine solaire conservaient leur intensité et gagnaient même en netteté. L'observation de M. Glashair, qui, après une récente ascension aérostatique, a annoncé avoir vu les raies du spectre solaire diminuer de plus en plus à mesure que l'aérostat s'élevait davantage est pour moi tout à fait contraire à la réalité des faits.

Sur les hautes montagnes, les raies du spectre solaire qui prennent leur origine dans notre atmosphère éprouvent, pendant le cours d'une journée, des variations d'intensité beaucoup plus marquées que dans la plaine ; sur le Faulhorn, j'ai pu reconnaitre ainsi l'origine tellurique des groupes importants pour lesquels la distinction était restée jusqu'ici douteuse.

Ces groupes qui appartiennent à l'extrémité rouge du spectre sont les suivants :

1º Une portion au moins de la raie B de Fraunhofer, celle qui est la moins réfrangible ; l'intensité de la raie qui forme l'autre portion ne permet pas de se prononcer.

2º Les groupes qui sont situés entre B et a sont formés de raies presque exclusivement telluriques.

3º Le groupe (a) est tellurique, c'est-à-dire que l'extrémité rouge du spectre depuis B jusqu'à A est sillonnée de raies qui sont à peu près toutes d'origine atmosphérique terrestre. Là l'importance du phénomène tellurique est plus que décuple de celle du phénomène solaire.

Je ferai remarquer ici que les cartes de M. Kirchhoff ne présentent pour toute la région A à B aucune coïncidence entre les raies du spectre solaire et celle des métaux étudiés par cet éminent physicien. La découverte de l'origine tellurique des groupes de cette région donne l'explication de cette circonstance, et elle y trouve une confirmation de son exactitude.

Si nous jetons maintenant un coup d'œil sur la distribution générale des groupes telluriques dans le spectre solaire, nous voyons que ces groupes sont d'autant plus importants et plus nombreux que l'on considère une portion moins réfrangible du spectre ; c'est précisément le contraire pour les raies d'origine solaire.

Le mémoire contient encore la relation d'une expérience faite sur le lac de Genève entre Nyon et Genève, et dans laquelle j'ai pu constater la production des groupes telluriques dans le spectre d'une flamme qui, à petite distance, n'en présentait aucun. Cette expérience démontre directement l'action d'absorption élective de notre atmosphère.

A la suite de mes premières communications sur les raies telluriques le P. Secchi, s'occupant de mon sujet, a annoncé avoir remarqué une augmentation d'intensité dans les bandes telluriques les jours nébuleux, ou quand l'atmosphère est blanchâtre ou vaporeuse, ou bien encore quand on observe la Lune, voilée par l'effet des vapeurs (1).

Le P. Secchi concluait de cette observation rapprochée de celle du spectre des planètes, à l'existence très probable de la vapeur d'eau dans les atmosphères de ces astres.

J'ai fait remarquer à cette occasion que les résultats donnés par l'analyse de la lumière des nuages étaient en général trop complexes pour servir à élucider une question de ce genre.

Plus tard, dans une communication sur le spectre de Jupiter, le P. Secchi maintient ses premières conclusions.

« A cette occasion, dit-il, j'ai constaté de nouveau l'influence des brumes ou caligines sur les raies atmosphériques terrestres (2) ».

Quant à moi, j'ai continué une longue suite d'observations dans les circonstances atmosphériques les plus diverses, mais en ayant soin de ne me servir que de la lumière directe du Soleil, afin de ne pas compliquer la question de ces circonstances de réflexions étrangères, difficiles à apprécier, et qui jettent une confusion regrettable dans les observations du P. Secchi.

Cet ensemble d'observations m'a démontré que la vapeur d'eau, à l'état de nuage ou de vapeur atmosphérique, ne paraît

____

(1) *C. R. Acad. Sc.*, 1863, T. 57, p. 215.
(2) *C. R. Acad. Sc.*, 1864, T. 59, p. 184.

point agir (1), mais que c'est la vapeur d'eau à l'état de fluide élastique qui a une part importante dans la production des raies telluriques du spectre solaire.

Par exemple, le 5 juillet 1864, le temps était beau, pur et chaud, un groupe tellurique mesuré à nos échelles fut trouvé d'intensité 15, le Soleil était à 4°30′ sur l'horizon ; tandis que le 27 décembre 1864, pour une même hauteur du Soleil, le temps également pur, mais si sec, que le point de rosée était à 8 degrés au-dessous de zéro, le même groupe tellurique n'avait plus, aux mêmes échelles, qu'une intensité égale à 4.

Une expérience pour la vérification directe de ce point important vient d'être faite à l'atelier central des phares du gouvernement ; elle a donné un résultat qui s'annonce comme confirmatif ; je compte l'exécuter sur une échelle encore plus considérable, où le phénomène pourra être étudié comme il mérite de l'être.

Il y a deux années, en publiant mes premières études spectrales sur l'atmosphère de la Terre, j'ai émis la pensée que cette étude conduirait plus tard à la connaissance des atmosphères des planètes (2). Aujourd'hui, j'ai la satisfaction de voir que cette prévision se réalise de plus en plus ; car indépendamment des faits rapportés ci-dessus, les résultats récents obtenus par MM. Huggins et Miller, qui ont vu dans les spectres des planètes des raies nouvelles, sont une confirmation de ces idées.

C. R. Acad. Sc., Séance du 30 janvier 1865, T. 60, p. 213.

Traductions : On the terrestrial Rays of the Solar Spectrum, *Philosophical Magazine*, XXX, 1865, p. 78. — Ueber die irdischen Linien des Sonnen-Spectrum, *Annalen der Physik und Chemie*, CXXVI, 1865, p. 480.

---

(1) La lumière solaire ayant traversé un nuage ou un brouillard ne m'a pas donné de raies telluriques plus intenses que lorsque le ciel était pur avec un point de rosée aussi élevé, les autres circonstances étant les mêmes (le point de rosée était déterminé avec l'hygromètre à condensation de M. Regnault).

(2) *C. R. Acad. Sc.*, 1863, T. 56, p. 540.

III

RAIES ATMOSPHÉRIQUES

Le P. Secchi a publié, dans le numéro des *Mondes* du 26 janvier, une note sur le sujet dont je m'occupe depuis bientôt trois années, c'est-à-dire sur les raies telluriques du spectre solaire.

J'ai annoncé (1) qu'une longue suite d'observations m'avait révélé la part importante que la vapeur d'eau, dissoute dans l'air ou à l'état de fluide élastique, devait prendre dans la production des raies telluriques, c'est-à-dire des raies produites dans le spectre solaire par notre atmosphère.

Or, dans cette note, le P. Secchi dit qu'il est très heureux que je lui accorde ce que je lui avais contesté dans le temps, et que les idées qu'il a émises sur ce sujet se trouvent confirmées par une autorité, ajoute-t-il, aussi compétente que la mienne. Je remercie ce savant de sa bonne opinion ; mais qu'il me soit permis de montrer ici que je ne suis nullement en contradiction avec moi-même, et que le fait que j'annonce, sur l'action de la vapeur d'eau dissoute dans l'atmosphère, est tout à fait nouveau, et n'a nullement été en question entre le P. Secchi et moi.

Dans notre atmosphère, l'eau se trouve à des états si variés, qu'il est nécessaire de bien spécifier sous quelle forme on la considère. On dit, en effet, vapeurs atmosphériques pour désigner des brouillards particuliers qui voilent l'atmosphère, et, sous cette forme, l'eau n'est pas à l'état de fluide élastique, mais se rapporte au contraire à l'état liquide. Or, dans la première communication que le P. Secchi a faite sur ce sujet (2), il parle constamment de l'action des nuages, des brouillards, sur l'intensité des bandes telluriques.

J'ai répondu (3) que je n'admettais point cette action des nuages pour la production de ces raies.

---

(1) *L'Institut*, 30 novembre 1864. — *Compte rendu de l'Association scientifique*, 20 décembre 1864. — *Les Mondes*, 5 janvier 1865. — *Comptes rendus de l'Académie des Sciences*, 30 janvier 1865.

(2) *Comptes rendus*, 13 juillet 1863, p. 73.

(3) *Comptes rendus*, 27 juillet 1863, p. 215.

Or, si c'était à la vapeur d'eau à l'état de fluide élastique que le P. Secchi rapportait cette action, il pouvait, dans la réplique qu'il m'a faite, expliquer nettement sa pensée, et ma remarque tombait d'elle-même, car elle ne portait que sur l'action des nuages ou vapeurs troublant l'atmosphère, et nullement sur l'eau dissoute dans l'air.

Or, loin de là, le P. Secchi insiste dans sa réplique. « A cette occasion, dit-il, j'ai constaté de nouveau l'influence des brumes ou caligines sur les raies atmosphériques (1) ».

On m'accordera donc que si, après avoir rejeté l'action des brumes, des nuages, et en général de l'eau sous la forme liquide, j'annonce ensuite l'action de ce corps sous la forme de fluide élastique, on m'accordera, dis-je, que loin d'être en contradiction avec moi-même, j'énonce un fait nouveau, appuyé, comme on va le voir, sur de longues et sérieuses observations.

Il y a plus, suivant moi : la discussion des observations du P. Secchi montre qu'elles ne pouvaient pas conduire à une solution de cette question.

Si l'on prend, en effet, les notes que le directeur de l'Observatoire romain a publiées (2) antérieurement à ma dernière communication, touchant l'action de la vapeur d'eau dissoute dans l'air (publiée le 30 novembre 1864, *L'Institut*), on y voit que le P. Secchi observait avec mon petit spectroscope de poche la lumière envoyée par l'atmosphère, et qu'il annonce avoir remarqué une augmentation d'intensité dans les bandes telluriques quand le ciel est voilé et vaporeux, ou quand l'atmosphère est plus ou moins chargée de nuages, ou enfin quand la lune était observée à travers un nuage.

Or, la lumière qui provient d'un nuage, et en général d'un point déterminé de l'atmosphère, contient une plus ou moins forte proportion de lumière qui s'est réfléchie sur les particules de l'atmosphère, et qui arrive ainsi à l'œil après avoir parcouru un chemin plus ou moins grand, et bien difficile à apprécier. Mais on sait que l'action absorbante d'un milieu dépend de

---

(1) *Comptes rendus*, 25 juillet 1864, p. 184.
(2) *Comptes rendus*, 13 juillet 1863, p. 71.

l'épaisseur sous laquelle il agit. Lors donc qu'un faisceau lumineux, émané d'un nuage, présente des raies telluriques plus accusées, cet effet peut être dû, ou bien à cette proportion inconnue de rayons réfléchis, ayant parcouru un grand chemin dans l'atmosphère, ou bien à l'action du nuage lui-même, action qu'on ne pouvait pas rejeter *a priori*, ou bien enfin à la vapeur d'eau dissoute dans l'air.

Au milieu de causes aussi multiples, comment faire la part de chacune ? Comment attribuer avec certitude à la vapeur d'eau dissoute dans l'air ce qui pouvait provenir aussi bien des autres causes ?

Il est évident que, pour résoudre la question, il fallait se placer dans des conditions plus simples.

Quant à moi, j'avais depuis longtemps adopté un mode expérimental tout différent. Bannissant entièrement la lumière atmosphérique, de composition trop complexe, je me suis livré à une longue série d'études sur la lumière directe du soleil, notant avec soin la hauteur de l'astre, le point de rosée, la température de l'air, etc. Cette étude était faite avec un grand spectroscope donnant la résolution des bandes telluriques en raies déterminées, sur lesquelles je prenais, au moyen de mes échelles, les mesures d'intensité, mesures qui ne sont pas possibles avec les petits instruments où les raies solaires sont mêlées aux raies telluriques.

Poursuivant cette étude pendant une période qui embrasse maintenant plusieurs années, j'ai ainsi obtenu des éléments certains et solides pour une discussion approfondie sur l'influence des états de l'atmosphère.

Si l'on rapproche, par exemple, toutes les observations où les circonstances sont semblables, sauf la quantité d'eau dissoute dans l'atmosphère et qu'on trouve que pour des hauteurs égales du soleil, par un ciel également pur, etc., l'intensité de certaines raies s'élève constamment avec le point de rosée et s'abaisse avec lui, on sera alors fondé à admettre une dépendance entre ces deux phénomènes.

On trouvera dans le deuxième mémoire qui a été présenté à l'Académie le 20 janvier 1865, une longue suite d'observations qui démontrent l'action de la vapeur d'eau dissoute.

J'en extrais seulement cette observation : Le 5 juillet 1864, le temps étant beau, pur et chaud, un groupe tellurique, mesuré à mes échelles, fut trouvé d'intensité 15, le soleil étant à $4°30'$ sur l'horizon ; tandis que le 27 décembre 1864, pour une même hauteur du soleil, le temps également pur, mais si sec, que le point de rosée était à $8°$ au-dessous de zéro, le même groupe tellurique n'avait plus, aux mêmes échelles, qu'une intensité égale à 4.

Les nébulosités que le P. Secchi annonce avoir découvertes dans le spectre (*Mondes*, 26 janvier 1865), ont été déjà signalées dans la note et la carte que j'ai publiées à Rome il y a deux ans (*Accademia dei Nuovi Lincei*, 4 janvier 1863), et j'ai discuté la cause de leur présence ; elles sont dues à des groupes de raies telluriques trop fines et trop serrées pour être résolues par des instruments peu puissants, comme paraît être celui de ce savant, qui ne donne que 3 raies dans la raie D, où nous en connaissons déjà plus de 7.

On sait, du reste, dirai-je en terminant, que je travaillais depuis longtemps à ce sujet, quand le P. Secchi a publié ces aperçus sur l'action des brumes et des nuages. J'aurais pu demander qu'il me fût permis de terminer mon mémoire avant qu'on s'occupât d'un sujet que j'avais droit de considérer comme le mien. En cela, je n'aurais suivi qu'un usage adopté universellement parmi les savants. Je ne l'ai point fait, parce que je pense qu'il faut s'efforcer toujours de faire disparaître, des discussions scientifiques, les considérations personnelles. Seulement, dans l'intérêt même de la science, le P. Secchi me permettra de discuter franchement ses observations, comme j'appelle sa critique sur les miennes.

Les Mondes, numéro du 25 février 1865, p. 349.

IV

MÉMOIRE SUR LES RAIES TELLURIQUES DU SPECTRE SOLAIRE

(Rapport d'une Mission dans les Alpes confiée
par M. le Ministre de l'Instruction publique.)

> L'Etude de la Lumière nous révè-
> lera la constitution physique du
> système du monde.

Dans ce mémoire sur les raies telluriques du spectre solaire, je me propose de rendre compte des observations que j'ai faites pendant le cours d'un voyage dans les Alpes, exécuté en 1864.

Les observations recueillies pendant ce voyage me paraissent appuyer et étendre beaucoup la théorie des raies telluriques.

C'est avec l'appui de l'Académie, et en vertu d'une mission du Ministre de l'Instruction publique, que je me suis livré à ces nouvelles études.

I. — DÉCROISSEMENT D'INTENSITÉ DES RAIES TELLURIQUES AVEC LA HAUTEUR DU POINT D'OBSERVATION.

Le Faulhorn est une montagne remarquable de l'Oberland Bernois. Le sommet du mamelon terminal s'élève à 2 683 mètres suivant la triangulation suisse. Sur ce sommet, on a établi une bonne auberge où l'on reçoit les voyageurs pendant l'été, et qui est gardée en hiver par quelques montagnards. C'est donc un lieu constamment habité, et, sous ce rapport, c'est, je crois, le point le plus élevé de l'Europe. L'hospice du grand Saint-Bernard est de plus de 200 mètres au-dessous. La situation isolée du Fraulhorn et les facilités qu'il offre pour un établissement fixe l'ont fait souvent choisir pour des observations de physique et de météorologie. Il a même une sorte de réputation scienti-fique, en raison des travaux remarquables dont il a été le théâtre.

C'est sur cette montagne que je me suis établi pendant le

mois de septembre 1864 pour les observations spectrales rapportées ici.

Les variations de température et d'humidité sont extrêmes sur les hautes montagnes des Alpes. Sur le Faulhorn en particulier, j'ai observé à des intervalles de un à deux jours, l'air d'abord saturé, et puis d'une sécheresse telle que le point de rosée tombait à 20° au-dessous de zéro. Ces variations des éléments météorologiques n'ont pas été inutiles à mes observations, je m'en occuperai bientôt, mais pour le moment, je vais rendre compte de la diminution générale d'intensité des raies telluriques que j'ai observée sur cette montagne.

Ces intensités ont été mesurées surtout avec le spectroscope à cinq prismes qui m'avait servi en Italie pour la construction de mes cartes ; c'est l'instrument avec lequel j'ai exécuté le plus grand nombre de ces mesures. Au point de vue des comparaisons, son emploi était donc indiqué.

Le mardi 12 septembre 1864, le spectre fut examiné vers midi. On étudia plus spécialement le groupe tellurique voisin de D qui avait été l'objet des mesures antérieures les plus nombreuses. On trouva toutes les lignes telluriques de ce groupe très affaiblies, et plusieurs même qu'on avait toujours vues jusque-là, étaient comme disparues du groupe, évidemment à cause de leur grand affaiblissement. Il est vrai que les lignes disparues étaient les plus faibles du groupe en temps ordinaire.

Le jour suivant, le même examen fut répété dans les mêmes circonstances ; les raies telluriques étaient encore plus affaiblies, des lignes encore visibles la veille avaient disparu, et ce grand affaiblissement était général pour tous les groupes.

Le soir, je fus frappé du peu d'intensité des groupes telluriques, en égard à la position du Soleil qui était très près de l'horizon, le temps très variable sur le Faulhorn ne permit pas toujours des observations au moment que j'aurais désiré. Il fallait profiter des circonstances telles qu'elles se présentaient.

Le vendredi, 15 septembre, le Soleil donna vers 5 heures un quart du soir ; la hauteur du centre du Soleil prise avec un petit théodolite fut trouvée de 4°10'. Je mesurai à l'échelle (voir le premier mémoire) l'intensité de la ligne D′ et de la ligne D″

(lignes telluriques remarquables du groupe tellurique de D) ces intensités étaient de 6 à 7 pour la première et de 7 à 8 pour la seconde. Or, ces mêmes intensités mesurées pour une hauteur égale du Soleil à Paris, le 5 juillet, avaient été trouvées de 15 à 16, c'est-à-dire du double. La hauteur du Faulhorn n'est pas suffisante pour rendre compte d'une diminution de moitié dans les intensités ; j'ai pensé que la différence provenait de la sécheresse plus grande de l'air de ces hautes régions, et j'ai été ainsi conduit à étudier l'influence de l'état hygrométrique que j'avais déjà soupçonné ; mais en ayant égard à cette circonstance, il reste toujours un affaiblissement très notable qui fait ressortir l'influence de la hauteur du point d'observation et confirme l'origine tellurique de ces raies.

Tandis que toutes les raies dues à l'absorption de notre atmosphère s'affaiblissaient ainsi sur le Faulhorn, les raies d'origine solaire m'ont paru conserver toute leur intensité et gagner même en pureté ; résultat bien facile à prévoir, du reste, et qui montre l'inexactitude des résultats annoncés par M. Glaishair. Ce savant a annoncé que dans une ascension aérostatique, il a vu les raies du spectre s'affaiblir à mesure qu'il s'élevait, et tendre à disparaître.

II. — Des groupes telluriques nouveaux découverts sur le Faulhorn.

Cet affaiblissement général des raies dues à l'action générale de notre atmosphère m'a facilité beaucoup la distinction entre ces raies et les raies solaires proprement dites pour le cas où cette distinction était douteuse. C'est ainsi que j'ai pu reconnaître l'origine atmosphérique des lignes et groupes suivants situés à l'extrémité rouge du spectre.

1º La raie B est formée d'une ligne noire accompagnée, du côté de A, d'une bande large ; cette bande est évidemment tellurique.

2º Les groupes situés entre B et *a* sont presque exclusivement telluriques.

3º Le groupe *a* l'est également.

J'ai observé ce dernier groupe d'une pâleur extrême au Faulhorn vers midi, tandis que le soir ou le matin, il devenait d'une teinte si foncée, qu'il égalait presque la raie A.

La raie A paraît aussi se foncer quand le Soleil s'abaisse beaucoup, mais la différence ne paraît pas assez considérable pour se prononcer avec certitude ; tandis que pour les groupes dont je viens de parler, les phénomènes sont tellement tranchés, et ont été observés avec tant de soins, et dans des circonstances si variées, que la certitude doit être considérée comme complète.

En disant qu'un groupe est entièrement tellurique, j'entends simplement que pour le grossissement employé, toutes les raies visibles sont telluriques. Il est évident qu'un grossissement plus considérable pourrait montrer quelques fines raies d'origine solaire.

Il faut remarquer en outre, que les cartes de M. Kirchhoff ne présentent, pour toute la région de A à B, aucune coïncidence entre les raies du spectre solaire et celles des métaux étudiés par cet éminent physicien. La découverte de l'origine tellurique des groupes de cette région donne l'explication de cette circonstance, et elle y trouve une confirmation de son exactitude.

EXPÉRIENCE EXÉCUTÉE SUR LE LAC DE GENÈVE

en vue de démontrer l'action d'absorption élective

exercée par notre atmosphère sur la lumière.

L'ensemble des résultats obtenus dans nos observations sur le spectre du Soleil, de la Lune et de Sirius me paraît établir d'une manière incontestable le pouvoir d'absorption élective exercée par notre atmosphère sur la lumière qui la traverse. Cependant, cette propriété remarquable a été l'objet d'une controverse si longue parmi les physiciens depuis les premiers travaux de M. Brewster sur ce sujet, et en outre, il y a un tel intérêt pour la physique céleste à sa démonstration complète, qu'il m'a paru presque indispensable d'appuyer encore ces observations d'une expérience de contrôle direct.

Il est évident, en effet, que si notre atmosphère possède le pouvoir que l'étude approfondie du spectre solaire accuse, on devra retrouver ces bandes ou lignes d'absorption dans le spectre

de toute lumière dont les rayons auront traversé une épaisseur
suffisante d'air atmosphérique.

C'est ainsi que j'ai pu constater la présence de ces bandes dans
le spectre de Sirius, lorsque l'étoile était près de l'horizon ; et il
est certain que les étoiles qui seront examinées dans des circonstances convenables, conduiront aux mêmes résultats. La faible
quantité de lumière envoyée à la Terre par ces astres a été jusqu'ici le seul obstacle à ces observations.

Mais l'expérience directe, c'est-à-dire l'expérience réalisée avec
une lumière artificielle de composition bien connue, ou ce qui
est mieux encore, avec une source lumineuse à spectre bien continu, présente un intérêt particulier à cause de la netteté des
résultats qu'elle peut fournir.

En effet, si le spectre d'une semblable source analysée à très
petite distance se présente comme parfaitement uniforme, tandis
qu'il se charge de bandes ou lignes sombres, aux places voulues,
et d'autant plus accusées qu'on s'éloigne davantage de cette
source, il est indubitable qu'il faudra attribuer à l'action du milieu
interposé, la production de ces espaces obscurs.

Cette expérience a été tentée par MM. Brewster et Gladstone.
Elle est décrite dans le mémoire publié par ces physiciens en
1860 dans les *Philosophical Transactions*.

Les études de M. Brewster ayant conduit cet illustre savant à
soupçonner que notre atmosphère était la cause des raies du
spectre solaire, l'expérience fut instituée pour la vérification
directe de cette conjecture.

Le Dr Gladstone expérimenta le 31 août et le 1er septembre
1859. Le foyer lumineux établi à Beachy Head consistait en
trente lampes à l'huile, munies chacune d'un réflecteur parabo-
lique argenté. La lumière de dix de ces lampes pouvait être réunie
en un seul faisceau, et à la distance de 25 à 27 miles elle apparaissait comme une étoile de 2e grandeur, de couleur orangée.
Examinée à cette distance, à l'aide du télescope et du prisme,
cette lumière se résolvait en un trait lumineux, de couleur jaune
pâle, se nuançant de rouge à une extrémité, et de vert à l'autre.
L'emploi de verres absorbants a montré que le spectre ne s'étendait pas au delà des lignes C et F. Aucune ligne ne se manifesta.

Ce résultat n'était pas favorable à la supposition de M. Brewster, ainsi que les auteurs le remarquent, mais ils pensèrent en même temps que l'expérience n'était pas faite dans des conditions assez favorables pour décider la question, et conclurent en disant que : l'origine des raies fixes du spectre solaire est une question non résolue.

Du reste, à l'époque où ces travaux avaient lieu, M. Kirchhoff n'avait pas publié les siens, et on voit par la lecture attentive du mémoire de MM. Brewster et Gladstone, que ces Messieurs en cherchant à démontrer le pouvoir absorbant électif de l'atmosphère terrestre, pensaient y trouver la cause de toutes les raies du spectre solaire. Bientôt, M. Kirchhoff expliqua l'origine d'un grand nombre de ces lignes. On pensa que la cause de toutes les raies était trouvée ; ce point de vue était également trop exclusif. Une portion de ces lignes qui, tous les jours, prend plus d'importance, est réellement due à l'atmosphère terrestre. C'est cette double origine qui n'avait pas été établie jusqu'ici, et que mes travaux ont pour but de démontrer.

En méditant sur l'expérience des physiciens anglais, j'ai été amené à étudier les conditions de visibilité des bandes et raies spectrales, et cette étude m'a permis de reconnaître les causes qui avaient amené l'insuccès de la tentative de MM. Brewster et Gladstone. Je m'occuperai d'abord des résultats de cette étude préliminaire, mais comme ces recherches sont accessoires à mon sujet, je n'en présenterai que les résultats principaux.

Conditions de visibilité des lacunes spectrales

J'ai reconnu d'abord que la visibilité des raies d'un spectre exigeait une certaine hauteur de ce spectre, cette hauteur limite dépend naturellement de l'importance de la raie ou lacune de lumière qu'il s'agit d'apercevoir ; plus cette lacune est large et marquée, plus la hauteur du spectre peut être réduite, mais il existe toujours une hauteur où la vision de ces lacunes cesse complètement.

Pour le spectre solaire, par exemple, on peut faire l'expérience d'une manière très simple en plaçant sur la fente du spectroscope, une lame métallique qu'on abaisse successivement. A mesure que la hauteur du spectre diminue, la vision des raies solaires devient de plus en plus difficile ; ce sont les lignes les plus fines qui disparaissent d'abord, mais peu à peu les plus importantes s'évanouissent à leur tour, et il ne reste enfin qu'une bande lumineuse continue, où l'on ne peut discerner que les couleurs du spectre. Une intensité lumineuse convenable est aussi une condition importante pour la visibilité des raies d'un spectre. Si cette intensité est trop considérable, en même temps que la sensation des couleurs est altérée et tend à devenir celle du blanc, les raies du spectre ne sont plus perçues ; sans doute à cause du phénomène d'irradiation qui acquiert alors une grande intensité. Mais si, par un effet opposé, la lumière analysée, bien que conservant toujours la même composition, diminue successivement d'intensité, on trouve qu'au delà d'un certain degré qui correspond à un véritable maximum de visibilité, les raies deviennent d'une vision de plus en plus difficile, et disparaissent successivement comme dans le cas de la diminution de hauteur du spectre.

Mais il y a ici un phénomène physiologique intéressant, en ce qu'il montre que la rétine, indépendamment du punctum cœcum, possède des régions assez bizarrement distribuées sur sa surface où la sensibilité pour la lumière existe à des degrés différents.

Ces différences peuvent être mises en évidence dans les circonstances suivantes.

Supposons que l'observateur se placé dans une chambre noire rigoureusement protégée contre toute introduction de lumière, et qu'il y reste un temps suffisamment long pour que ses yeux aient acquis une grande sensibilité. Si alors cet observateur regarde une surface de quelque étendue, éclairée par une lumière extrêmement faible, et qu'on diminue peu à peu jusqu'à la faire disparaître tout à fait, il pourra constater que l'image de cette surface ne s'anéantit pas simultanément dans toutes ses parties ; certaines portions de figure irrégulière demeurent encore visibles sur un champ complètement obscur. On peut s'assurer, du reste, que ces apparences tiennent bien à des différences de sensibilité rétinienne, et non à des variations dans le pouvoir réflecteur des diverses parties de la surface mise en expérience ; pour cela, il suffit de changer lentement la direction des axes optiques des yeux ; les apparences paraîtront se mouvoir avec eux.

L'étude des spectres conduit aux mêmes résultats. L'analyse d'une lumière extrêmement faible, quelle que soit d'ailleurs la provenance de cette lumière, donne un spectre qui offre l'apparence d'une traînée blanchâtre. Avant que toute sensation lumineuse disparaisse, cette traînée semble souvent sillonnée d'espaces obscurs plus ou moins larges qui peuvent simuler des raies ou bandes spectrales appartenant à la lumière elle-même.

Ces considérations que je n'ai pas à développer ici, montrent le danger d'analyser des lumières trop faibles, et expliquent notamment le peu d'accord qui existe entre les résultats obtenus sur les étoiles au-dessous de la première grandeur.

Reprenons à l'aide de ces nouvelles données la discussion de l'expérience de Beachy-Head.

La distance de 25 à 27 miles adoptée par MM. Brewster et Gladstone était bien choisie et plus que suffisante à la manifestation du phénomène. Mais sous le rapport de l'intensité lumineuse du spectre obtenu, l'expérience ne présentait plus des conditions aussi heureuses. La source de lumière était certainement insuffisante. Les auteurs nous apprennent en effet que le spectre limité à la région CF, se présentait sous l'apparence d'un trait de lumière jaune pâle nuancé de rouge et de vert à ses extrémités. Or, quand les couleurs d'un spectre sont ainsi affaiblies, on se trouve aux environs de cette limite de visibilité dont j'ai parlé ; dans ces conditions, par exemple, le spectre solaire ne présenterait aucune raie, et il n'y a guère que des lacunes lumineuses énormes qui pourraient devenir perceptibles. On doit remarquer en outre, que le défaut de hauteur du spectre qui était réduit à un trait lumineux était encore un obstacle presqu'invincible à la vision des bandes. En résumé, le résultat négatif obtenu par les physiciens anglais s'explique de la manière la plus évidente ; il a sa cause dans l'intensité insuffisante de la lumière, et le défaut de hauteur du spectre obtenu. La discussion qui précède m'était imposée, afin de montrer que les résultats de mon expérience sur le lac de Genève ne sont pas en contradiction avec ceux précédemment obtenus. Je n'ai pas besoin d'ajouter qu'elle ne m'a pas été inspirée par un esprit de critique à l'égard des travaux de M. Brewster, travaux que j'admire dans leur ensemble et qui, s'ils n'ont pas démontré complètement le rôle important que joue notre atmosphère dans la constitution du spectre solaire, étaient du moins dirigés dans une voie judicieusement choisie, et dont l'avenir montrera toute la fécondité.

En reprenant à mon tour cette expérience sur la lumière artificielle, je pensai que je devais surtout m'attacher à l'exécuter dans des conditions où elle devînt décisive, c'est-à-dire que les bandes obscures dussent nécessairement se produire et s'apercevoir si notre atmosphère agissait réellement. Ce fut l'étude du spectre des astres qui me permit de trouver ces conditions expérimentales, et voici comment :

Au moyen d'un objectif, je faisais tomber une image de la Lune sur la fente d'un spectroscope à vision directe. Ce petit instrument, par la facilité avec laquelle il s'adapte aux appareils, et surtout par l'intensité lumineuse qu'il conserve au spectre, était indiqué tout naturellement dans une circonstance où le défaut de lumière a été, jusqu'ici, le principal obstacle au succès. Le spectre Lunaire obtenu ainsi, est toujours assez faible si l'objectif n'a pas une grande ouverture ; néanmoins, on peut y discerner parfaitement les principales raies solaires. Mais le but essentiel de cette disposition, c'est qu'on peut, en masquant des portions plus ou moins grandes de l'objectif, obtenir un spectre aussi faible qu'on veut, et étudier ainsi très commodément ces phénomènes de visibilité des raies spectrales en dépendance avec l'intensité lumineuse dont j'ai parlé.

J'observais donc le spectre de la Lune vers son lever, et je réduisais l'intensité lumineuse du spectre jusqu'à la rendre comparable à celle du spectre de la lumière artificielle aux grandes distances où l'expérience devait être faite. Dans ces conditions, les bandes atmosphériques ou telluriques étaient encore très accusées, tant que l'astre était très bas ; mais en continuant l'observation, à mesure que la Lune s'élevait, je voyais les bandes faiblir et disparaître. Je notais alors la hauteur de l'astre pour laquelle les bandes étaient encore visibles. Dans une observation, cette hauteur fut trouvée d'environ 15 à 18°. Cette hauteur répondait à une limite de visibilité des raies spectrales, mais il ne faut pas perdre de vue que cette limite serait reculée si le spectre augmentait d'intensité et de hauteur, de même que si elle se rapportait à une lumière présentant des lacunes plus considérables que celles que notre atmosphère fait naître.

On comprend de suite l'utilité d'une semblable étude préliminaire. Si, en effet, je parvenais à obtenir dans la lumière artificielle un spectre d'intensité au moins égale à celui de l'observation Lunaire, et cela, à une distance où l'épaisseur d'air traversée soit équivalente, alors l'expérience devenait décisive. Si les bandes n'apparaissent pas dans ces conditions, c'est que l'atmosphère n'agit pas ; mais je me hâte d'ajouter que dans ces circonstances, j'étais certain de les manifester, parce que l'ensemble des observations astronomiques ne laissait aucun doute à cet égard.

Il s'agissait donc de transformer les conditions de cette observation sur la Lune, pour obtenir les éléments de l'expérience directe.

Or, un calcul trigonométrique simple montre que le rayon incliné à 15° sur l'horizon traverse une épaisseur d'atmosphère triple environ de celle qui répond au rayon zénithal. Mais si notre atmosphère avait dans toute sa hauteur, la densité des couches de la surface, elle aurait une hauteur approchée de 8 kilomètres ; le triple de cette quantité ou 24 kilomètres, représente donc la longueur de la base pour laquelle les bandes atmosphériques seront perçues dans un spectre défini comme je viens de le faire.

J'avais ensuite à m'occuper du choix de la source lumineuse ; l'expérience m'a encore montré l'inconvénient des sources intenses, mais d'un très faible volume, telles, par exemple, que la lumière électrique ou la lumière Drumond. Ces sources se comportent à grande distance comme des étoiles, et les phénomènes de scintillation si fréquents à l'horizon dans nos latitudes les affectent également. Or, dans le cours de mes études, j'ai pu constater bien des fois qu'il est à peu près impossible de discerner des raies un peu faibles dans un spectre affecté par la scintillation. Dans ces conditions, tout le champ spectral est agité et sillonné par des traînées lumineuses qui apparaissent et disparaissent incessamment dans toutes les directions ; l'observateur ne peut rien saisir.

J'ai donc eu la pensée de prendre pour source lumineuse un feu d'un très grand volume ; celui que produit la combustion d'un bûcher de bois à longue flamme comme le sapin, m'a paru bien remplir ces conditions et du reste l'expérience a pleinement confirmé nos prévisions. Une semblable source donne à la distance de 20 à 3o kilomètres (en concentrant la lumière sur la fente d'un spectroscope avec un objectif de 3 à 4 pouces d'ouverture) un spectre beaucoup plus brillant que le spectre Lunaire dont j'ai parlé. Dans ce spectre du bûcher, en effet, les couleurs étaient vives, on y discernait très bien le jaune, le vert, le bleu, le violet. En outre, ce spectre avait une hauteur très notable, due au grand volume de la source lumineuse ; enfin, et ceci n'était pas un des moindres avantages de cette disposition, le spectre était d'une tranquillité parfaite.

J'avais été conduit par des comparaisons suivies sur les intensités des raies telluriques, à diverses époques de l'année, à attribuer la production d'une portion considérable de ces raies à la vapeur d'eau dissoute dans l'atmosphère. En raison de cette circonstance, je résolus, pour augmenter encore mes chances de succès, et appuyer ma conjecture, de choisir pour base un des grands lacs de la Suisse, le lac de Genève. Le faisceau lumineux rasant la surface du lac devait traverser des couches nécessairement très humides, et éprouver ainsi des absorptions plus énergiques qui rendraient la manifestation du phénomène encore plus décisive.

Des convenances particulières me firent adopter Genève et Nyon comme extrémités de la ligne d'expérience. De grands bûchers de bois de sapin étaient allumés de nuit sur la jetée de pierre de la ville de Nyon. La composition de ces bûchers était calculée de manière que ce feu durât 3o à 4o minutes, et que la flamme atteignît à la hauteur de 3 à 4 mètres sur 2 mètres de large. Avant de commencer ce grand feu, on allumait d'abord pendant un quart d'heure un petit feu qui servait de signal et permettait de pointer exactement les instruments dans la direction convenable.

Genève était la station où la lumière devait être analysée.
Afin d'éviter les effets de la courbure du lac qui, à cette distance,
sont notables, je m'étais établi dans la tour Nord de l'église
Saint-Pierre, station d'où l'on jouit d'une très belle vue du lac
et d'où l'on voit parfaitement Nyon, sa jetée et même jusqu'à
Rolles. Les autres ports du lac sont cachés par la pointe de
Bellerive.

La distance en ligne directe entre Genève et Nyon est de
21 kilomètres, d'après la grande carte de triangulation suisse.
Bien que cette distance fût inférieure de quelques kilomètres à
la longueur de la base indiquée par le calcul, je l'estimai néanmoins plus que suffisante à cause de cette circonstance très
favorable que le faisceau lumineux rasait la surface du lac, et à
cause aussi de l'intensité du spectre qu'on peut obtenir de la
flamme d'un grand bûcher.

Mes instruments furent donc installés dans la tour du nord
de l'église, et le dispositif en était très simple. Un objectif de
3 pouces et demi de diamètre de 1 m. 20 de distance focale con-
centrait la lumière sur la fente du spectroscope à vision directe
dont j'ai parlé. La position des raies était mesurée par une
échelle illuminée dont les divisions se réfléchissaient sur la dernière face du prisme, suivant une disposition très usitée. La
position des bandes atmosphériques soigneusement observée pendant le jour et rapportée à cette échelle devait permettre de
s'assurer s'il y aurait coïncidence de position entre les bandes
de l'observation astronomique et celles de la lumière artificielle.

Voici la correspondance entre les divisions de l'échelle et les
raies et bandes du spectre solaire.

A	0.5
a	0.8
B	1.2
c	1.5
bande tellurique c_1	1.6
bande tellurique β	1.8
bande tellurique γ	2.3 1/2 à 2.4 1/2
D	2.5
bande tellurique δ	2.6 à 2.8

E 3.7
b   4
F 5.1
G 7.8

L'expérience eut lieu le 2 octobre 1864 à 9 heures du soir. Vue de Genève, la flamme du bûcher allumé sur la jetée de Nyon, apparaissait comme un large point lumineux de couleur fortement orangée, et l'analyse de cette lumière donna un beau spectre, parfaitement calme, de bonne hauteur, et assez brillant pour qu'on y distinguât bien nettement les sept couleurs du spectre de Newton. Aussitôt que ce spectre se produisit, j'y distinguai les bandes attendues :

1º La bande nommée δ (voir la carte) dans les cartes de MM. Brewster et Gladstone (près de D du côté du violet).

2º La bande γ qui, dans les grands instruments, donne un groupe si remarquable de raies près de D du côté rouge.

3º La bande β entre C et D.

Elles correspondaient aux bandes sombres du spectre solaire de cette région.

Ces bandes ne sont pas les seules qu'on aperçoit avec le même instrument dans le spectre du Soleil couchant, et cela doit être, en raison de l'énorme intensité de la lumière solaire qui donne au spectre une étendue beaucoup plus considérable ; mais les bandes observées furent bien celles que je devais obtenir, eu égard aux limites du spectre produit.

L'expérience qui eut lieu le 2 octobre me donnait un résultat si net, que j'étais fixé à cet égard. Je jugeai néanmoins convenable de la répéter le lendemain plutôt pour obéir à une bonne habitude de contrôle dans les recherches scientifiques, que pour me convaincre davantage. Le lendemain, les mêmes bandes apparurent comme la veille, peut-être même encore plus accusées, quoique pendant peu de temps, car il y avait à peine dix minutes que le bûcher était allumé, lorsqu'un violent coup de vent le renversa et en jeta la meilleure partie dans le lac.

Le temps devenait tout à fait défavorable, je ne jugeai pas utile de poursuivre davantage ces expériences dont le but me paraissait pleinement atteint. Il s'agissait, en effet, de décider

une question de principe, et non de faire une étude suivie du phénomène pour laquelle la lumière solaire nous offre des ressources
incomparables.

Cette expérience n'a pu être faite sans quelques précautions.
De grands feux allumés de nuit auraient pu répandre l'alarme
parmi les populations riveraines du lac ; celles-ci ont dû être
prévenues, et j'ai trouvé dans les autorités suisses une bienveillance et un concours dont je leur exprime ici ma reconnaissance. Je prie également MM. de la Rive, Alp. de Candolle,
Plantamour, Thury et Clot, de recevoir l'expression de mes remerciements.

Il me paraît donc définitivement acquis à la science, par l'ensemble des observations sur les lumières Solaire et Lunaire, sur
celle de Sirius, et enfin par ces expériences sur la lumière artificielle, que notre atmosphère possède la propriété d'absorber
électivement certains groupes de rayons lumineux, de manière
à faire naitre, dans le spectre de toute lumière qui traverse une
portion notable de cette atmosphère, des lacunes spéciales, des
raies obscures caractéristiques.

HISTORIQUE DES RECHERCHES SUR LA CAUSE DES RAIES
DU SPECTRE SOLAIRE

C'est à M. Brewster qu'on doit la découverte du premier fait
d'absorption élective connu, je veux parler de l'action si remarquable que le gaz acide hypo-azotique exerce sur la lumière.
Bientôt après (1833), le physicien anglais remarqua dans le
spectre du Soleil levant ou couchant des bandes obscures qu'il
n'observait pas dans la journée. Rapprochant les deux ordres de
faits, il fut logiquement conduit à penser que notre atmosphère
agissait sur la lumière à la manière du gaz nitreux, et, généralisant même cette première déduction, il alla jusqu'à soupçonner
que toutes les raies du spectre solaire pouvaient bien avoir une
origine terrestre. Cependant cette explication soulevait de graves
difficultés. En effet, les bandes obscures du spectre solaire observées au lever et au coucher disparaissaient complètement
quand l'astre s'élevait notablement. Quelques bandes, il est vrai,

furent aperçues les jours brumeux pendant le milieu du jour, mais le fait n'était pas général pour toutes les bandes, et d'autre part, les raies solaires ne paraissaient pas soumises à des variations périodiques liées à la hauteur du soleil. L'expérience qui eut lieu à Beachy-Head le 31 août 1859 avait pour but de trancher ces difficultés. Malheureusement elle donna un résultat négatif, ce qui éloigna encore davantage de cette explication.

Aussi, dans le mémoire publié en 1860 dans les *Transactions Philosophiques* par MM. Brewster et Gladstone, mémoire qui peut être considéré comme un résumé des travaux de ces savants sur le spectre solaire, l'explication des raies du spectre par l'action de l'atmosphère terrestre est-elle abandonnée, et ces Messieurs considèrent-ils la question comme non résolue. .

Cependant, si la cause des raies de Fraunhofer restait encore inconnue, des faits importants étaient acquis à la science ; notamment, l'observation des bandes obscures dans le spectre du Soleil levant et couchant. Ce fait seul devait tôt ou tard rappeler l'attention sur notre atmosphère, et conduire à la découverte de ses propriétés d'absorption élective, c'est-à-dire à la propriété de faire naître des raies fines et déterminées dans le spectre, fait important, parce que ce sont les raies et non les bandes qui sont employées en analyse spectrale.

Bientôt après la publication du mémoire des savants anglais, M. Kirchhoff faisait paraître en Allemagne ses importants travaux sur le spectre. Le savant professeur d'Heidelberg démontrait l'origine solaire des raies de Fraunhofer. Sa brillante théorie conduisant à la découverte de deux métaux, rallia la généralité des esprits, et je ne crois pas dépasser la mesure de la vérité en disant qu'on considéra depuis la cause de toutes les raies du spectre solaire comme résidant dans le Soleil lui-même. Ce point de vue était trop exclusif. L'étude approfondie du spectre que je poursuis depuis 1862 m'a démontré que les bandes de M. Brewster sont résolubles en raies *fines* toujours *visibles* dans le spectre, et en rapport d'intensité avec la hauteur du Soleil et l'état hygrométrique de l'atmosphère. Cette portion tellurique du spectre acquiert tous les jours plus d'importance par la découverte de groupes nouveaux ; dans le rouge, l'orangé et le jaune, les raies d'origine terrestre l'emportent de beaucoup sur les raies solaires proprement dites. Ainsi, la cause des raies du spectre solaire est *double*; elle est *Solaire* et *Terrestre*, peut-être même plus complexe encore, car il n'est pas impossible qu'il se trouve dans les espaces planétaires, des métaux actifs dont l'avenir révèlera l'existence.

C'est la conclusion générale dans laquelle, suivant moi, se résument les travaux poursuivis depuis Fraunhofer sur les raies du spectre solaire.

Juillet 1865.

Archives des Sciences physiques et naturelles, 1865, T. 22, p. 69.

(Ce mémoire fut honoré par l'Académie des Sciences d'une récompense de 1500 francs.)

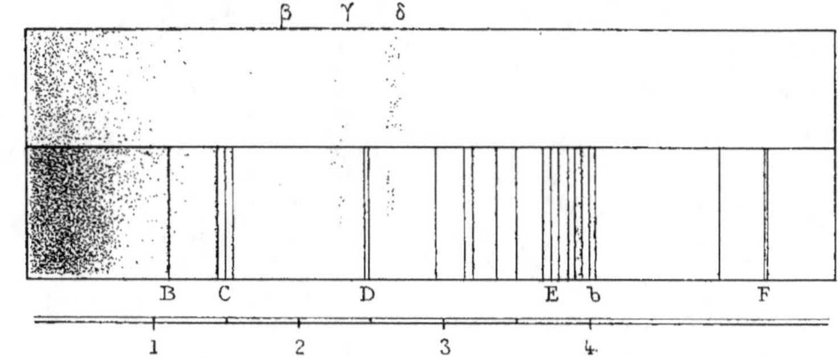

1 _ Spectre de la Lumière artificielle à 21 Kilomètres
(de près point de bandes)

2 _ Spectre de la Lune vers 15° de hauteur.

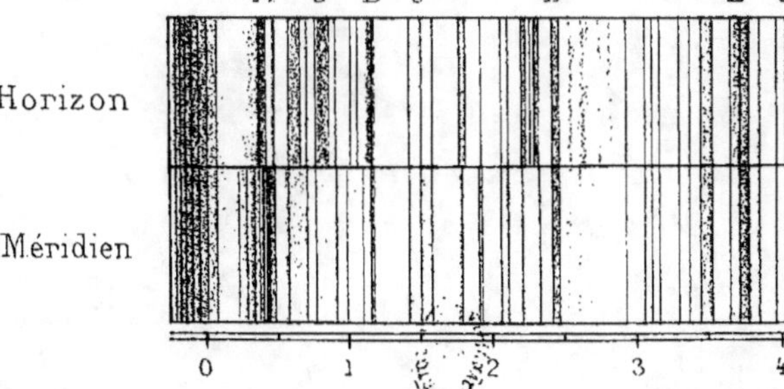

V

DISCOURS PRONONCÉ A L'OUVERTURE DU COURS DE PHYSIQUE GÉNÉRALE A L'ÉCOLE SPÉCIALE D'ARCHITECTURE, A PARIS (NOVEMBRE 1865).

Messieurs,

En ouvrant avec vous un Cours de physique générale, est-il nécessaire que je m'attache à vous en montrer la convenance et l'utilité ? Dois-je, avant même de vous rendre compte du plan que je veux suivre dans ces leçons, vous prouver que des connaissances en physique peuvent être utiles en architecture ? Il y a à peine un demi-siècle, non seulement une pareille question n'eût pas été déplacée, mais je doute qu'un enseignement du genre de celui-ci eût eu aucune chance d'être admis dans une école d'architecture. Aujourd'hui heureusement, si l'on discute encore sur la question de mesure, tout le monde paraît s'accorder à reconnaître l'utilité que présentent pour vous certaines connaissances positives. Afin de bien comprendre la raison et la portée de cette introduction de l'élément scientifique dans vos études, permettez-moi de jeter un coup d'œil sur les causes générales qui l'ont amenée.

Vous savez tous, Messieurs, comment notre grande Révolution, en donnant à la société française des bases nouvelles, a commencé une ère, qui devait être marquée par de si grands progrès moraux et matériels ; comment les nouvelles institutions, à mesure qu'elles se développaient, ouvraient à tous le bien-être, l'instruction, la vie politique, etc., et par là, décuplaient les forces vives de notre société. Parmi les causes qui ont sinon amené, du moins rendu possible, cette grande transformation sociale, nous ne pouvons, Messieurs, méconnaître l'influence considérable des sciences.

Restaurées, après la renaissance des lettres et des arts, les sciences étaient parvenues, à la fin du siècle dernier, à un haut degré de développement. Aux découvertes géométriques des anciens, les mathématiciens avaient ajouté les admirables méthodes modernes : la géométrie analytique, le calcul infinitésimal et la géométrie descriptive.

La physique en possession, depuis Bacon, Galilée et Descartes, de la méthode expérimentale, avait pris un développement remarquable, et réalisé plus de conquêtes en deux siècles, que pendant la longue période de l'antiquité et du moyen âge : les principes fondamentaux de la théorie des graves et de l'équilibre des fluides étaient posés ; les principales propriétés du son, de la lumière, de la chaleur étaient connues ; enfin l'électricité étudiée à l'état statique depuis un demi-siècle, allait recevoir, grâce à la découverte de la pile, les plus grandes applications. Ces découvertes mathématiques et physiques avaient changé la face de l'astronomie. Cette science possédait enfin le véritable système du monde, et, par la grande découverte de Newton, le principe universel qui en régit les mouvements. Les travaux de d'Alembert, de Lagrange, de Laplace avaient déjà constitué la mécanique rationnelle et la mécanique céleste. Lavoisier avait fait de la chimie une science toute nouvelle, riche d'avenir et d'applications utiles. Enfin, les sciences naturelles avaient réalisé des progrès correspondants. Cet ensemble de hautes connaissances, constitué il est vrai en vue d'un but philosophique : la découverte de la vérité et des lois de la nature, enfermait encore en lui-même les puissances qui allaient bientôt transformer le monde matériel. Aussi, après le temps d'arrêt marqué par les grandes guerres de l'Empire et les luttes politiques de la Restauration, la société tournant toutes ses forces vers l'industrie et cherchant les éléments d'un nouveau développement, trouva-t-elle dans les sciences un auxiliaire dont le pouvoir n'avait pas encore été soupçonné.

Déjà, depuis le commencement du siècle, les grands travaux exécutés par le gouvernement : ponts, chaussées, routes, ports, s'étaient ressentis de l'influence des connaissances scientifiques que nos ingénieurs puisaient dans les grandes écoles de l'Etat. Mais la belle création de l'Ecole Centrale des Arts et Manufactures rendit le mouvement général ; elle répandit sur toute la surface du pays, et à l'étranger, des hommes jeunes, nourris des vrais principes de la science, ardents à la répandre, à l'appliquer et impatients de réaliser les merveilles que son application promettait. Vous savez que c'est là en effet ce qui arriva : l'industrie fut transformée, les chemins de fer créés, la vapeur appliquée partout, l'électricité nous donna la galvanoplastie, la dorure, l'argenture, la télégraphie, la lumière électrique, etc..

Voilà, Messieurs, ce que l'application des sciences a produit, voilà les grands résultats qu'il eût été impossible de réaliser sans leur concours.

Maintenant, revenons à nous, et à la situation qui est faite à l'architecture. N'est-il pas évident que les immenses progrès accomplis dans l'art de manier la matière et de l'approprier aux constructions, que l'introduction si large des métaux et leur mise en œuvre si habile par les ingénieurs, que les procédés simples, rigoureux, expéditifs journellement employés par ceux-ci dans leurs travaux, n'est-il pas évident, dis-je, que tant de conquêtes réalisées dans un ordre de travaux si apparentés avec ceux de l'architecte, imposaient à celui-ci des obligations nouvelles. C'est, en effet, ainsi, Messieurs, que certaines études scientifiques vous sont devenues indispensables aujourd'hui.

N'oublions pas toutefois que l'architecte est un artiste et doit rester tel. C'est ici que réside la difficulté de votre programme d'études. Science et art, n'est-ce pas beaucoup exiger ? Aussi, s'est-on quelquefois demandé si des connaissances aussi variées pouvaient être possédées de manière à les appliquer avec fruit, et s'il n'y aurait pas avantage, laissant à l'architecte le domaine de l'art, à donner à l'ingénieur ce qui ressort de la science dans la construction. Un instant de réflexion suffit pour démontrer l'impossibilité d'une telle division. En effet, comment l'architecte, entièrement dépourvu de connaissances scientifiques, pourrait-il avoir égard, dans le plan général de son œuvre, aux exigences que la science seule peut satisfaire aujourd'hui ; et d'ailleurs, entre un artiste privé de toute éducation positive et un ingénieur complètement étranger aux questions d'art, toute entente ne serait-elle pas impossible, chacun parlant une langue inintelligible à l'autre ? Pour que l'édifice conserve son unité, il faut qu'il reste l'œuvre d'un seul ; pour qu'il tende vers cet idéal de beauté que l'architecte doit toujours s'efforcer d'atteindre, l'artiste doit en rester chargé.

Vous voyez que nous sommes toujours ramenés à cette conclusion : nécessité de certaines études scientifiques. Du reste, si les emprunts que l'artiste doit faire à la science sont assez variés, ils sont loin de demander des connaissances tellement complètes et approfondies qu'il lui soit difficile de les acquérir ; et les études vraiment essentielles pour vous, sont très conciliables avec les exigences d'une forte éducation artistique.

Ce sont ces idées générales qui me guideront dans notre enseignement. Je m'attacherai surtout à vous faire bien comprendre ce qu'est la physique, quel est l'esprit de ses recherches, comment elle intervient utilement dans une foule de questions qui intéressent l'architecture. Si ce but est atteint, si vous restez convaincus des avantages que vous promet la science, et si vos connaissances acquises vous donnent l'intelligence générale des principes qui devront vous guider dans les applications, vous pourrez rendre à votre art des services dont l'avenir montrera l'importance.

La physique, Messieurs, ouvre devant vous divers chapitres d'études qu'il faut distinguer. A la tête de ceux-ci, nous rencontrons la « chaleur », sujet vaste et plein de ressources fécondes pour les applications qui vous intéressent. Il nous retiendra longtemps, et vous n'en serez nullement étonnés dès que vous aurez saisi le grand rôle de la chaleur dans la nature ; car nous pouvons le dire aujourd'hui, il n'est peut-être pas un phénomène, où cet agent n'intervienne comme cause ou comme effet.

Parmi l'universalité des phénomènes que la chaleur peut produire, la physique considère spécialement ceux qui ne sont pas suivis d'une modification permanente dans les corps soumis à son action. Cette science étudie surtout ces phénomènes au point de vue du jour qu'ils peuvent verser sur la nature intime et la cause première de la chaleur. Les beaux travaux qui ont été exécutés tout récemment jettent déjà de brillantes lumières sur ces questions fondamentales. On a été conduit à reconnaître

dans les effets de la chaleur, le résultat des forces animant les
dernières particules des corps. On a même pu fixer des relations
d'équivalence entre les principaux effets mécaniques et les phénomènes calorifiques. Ainsi, la chaleur n'est pas, comme on le
supposait auparavant, un agent de nature inconnue ; c'est un
mode particulier, une manifestation spéciale des forces qui animent la matière depuis l'origine du monde ; et, on peut le dire
en toute rigueur, il n'y a pas de différence essentielle entre la
force qui retient les planètes autour du soleil, et celle qui détermine à la surface de la terre, les phénomènes de fusion, de dilatation, de végétation, etc.. Cette découverte de la véritable nature
de la chaleur aura incontestablement, pour les sciences, une
immense portée. Dès aujourd'hui, elle établit un lien qu'on était
loin de soupçonner entre les phénomènes physiques, chimiques
et ceux si délicats et si obscurs de la physiologie. Aussi, Messieurs, bien que nous devions surtout demander à la science les
notions qui doivent plus tard recevoir entre vos mains des applications utiles, je ne pourrai me dispenser de vous donner une idée
d'une doctrine aussi importante, et qui porte un si haut caractère de simplicité, de généralité, et j'ose le dire, de grandeur.

Mais, à côté de ces considérations de théorie pure, il faudra
parler des utiles applications que l'étude de la chaleur pourra
nous réserver, et, tout d'abord, nous rencontrerons celle qui est
relative à la dilatation des corps par la chaleur. Vous savez que
les corps augmentent de volume par l'action de la chaleur. La
connaissance de cet effet importe beaucoup au constructeur.
En effet, si ces variations de volume, suite inévitable des variations de température, étaient les mêmes pour toutes les matières
qui entrent dans un édifice, vous pourriez en général, en négliger les effets. Les diverses parties de la construction s'étendraient
ou s'accourciraient dans le même rapport, et il n'en résulterait
qu'une simple variation du volume total, sans tiraillements ni
poussées d'aucune sorte. Mais il est loin d'en être ainsi ; chaque
matière a sa dilatation propre : faible pour le bois, plus grande
pour la pierre, elle est plus considérable encore pour les métaux.
Aussi, toute variation un peu considérable de température est-
elle, pour une construction, une cause de désordres graves, si on

ne prend les précautions nécessaires pour les prévenir. Aujour-
d'hui que les métaux entrent si largement dans la composition
de nos édifices, il devient plus important encore de connaître
et de prévenir les effets de leur grande dilatabilité. Permettez-
moi de citer ici, un effet caractéristique de cette dilatation des
métaux. Je l'emprunte à l'ouvrage de M. Tyndall sur la chaleur : « Le toit du chœur de la cathédrale de Bristol est en feuilles de plomb ; sa longueur est de 20 mètres et sa hauteur de
7 mètres. Il avait été posé en 1851 et deux ans après, c'est-à-dire
en 1853, il était descendu de 1 m. 50. Le plomb avait commencé
à descendre presque immédiatement après la pose. On avait
essayé, mais en vain, de l'arrêter dans sa marche par des clous
plantés dans les chevrons ; la force qui l'entraîne est telle que les
clous ont été violemment arrachés. La pente du toit n'est pas
très raide : les plombs seraient toujours restés en place, si leur
poids seul avait agi pour les faire glisser. Quelle est donc la cause
qui les a fait descendre ? La voici tout simplement : le plomb est
exposé aux variations de température du jour et de la nuit ; durant le jour, la chaleur le fait dilater. S'il avait reposé sur une
surface horizontale, il se serait dilaté également dans tous les
sens, mais comme il était placé sur une surface inclinée, il se
dilatait plus en descendant qu'en montant. Quand, au contraire,
il se contractait pendant la nuit, le retrait de haut en bas du
bord supérieur était plus grand que le retrait de bas en haut du
bord inférieur. Les mouvements sont donc exactement ceux
d'un ver de terre. Il pousse en avant son bord inférieur pendant
le jour ; il tire à lui son bord supérieur pendant la nuit : c'est
ainsi qu'en rampant lentement, il s'est avancé de 1 m. 50 en
deux ans. Les variations de température du jour et de la nuit
agissaient dans le même sens. M. le chanoine Mosely aurait
même constaté que la plus grande part du résultat total revenait à ces changements plus brusques de température. »

Le désordre qui vient d'être décrit n'est pas un fait exceptionnel ; les effets de ce genre sont au contraire très nombreux,
et témoignent que les principes de la science ne sont pas encore
assez répandus dans les applications.

L'étude du changement de volume nous conduira à celle du

changement d'état des corps qui peut produire des effets analogues. Vous vous rappelez les effets si connus et si redoutables de la congélation de l'eau, soit dans les conduites, soit dans les bassins ou les réservoirs, soit même dans l'intérieur de la terre ; car il paraît que dans les pays du Nord, les fondations de certaines maisons isolées ont pu être renversées pendant des hivers rigoureux à la suite de gelées pénétrant profondément dans le sol.

Comme les corps solides et liquides, les gaz se dilatent par l'action de la chaleur ; mais ici, les effets de la dilatation sont incomparablement plus marqués et amènent de toutes autres conséquences. En raison de la grande mobilité de ses molécules, lorsqu'un gaz est échauffé en un point quelconque de sa masse, il en résulte aussitôt des variations de densité qui amènent la production de courants. La considération et l'étude de ces courants sont fort importantes. Les vents qui règnent dans notre atmosphère et les principaux phénomènes de la météorologie ont pour point de départ la dilatation d'un gaz. Pour nous, nous aurons à considérer surtout ce phénomène dans ses rapports avec l'édifice, et, tout incomplètes que soient encore les solutions dans ces sortes d'applications, nous aurons à fixer ensemble les principes et les théories auxquelles vous devrez vous rattacher dans la disposition de vos œuvres.

Puisque nous nous occupons de chaleur, plaçons ici quelques mots sur la conductibilité calorifique, c'est-à-dire sur la facilité plus ou moins grande avec laquelle la chaleur est transmise par les corps ; cette propriété intervient dans le problème de la construction. Le but principal et premier que l'homme s'est proposé en élevant une habitation a été évidemment de se défendre contre les intempéries et les rigueurs du climat. La cabane, la maison, c'était la délimitation d'un espace soustrait aux dures atteintes de l'hiver comme aussi aux ardeurs d'un été brûlant. Sous ce rapport, l'habitation est en quelque sorte une extension du vêtement, et procède des mêmes besoins : c'est le vêtement collectif de la famille ou d'une société amie. Aussi, par une conséquence nécessaire, les matériaux qui tout d'abord ont composé ces habitations primitives, eurent-ils avec la nature des premiers vêtements, une qualité physique commune et très importante : leur mauvaise conductibilité pour la chaleur. Voulez-vous quelque éclaircissement sur le sens pratique de ce mot ? Il est de connaissance vulgaire qu'un morceau de bois, un bâton, par exemple, peut être plongé dans un foyer et y brûler par une de ses extrémités, sans que la chaleur parvienne à l'autre extrémité. On peut même toucher le bâton très près du point où il brûle, sans éprouver·de la part du bois aucune impression sensible de chaleur. Si au lieu de bois, on imagine que ce bâton soit formé de liège, de laine, de mousse, etc., le résultat sera encore plus marqué ; tandis qu'il en serait tout autrement si on substituait à ces corps un métal. Qu'on place par exemple dans le feu une barre de fer ; peu d'instants après, la chaleur sera parvenue à l'extrémité de la barre, et il sera bientôt impossible d'y tenir la main. Les premiers corps ont donc empêché la transmission de la chaleur du foyer à la main, tandis que les métaux n'y ont apporté presqu'aucun obstacle ; aussi appelle-t-on les premières substances de mauvais conducteurs de la chaleur ; et les métaux de bons conducteurs. N'est-il pas clair maintenant, que si les parois d'une habitation doivent surtout nous défendre contre les excès du froid et du chaud, il faut les choisir dans la première série, c'est-à-dire parmi la laine, la mousse, la paille, le bois, la pierre et non parmi les métaux. Et voyez quelle coïncidence remarquable : c'est là en effet l'ordre historique de l'emploi des matériaux comme parois d'habitation. Chez les peuplades primitives, on trouve des cabanes abritées et fermées par la mousse, les peaux de bêtes, le menu bois, etc.. Plus tard sont venues la terre cuite, la pierre qui ont déjà une conductibilité plus grande ; enfin aujourd'hui le métal entre dans nos édifices, non seulement comme charpenterie, mais aussi comme couverture, et ceci appelle quelques réflexions. Les premiers constructeurs ont été bien inspirés dans le choix de leurs matériaux, au moins au point de vue de cette qualité physique qui nous occupe, et cependant, ils n'étaient point guidés par les connaissances scientifiques. Mais ils étaient conduits à se servir des matières qui étaient à leur portée et qui couvraient la surface du sol, c'est-à-dire des matières d'origine organique ; or, comme la nature

qui est le premier des laboratoires de physique, a doté les animaux et les végétaux des habits les plus propres à les garantir
des intempéries, l'homme, en empruntant ces matières aux animaux et aux végétaux, substituait la solution de la nature à la
sienne propre, dans l'impuissance où il était d'en trouver une
par lui-même. Plus tard, les besoins devenant plus étendus, et
d'un ordre plus élevé, on a fouillé la terre pour y trouver la
pierre ; la pierre, avec laquelle la cabane est devenue maison et
bientôt édifice.

Mais la difficulté augmenta ; la pierre se laisse déjà mieux traverser par la chaleur ou par le froid que le bois et ses congénères.
Aussi a-t-il fallu l'employer sous une plus grande épaisseur, et la
solution rationnelle du problème de l'habitation est restée bonne.
Et aujourd'hui, Messieurs ? Ah ! aujourd'hui le bois s'exclut de
plus en plus, et le fer, le zinc prennent sa place dans nos constructions ; or, ce sont des métaux, c'est-à-dire des corps très
bons conducteurs de la chaleur. Nous voilà donc en pleine contradiction avec nos principes sur le choix des matériaux. Aussi,
Messieurs, nous le savons tous, les toitures de zinc ont pour effet,
de rendre inhabitables, les chambres situées dans les combles des
maisons. Et cependant, combien il eût été facile d'éviter ces
graves inconvénients. Pour cela il eût fallu que nos constructeurs connussent mieux les données physiques de la question ;
ils auraient vu alors, qu'il était possible, tout en maintenant
l'emploi du zinc pour les toitures, si l'on y trouve plus de facilité et d'économie, d'y associer des corps très mauvais conducteurs, solides ou gazeux, de manière à revenir aux solutions
rationnelles de la nature. Voilà encore une fois comment la
science du constructeur doit augmenter à mesure que le problème de la construction se complique et s'éloigne de sa simplicité primitive.

Quand nous aurons étudié les changements d'état que la chaleur produit dans les corps, les variations de volume qu'elle y
détermine, la facilité plus ou moins grande avec laquelle elle s'y
propage nous serons loin d'avoir épuisé ce qui nous intéresse
dans les effets de cet agent si important. Une dernière étude qui
considère la chaleur sous sa forme rayonnante, est encore féconde

en applications intéressantes. A ce point de vue, nous aurons à voir comment la chaleur peut se propager sans l'intervention d'aucun milieu matériel proprement dit, comment elle traverse ce que nous nommons le vide, sous forme de rayons ; par exemple, comment elle parvient du soleil à la terre dans l'espace de quelques minutes pour apporter à notre monde l'élément le plus indispensable de son existence : la chaleur et la lumière. En y regardant d'un peu près, nous découvrirons dans ces rayons de chaleur, des aptitudes différentes, suivant la température du corps qui les engendre. Nous apprendrons à distinguer les rayons calorifiques obscurs, ceux qui peuvent donner la sensation de lumière, et enfin ces rayons qu'on a appelés chimiques, en raison des modifications permanentes qu'ils déterminent dans les préparations photographiques. Il y a peu de temps encore, on pensait que ces rayons étaient réellement distincts dans leur origine comme dans leurs propriétés. Aujourd'hui, la science a découvert le lien commun qui rattache tous ces phénomènes : lumière, chaleur, fluorescence, phénomènes photographiques ne sont que des modes particuliers d'action d'une seule et même classe de rayons. C'est ainsi, Messieurs, que l'étude de la science, complexe d'abord par la distinction nécessaire des éléments divers du sujet qu'elle embrasse, se simplifie ensuite par la découverte des principes généraux. On peut le dire avec vérité, une science profonde est toujours plus facile à résumer et à vulgariser qu'une science superficielle et qui débute.

Sans vouloir insister sur les applications de ces théories, permettez-moi une courte excursion sur un terrain qui n'est pas le mien, mais où nous trouverons une intéressante intervention de ces principes ; je veux parler de nos cheminées, et de leur disposition vicieuse au point de vue du développement du foyer. Nous verrons, à ce sujet, que les gaz se laissent traverser sans s'échauffer sensiblement par les rayons calorifiques émanés des corps incandescents, tandis qu'ils absorbent en abondance les rayons que nous nommons de chaleur obscure, et qui proviennent des corps portés à une moindre température. Prenons par exemple le soleil, ce corps d'un volume si considérable, et dont la température est si élevée et le rayonnement si puissant. Eh

bien, Messieurs, l'action directe du soleil sur notre atmosphère
est très faible ; les rayons solaires traversent l'air sans l'échauffer sensiblement, surtout dans les régions supérieures qui sont
moins denses et plus sèches ; mais ces rayons qui sont parvenus
au sol élèvent sa température, et celui-ci rayonne à son tour ;
c'est ce rayonnement du sol, malgré la faible valeur de sa température relative, qui produit presque entièrement l'échauffe-
ment de l'atmosphère. Or, il se passe quelque chose d'analogue
dans nos cheminées. La flamme si agréable pour donner au feu
de la physionomie et de la gaîté, agit fort peu pour échauffer
l'air ; mais si son action directe est faible, son action indirecte
est très importante : elle échauffe les parois de l'âtre, les cendres, etc. et celles-ci agissent à leur tour de la manière la plus
efficace pour élever la température de la pièce. Vous voyez dès
lors combien il est important de favoriser l'action de ces utiles
auxiliaires, et combien on a eu tort de réduire les dimensions de
nos cheminées à l'espace strictement nécessaire pour contenir le
combustible, poussant ainsi jusqu'à ses dernières limites les
inconvénients d'un mode de chauffage qui en présente déjà tant
par lui-même. Je n'insiste pas. C'est là un exemple parmi beaucoup d'autres, que nous aurons à examiner, et je dois laisser ces
considérations qui nous ont entraînés assez loin.

Mais je veux vous dire un mot d'une partie de la physique de
création bien récente, et qui cependant a déjà reçu des applications, si nombreuses, si importantes, qu'elle est devenue en
quelque sorte populaire parmi nous. Vous avez déjà nommé
l'électricité. La découverte de l'électricité a été un fait immense.
Les services que ce nouvel agent a rendus aux sciences, à l'industrie, à la société en général, ne peuvent donner qu'une faible
idée de ceux qu'il est appelé à rendre un jour. On pourrait comparer avec justesse les avantages que les civilisations de l'avenir
pourront retirer de l'usage de l'électricité, à ceux que les premiers hommes retirèrent de la découverte du feu. Et du reste, si
le temps me le permettait, je pourrais vous montrer les saisis-
santes analogies de ces deux grands agents de la nature. Vous
verriez que l'électricité n'est qu'une forme particulière de cha-

leur ou de feu ; mais un feu en tous points supérieur, car c'est le
feu le plus prompt, le plus docile, le plus actif, le plus irrésis-
tible, en un mot, c'est le feu de la science, et ce sera celui des
sociétés hautement civilisées.

Il nous sera donc impossible de ne pas nous arrêter quelque
temps à l'étude de cette merveilleuse électricité, mais comme
nos moments sont comptés, nous nous occuperons surtout des
principes qui sont nécessaires à l'intelligence de ses applications
les plus importantes, et parmi ces applications, nous aurons très
naturellement à insister beaucoup sur la théorie du paratonnerre
et sur les phénomènes qui s'y rattachent. Il serait en effet, Messieurs, bien à désirer, que de saines notions sur l'électricité atmosphérique et le paratonnerre fussent plus répandues. Malgré les
efforts de l'Académie des Sciences et des savants, il faut avouer
que cet appareil si utile, est encore trop peu employé ou qu'il
l'est souvent d'une manière dangereuse. Combien voyons-nous
de paratonnerres même sur les monuments publics, dont les conducteurs sont insuffisants, mal entretenus, ou mis en rapport
d'une manière tout à fait illusoire avec la terre ; combien même,
encore aujourd'hui, de ces cas d'incendies dûs à la foudre ; combien de personnes blessées, tuées même, par suite de l'ignorance
des précautions les plus simples. Eh bien, pour répandre de saines idées sur la nature de la foudre, pour signaler et décrire ces
effets si divers d'électricité atmosphérique qui se produisent
tous les jours et qui sont perdus pour la science, faute d'être recueillis, il faut que tous les hommes instruits possèdent de bonnes
notions sur l'électricité. Mais cela est surtout important pour les
architectes et les ingénieurs qui doivent savoir protéger leurs
propres constructions.

La théorie du paratonnerre suppose la connaissance des grands
faits d'électricité atmosphérique. A ce sujet, nous aurons à voir
comment la chaleur solaire, principalement par les phénomènes
d'évaporation qu'elle détermine dans les régions équatoriales
du globe, paraît être la cause qui constitue l'atmosphère d'une
part, l'océan et la terre de l'autre, dans des états électriques
opposés. Nous verrons comment l'équilibre électrique une fois
troublé doit être rétabli, et comment il se rétablit en effet, soit

avec violence dans les régions chaudes ou tempérées du globe, sous forme d'orages, de trombes, etc., soit au contraire, dans les régions glacées, par le beau et tranquille phénomène des aurores polaires.

J'aurai aussi, Messieurs, à vous parler de l'acoustique, que le constructeur est appelé à consulter tout spécialement. Tel problème d'acoustique peut devenir, dans certains cas, le but principal que doit se proposer l'architecte. Je puis vous citer les théâtres, les salles de concert, les salles de cours, les salles pour les assemblées délibérantes, etc. ; en un mot, les édifices où un grand nombre de personnes se réunissent dans le but d'une audition ou d'un spectacle déterminé. Si les solutions enseignées par l'expérience étaient complètement satisfaisantes, on pourrait se demander de quelle utilité serait ici la science, et si elle ne sera pas condamnée à ratifier purement et simplement les principes enseignés par une longue et habile pratique. Cela est, en effet, arrivé quelquefois ; mais dans ce cas même, la science n'a-t-elle pas encore un beau rôle. Savoir pourquoi on agit de telle ou telle manière, mettre une raison à la place d'un fait est toujours chose utile. Mais l'art n'en est pas là, et de l'avis des hommes les plus autorisés, nos salles de réunions publiques ne nous présentent que des solutions bien défectueuses, et souvent inacceptables sous le rapport de l'acoustique. J'emprunterai ici, en ces matières, l'autorité du Directeur de cette Ecole. Voici ce qu'il disait de ces édifices il y a quelques années, en parlant des théâtres :

« La souffrance du spectateur dans nos salles de spectacle est notoire. Actuellement, le spectateur :

Est soumis à une température généralement beaucoup trop élevée, et jamais réglée ;

Il respire un mauvais air ;

Il entend mal dans un grand nombre de places ; et dans toutes nos salles, même dans les meilleures, le son se répartit inégalement. »

Et ailleurs :

« On cite à Paris, quelques bonnes salles sous le rapport de l'audition ; mais on en cite beaucoup où l'on entend mal à presque toutes les places un peu éloignées de la scène. Eh bien, si l'on fait abstraction du jugement comparatif, qui porte encore à considérer comme bonnes, les meilleures de nos salles ; si l'on examine de près les choses, si l'on parcourt dans tous les points, et dans une même soirée, la salle de l'Opéra, qui passe pour la plus parfaite, on est frappé de la différence de clarté avec laquelle la voix du chanteur parvient aux diverses places, et surtout aux diverses hauteurs. Cette différence est excessive, et quoi qu'on ait dit, il y a de nombreux endroits où l'on entend très mal, il y a en d'autres où l'on entend parfaitement, et ceux-là sont quelquefois très éloignés de la scène ; je citerai la loge affectée aux élèves du Conservatoire (cinquième rang) !

Pourrai-je ajouter ici mon témoignage, et dire que j'ai constaté des résultats aussi peu satisfaisants dans la plupart des théâtres que j'ai visités en France, en Angleterre, en Italie et en Amérique.

Sous le même rapport, nos amphithéâtres laissent beaucoup à désirer. Vous consulterez plus tard à ce sujet, le livre de notre collègue, M. Lachez, sur *L'acoustique et l'optique des salles de réunion publique*, et vous y trouverez d'excellentes idées suggérées à l'auteur par l'étude des principes positifs de la science. Mais ne croyez pas que la question de l'acoustique intervienne seulement dans l'édifice public ; nous la retrouverons encore quand il s'agit de constructions particulières. Depuis que la valeur croissante de l'espace dans nos grandes villes a imposé la nécessité de réunir sous un même toit, un grand nombre de familles étrangères l'une à l'autre ; depuis que les pièces ont diminué en étendue et en hauteur pour augmenter en nombre, et que toutes les parois de séparation, planchers et cloisons, sont devenues plus minces ; depuis surtout que le fer s'y est introduit d'une manière si large, nos habitations présentent une sonorité intolérable à laquelle il est urgent d'apporter le plus prompt remède. Sur ce point, presque tout est à faire. Il sera très intéressant de reprendre ces questions en s'aidant des données posi-

----

(1) Emile Trélat, *Le Théâtre et l'Architecture*.

tives de la physique, et je ne fais aucun doute qu'on soit ainsi conduit à des solutions toutes nouvelles en harmonie avec les exigences et les ressources de notre époque.

On a dit avec raison que la lumière est à la vue ce que le son est à l'ouïe ; aussi l'étude de l'acoustique nous conduira-t-elle de la manière la plus naturelle à celle de la lumière, étude sans laquelle ce cours serait incomplet. La science et l'industrie nous ont donné dans ces derniers temps des sources de lumière très puissantes. C'est d'abord la lumière électrique, comparable par son intensité à la lumière solaire ; puis la lumière produite par la combustion des hydrogènes carbonés ; enfin, celle qui est fournie par les huiles minérales de provenances diverses, etc.. Il faut sans doute s'applaudir de ces nouvelles conquêtes, cependant un peu compromises par l'ignorance des principes de la physique et de l'hygiène. On n'a pas assez compris que la question d'éclairage est surtout une question de mesure, et même, comme nous le verrons, une question de qualité, et que si l'on augmente sans limites l'intensité d'un éclairage, on se jette dans une voie fausse et pleine de périls ; loin d'ajouter à la netteté de la vision, on la compromet par l'irradiation ; au lieu d'obtenir un effet agréable on produit un sentiment de gêne et de fatigue. Ce sont là surtout, Messieurs, il faut le dire, les conditions fâcheuses de l'éclairage industriel et commercial. Dans les magasins de vente, la lumière est prodiguée de la manière la moins intelligente : des rangées de becs disposés en batteries envoient d'énormes quantités de lumière sur les étoffes blanches d'une montre de nouveautés ou sur le métal poli de pièces d'orfèvrerie. Dans ces conditions, pour le public, la *vision* c'est l'éblouissement, et pour les personnes attachées à ces établissements, la fatigue suivie bientôt de maladies dans l'organe qu'on a traité avec un oubli si complet des exigences de ses fonctions. Je vous le demande, Messieurs, est-ce que si des artistes instruits étaient chargés de disposer un éclairage semblable, ils procéderaient ainsi ? Est-ce que leur goût tout d'abord ne leur dirait pas que la mesure, le choix, la bonne disposition sont des qualités que l'on doit rencontrer ici comme partout ailleurs ? Ne seraient-ils pas conduits, au lieu de chercher de la puissance, sans mesure et sans art, à approprier l'intensité lumineuse aux objets, à chercher des oppositions de tons agréables, à fuir surtout ces points radiants si fatigants pour la vue ? En agissant ainsi, on mettrait d'accord l'art, la science, l'hygiène, et sans doute aussi l'économie.

Vous remarquerez, Messieurs, que j'envisage ici la question de l'éclairage au point de vue de l'art. C'est qu'en effet, la lumière est le plus grand moyen dont l'artiste dispose pour faire valoir ses créations. Aussi, qui plus que l'architecte doit régler cette question importante ? J'ai toujours remarqué qu'en fait de lumière, ce qui est agréable, harmonieux, est aussi pleinement d'accord avec la science et l'hygiène. Voilà pourquoi il me semble si désirable que les architectes possèdent ces principes de physique et de physiologie qui les guideront utilement, et au besoin leur permettront de parler au nom de la science comme au nom de l'art, pour réformer les pratiques mauvaises.

Dans les usages domestiques, la lumière est souvent mal employée, surtout quand il s'agit du gaz et des huiles minérales. Il faut que nous apprenions à utiliser ces ressources précieuses, mais qui demandent à être maniées avec certaines précautions. Pour établir les règles d'une bonne hygiène de la vue, une des connaissances les plus indispensables est celle des propriétés physiologiques des différents rayons dont la lumière blanche est formée. Nous aurons à insister sur ce point. Nous verrons, par exemple, que parmi tous les rayons que la flamme d'une lampe nous envoie, la majeure partie est inutile à la vision et nuisible à l'organe. Il est vrai que l'œil est si admirablement constitué, qu'il élimine dans la mesure du possible tout ce qui est étranger à sa fonction ; mais il en résulte toujours une intervention trop active des milieux protecteurs de l'organe, surtout s'il s'agit de sources trop riches en rayons chimiques et calorifiques obscurs, comme par exemple, la lumière du gaz et des huiles minérales. L'analyse de la lumière dans ses rapports avec le sens de la vue nous conduira à définir les qualités physiques que doit posséder une source lumineuse pour réunir les meilleures conditions hygiéniques ; c'est ce que j'ai proposé de nom-

mer les qualités physiologiques d'une lumière. Cette définition
bien comprise, il sera intéressant de passer en revue nos principales sources de lumière artificielle, la chandelle, la bougie, la
lampe à huile végétale ou minérale, le gaz, la lumière Drum-
mond, la lumière électrique. Nous pourrons alors classer aussi
bien au point de vue hygiénique et physiologique, qu'au point
de vue économique, la valeur de ces sources. Mais un des principaux avantages que nous en retirerons, ce sera de formuler
l'ensemble des précautions que chaque genre d'éclairage privé
ou public réclame, et d'indiquer les moyens qui permettent de
se servir, sans danger, d'une source de lumière donnée.

Telles sont, Messieurs, les principales parties de la physique
qui formeront l'objet de nos études. J'ai voulu vous indiquer
plutôt l'esprit de notre programme, que vous en donner une
analyse détaillée. Mais ce que j'en ai dit suffira, je l'espère, pour
vous montrer tous les secours que cette science peut apporter à
l'architecture.

En résumé, Messieurs, l'art se trouve aujourd'hui en présence
d'un état de choses qui doit vivement le solliciter. Il rencontre
d'une part, les besoins nouveaux, nombreux, bien définis d'une
société qui se développe rapidement ; d'autre part des ressources illimitées qu'il peut emprunter aux sciences et à l'industrie.
Que l'architecture donc s'inspire de ces besoins, qu'elle s'empare de ces ressources, et qu'elle dégage de ces éléments un art
qui nous intéresse par ce qu'il sera l'expression de nos mœurs
et de nos idées.

1866

1

SUR LE SPECTRE DE LA VAPEUR D'EAU

J'ai l'honneur de faire part à l'Académie de la découverte d'une propriété optique nouvelle de la vapeur d'eau, propriété qui paraît devoir conduire à d'importants résultats en physique céleste et en météorologie.

L'étude optique de cette vapeur vient de révéler qu'elle est douée d'un pouvoir d'absorption électif sur la lumière ou, en d'autres termes, que cette vapeur fait naître des raies et des bandes obscures dans le spectre d'un faisceau lumineux qui la traverse sous une épaisseur suffisante. Mais avant d'entrer dans le détail des expériences, je demanderai qu'il me soit permis de résumer brièvement les travaux d'analyse spectrale qui m'ont amené à la recherche dont j'aurai l'honneur de présenter ici les premiers résultats.

On sait que l'illustre M. Brewster avait découvert, vers 1833, ce que nous nommons les bandes atmosphériques ou telluriques du spectre solaire. M. Brewster avait reconnu que lorsque le soleil était près de l'horizon, son image prismatique s'enrichissait de bandes sombres nouvelles. Ce fait rapproché de faits du même ordre, c'est-à-dire de l'action du gaz nitreux et autres qui font naître des bandes obscures dans le spectre d'un faisceau lumineux qui les a traversés, avait conduit le physicien anglais à l'idée extrêmement juste que notre atmosphère pourrait bien agir à la manière du gaz nitreux et devenir ainsi la cause des bandes obscures observées quand le soleil est à l'horizon ; M. Brewster avait même eu la pensée que toutes les raies du spectre solaire pourraient être expliquées par cette cause. Malheureusement, cette belle conception ne put pas être démontrée d'une manière complète. En effet, ces bandes obscures s'évanouissaient généralement quand le soleil s'élevait, et il n'en restait plus de traces appréciables au passage de l'astre au méridien.

Plus tard, une expérience directe, dans laquelle MM. Brewster et Gladstone essayaient de reproduire les lacunes du spectre solaire en analysant à grande distance une lumière artificielle, à spectre continu, ne donna pas un résultat satisfaisant (*Transactions philosophiques*, 1860).

La question de l'origine des raies et bandes obscures du spectre solaire n'était donc pas résolue, mais les beaux travaux de M. Brewster n'en avaient pas moins apporté à la science des idées et des faits très importants qui devaient servir de base aux études ultérieures.

Peu de temps après la publication du grand Mémoire de MM. Brewster et Gladstone, Mémoire qui résume les travaux de ces messieurs sur cette question, M. Kirchhoff faisait connaître ses belles études sur le spectre solaire. Le résultat de ces études est bien connu : l'origine des raies du spectre solaire était reportée dans une atmosphère entourant le soleil, et l'étude de ces raies révélait la composition chimique de cette atmosphère. Les résultats généraux de cette théorie resteront certainement acquis à la science, mais le but fut encore dépassé. Entre les idées de M. Brewster cherchant à expliquer le spectre solaire par l'action de l'atmosphère de la terre, et celles de M. Kirchhoff assignant son origine dans une atmosphère solaire, il y avait place pour une doctrine moins exclusive et plus complète qui ferait la part des deux causes et démontrerait la double origine des raies que Wollaston et Fraunhofer ont découvertes dans l'image prismatique du soleil.

L'origine solaire d'une portion des raies du spectre de cet astre étant démontrée, il restait donc à prouver l'action de notre atmosphère en complétant les travaux de MM. Brewster et Gladstone, Piazzi Smith, etc.. C'est là l'objet des études que j'ai entreprises depuis 1862.

Par des dispositions optiques nouvelles, j'ai d'abord cons-

taté que les bandes de M. Brewster étaient formées d'une multitude de raies fines comparables aux raies solaires proprement
dites. De plus, l'étude de ces raies m'a démontré qu'elles sont
constantes dans le spectre, quoique incessamment variables
dans leur intensité, suivant la hauteur du soleil, c'est-à-dire
suivant l'épaisseur de notre atmosphère traversée par les rayons
de l'astre. Ces résultats démontraient l'action de notre atmosphère. Pour les corroborer, j'ai étudié le spectre sur une haute
montagne, le Faulhorn (septembre 1864). Là, j'ai vu ces raies
d'origine terrestre s'affaiblir à mesure que je m'élevais, c'est-
à-dire à mesure que les rayons solaires traversaient une épaisseur moindre d'atmosphère terrestre. Enfin, dans une expérience
faite sur le lac de Genève (octobre 1864), j'ai pu reproduire artificiellement les mêmes raies. La flamme d'un grand bûcher de
sapin, flamme qui de près ne donne aucune raie, sinon la raie
brillante du sodium, a présenté, à 21 kilomètres, les raies atmosphériques du spectre solaire. Cet ensemble de preuves démontrait donc l'action évidente de notre atmosphère et la double
origine des raies du spectre solaire. J'ajoute que cette atmosphère,
malgré son peu de hauteur et la basse température des gaz qui la
forment, agit sur la lumière aussi énergiquement, quoique d'une
manière très différente, que l'atmosphère du soleil. L'atmosphère
de la terre produit dans le rouge, l'orangé et le jaune du spectre
un système de raies dix fois plus nombreuses que les raies solaires de ces régions. Au contraire, dans le vert, le bleu, le violet,
ce sont les raies d'origine solaire qui dominent de beaucoup.
Ainsi, ces deux atmosphères, si différentes par leurs températures propres, ne sont pas moins différentiées par leurs actions
sur la lumière. Elles se partagent en quelque sorte le spectre ;
l'atmosphère de la terre, atmosphère à basse température, agit
spécifiquement sur les rayons à grande longueur d'onde ; l'atmosphère solaire, atmosphère à haute température, porte son
action élective sur les rayons à courte longueur d'onde. Il y aura
à revenir sur ce point intéressant.

L'action de notre atmosphère étant démontrée, il restait à
se demander à quels éléments de cette atmosphère on devait
attribuer cette action.

Or l'étude attentive du spectre solaire m'avait fait attribuer, il y a déjà deux ans, à la vapeur d'eau dissoute de notre atmosphère, une part très importante, sinon totale, dans la production des raies telluriques du spectre solaire (1)

En effet, des comparaisons longuement suivies sur la lumière solaire pendant diverses saisons de l'année montraient très nettement que pour les mêmes hauteurs du soleil certaines raies du spectre de cet astre étaient d'autant plus accusées que le point de rosée était plus élevé.

Les observations que j'ai faites sur le Faulhorn confirmèrent encore ces indications ; j'ai pu voir, par des jours de sécheresse extrême, les lignes en question s'évanouir presque complètement du spectre.

Aussi, dans l'expérience que j'ai faite sur le lac de Genève, ai-je été déterminé à choisir le lac comme base d'expériences, par cette considération que le faisceau lumineux en rasant la surface de l'eau devait traverser des couches d'air nécessairement plus humides, ce qui ajoutait aux chances de succès, et l'événement confirma cette prévision (1).

Il restait donc bien peu de doute sur l'action de la vapeur d'eau : cependant il était nécessaire, en raison même de l'importance du résultat, de soumettre ce point de théorie à une vérification directe, en étudiant les modifications qu'un faisceau de lumière de composition bien connue éprouverait par le fait de son passage dans un tube de longueur suffisante ne contenant que de la vapeur d'eau.

Malheureusement cette expérience présentait d'assez grandes difficultés pratiques. Notre atmosphère contient une telle quantité de vapeur aqueuse, que, pour réaliser artificiellement les effets qu'elle produit sur la lumière solaire, on était conduit à l'emploi d'appareils de dimensions exagérées et difficilement réalisables.

Un premier essai eut lieu à l'atelier central des phares (2).

(1) Voir, à cet égard, la discussion qui s'est élevée entre le P. Secchi et moi (*Comptes rendus*, 13 juillet 1863 ; 27 juillet 1863 ; 25 juillet 1864 ; 30 janvier 1865).

(2) *Comptes rendus*, 30 janvier 1865.

M. Allard, ingénieur en chef de cet établissement, voulut bien me prêter son concours ; mais le tube de 10 mètres que nous montâmes à cet effet n'avait pas assez de longueur pour manifester suffisamment le phénomène.

Enfin, j'ai pu réaliser des conditions plus favorables. Un de mes amis, M. Goschler, directeur des études à l'Ecole centrale d'Architecture, me mit en rapport avec M. le directeur de la Compagnie parisienne du gaz, et M. Arson, ingénieur en chef. Ces messieurs mirent à ma disposition, avec une obligeance dont je les remercie extrêmement, les grandes ressources de ce vaste établissement.

Un tube en fer de 37 mètres a été monté ; il est placé dans une caisse en bois de même longueur, contenant de la sciure ligneuse bien sèche, disposition qui empêche toute perte sensible de chaleur. La vapeur est fournie par une locomobile de la force de six chevaux, et la lumière par une rampe de seize becs de gaz disposés suivant l'axe du tube. Cette lumière, qui, comme on sait, donne un spectre bien continu, permet d'apercevoir la production des plus faibles bandes obscures.

Les expériences se poursuivent en ce moment, et je viens seulement faire part à l'Académie des premiers résultats. Ces résultats confirment de la manière la plus complète ce que l'étude du spectre solaire m'a déjà indiqué.

Dans une expérience (3 août 1866) où le tube bien purgé d'air était plein de vapeur à la pression de sept atmosphères, le spectre se présenta avec cinq bandes, dont deux bien marquées, réparties de D à *a* (Fraunhofer), et rappelant le spectre solaire vu dans le même instrument vers le coucher du soleil.

D'après les premières comparaisons faites entre le spectre de la vapeur d'eau et celui de la lumière solaire, le groupe *a* de Fraunhofer, B (en grande partie au moins), le groupe C, deux groupes entre C et D, sont dus à l'action de la vapeur aqueuse de l'atmosphère.

Cette expérience a donné en outre un résultat intéressant. Le spectre de la lumière transmise s'est montré très sombre dans la partie la plus réfrangible, tandis qu'il était brillant dans les régions du rouge et du jaune. Ainsi, bien que la vapeur d'eau absorbe énergiquement certains rayons rouges et jaunes, en somme, elle est très transparente pour la plupart de ces rayons, tandis qu'elle agit d'une manière générale sur les rayons les plus réfrangibles. Il en résulte que la vapeur d'eau serait de couleur orangé-rouge par transmission, et d'autant plus rouge qu'elle agit sous une plus grande épaisseur.

Ce résultat aura besoin d'être vérifié et établi avec le plus grand soin, et je ne le présente ici que sous réserves. S'il est définitivement démontré, nous y trouverons l'explication de la couleur rouge, si variable dans ses teintes, mais toujours observée au lever comme au coucher du Soleil.

Les conséquences de cette découverte du spectre de la vapeur d'eau n'échapperont sans doute à personne. Nous sommes enfin fixés sur l'origine d'une portion considérable des raies du spectre solaire, et la connaissance de ces raies nous permettra d'étudier au point de vue de l'humidité les couches les plus élevées de notre atmosphère, couches inaccessibles jusqu'ici à nos moyens d'investigation. Mais c'est surtout en astronomie que les résultats seront intéressants à développer. En me fondant sur la connaissance précise de ce spectre de la vapeur d'eau, je compte être bientôt en mesure de prononcer sur la présence de cet élément capital de la vie organique dans les atmosphères des planètes et d'autres astres. Dès aujourd'hui, je puis annoncer que cette vapeur ne fait pas partie de l'atmosphère solaire.

C. R. Acad. Sc., Séance du 13 août 1866, T. 63, p. 289.

Reproduit avec de légères variantes dans les recueils suivants : *Les Mondes*, 1866, t. XI, p. 678 ; *Bulletin de la Société philomathique de Paris*, juin-août 1866, p. 95 ; *Annales de Chimie et de Physique*, 1871, 4e série, t. 24, p. 217.

Traduction : *On the spectrum of aqueous vapeur. Philosophical Magazine*, 1866, T. XXXII, p. 315. — *Chemical News*, 1866, p. 163.

II

SUR LE SPECTRE ATMOSPHÉRIQUE TERRESTRE
ET CELUI DE LA VAPEUR D'EAU

J'ai l'honneur de faire part à la section (1) de la découverte d'une propriété optique nouvelle de la vapeur d'eau. Cette propriété consiste en ce que la vapeur d'eau agit spécifiquement sur la lumière de manière à produire un spectre d'absorption caractéristique. Ce spectre permettra de constater la présence de la vapeur d'eau, et, par suite, de l'eau, soit dans les hautes régions de l'atmosphère terrestre, soit dans les atmosphères planétaires, et d'une manière générale dans les corps célestes.

En continuant les beaux travaux de MM. Brewster et Gladstone sur le spectre solaire, j'ai été amené à constater cette action de la vapeur d'eau par une longue suite d'observations sur la lumière solaire faites en diverses saisons de l'année. Pour des hauteurs égales du soleil, les raies telluriques du spectre solaire se montraient d'autant plus foncées que le point de rosée était plus élevé (2).

Spectre de la vapeur d'eau

Une expérience directe qui démontre définitivement cette propriété vient d'être faite à Paris dans l'usine de la Compagnie du Gaz. Un tube de fer de 37 mètres, fermé aux extrémités par deux glaces, a été rempli de vapeur à diverses pressions. Le tube de fer était placé dans une enveloppe de bois remplie de sciure de bois pour empêcher la déperdition de chaleur. La lumière était donnée par une rampe de seize becs de gaz. On sait que cette lumière donne un spectre continu et sans raies ; or, quand la lumière eut traversé le tube plein de vapeur à sept

---

(1) A la section de physique de l'Association britannique pour l'avancement des Sciences, session de Nottingham.

(2) M. Cooke, en Amérique, vient d'annoncer des résultats semblables ; je suis persuadé qu'il n'avait pas connaissance de ces publications où j'ai formulé les conclusions de son travail dix-huit mois avant lui.

atmosphères, elle donna un spectre sillonné de raies et bandes obscures correspondant aux raies et bandes atmosphériques terrestres ou telluriques du spectre solaire. (Ce sont les bandes découvertes par l'illustre Sir David Brewster quand le soleil est à l'horizon.) L'expérience a été répétée dans des circonstances diverses. On a examiné les effets de la longueur du tube et ceux de la pression. Les raies se développent à mesure que la longueur augmente et que la pression s'élève ; elles s'affaiblissent dans les circonstances opposées. Quand le tube est vide de vapeur ou qu'il en contient fort peu, on ne voit aucune raie. Le résultat est donc parfaitement constaté. J'ai interrompu les expériences pour venir en faire part au Congrès, mais je compte en poursuivre les conséquences.

En attendant, je puis déjà conclure :

1º Que les raies du spectre solaire dans les régions rouge, orangée, jaune, sont presque toutes dues à la vapeur d'eau de notre atmosphère.

2º Qu'il n'y a pas de vapeur d'eau autour de la photosphère solaire.

3º Que la découverte du spectre de la vapeur d'eau vient confirmer les résultats obtenus par M. Tyndall, touchant l'action absorbante de cette vapeur sur la chaleur rayonnante.

Report of the British Association for the Advancement of Science. 36th Meeting, Nottingham, August 1866, p. 11.

III

NOTE SUR LA CAUSE DES RAIES TELLURIQUES DU SPECTRE SOLAIRE

en réponse à la Note de M. Cooke sur le même sujet.

M. Cooke a publié, dans le *Silliman Journal* (mars 1866), une note sur les raies aqueuses du spectre solaire qui a été reproduite dans les *Archives* (1). La conclusion principale de la note

---

(1) *Archives des sciences physiques et naturelles*, 1866, T. XXVI, p. 137.

de M. Cooke est qu'il existe dans le spectre solaire un certain
nombre de raies qui doivent être attribuées à l'action de la vapeur d'eau répandue dans notre atmosphère. Or, je dois faire
remarquer ici que cette conclusion a été formulée par moi, il y a
à peu près deux ans à la suite d'études très complètes et très
variées (1). M. Cooke ne cite aucun travail comme ayant précédé le sien, et il termine en disant que sa note a seulement pour
but d'aborder le sujet. Je suis donc pleinement persuadé que
l'auteur, au moment où il a fait connaître son travail, ignorait
les résultats que j'ai publiés sur ce sujet, et où les questions qu'il
aborde ont été traitées avec de grands développements.

En étudiant les raies du spectre solaire, et particulièrement
la raie D pour laquelle l'auteur donne une petite carte, M. Cooke
annonce qu'il a observé des variations d'intensité pour certaines des lignes qui se trouvent entre les composantes de D lorsque le point de rosée était différent. L'auteur en conclut que certaines raies du spectre solaire doivent être dues à la vapeur d'eau
de l'atmosphère terrestre. D'une manière générale, cette conclusion est certainement exacte, et j'avais été conduit à la formuler, non seulement pour l'étroite région comprise entre les
deux raies de D, mais pour tout le spectre. Des comparaisons
longuement suivies sur l'intensité des raies telluriques pour des
hauteurs égales du soleil, mais dans diverses saisons de l'année,
montraient incontestablement que l'intensité de ces raies augmente avec la quantité de vapeur d'eau dissoute dans l'atmosphère (cette quantité était mesurée par l'hygromètre à condensation de M. Regnault). Pour mesurer la teinte plus ou moins
foncée des raies, et établir des points de comparaisons certains,
j'employais une série de dessins graphiques représentant un
même groupe reproduit à différents degrés d'intensité avec des
encres de teintes croissantes comme les nombres 1, 2, 3. Ces sortes d'échelles rappellent le cyanomètre de Saussure, et une longue pratique m'a démontré que ce moyen de mesure est encore
le meilleur qu'on puisse employer actuellement.

---

(1) *Comptes rendus de l'Académie des Sciences de Paris*, janvier 1865. —
Les Mondes, idem. — *L'Institut*, novembre 1864.

Les études que j'ai faites sur le Faulhorn en septembre 1864 ont confirmé les résultats sur l'action de la vapeur d'eau. Sur cette haute montagne, j'ai eu des jours d'extrême humidité et d'autres jours de si grande sécheresse, que l'hygromètre à condensation ne donnait pas de rosée à 20° sous zéro. Or, ces variations extrêmes dans l'humidité de l'atmosphère étaient accompagnées de variations correspondantes dans l'intensité des raies telluriques.

Aussi, dans l'expérience sur le lac de Genève qui eut lieu un mois après, ai-je pu reproduire artificiellement le spectre tellurique avec la flamme d'un bûcher de sapin en faisant passer les rayons lumineux à la surface humide du lac (la flamme du sapin ne donna aucune raie sombre quand on l'analysa de près ; à 21 kilomètres, cette flamme présenta les raies atmosphériques du spectre solaire).

Ces résultats ont été publiés dans le journal l'*Institut*, novembre 1864 (à la Société philomathique) ; dans le *Bulletin de l'Association scientifique de France*, décembre 1864 ; dans les *Comptes rendus de l'Académie des Sciences*, janvier 1865 ; dans le journal *Les Mondes*, janvier 1865.

Voici le passage des *Comptes rendus* où les résultats sont résumés :

« Cet ensemble d'observations m'a démontré que la vapeur d'eau, à l'état de nuage ou de vapeur atmosphérique, ne paraît point agir, mais que c'est la vapeur d'eau à l'état de fluide élastique qui a une part importante dans la production des raies telluriques du spectre solaire.

« Par exemple, le 5 juillet 1864, le temps était beau, pur et chaud, un groupe tellurique, mesuré à nos échelles, fut trouvé d'intensité 15, le soleil étant à 4°34′ sur l'horizon, tandis que le 27 décembre 1864, pour une même hauteur du soleil, le temps également pur, mais si sec, que le point de rosée était à 8° au-dessous de zéro, le même groupe tellurique n'avait plus aux mêmes échelles qu'une intensité égale à 4.

« Une expérience pour la vérification directe de ce point important vient d'être faite à l'atelier central des phares du gouvernement ; elle a donné un résultat qui s'annonce comme confir-

matif ; je compte l'étudier sur une échelle encore plus considérable, où le phénomène pourra être étudié comme il mérite de
l'être. »

Du reste, si les résultats annoncés par M. Cooke sont bien
moins complets que ceux qui précèdent, cela tient évidemment
à ce que l'auteur, ignorant ce qui avait été fait à cet égard, abor-
dait le sujet comme il le dit lui-même. Néanmoins, ces résultats confirment l'exactitude de ceux que j'avais annoncés antérieurement, et à ce titre, ils ne sont pas inutiles à la science.

M. Cooke traite aussi dans sa note de la couleur de l'atmosphère, qu'il explique en la rattachant aux raies de la vapeur
d'eau. Je dirai ici d'une manière générale, que je ne partage pas
les opinions émises par le savant américain, mais je reviendrai
sur ce point qui demandera un examen ultérieur.

*Bibliothèque Universelle et Revue Suisse, Archives des Sciences
physiques et naturelles,* octobre 1866, T. 27, p. 185.

IV

REMARQUES SUR UNE RÉCENTE COMMUNICATION DE M. ANGSTRÖM RELATIVE A QUELQUES FAITS D'ANALYSE SPECTRALE

M. Angström vient de publier dans le *Compte rendu* du 15 de
ce mois quelques observations intéressantes d'analyse spectrale.
Ces observations portent sur des points de la science dont je me
suis moi-même beaucoup occupé et je me propose d'en discuter
bientôt les résultats avec l'auteur. Mais, parmi les faits dont
M. Angström a entretenu l'Académie, il en est plusieurs qui,
dans l'esprit de ce physicien, seraient en désaccord avec les résultats que j'ai fait récemment connaître sur le spectre de la vapeur
d'eau. Je répondrai immédiatement sur ce point.

M. Angström, en s'occupant de mesurer les longueurs d'onde

de raies du spectre solaire, a eu occasion d'observer les raies telluriques, et ayant remarqué que certaines d'entre elles persis-
taient encore par des temps très froids où l'air devait être extrêmement sec, l'auteur en conclut que toutes les raies telluriques
du spectre solaire ne doivent pas être attribuées à la vapeur
d'eau. M, Angström cite notamment A, B et un groupe entre B
et C.

Je demanderai d'abord à M. Angström la permission de lui
faire remarquer qu'il me combat ici avec mes propres idées. Je
n'ai jamais pensé ni énoncé que le spectre de la vapeur d'eau
dût représenter la totalité du spectre tellurique. Tout au contraire, les études que j'ai entreprises sur l'atmosphère terrestre
ont eu pour but de montrer que les gaz et les vapeurs possèdent
à toute température le pouvoir d'absorption électif, et que l'analyse spectrale pourra s'appliquer aussi bien à l'étude des atmosphères des planètes que celles du soleil.

Aussi après avoir constaté que les bandes de M. Brewster se
résolvent en raies fines, j'ai trouvé des résultats analogues pour
l'acide hypoazotique, la vapeur d'iode, de brome, etc..

J'ai fait connaître ces faits à la société philomathique de Paris
en décembre 1864 ; ils se trouvent consignés dans ses comptes
rendus et ont été reproduits par divers journaux scientifiques.

Depuis j'ai toujours rédigé mes communications en ce sens ;
aussi en 1864, je disais en résumant mes observations faites aux
Alpes : « Cet ensemble d'observations m'a démontré que la vapeur d'eau à l'état de nuage ou de vapeur atmosphérique ne
paraît point agir, mais que c'est la vapeur d'eau à l'état de fluide
élastique qui a une part importante dans la production des raies
telluriques du spectre solaire. » (*Comptes rendus de l'Académie,*
30 janvier 1865.)

On voit par là combien je suis loin d'attribuer à la vapeur
d'eau l'universalité des raies telluriques du spectre solaire ; j'ai
toujours pensé au contraire que tous les gaz de notre atmosphère
devaient avoir leur part dans le phénomène, part qui, pour certains d'entre eux, sera peut-être fort difficile à faire, mais qui doit
exister en principe.

Dans le cours de mes études, j'ai pu souvent constater, par

des temps très froids, des différences entre les intensités relatives des raies telluriques, celles qui étaient d'origine aqueuse devenant beaucoup plus faibles que les autres (ɪ). Ces distinctions figureront sur mes cartes, mais je crois qu'il serait prématuré, avant la publication du spectre de la vapeur d'eau, que j'obtiens en ce moment par une expérience certaine, de discuter sur l'origine de telle ou telle raie de ce spectre (2).

C. R. Acad. Sc., Séance du 29 octobre ɪ866, T. 63, p. 728.
Traduction : *Philosophical Magazine*, ɪ867, T. XXXIII, p. 78.

(ɪ) Mais je n'ai jamais trouvé aucune ligne du spectre plus foncée en hiver qu'en été, ce qui serait en opposition avec ce principe général que l'absorption élective des gaz diminue avec la température. Il est infiniment probable que M. Angström a commis ici une erreur d'appréciation très difficile à éviter, comme je m'en suis assuré, quand on ne peut pas ramener à la même intensité lumineuse les spectres que l'on compare.

(2) C'est par une erreur typographique qu'on a imprimé A, mon spectre n'allait pas jusqu'à la région A. Cette erreur, dont la correction a sans doute échappé à M. Angström, a été rectifiée dans le *Compte rendu* du 27 août.

1867

I

OBSERVATION DE L'ÉCLIPSE ANNULAIRE DE SOLEIL
DU 6 MARS, A TRANI (ITALIE) (1)

Lettre à M. Faye.

Trani, 6 mars 1867.

L'éclipse est observée, mais par un bonheur vraiment inouï. Depuis huit jours, la pluie constante à Trani. J'étais dans une position très critique. Fallait-il me déplacer et me porter rapidement de l'autre côté des Apennins, ou subir mon sort à Trani ? J'avais demandé télégraphiquement aux observateurs de Salerne quel était leur temps, et j'avais tout préparé pour le voyage, qui était difficile, à cause de la neige tombée sur la montagne. La réponse fut défavorable. Je reste donc et je fais mes dispositions pour acquit de conscience. Le soir et la nuit même du 5 au 6, la pluie n'a cessé de tomber et je fus obligé de régler les axes optiques de mes lunettes sur une lumière éloignée ; puis tout à coup, le vent change, le ciel se dégage et le soleil se lève radieux. Je fis alors rapidement en quelques heures ce qui eut demandé plusieurs jours. De toutes les personnes qui devaient m'aider, deux seules sont venues ; on était convaincu de l'inutilité d'un déplacement. J'ai donc sacrifié de notre programme tout l'accessoire, et me suis fortement attaché au plus important, à savoir : le spectre des bords comparé à celui du centre, et le spectre de l'auréole.

---

(1) M. Janssen a reçu du Bureau des Longitudes la mission de se rendre à Trani pour y faire des observations physiques pendant la durée de l'éclipse annulaire.

Spectre des bords.

Plusieurs grands spectroscopes reliés entre eux suivaient le
soleil. Une bonne image de l'éclipse tombait sur les fentes.
J'avais choisi dans mes cartes plusieurs groupes incontestablement solaires, et les cartes sous les yeux (des cartes faites à loisir depuis longtemps), je suivais ces groupes. Les raies choisies
sont des raies grises, sur lesquelles, par conséquent, une augmentation d'intensité était facile à constater. Or, pendant toute
la durée de l'éclipse, avant, pendant, après la centralité, je n'ai
pu saisir une augmentation sensible et nettement accusée d'intensité. Ainsi la lumière envoyée par les bords de la photosphère,
pour une région d'une demi-minute d'épaisseur angulaire, ne
présente point, au point de vue de l'absorption élective, une
composition moyenne sensiblement différente de celle du centre. Bien entendu que je ne puis affirmer que la lumière de l'extrême bord (une seconde ou deux par exemple) ne présenterait
aucune différence. Je ne puis conclure au delà de l'observation ;
mais il est déjà remarquable qu'à une distance si faible du bord
les grands instruments ne puissent rien accuser de sensible. Il
faudra tenir compte de ce résultat dans nos spéculations théoriques.

L'illumination de l'atmosphère fut encore très vive pendant
la centralité et le spectroscope donnait un spectre très lumineux, même à trois ou quatre minutes du bord de la lune où devait se produire l'auréole, il n'était donc pas possible d'observer rien de ce côté.

J'ai observé plusieurs particularités physiques remarquables,
dont je vous ferai part dans une prochaine lettre.

C. R. Acad. Sc., Séance du 18 mars 1867, T. 64, p. 596.

II

NOTE SUR LA PRÉSENCE DE LA VAPEUR D'EAU DANS LES ATMOSPHÈRES PLANÉTAIRES ET SUR QUELQUES PHÉNOMÈNES PRÉSENTÉS PAR LES TACHES SOLAIRES.

Au mois d'août 1866, j'avais annoncé à l'Académie des Sciences que j'étais parvenu à démontrer, par une expérience directe, l'action d'absorption élective de la vapeur d'eau sur la lumière. Cette action d'absorption se traduit par des raies et des bandes plus ou moins foncées qui sillonnent le spectre de tout faisceau lumineux dont les rayons ont traversé une épaisseur suffisante du fluide aqueux. J'ai nommé spectre de la vapeur d'eau ce système de raies et de bandes obscures.

Les conséquences de ce nouveau fait sont de divers ordres. Nous voyons d'abord que les idées théoriques qu'on s'était formées sur la production des raies d'absorption étaient beaucoup trop exclusives. On réservait, en effet, la faculté de les engendrer aux vapeurs métalliques et aux substances gazeuses incandescentes. Or, la production d'un effet tout semblable par de la vapeur d'eau aux températures ordinaires montre que le phénomène est beaucoup plus général, et en même temps le champ des applications de l'analyse spectrale se trouve considérablement augmenté.

La connaissance du spectre propre à la vapeur d'eau peut, en effet, nous permettre de constater sûrement la présence de cet élément si important de la vie organique, soit dans les hautes régions de notre atmosphère, soit dans les atmosphères des planètes et en général dans les corps célestes.

Je me suis livré à ces diverses recherches, et j'aurai l'honneur d'en rendre compte successivement à la Société. Aujourd'hui, je viens seulement faire part à mes confrères de la découverte de la vapeur d'eau dans les atmosphères de quelques planètes. On comprend, du reste, qu'il est fort important, dans des études de ce genre, de tenir compte de l'action de notre atmosphère.

Aussi, ai-je eu soin d'observer dans des circonstances variées et en ayant toujours égard à l'humidité de l'air et à la hauteur de l'astre. J'ai même été conduit, afin de réduire autant que possible cette influence tellurique, à observer sur l'Etna. Dans ces hautes régions, j'avais une atmosphère si rare et si sèche, que son action pouvait être considérée comme tout à fait négligeable. Mes études sur l'Etna, à Palerme et à Marseille, m'ont conduit à admettre la présence de la vapeur d'eau dans les atmosphères de Mars et de Saturne.

Annuaire de la Société météorologique de France. Bulletin des séances, 11 juin 1867, p. 218. Même communication à la Société philomathique de Paris. Séance du 6 juillet 1867, *Bulletin*, juin-juillet 1867, p. 115.

III

SUR LA COMPOSITION DES GAZ ÉMIS PAR LE VOLCAN DE SANTORIN

(Extrait d'une lettre de
M. Janssen à M. Ch. Sainte-Claire Deville).

Me voici de retour de ma mission et avant de vous rendre compte des résultats obtenus, permettez-moi de vous remercier de votre concours si empressé et si bienveillant. Dans une question où la géologie tenait une si grande place, vos lumières et celles de MM. Elie de Beaumont, Fizeau, Edm. Becquerel, et j'ajoute avec plaisir M. Fouqué, m'ont été extrêmement précieuses et ont formé un meilleur élément de succès.

Je suis arrivé à Santorin le 21 mars : M. Fouqué avait terminé son voyage et quittait l'île. Nous nous entendîmes rapidement sur les points les plus importants de nos études. Je trouvai le volcan en pleine activité : les détonations étaient continuelles et formidables ; le cratère du volcan, constamment remanié par les forces éruptives, lançait le feu et les pierres par un grand nombre d'orifices. Plusieurs fois par jour même, le sommet du cône volcanique, emporté tout entier par une éruption plus forte, retombait en une pluie de pierres incandescentes, qui couvraient tout le cône et les espaces environnants à une assez grande distance.

Après une reconnaissance rapide, je commençai immédiatement mes études. Vous vous rappelez, Monsieur, qu'il s'agissait surtout d'obtenir, par l'analyse de la lumière, quelques indications sur la nature des gaz et des matières brûlant à leur sortie du cratère. Or, je constatai tout d'abord, et bien facilement, l'existence de flammes qui du reste, avaient été très nettement reconnues par M. Fouqué, mais l'analyse de ces flammes présente d'assez grandes difficultés, à cause des nuages de poussières incandescentes qui s'y trouvent presque toujours mêlés, et masquent les propriétés optiques de ces dernières. Néanmoins, à l'aide de quelques dispositions particulières, et en attendant avec persévérance les occasions favorables, j'ai pu faire l'analyse spectrale de ces flammes, et voici d'une manière succincte les résultats obtenus.

Les flammes du volcan de Santorin contiennent du sodium, et ce corps doit s'y trouver relativement en grande partie, car je l'ai constaté en toute occasion. L'ensemble de mes observations me porte en outre à considérer l'hydrogène comme la base des gaz combustibles qui s'échappent des orifices du cratère. Ce fait me paraît important ; il étend et confirme les résultats trouvés par M. Bunsen, par vous, Monsieur, et par MM. Leblanc et Fouqué, sur la présence de ce gaz parmi les fluides rejetés des évents volcaniques.

Mon analyse ne s'est pas bornée là : je rapporte des dessins de spectres qui devront être discutés ultérieurement, mais qui, dès maintenant, semblent indiquer la présence du cuivre, du chlore et du carbone. Certaines circonstances d'analyse spectrale me permettront même, je l'espère, de donner des indications précises sur la température des flammes, température qui paraît peu élevée.

Désireux d'étendre les résultats obtenus à Santorin, je me

suis rendu au Stromboli. La configuration actuelle du cratère de
ce volcan diffère d'une manière très notable de celle que M. Fouqué avait constatée en 1866. L'ancien cratère très profond est
comblé, et se trouve surmonté actuellement par un champi-
gnon de laves concassées, très fissuré, vomissant des pierres,
des cendres et des flammes. L'analyse de ces flammes me porte
à leur attribuer une constitution qui se rapproche beaucoup de
celle des flammes de Santorin.

J'aurai bientôt l'honneur de faire part à l'Académie des autres études de physique terrestre que j'ai faites à Santorin et
en Sicile, mais je ne veux point terminer cette lettre sans vous
dire que je suis monté sur l'Etna pour y faire des observations
d'analyse spectrale céleste qui exigeaient une grande altitude,
afin d'annuler en majeure partie l'influence de l'atmosphère
terrestre. De ces observations et de celles que j'ai faites aux
observatoires de Paris, de Marseille et de Palerme, je crois pouvoir vous annoncer la présence de la vapeur d'eau dans les
atmosphères de Mars et de Saturne.

C. R. Acad. Sc., Séance du 24 juin 1867, T. 64, p. 1303.

IV

ETUDES DE PHYSIQUE TERRESTRE AU VOLCAN
DE SANTORIN

Indépendamment des recherches d'analyse spectrale dont
les principaux résultats ont été présentés à l'Académie par
M. Ch. Sainte-Claire Deville, j'ai étudié le volcan au point de
vue du magnétisme terrestre, des mouvements du sol, des températures, etc..

L'île de Santorin est formée par les bords d'un grand cratère
de soulèvement. Ce cratère rompu en plusieurs endroits a livré
passage aux eaux de la mer qui y forment un bassin intérieur
au centre duquel s'élèvent les *kameni* ou îlots volcaniques. Ces

îlots, ou plutôt les centres éruptifs qui leur ont donné naissance, sont sensiblement distribués suivant une ligne droite qui marque la direction de la grande fissure d'éruption de l'île.

Or, on sait que les laves et roches d'origine volcanique jouissent en général de propriétés magnétiques plus ou moins marquées. Une grande fissure du sol profond qui serait devenue le siège d'épanchements de matière magnétique devrait donc agir plus fortement que le sol environnant sur l'aiguille aimantée. Telle est l'idée fort simple que j'ai soumise à Santorin au contrôle de l'expérience.

Les éléments magnétiques étudiés sont : la déclinaison, l'inclinaison et l'intensité dans le plan horizontal. Mais ces déterminations, qui exigent beaucoup de temps et de rigueur, étaient rendues bien difficiles par des causes perturbatrices de tous genres : l'existence fréquente d'un vent violent, la chute des pierres, le tremblement du sol, etc.. J'ai pu heureusement me rendre maître de ces difficultés, et l'ensemble des mesures obtenues indique avec évidence une action magnétique plus forte suivant la direction du plan éruptif actuel dont la direction a été reconnue par M. Fouqué et qui se trouve jalonnée par les centres éruptifs de Micra, Georges, Aphroessa, etc.. Pour l'inclinaison notamment, j'ai obtenu des différences de plusieurs degrés entre les points de l'île qui se trouvent tout à fait en dehors de l'axe d'éruption et ceux qui, comme l'îlot de Micra, sont placés sur sa direction. Ce dernier point a même donné une inclinaison plus forte de 5 degrés.

L'étude géologique d'une région située près d'Aphroessa avait fait soupçonner à M. Fouqué l'existence, en ce point, d'une fissure secondaire. J'ai étudié cette région au point de vue magnétique, et les mesures sont venues, en effet, confirmer les prévisions de ce géologue distingué.

En résumé, il me paraît que ces études de magnétisme appliqué à l'étude des volcans et des terrains d'origine volcanique promettent de conduire à d'intéressants résultats. Elles constituent comme une sorte de sondage magnétique des couches profondes du sol, sondage très propre à éclairer sur leur véritable nature, et qui apportera à la géologie de très utiles lumières.

J'ai fait aussi quelques études sur les vibrations du sol au moment des explosions. Sans avoir à cet égard des déterminations suivies, j'ai pu néanmoins constater d'une manière très certaine que les vibrations avaient presque toujours lieu dans un sens perpendiculaire à la direction de la grande fissure d'éruption. Ainsi, en considérant cette fissure comme les deux bords d'une plaie, l'effet des forces volcaniques serait de soulever et d'ouvrir les bords de cette plaie. Ce résultat me paraît indiquer d'une manière très simple comment les fissures se produisent et se propagent, et du reste il est tout à fait en accord avec la théorie de M. Elie de Beaumont sur le mécanisme de la formation des volcans.

Pour compléter les études de physique terrestre que je devais faire à Santorin, j'ai mesuré les températures de l'eau de la mer à diverses profondeurs, et j'ai fait des sondages dans les points où ces mesures présentaient de l'intérêt ; enfin, je rapporte les éléments d'une carte de l'état de l'éruption au moment de mon départ. Ces documents, rapprochés de ceux que M. Fouqué a obtenus de son côté avant mon arrivée, permettront de suivre les phases du phénomène volcanique pendant la période de nos études.

C. R. Acad. Sc., Séance du 8 juillet 1867, T. 65, p. 71.

V

SUR UN VOYAGE FAIT AUX AÇORES
ET DANS LA PÉNINSULE IBÉRIQUE

Madrid, 10 octobre 1867.

J'ai l'honneur de vous donner des nouvelles du voyage aux îles Açores pour lequel j'avais reçu une mission de l'Académie.

L'éruption qui s'était manifestée le 2 juin dernier, entre les îles de Terceira et de Graciosa, n'a duré que six jours ; elle ne présentait plus, lors de mon arrivée sur les lieux, aucun intérêt sérieux, au point de vue des applications que j'aurais voulu faire, là comme à Santorin, des recherches physiques à l'étude d'une bouche volcanique en activité. Nous avons donc profité, M. Ch. Sainte-Claire Deville (1) et moi, d'une courte relâche du paquebot qui dessert mensuellement ces îles, pour visiter la côte nord-ouest de Terceira et, plus particulièrement, la pointe de Serreta, la plus voisine du lieu de l'éruption, afin d'y recueillir tous les documents qui pouvaient nous être fournis par les témoins oculaires.

L'objet principal de ma mission n'était point atteint, mais la visite générale des îles m'a bientôt démontré que mon voyage pouvait avoir encore d'utiles résultats.

En effet, l'archipel des Açores, malgré d'importants travaux, offre encore d'intéressants sujets d'étude : il est peu de points sur le globe qui aient été le siège de plus grands et de plus beaux phénomènes éruptifs.

Ces phénomènes, dont les manifestations n'ont jamais cessé d'une manière complète, sont encore représentés aujourd'hui, en plusieurs lieux de l'archipel, par des *caldeiras* ou dégagements de vapeur et de gaz à température plus ou moins élevée. L'île de San-Miguel est la plus remarquable sous ce rapport ; on y rencontre plusieurs *caldeiras*, surtout au centre de la grande cavité cratériforme de *Furnas*, située dans la partie est de l'île. Là, sur une foule de points, des dégagements gazeux à température élevée se frayent violemment un passage à travers les fissures du sol et élèvent souvent jusqu'à l'ébullition la température des eaux au sein desquelles ils jaillissent. Ces manifestations prouvent que c'est ici le lieu de l'archipel où les forces éruptives ont conservé l'action permanente la plus active. Nous avons donc pensé, M. Ch. Sainte-Claire Deville et moi, qu'il y aurait intérêt à faire de *Furnas* l'objet d'une étude spéciale ; aussi, y avons-nous séjourné le temps nécessaire, et nous rapportons les éléments d'un travail séparé sur cette localité remarquable.

---

(1) M. Ch. Sainte-Claire Deville avait obtenu de M. le Ministre de l'Instruction publique l'autorisation de visiter, sous ses auspices, l'archipel volcanique des Açores.

Une visite sommaire de l'archipel a permis à M. Ch. Sainte-Claire Deville d'en déterminer les caractères géologiques généraux.

De mon côté, j'ai continué aux Açores les études de magnétisme appliqué à la géologie, commencées à l'île de Santorin. Dans la vallée de *Furnas* et aux environs, comme aussi à l'île de Pico, j'ai trouvé la valeur des éléments magnétiques très variable ; l'aiguille d'inclinaison accuse des différences très sensibles à des stations souvent fort rapprochées. Ces différences, qui sont dues aux actions variables des roches qui forment le sol profond, pourront donner des indications utiles sur la nature de ces roches et fournir à la géologie un nouvel élément de discussion.

Enfin, je profite en ce moment de mon passage en Portugal, en Espagne et dans le Sud de la France, pour y mesurer, en quelques stations principales, la valeur actuelle des éléments magnétiques. Ces éléments ont été déterminés, il y a une dizaine d'années, par M. Lamont, savant professeur de Munich. Les déterminations actuelles, rapprochées des siennes, montreront, au moins d'une manière générale, la variation des coefficients et la marche des courbes magnétiques dans cette partie occidentale de l'Europe.

C. R. Acad. Sc., Séance du 14 octobre 1867, T. 65, p. 646.

VI

RÉCIT DE L'ÉRUPTION SOUS-MARINE QUI A EU LIEU LE 1er JUIN 1867 ENTRE LES ILES TERCEIRA ET GRACIOSA, AUX AÇORES.

Après l'intéressante communication de M. Fouqué (1), l'Académie nous (2) permettra peut-être de lui soumettre quelques

---

(1) Voir la lettre de M. Fouqué, dont M. Ch. Sainte-Claire Deville a donné lecture à l'Académie. *C. R. Acad. Sc.*, T. 65, p. 674.

(2) Cette note a été présentée en commun par Ch. Sainte-Claire Deville et Janssen.

détails sur l'historique de l'éruption du 1er juin 1867, aux Açores, détails que nous avons recueillis, sur les lieux mêmes, de la bouche d'un témoin oculaire.

Presque tous les renseignements qui suivent sont dus, en effet, à M. João Guilherme da Costa, vicaire chargé de la paroisse de Serreta. Placé mieux que personne pour observer, de jour et de nuit, les diverses phases du phénomène, cet ecclésiastique, non seulement nous a obligeamment communiqué les notes écrites qui lui avaient été suggérées par le spectacle qu'il avait sous les yeux, mais il a bien voulu répondre, avec une clarté parfaite, à toutes les questions que nous lui avons adressées.

Des nombreuses relations qui ont paru dans les journaux açoriens et portugais, une seule (le Rapport officiel transmis au gouvernement par le Directeur des travaux publics à Terceira, M. Nogueira Soarès) paraît due à un témoin oculaire, l'auteur ayant observé de loin l'éruption pendant la journée du 5 juin. Nous ferons de très courts emprunts à son récit (1).

Les premiers indices précurseurs de l'éruption remontent au 24 décembre 1866. On ressentit à Serreta, vers 10 heures du soir, deux légères secousses, puis quatre autres le 2 janvier suivant. Depuis lors jusqu'au 15 mars, chaque jour fut signalé par des mouvements du sol, dont le nombre variait de quatre à dix. Il y eut alors un repos d'un mois environ. Le 18 avril, puis le 21, on ressentit de faibles secousses : du 21 avril au 25 mai, il s'en produisait de huit à douze par jour. Le 25 mai, à partir de 2h30m du soir, elles devinrent si nombreuses, que de 5h30m à minuit, on en compta cinquante-sept.

Du 25 mai au 1er juin, le sol de Serreta et des paroisses voisines était, pour ainsi dire, dans une agitation continuelle. Les secousses se sentaient à peine à Porto Judeu, villa de San Sebastiao, Fonte Bastardo, Cabo da Praia et Praia ; mais à Serreta et à Raminho, quelques-unes furent très violentes, et particu-

---

(1) Nous devons ajouter que nous étions accompagnés par un jeune habitant très distingué de San Miguel, licencié de la Faculté des Sciences de Paris, M. José do Canto, qui, par sa connaissance de la langue et du pays, nous a grandement aidés à tirer un bon parti du court séjour (douze heures) que nous avons fait à Terceira.

lièrement le 31 mai. Des fentes se produisirent dans le sol, des blocs de rochers se détachèrent avec fracas : presque tous les bâtiments (comme nous avons pu le constater nous-mêmes en traversant cette pointe nord-ouest de l'île) furent endommagés ou entièrement ruinés.

M. da Costa estime à quatre-vingts le nombre des maisons détruites sur la paroisse de Serreta : toutes les autres ont été ébranlées, ainsi que l'église et le presbytère, qui devront être reconstruits.

Il ne paraît pas, au reste, qu'il y ait eu de victimes, si ce n'est quelques personnes blessées d'une façon assez peu grave.

L'avis général est que la direction des secousses était du nord-ouest au sud-est. Mais nous devons ajouter la circonstance suivante, signalée par M. da Costa.

Près de la côte, entre Serreta et Raminho, en un lieu appelé *Feijão*, se trouve une source thermale ferrugineuse, qui dégage une telle quantité d'acide carbonique, qu'il y a cinq ans, trois personnes y ont été asphyxiées. Or, c'est de ce lieu ou d'un point voisin que les mouvements du sol semblaient diverger dans les deux directions de Serreta et de Raminho.

On conçoit tout l'intérêt d'une telle affirmation, puisqu'elle indiquerait l'existence d'un certain espace, situé sur la côte (ou en mer à peu de distance de la côte), vers lequel auraient convergé les diverses manifestations (1).

Quoi qu'il en soit, le 1er juin, vers 8 heures du matin, on ressentit un très violent tremblement de terre, qui fut suivi, dans le cours de la journée, par plusieurs autres beaucoup plus faibles, et enfin, ce même jour, à 10 heures du soir, l'éruption éclata.

Le point, en mer, qui en a été le centre n'est malheureusement pas déterminé d'une manière certaine. En effet, nous trouvons bien, dans la relation officielle dont il a été question plus haut, que la position de ce lieu a été fixée *approximativement* par

---

(1) L'un de nous a signalé une circonstance tout à fait analogue lors du grand tremblement de terre qui détruisit la Pointe-à-Pitre, le 8 février 1843.

38°52′ de latitude et 29°53′ de longitude (Paris), ce qui donnerait, par la construction, un point situé au nord-ouest du village de Serreta, et à une distance d'environ 18.500 mètres. Mais nous nous sommes assurés sur les lieux qu'aucune mesure précise n'avait été prise durant l'éruption. On s'était contenté de déterminer par un seul alignement la direction du point central de l'éruption. Nous avons même, guidés par M. da Costa, retrouvé, à une faible distance de l'église de Serreta, la marque tracée alors sur les rochers pour fixer cette direction. Nous l'avons relevée avec le plus grand soin à la boussole (en tenant compte de la variation de la déclinaison depuis 1844, date des cartes anglaises), et nous arrivons ainsi à une orientation faisant avec le méridien de Serreta un angle de 48°25′ ouest. Cette direction, rapportée sur la carte, passe en effet sensiblement sur le point fixé par M. Nogueira Soarès.

Une autre concordance se trouve entre les deux indications : M. da Costa écrit que l'éruption a eu lieu *en dehors* du bas-fond (1) placé sur les cartes au Nord-Ouest de Serrate, et la ligne déterminée comme nous venons de le dire passe sur ce point. Il nous semble donc qu'il y a peu de doutes sur l'orientation.

Quant à la distance à la côte, qui a été évaluée approximativement à 9 milles ou environ 16.700 mètres, elle serait beaucoup moindre d'après M. da Costa, qui l'évalue seulement à 6 ou 7 milles, c'est-à-dire à environ 12.000 mètres.

La lettre de M. Fouqué, qui vient d'être communiquée à l'Académie, nous fournit un nouveau terme de comparaison. Si l'on construit sur la carte, aussi exactement que possible d'après ses indications, le point en mer qui lui a présenté un dégagement de gaz combustible, ce point tombe sur une position éloignée de Serreta d'environ 6.500 mètres, et dans une direction qui ferait avec la première un angle de 22 degrés environ. Cette discordance nous semble dépasser de beaucoup l'incertitude des deux déterminations. Il est donc probable que le point où M. Fouqué a observé le dégagement des gaz n'est pas le même que celui où s'était établi le centre de l'éruption.

---

(1) Ce bas-fond n'a qu'une profondeur de 8 mètres.

Quant aux phénomènes eux-mêmes, voici ce qu'a observé M. da Costa.

Tout a commencé, le 1er juin au soir, par des détonations semblables à des décharges d'artillerie. L'obscurité de la nuit ne permettait pas, d'ailleurs, de rien distinguer à cette distance ; c'est seulement le lendemain, vers 5 heures du matin, qu'on s'est aperçu que la mer était recouverte de *soufre* (1). A 6 heures, on distinguait une ébullition, faible d'abord et qui ne se manifestait qu'à d'assez longs intervalles ; puis, elle s'est accrue progressivement et a atteint son maximum le 5 juin.

Le 2 juin, vers 9 heures du soir, on a vu, trois fois dans l'intervalle d'un quart d'heure, un jet d'eau s'élancer à une grande hauteur, et partant d'un point situé entre la côte et le lieu de l'éruption. Jusqu'au 4 juin, on ne pouvait, de Serreta, distinguer qu'avec des lunettes les pierres peu volumineuses qu'entraînait la vapeur. Mais le 4, à 11 heures du matin, on a commencé à voir à l'œil nu de grosses pierres qui étaient projetées à une certaine hauteur, et dont l'ensemble, dit M. da Costa, « présentait la forme d'un bateau de pêche qu'on aurait renversé ».

La disposition des bouches était la suivante :

Au centre, une bouche principale, et autour d'elles, placées très irrégulièrement, sept autres, qui délimitaient un espace d'environ trois ou quatre lieues de tour, ou d'un peu plus d'une lieue en diamètre. Vers ce centre, où le bouillonnement était continuel, la mer blanchissait, tandis que vers la circonférence, elle devenait verdâtre ou noirâtre. « Il semblait, nous dit M. da Costa, que les pierres rebondissaient sur la mer à mesure qu'elles en atteignaient la surface et qu'elles s'accumulaient sur cette circonférence, où elles paraissaient dessiner une ombre, comme s'il eût existé, vers le milieu, un bassin profond entouré d'un mur circulaire. »

C'est cette apparence, qui durait plusieurs jours encore après

______

(1) Nous rapportons l'expression même du témoin oculaire, mais sans pouvoir affirmer que la matière, jaunâtre ou verdâtre, qui constituait une légère pellicule à la surface de la mer, fût réellement du soufre. On verra même, par ce qui sera dit plus loin, que cette substance était vraisemblablement plus complexe que ne semble le croire M. da Costa.

l'éruption, qui a évidemment donné lieu à l'assertion, reproduite dans plusieurs récits de l'événement, qu'il s'était formé un banc ou un îlot disparu depuis.

L'éruption était accompagnée d'une odeur sulfurée tellement prononcée, qu'à certains moments il était difficile de la supporter près de la côte. Relativement à la nature de cette odeur et des exhalaisons qui la produisaient, les nombreuses questions que nous avons adressées à M. da Costa ne nous ont laissé aucun doute possible : l'odeur était celle des œufs pourris, et, par conséquent, l'acide sulfhydrique était un des gaz dominants dans l'émanation.

Quant aux flammes, M. da Costa, qui les aurait sans doute distinguées pendant les longues heures de nuit qu'il a passées à considérer le phénomène, en nie formellement l'existence. Rien même, dans son récit, ni dans les explications qu'il a bien voulu nous donner verbalement, n'impliquait l'observation d'une incandescence quelconque dans les matières rejetées.

Des substances très diversement colorées recouvraient la surface de la mer : quelques-unes étaient jaunâtres, d'autres rouges de feu : d'autres enfin, étaient irisées. « Ce *soufre*, ajoutait M. da Costa, est venu jusqu'à la côte. » Malheureusement, personne n'a eu la pensée d'en recueillir quelque portion.

Ces indications sont confirmées par les détails que donne M. Nogueira Soarès sur sa visite à l'éruption, le 5 juin.

« Je fus observer le phénomène, dit-il, dans une embarcation, accompagné de l'intendant de marine et de plusieurs autres personnes. Sur une ligne de plus de 2 milles de longueur, dirigée à peu près du nord-est au sud-ouest, sortaient avec impétuosité, et à quelque distance l'une de l'autre, six énormes colonnes de vapeur qui, à une certaine hauteur, cédaient à l'impulsion du vent, comme une fumée blanche et épaisse. Du pied d'une de ces colonnes, on voyait continuellement s'élever à quelques mètres de la surface de la mer, et retomber immédiatement, de grands et nombreux flocons ou tourbillons noirs (1).....
J'ai distingué une fois à la lunette, au milieu des masses de va-

____

(1) *Grandes e numerosos flocos negros.*

peur blanche, des masses noires informes (1), qui apparaissaient
et disparaissaient rapidement, et que j'ai considérées comme de
grosses pierres vomies par le cratère.

« Ce terrible jeu de la nature était accompagné de détonations répétées, semblables à celles de l'artillerie....

« A la distance de plus de 10 milles du lieu de l'éruption, l'eau
avait déjà des teintes diverses, vertes ou rouges, dues sans doute
à la présence des sels de fer. A mesure qu'on s'approchait, on
sentait plus nettement l'odeur du soufre.

« Un grand nombre de poissons morts ou mourants flottaient
à la surface de l'eau (2). »

Le 5 juin a été le jour où le phénomène a présenté son maximum d'activité. Ce jour, déjà, la projection des gros blocs cesse
et la vapeur n'entraîne plus de pierres visibles, à l'œil nu, de Serreta. Puis, tout diminue graduellement. Le 7, il n'y avait plus
de pierres lancées, et, le même jour, vers 10 heures du soir, les
vapeurs elles-mêmes avaient disparu. La portion la plus active
de l'éruption avait duré sept jours.

Depuis lors, il est vrai, plusieurs personnes disent avoir vu, en
juillet et en août, s'élancer de la mer des colonnes de vapeur :
mais M. da Costa, si bien placé pour les observer, nous a affirmé
n'avoir rien remarqué de semblable.

Les agitations du sol ont diminué aussi, mais sans cesser entièrement. Parmi les secousses, en général assez faibles, qui se sont
fait sentir, M. da Costa en a remarqué deux assez violentes et
accompagnées de bruit souterrain, savoir : le 12 juin, à 10 heures du soir, et le 13, à 9 heures du matin. Le même jour du 13 juin,
à 4 heures du soir, on éprouva une secousse faible, puis une autre le 27 juin, à 5 heures du soir. Enfin, après un assez long intervalle, le 18 août, à 10^h45^m du soir, il y eut encore une dernière
très violente. Du 18 au 26 août, jour de notre passage à Terceira,
rien ne s'était produit de nouveau.

---

(1) *Vultos negros.*

(2) Nous n'avons pu nous procurer aucun échantillon de ces poissons,
qu'on a laissés se putréfier, tandis qu'il eût été sans doute fort intéressant
de savoir, par leur détermination exacte, si quelques espèces, habitant les
grandes profondeurs, ne sont pas nouvelles.

Tels sont les documents, relatifs à une courte éruption, qui nous ont semblé de nature à être communiqués à l'Académie et à intéresser les géologues.

C. R. Acad. Sc., Séance du 21 octobre 1867, T. 65, p. 662. Reproduit dans *Cosmos*, 1867, 3e série, T. I, p. 14.

VII

RAPPORT SUR UNE MISSION EN ITALIE, DANS LES ALPES ET EN GRÈCE,

donnée par Son Excellence le Ministre de l'Instruction publique, concernant l'étude de plusieurs questions de physique céleste.

MONSIEUR LE MINISTRE,

Vous avez bien voulu me confier, à diverses reprises, des missions scientifiques en Italie, aux Alpes, en Grèce. Ces missions avaient pour but d'étudier sous un ciel favorable plusieurs questions de physique céleste que les récents progrès de la science permettaient d'aborder avec succès.

J'ai l'honneur de vous adresser un rapport général sur ces études.

Ce rapport se divise en plusieurs parties.

Dans la première, je rends compte à Votre Excellence du résultat de mes observations à Rome (1862-1863). Ces observations m'ont conduit à définir le rôle de notre atmosphère dans la constitution des spectres solaire et stellaires. Ils forment la base et le point de départ de mes recherches ultérieures sur la composition des atmosphères planétaires.

Cette première partie contient aussi l'analyse d'une observation faite pendant le même voyage, et qui m'a conduit à admettre la présence du sodium dans l'atmosphère d'une étoile de la constellation d'Orion. Ce résultat constituait alors un des premiers faits tendant à démontrer l'unité des éléments matériels du système du monde. Il a depuis été confirmé par MM. Miller et Huggins.

La seconde partie de ce rapport est relative au voyage dans les Alpes (automne de 1864). Les travaux exécutés pendant ce voyage forment la suite et le développement de ceux d'Italie.

L'action d'absorption élective de notre atmosphère, établie et définie par mes études à Paris et à Rome, avait donné lieu antérieurement à de longues controverses parmi les physiciens et les astronomes ; il était donc nécessaire d'en donner les preuves les plus décisives. C'est ainsi que j'ai été conduit à l'analyse de la lumière solaire sur le sommet d'une haute montagne (le Faulhorn), analyse qui a montré, conformément aux prévisions de la théorie, que les phénomènes d'absorption élective diminuent à mesure que l'observateur s'élève dans l'atmosphère.

Mais le résultat le plus important de ce voyage est celui qui a été fourni par l'expérience directe exécutée sur le lac de Genève (octobre 1864), expérience qui a donné la démonstration directe et définitive du pouvoir d'absorption qui nous occupe.

Après l'étude des effets de l'atmosphère considérée dans son ensemble, il restait à faire la part des divers éléments qui la constituent ; c'est le sujet de la troisième partie de ce rapport. J'y expose comment les observations conduisent à attribuer la majeure partie du phénomène à la vapeur d'eau répandue dans l'atmosphère, et, par suite, comment j'ai été amené à la découverte du spectre de cette vapeur, découverte qui me permit ensuite de chercher la présence de cet élément si important dans les atmosphères planétaires. Cette dernière recherche a été faite au sommet de l'Etna et continuée aux observatoires de Palerme et de Marseille.

Mais, avant de commencer l'analyse de ces divers travaux, permettez-moi, Monsieur le Ministre, de présenter ici quelques considérations générales sur l'analyse spectrale, son origine, son but et les découvertes dont la science lui était redevable au moment où j'ai commencé ce travail ; ces considérations me paraissent former une introduction nécessaire à des études très spéciales, et qui reposent sur des notions encore peu répandues.

Agréez, Monsieur le Ministre, l'hommage de mes sentiments respectueux.

JANSSEN.

INTRODUCTION

Une nouvelle méthode de recherche, fondée sur l'analyse de la lumière, vient de se constituer définitivement. L'emploi de cette méthode est appelé à produire une véritable révolution dans le système de nos connaissances astronomiques, physiques et chimiques.

On sait que l'astronomie est basée en dernière analyse sur la connaissance de la position des astres, que la lumière seule nous révèle. Sur ces données, les astronomes ont édifié la science du ciel. Or, ne semblait-il pas que, lorsque l'intelligence humaine s'était élevée jusqu'à la connaissance des masses, des distances respectives, et surtout jusqu'à la loi générale qui préside aux mouvements de ces corps si prodigieusement éloignés de nous, ne semblait-il pas, dis-je, qu'elle était arrivée au dernier terme qu'il lui fût donné d'atteindre. Et cependant, voici que les nouvelles découvertes sur la lumière viennent nous instruire encore sur la nature intime des astres, sur leur constitution physique, sur la composition de leurs atmosphères, sur leur température propre, etc.. En un mot, à l'ancienne astronomie, qui ne consistait à proprement parler, qu'en une mécanique des cieux, vient s'ajouter tout à coup une science nouvelle : la physique céleste. Et l'astronomie ne sera pas la seule à recevoir une grande impulsion de ces découvertes sur la lumière ; la chimie lui doit déjà une méthode simple et pratique d'analyse, et la découverte de plusieurs métaux ; la physique, la physiologie lui sont également redevables d'importants progrès qui seront sans doute bientôt dépassés par les services que ces sciences sont en droit d'en attendre.

La nouvelle méthode se nomme *l'analyse spectrale ;* elle a pour but de nous faire connaître la nature chimique et physique des corps par l'analyse de la lumière qui en émane.

Voici comment :

Considérons la flamme d'une lumière artificielle, par exemple celle d'un bec de gaz. La lumière de cette flamme reçue sur une feuille de papier blanc la fera paraître sous cette couleur. A cause de cette circonstance, on dit que la lumière émise par la flamme est de la lumière blanche.

Mais forçons une portion de cette lumière à traverser un prisme formé d'une substance pure et transparente. La lumière blanche sera décomposée ; reçue maintenant sur la feuille de papier, elle y produira une image colorée où l'on remarquera la succession des couleurs rouge, jaune, vert, bleu, violet, avec des nuances intermédiaires plus ou moins accusées suivant les cas. Or, cette image est dite *l'image prismatique* ou *le spectre de la flamme* ; elle résulte de la séparation par le prisme, des divers rayons dont la lumière était formée. Réunis, tous ces rayons donnent la sensation de la lumière blanche ; séparés, ils donnent individuellement les sensations spéciales de couleur que chacun d'eux comporte.

Supposons maintenant qu'on introduise une petite quantité d'un sel de soude dans cette flamme ; celle-ci prendra aussitôt un aspect plus jaune, et son image prismatique présentera une modification très remarquable. On verra dans la région du jaune une portion très limitée, mais très brillante ; le spectre aura reçu en ce point un accroissement considérable de lumière. Avec un sel de lithine, l'accroissement se serait produit dans une portion déterminée de la région rouge ; un sel de cuivre eût donné des renforcements dans le vert, etc..

Or, ces accroissements de lumière se reproduisent constamment avec les mêmes caractères, dans les mêmes circonstances ; leur situation dans le spectre est fixe et déterminée pour une même substance portée aux mêmes températures. Au contraire, deux substances différentes produisent toujours des accroissements lumineux situés différemment. On peut donc conclure, de l'existence de ces régions brillantes dans l'image prismatique d'une flamme, à la présence, dans cette flamme, des corps qui leur donnent naissance.

Tel est le principe de l'analyse spectrale. Dès le début de ces études, on avait entrevu des rapports entre la constitution des spectres des flammes et la nature des corps qui y sont en ignition. John Herschel (1822), Talbot (1836), Miller (1845) firent les premiers travaux dans cette direction.

En 1835, M. Whetstone, en étudiant les spectres des métaux volatilisés dans l'étincelle électrique, montre la variation des spectres obtenus avec la nature des métaux employés. Masson, en France, parvenait à des résultats analogues.

M. Foucault en 1849 signalait le fait si important de l'absorption par l'arc voltaïque des rayons solaires appartenant à la raie D.

On doit encore à MM. Angström, Swan, et surtout à M. Plücker, d'importantes études sur ce sujet.

Cependant, tous ces résultats, malgré ce qu'ils présentaient de remarquable, n'avaient pas encore constitué l'analyse spectrale en méthode de recherche générale et pratique ; c'est ce que surent faire MM. Kirchhoff et Bunsen, et leurs travaux (1859 à 1862) firent alors une grande sensation.

Dans les mains des deux savants d'Heidelberg, l'analyse spectrale révéla aussitôt son admirable puissance. A peine était-elle constituée, qu'elle procurait la découverte de deux métaux nouveaux, le cœsium et le rhubidium, et permettait d'assigner la composition de l'atmosphère du soleil, malgré l'énorme distance qui nous sépare de cet astre.

Ces grands résultats devaient être bientôt dépassés. Du soleil, on passait aux étoiles, et l'analyse de leur lumière montra que les corps simples que nous rencontrons sur notre terre, comme dernier terme de nos analyses, se retrouvent dans la plupart d'entre elles.

C'était la démonstration d'un grand principe : l'unité de composition des éléments matériels du monde.

Des étoiles, on s'élança jusqu'aux nébuleuses, et là encore, on acquit de précieuses notions sur la constitution mystérieuse de ces astres si éloignés.

L'Allemagne a donc la gloire d'avoir constitué l'analyse spectrale ; mais la France et l'Angleterre lui ont fourni d'indispensables éléments. Cependant, depuis sa découverte, on s'occupait peu, en France, de la nouvelle méthode, tandis qu'elle recevait ailleurs de rapides développements.

Pour ma part, pénétré de l'importance des travaux qui restaient à faire dans une voie si féconde, j'ai cherché, dans la me-

sure de mes forces, à suivre ce grand mouvement scientifique.
Au moment où j'ai commencé ces travaux, l'analyse spectrale
ne s'appliquait qu'à l'étude des flammes et des vapeurs métalliques incandescentes ; ainsi, c'est grâce à l'énorme température
de l'atmosphère solaire et des étoiles, qu'on avait pu en faire
l'analyse. Mais les atmosphères des planètes, et en général les
milieux célestes non incandescents échappaient à la nouvelle
méthode. J'ai cherché à combler cette lacune, et à rendre l'analyse par la lumière applicable à tous les cas.

Le point de départ de mes études a été l'atmosphère de la terre.
L'illustre et vénérable M. Brewster avait découvert, en 1833, dans
le spectre solaire, des modifications qui indiquaient une action
d'absorption de notre atmosphère sur la lumière. Ces modifications consistaient dans l'apparition de bandes obscures dont le
spectre solaire s'enrichissait au lever et au coucher de l'astre.
Mais le phénomène disparaissant quand l'astre avait une certaine hauteur, on ne pouvait considérer sa production par l'atmosphère terrestre comme démontrée. Une expérience directe,
dans laquelle MM. Brewster et Gladstone cherchèrent à reproduire directement ce phénomène d'absorption, donna un résultat négatif.

J'ai repris la suite de ces travaux.

Employant de puissants instruments d'analyse et des dispositions optiques nouvelles, je suis arrivé d'abord à résoudre en
raies fines, les bandes observées par MM. Brewster et Gladstone.
De plus, j'ai pu suivre ces fines raies, et constater que leur intensité est sans cesse variable. Elles acquièrent leur plus grande
valeur au lever et au coucher du soleil ; la plus faible, au contraire, correspond au passage de l'astre au méridien. Mais dans
tous les cas, ces raies ne disparaissent jamais du spectre. Ce double caractère démontre leur origine atmosphérique.

Ainsi, notre atmosphère absorbe énergiquement certains
rayons solaires, tandis qu'elle laisse passer, sans les atteindre
sensiblement, les rayons très voisins de ceux-ci comme couleur,
ou réfrangibilité ; il en résulte la production de ces raies fines
dont nous parlons. Or toute la nouvelle méthode d'analyse par
la lumière est fondée sur l'existence de ces fines raies brillantes

ou obscures. Ce fait avait donc une grande importance ; il indiquait que les gaz et les vapeurs à basse température agissent électivement sur la lumière, comme les gaz et vapeurs incandescents de l'asmosphère solaire, et que la nouvelle analyse peut s'appliquer aux uns comme aux autres.

Mais comme l'action d'absorption élective de l'atmosphère terrestre sur la lumière était alors très contestée, malgré les travaux des hommes éminents qui s'en étaient occupés, je jugeai indispensable de donner du nouveau fait les démonstrations les plus irrécusables ; c'est ainsi que j'ai été amené à exécuter la suite des travaux dont voici une très rapide analyse.

Si un gaz, ou en général un milieu matériel quelconque agit sur les rayons lumineux qui le traversent, il est évident que cette action doit augmenter avec l'épaisseur du milieu. Or les rayons solaires traversent des épaisseurs très variables de notre atmosphère aux diverses heures du jour. Quand le soleil passe au méridien, cette épaisseur est la plus petite, et elle augmente à mesure que l'astre descend ; au coucher, elle atteint sa plus grande valeur, qui est alors environ quinze fois plus grande que pour le passage au méridien dans les longs jours. Il résulte de cette circonstance que le premier caractère de cette absorption doit être de s'accuser beaucoup plus au coucher du soleil ou à son lever ; c'est ce qui a été vérifié tout d'abord. Mais on peut pousser plus loin ces vérifications. Ainsi, l'ascension d'une haute montagne permettant de laisser au-dessous de soi une portion importante de l'atmosphère, doit avoir pour effet de diminuer encore le phénomène d'absorption qui nous occupe ; c'est ce que j'ai observé en 1864. Pendant le séjour d'une semaine, que j'ai fait sur le sommet du Faulhorn, à près de 3.000 mètres d'altitude, j'ai constaté, dans le spectre solaire, la diminution générale de toutes les raies obscures d'origine terrestre. Dans ces hautes régions, la composition de la lumière solaire se rapproche beaucoup de celle qu'elle possède avant l'entrée dans notre atmosphère.

Jusqu'ici, nous n'avons considéré que la lumière du soleil et les modifications qu'elle éprouve en traversant des épaisseurs atmosphériques variées ; mais la nature de la lumière est une, et le phénomène d'absorption en question doit se retrouver pour les autres

astres. Malheureusement, en dehors de la lune et des planètes qui
ne nous réfléchissent que de la lumière solaire, nous ne pouvons
étudier que les étoiles dont la lumière est bien faible pour des
observations de ce genre. Cependant des études comparatives,
faites sur la belle étoile Sirius à son lever et à son passage au
méridien, m'ont permis de constater les mêmes phénomènes que
le soleil m'avait présentés.

Arrivé à ce terme, on pouvait considérer l'action de l'atmosphère comme démontrée ; cependant une dernière épreuve était
nécessaire pour donner au fait son dernier degré d'évidence. Jusqu'alors, en effet, on avait opéré sur les lumières célestes qui ne
nous parviennent que déjà très modifiées par les milieux de nature plus ou moins inconnue qu'elles ont à traverser avant de parvenir jusqu'à nous. N'était-il pas à craindre que ces modifications,
en venant compliquer l'action de l'atmosphère terrestre, ne ren-
dissent celle-ci moins évidente ? Au contraire, si en prenant une
lumière artificielle, vierge encore de toute action de ce genre, et
lui faisant traverser une épaisseur suffisante d'air atmosphérique,
elle acquérait les modifications précitées, il était alors de toute
évidence que l'action était due au milieu interposé.

Cette expérience décisive a été exécutée à Genève, en octobre
1864.

La flamme d'un grand bûcher de sapin placé sur la jetée de
Nyon a été étudiée à Genève, du clocher de l'église Saint-Pierre. De
plus, cette flamme ne présentait aucune modification spectrale
particulière ; son spectre était parfaitement continu et uniforme,
tandis qu'à Genève, à 21 kilomètres du bûcher de Nyon, ce spectre présentait les bandes observées par M. Brewster, au soleil
couchant, et que j'avais retrouvées pour la lumière de Sirius
dans les mêmes circonstances.

L'action de notre atmosphère était donc incontestablement
démontrée.

Je me suis demandé alors à quels éléments de cette atmosphère
on devait attribuer ce phénomène remarquable.

Dans le cours de ces études, j'avais été conduit, par des remarques particulières, à attribuer une grande part du phénomène à
la vapeur d'eau répandue dans notre atmosphère. Des comparai-

sons longuement suivies en été et en hiver, lorsque la quantité d'eau dissoute dans l'air est extrêmement différente, avaient même formé ma conviction à cet égard ; mais il restait encore à faire une expérience directe, pour donner à ces prévisions force de démonstration.

Cette expérience présentait de grandes difficultés ; elle exigeait l'emploi d'un appareil de dimensions considérables ; aussi, ne put-elle être réalisée aussitôt que je l'eusse désiré.

Enfin, la Compagnie parisienne du gaz d'éclairage voulut bien mettre à ma disposition, en août 1866, les ressources de sa grande usine de la Villette.

Un tube en tôle, de 37 mètres de long, noyé dans une caisse pleine de sciure de bois, et fermé à ses extrémités par de fortes glaces, fut rempli, par une chaudière de l'usine, de vapeur d'eau à 7 atmosphères de pression. Les dispositions prises empêchèrent la condensation de la vapeur, sans qu'on fût obligé de chauffer directement, et cette vapeur conserva sa transparence. Un faisceau lumineux fourni par une rampe de 16 becs de gaz, traversait l'axe du tube, et pouvait être analysé à sa sortie. Or, la vapeur produisit sur la lumière la plupart des modifications constatées avec l'atmosphère terrestre. Avant son passage dans le tube, le spectre de ces flammes de gaz était parfaitement continu ; après le passage dans le tube, ce spectre rappelait par son aspect celui du soleil couchant.

J'ai nommé *spectre de la vapeur d'eau* l'ensemble des modifications spectrales que ce corps imprime à la lumière.

La découverte du spectre de la vapeur d'eau servait non seulement à démontrer que c'est à l'action de cette vapeur que notre atmosphère doit la majeure partie de son action sur la lumière, mais, de plus, elle fournissait un moyen certain d'en reconnaître la présence dans les corps célestes.

J'ai constaté d'abord que l'atmosphère solaire n'en contenait point ; sans doute que la haute température de la photosphère ne permet point aux éléments de l'eau de s'associer dans l'atmosphère de cet astre. Mais l'application la plus intéressante de la nouvelle découverte se trouvait dans l'étude des atmosphères planétaires.

On sait que l'ensemble des études astronomiques indique comme extrêmement probable la présence d'une atmosphère autour de ces astres, mais la science ne possédait aucune donnée certaine sur la nature et la composition de ces atmosphères. Pour la planète Mars, on avait bien remarqué que des taches blanchâtres paraissent augmenter et diminuer alternativement, suivant que le pôle considéré se présente ou se dérobe aux rayons solaires. On en avait conclu, avec beaucoup de vraisemblance, que l'atmosphère de la planète devait contenir une vapeur condensable par l'action du froid, car le phénomène rappelait beaucoup l'accumulation périodique des glaces aux deux pôles de notre Terre.

Aujourd'hui, la découverte de cette propriété optique de la vapeur d'eau nous permet enfin de savoir si cet élément indispensable à la vie organique, telle qu'elle existe sur notre terre, se retrouve dans les autres mondes.

J'ai déjà étudié plusieurs planètes à cet égard. Dans le cours de ma dernière mission en Italie et en Grèce, j'ai observé sur le sommet de l'Etna, c'est-à-dire dans des conditions où l'influence de l'atmosphère terrestre se trouvait sensiblement annulée. Ces observations et celles que j'ai faites ensuite aux observatoires de Palerme et de Marseille, avec les plus puissants instruments, indiquent déjà la présence de la vapeur d'eau dans les atmosphères de Mars et de Saturne.

Aux analogies si étroites qui unissent les planètes de notre système, vient s'ajouter encore un caractère nouveau et important. Toutes ces planètes forment donc comme une même famille ; elles circulent autour du même foyer central qui leur distribue la chaleur et la lumière. Elles ont chacune une année, des saisons, une atmosphère, et dans cette atmosphère même des nuages remarqués sur plusieurs d'entre elles.

Enfin l'eau, qui joue un rôle si immense dans l'économie de toute organisation, l'eau est encore un élément qui leur est commun. Que de puissantes raisons de penser que la vie n'est pas le privilège exclusif de notre petite terre, sœur cadette de la grande famille planétaire.

DES RAIES TELLURIQUES DU SPECTRE SOLAIRE

I. — *Historique.*

Depuis longtemps on avait remarqué des modifications particulières dans la constitution du spectre solaire quand l'astre est abaissé sur l'horizon. Dans les instruments de faible dispersion, l'image prismatique se charge alors de bandes obscures distribuées principalement dans sa portion la moins réfrangible, c'est-à-dire dans le rouge, l'orangé, le jaune et le vert.

Ce fait, observé par plusieurs physiciens, a été signalé et discuté pour la première fois, à ma connaissance, par M. Brewster, dans un beau mémoire paru en 1833, dans les *Transactions philosophiques d'Edimbourg.*

Le célèbre physicien avait découvert, peu d'années auparavant, l'action si remarquable du gaz acide hypoazotique sur la lumière ; il avait constaté qu'un faisceau lumineux, qui a traversé de faibles épaisseurs de ce gaz, donne une image prismatique sillonnée de bandes obscures fort nombreuses et très prononcées. Rapprochant ce phénomène et celui que présentait le spectre du soleil levant et couchant, il en conclut, avec beaucoup de sagacité, que les deux manifestations pourraient bien reconnaître une origine semblable ; notre atmosphère agissant alors à la manière du gaz acide hypoazotique, et devenant la cause des bandes observées dans le spectre solaire.

Cette explication si juste rencontrait malheureusement une difficulté grave qui s'opposa toujours à son admission définitive. En effet, les bandes obscures disparaissaient presque toujours du spectre lorsque, le soleil s'étant élevé, l'astre se trouvait dans la région méridienne. Or cette disparition était évidemment en désaccord avec l'hypothèse d'une cause atmosphérique dont l'action, quoique à des degrés divers, devait toujours se faire sentir. C'est ainsi que cette importante question, posée dès 1833 par la découverte de M. David Brewster, resta longtemps indécise.

En 1858, M. Piazzi Smith publia, dans les *Transactions philosophiques de la Société royale de Londres*, des observations faites au pic de Ténériffe sur les raies atmosphériques. Ces observations faisaient partie d'un programme d'astronomie et de physique très étendu ; aussi l'auteur ne paraît-il pas avoir pu donner à cette question tout le temps qu'elle réclamait, et ses cartes, bien que présentant des groupes de raies très accusées, sont-elles peu comparables entre elles. Néanmoins, ces résultats sont dignes d'intérêt.

Enfin, en 1860, parut dans le célèbre recueil que je viens de citer un grand mémoire de MM. Brewster et Gladstone sur le spectre solaire et les bandes atmosphériques qu'il présente. M. Gladstone résume en quelque sorte dans ce travail tous les travaux de M. Brewster fondus avec ses propres observations.

Parmi les cartes spectrales qui accompagnent ce mémoire, figure une carte des bandes atmosphériques. Cette carte, quoique très réduite, me paraît avoir beaucoup de mérite pour le moment où elle parut.

Quant à la cause qui produit ces bandes obscures, les auteurs ne se prononcent pas à cet égard. On lit, en effet, dans le mémoire : « In calling them atmospheric, nothing more is meant to be expressed by the term than the more fact that there lines or bands become much more visible as the sun's rays pass through an increasing amount of atmosphere. — En les appelant atmosphériques, nous n'entendons rien de plus que d'exprimer simplement le fait que ces lignes ou bandes deviennent beaucoup plus visibles quand les rayons du soleil passent à travers une grande épaisseur d'atmosphère. »

Ainsi, en 1860, bien que le fait de la présence des bandes sombres nouvelles dans le spectre solaire à l'horizon fût surabondamment démontré, la cause de ce fait restait encore indécise. Des discussions prolongées avaient eu lieu à cet égard, et beaucoup de physiciens s'accordaient à rejeter l'action de l'atmosphère comme cause de ce singulier phénomène.

Tel était l'état de la question en 1860. Je dois dire ici qu'au moment où j'ai commencé à m'occuper du spectre, c'est-à-dire en 1862, j'ignorais les travaux de M. David Brewster ; ce sont les découvertes de l'Allemagne en analyse spectrale qui ont attiré mon attention sur ce sujet.

Voici comment :

Le mémoire de MM. Bunsen et Kirchhoff faisait alors, dans le monde scientifique, une grande et légitime sensation. Les travaux des savants d'Heidelberg venaient, en effet, de constituer définitivement la méthode d'analyse par le spectre, et cette méthode donnait aussitôt d'admirables résultats : c'était la découverte de métaux nouveaux, l'explication enfin trouvée des mystérieuses raies du spectre solaire, et l'analyse même de l'atmosphère de cet astre, dans laquelle on retrouvait un grand nombre de nos métaux. Frappé, comme tout le monde, de la beauté de ces résultats, je construisis un spectroscope et répétai les principales expériences.

Or, en réfléchissant sur l'explication des raies du spectre, telle que M. Kirchhoff la proposait, c'est-à-dire par l'action d'absorption élective des vapeurs métalliques de l'atmosphère solaire, je fus amené à penser que l'atmosphère de la terre pourrait bien produire une action de ce genre. L'énorme différence de température entre ces deux atmosphères ne me parut pas une raison suffisante pour exclure toute action. Le phénomène des raies solaires me semblait devoir être attribué beaucoup plus à l'état gazeux des métaux de l'atmosphère solaire qu'à la température absolue de ces vapeurs. Si cette idée était juste, notre atmosphère devait avoir sa part d'action sur la lumière solaire. Le caractère de cette action devait être nécessairement, de produire dans le spectre des phénomènes d'absorption variables avec les épaisseurs atmosphériques traversées, c'est-à-dire variables aux diverses heures du jour, et en général beaucoup plus accusées au lever et au coucher du soleil.

J'étudiai le spectre solaire à ce point de vue. Je crus d'abord remarquer dans la région jaune quelques raies qui me parurent plus foncées dans l'après-midi ; mais les résultats n'étaient pas assez accusés pour en rien conclure. Afin d'obtenir des effets plus tranchés, je cherchai à obtenir le spectre du soleil à l'horizon. Le 3o avril 1862, j'observai le lever de cet astre, du belvédère de ma maison. Le spectre présentait alors une constitution bien remarquable. Les régions du rouge, de l'orangé, du jaune, du vert étaient sillonnées de nombreuses bandes sombres très accusées, qui s'évanouissaient peu à peu, à mesure que l'astre s'élevait. Deux ou trois heures après le lever, il n'en restait plus de traces sensibles.

C'était, comme on voit, l'observation que M. David Brewster avait faite vingt-neuf ans auparavant, et que je venais de répéter sans la connaître. Aussi cette observation, dont la priorité appartient tout entière à M. David Brewster, n'est-elle rapportée ici que pour montrer comment j'ai été amené à continuer les travaux de l'illustre physicien.

On se rappelle que les bandes de sir David Brewster n'étaient pas visibles au méridien. Cette circonstance me parut tenir à l'intensité lumineuse du spectre, trop grande pendant le milieu du jour, surtout dans l'instrument du physicien anglais, qui ne portait qu'un prisme d'une grande ouverture. Il me parut qu'en employant cet excès de lumière à faire du grossissement, on augmenterait beaucoup les chances de visibilité des raies ; c'est ainsi que j'ai été conduit à l'emploi de spectroscopes à plusieurs prismes.

Je constatai alors que les bandes obscures observées à l'horizon étaient réellement formées d'une multitude de fines lignes, aussi intenses et plus nombreuses que les raies solaires dans les régions où elles se montraient. Ces lignes suivies avec beaucoup de soin, à partir du lever du soleil, présentaient des intensités constamment décroissantes ; à midi, quoique fort pâles pour la plupart, elles étaient encore visibles. A partir de ce moment, leur aspect repassa par les mêmes phases jusqu'au coucher du Soleil.

Je soumis alors ces faits à M. Babinet. Ce savant, si profondément versé dans la théorie des phénomènes optiques, voulut bien leur accorder de l'importance, et m'appuyer auprès du Ministre d'Etat. Je reçus alors la mission de continuer ces études en Italie, sous un ciel plus favorable que le nôtre.

Pendant le séjour de six mois que je fis à Rome, j'étudiai dans leurs détails les faits découverts à Paris, et je m'attachai à construire des cartes qui les représentassent fidèlement.

Disons d'abord un mot des instruments et des méthodes d'observation.

II. — *Instruments d'analyse, spectroscopes.*

Le spectroscope qui a principalement servi pour ces recherches offre une extension du principe employé par M. Dubosq, dans son petit spectroscope monoprisme pour la chimie. Imaginons qu'à la suite d'une lunette qui porte la fente et qui sert de collimateur, on dispose une série de prismes mobiles sur des platines qui permettent de leur donner les mouvements convenables, et qu'on termine cette série par un prisme à 30° dont la face postérieure soit étamée ; le faisceau, après avoir traversé la série des prismes, pénétrera dans le prisme à 30°, et tombera normalement sur la face étamée. Là, il subira une réflexion qui le fera revenir sur lui-même et traverser de nouveau la série des primes, puis rentrer dans le collimateur où il rencontrera un prisme réflecteur à 45°, qui le rejettera finalement sur un oculaire disposé latéralement.

Dans cette disposition, le faisceau, avant de revenir sur lui-même, peut décrire facilement les trois quarts d'une circonférence, ce qui donne une circonférence et demie pour la réfraction totale. On peut donc obtenir une dispersion correspondante à cette énorme réfraction, tandis que dans les spectroscopes à deux lunettes, il devient difficile de réfracter le faisceau de beaucoup plus d'une demi-circonférence. Il est vrai qu'on a construit des spectroscopes en hélice, mais il est visible que cette disposition, où le faisceau lumineux change continuellement de plan, est défectueuse au point de vue optique. Un autre avantage de notre spectroscope, c'est le faible volume de l'instrument qui, à puissance égale, est toujours moitié d'un spectroscope à deux lunettes.

En résumé, et sans penser pour cela que dans des circonstances déterminées on ne puisse employer avec avantage d'autres dispositions, je pense que le spectroscope avec retour du rayon, en raison de sa facile construction, de sa grande puissance et de son petit volume, est appelé à rendre de grands services à la spectrologie, spécialement lorsqu'il s'agira de voyages scientifiques.

M. Littrow fils, de Vienne, a fait connaître, en 1862, un spectroscope fondé sur le même principe que celui que je viens de
décrire. Quant à moi, je dois dire que j'ai employé cette disposition dès le mois de mai 1862, pour l'étude des raies telluriques,
et j'ai établi cette antériorité de construction (voir *Comptes rendus de l'Académie des Sciences*, 26 janvier 1863). Mais je pense
qu'il est tout à fait inutile de soulever une question de priorité
à cet égard, et que nous devons être satisfaits, M. Littrow et moi,
si nous avons donné un analyseur qui puisse être de quelque
utilité à la science.

Au commencement de ces recherches, j'ai fait usage d'une seconde fente plus large, placée à quelques décimètres de la première ; cette deuxième fente, en définissant le pinceau incident
sur la première, donne une pureté plus grande au spectre, et
c'est même à ce moyen combiné avec l'association des prismes
que j'ai dû de pouvoir constater la présence des raies telluriques
à midi. Aujourd'hui, je me sers souvent d'un autre artifice qui
me parait devoir être recommandé pour les analyses spectrales
qui exigent un spectre d'une très grande pureté. Voici en quoi
consiste ce dispositif fondé sur le principe des décompositions
successives.

Je suppose qu'au moyen d'un bon objectif de même longueur
focale que celui de la lunette du spectroscope, on fasse tomber
une image du soleil sur la fente de l'instrument (voir la note publiée dans les *Comptes rendus de l'Académie des Sciences* le 18 mai
1863), et que vers le milieu de la distance qui sépare cet objectif
de la fente, on place un prisme d'Amici (prisme formé d'un flint
et de deux crown opposés au flint par le sommet, système qui est
construit de manière à disperser sans dévier l'axe du faisceau), le
faisceau se trouvera décomposé sans être dévié sensiblement.
Alors, au lieu de l'image unique du disque solaire, on aura sur la
fente une série d'images monochromatiques ; ces images empié-
teront les unes sur les autres, de sorte que la lumière qui pénétrera dans la fente proviendra des disques voisins qui se trouvent plus ou moins coupés par celle-ci. Cette lumière décomposée dans l'instrument formera donc une portion très limitée du
spectre, et toute lumière étrangère à cette portion sera élimi-

née ; il en résultera une pureté et une intensité toutes nouvelles pour le spectre.

J'ai obtenu, par cette disposition, des résultats inespérés, et elle me paraît susceptible de beaucoup d'avenir pour les analyses qui exigent une très grande pureté spectrale et une grande précision.

Lorsqu'on n'emploie pas de prisme à dispersion, et qu'on se contente de faire tomber l'image du soleil sur la fente de l'instrument, on obtient un spectre où les lignes transversales (parallèles aux raies) sont formées par des rayons qui viennent des différents points d'un diamètre du disque solaire (voir *Comptes rendus de l'Académie*, 18 mai 1863) ; c'est une forme d'analyse qui doit être employée quand on veut faire des études comparatives sur la lumière provenant des divers points de la surface du soleil. Je développerai ailleurs les résultats que j'ai déjà obtenus sur ce nouveau sujet.

III. — *Méthodes d'observation.*

La position des raies du spectre a été obtenue par la méthode des micromètres oculaires. Une échelle gravée sur verre, placée au foyer commun de l'objectif et de l'oculaire de la lunette exploratrice donnait immédiatement la position de toutes les raies de la région spectrale comprise dans le champ. Au moyen de la vis qui agit sur les prismes, on faisait ensuite passer les raies du spectre, jusqu'à ce que la dernière raie notée devint la première sur l'échelle ; on répétait alors les mêmes mesures pour les groupes suivants qui se trouvaient ainsi liés au premier, et ainsi de suite. Ces déterminations ont été prises avec tout le soin désirable ; elles n'ont pas toutefois l'importance qu'on serait tenté de leur attribuer tout d'abord. Le coefficient de dispersion d'un prisme est variable pour les diverses parties du spectre, et dans le passage d'un prisme à un autre, ces parties ne sont pas dilatées ou contractées dans le même rapport ; il en résulte que la position des raies varie avec les instruments. Mais heureusement de semblables mesures ne sont pas indispensables pour qu'on puisse retrouver et identifier les lignes d'une carte. En effet, l'examen attentif du spectre solaire dans les grands instruments montre que les diverses raies qui y figurent sont différenciées entre elles par leur intensité, leur largeur, souvent par un aspect particulier ; de plus, elles forment presque toujours des groupes distincts, ayant une physionomie qui permet de les retrouver facilement. Ainsi qu'on l'a déjà remarqué, la configuration de ces groupes dans le spectre rappelle celle des constellations dans le ciel étoilé, et il y aura certainement grand avantage à tenir compte de cette analogie, quand on s'occupera de la nomenclature des raies du spectre solaire.

Quant aux mesures d'intensité, les procédés photométriques dont on dispose me paraissent, quant à présent, impraticables. Les résultats les plus satisfaisants m'ont été donnés par la comparaison des raies du spectre avec des échelles présentant des lignes de largeurs et d'intensité graduées. Un tire-ligne, dont l'écartement des branches se réglait au moyen d'une vis à tête divisée, permettait d'obtenir une série de lignes de largeurs déterminées ; pour reproduire ensuite la même série en teintes graduées, on se servait de liqueurs contenant un principe colorant noir, dont les quantités, pour un même volume de mélange, croissaient comme les nombres 1, 2, 3, etc..

Une disposition très avantageuse consiste à reproduire plusieurs fois, à diverses valeurs, un groupe tellurique tout entier avec ses lignes et ses couleurs. Une semblable échelle permet d'estimer de suite l'intensité de toute une région tellurique ; elle met en évidence, de la manière la plus nette, le fait de la variation d'intensité des raies de ces régions, et donne même, d'une manière approximative, la mesure de cette variation. Tels étaient les moyens d'estimer la variation d'intensité des raies du spectre solaire ; voici maintenant comment les cartes ont été construites.

Après avoir réglé le spectroscope de manière à obtenir le spectre dans sa plus grande pureté, on notait, pour la portion à étudier, les positions respectives des raies à l'aide du micromètre. On prenait aussi leurs largeurs, leurs intensités au moyen des échelles ; en s'attachant surtout à reproduire sur la carte la physionomie exacte des groupes, ce qui donne une très grande

garantie de l'exactitude des valeurs relatives ; on passait alors à
la région voisine, reliée à la première, comme il a été expliqué.
La hauteur du soleil au moment de l'observation était prise au
théodolite, ou déduite de l'heure. Les diverses circonstances
atmosphériques étaient aussi indiquées, afin de posséder tous les
éléments de discussion.

La carte spectrale résultant de ce premier travail était reproduite à l'encre de Chine, puis comparée avec le spectre, retou-
chée et reproduite de nouveau, jusqu'à ce que le résultat fût
jugé satisfaisant.

Malgré tous ces soins, il est bien difficile qu'un travail de cette
nature ne présente pas quelques imperfections. Le grand nombre
de raies telluriques, leur diversité de valeur, d'aspect, et surtout
leur variabilité même pendant l'observation en sont les causes
principales.

Pour atténuer les conséquences de ces imperfections, j'ai jugé
indispensable de donner, de ces phénomènes, des représentations
variées. On trouvera donc accompagnant ce rapport plusieurs
cartes relatives aux mêmes régions spectrales. La région CD du
spectre, la plus intéressante en raison des beaux groupes telluriques qu'elle renferme, a été reproduite notamment à quatre
échelles différentes : avec un petit spectroscope à vision directe,
puis avec des spectroscopes à un, à cinq et à neuf prismes.

Ces représentations multipliées ont un autre avantage : elles
permettront aux observateurs futurs, quels que soient les instruments qu'ils auront entre les mains, de tirer un parti utile de nos
travaux.

IV. — *Résultats, conclusions.*

Le spectre solaire a été l'objet d'études constantes pendant
toute la durée de mon voyage en Italie. A Rome, je l'ai suivi pendant près de six mois ; il a été observé encore à Turin, Gênes,
Pise, Florence et Naples.

Ces études m'ont conduit à la constatation des faits suivants :

1. Les bandes de MM. Brewster et Gladstone sont résolubles
en raies fines comparables aux raies solaires proprement dites.

Ces raies, que j'ai nommées *telluriques* (1), sont plus nombreuses que les raies solaires dans les régions du rouge, de l'orangé et du jaune.

Les régions bleue et violette du spectre solaire s'assombrissent d'une manière plus uniforme. Quand le soleil est près de l'horizon, on y remarque bien quelques bandes, mais celles-ci sont beaucoup plus difficilement résolubles en raies distinctes. Néanmoins, il ne me paraît pas douteux que le phénomène ne soit ici du même ordre que pour les régions moins réfrangibles.

2. Les raies telluriques sont constamment visibles dans le spectre. Quelques raies, il est vrai, semblent disparaître quand le soleil est très élevé, mais ce n'est là qu'un phénomène apparent qui s'explique facilement. En effet, l'intensité d'une raie tellurique observée à l'horizon est au moins quinze fois plus considérable qu'au méridien. Il en résulte qu'une raie qui, à l'horizon, n'a pas une intensité suffisante devient invisible vers midi ; mais cette invisibilité n'est que relative ; elle n'a lieu que pour les raies placées à la limite de la puissance des instruments.

Une des preuves les plus manifestes de la présence, dans le spectre, d'un système de raies d'intensité variable, consiste dans le fait de l'interversion d'intensité que j'ai observé entre des raies solaires et des raies telluriques voisines, fait très fréquent dans toutes les régions étudiées.

Par exemple, dans le groupe tellurique de D, la ligne ζ (303 à l'échelle ; elle se dédouble dans les grands spectroscopes), qui, à midi, est beaucoup plus faible que ses deux voisines solaires (302,8 ; 304,3), devient au contraire plus foncée que celles-ci vers le coucher.

La ligne (306 à l'échelle) qui, à midi, est beaucoup plus foncée que ses voisines, se trouve au contraire écrasée au coucher ou au lever par les raies telluriques de cette région ; notamment celles du groupe η de D.

On pourrait beaucoup multiplier ces exemples.

------

(1) J'ai proposé de nommer ces lignes *lignes* ou *raies telluriques* pour rappeler leur origine terrestre et les distinguer des raies solaires proprement dites.

Ces considérations montrent qu'on ne saurait expliquer l'augmentation d'intensité des raies telluriques le soir et le matin par la diminution de la lumière solaire ; car, si un effet de ce genre pouvait influer sur l'aspect du spectre, il porterait évidemment d'une manière égale sur les raies très voisines et ne pourrait produire les interversions en question.

Dans les diverses stations où j'ai étudié, les groupes telluriques se sont offert avec la même configuration. Ils occupent les mêmes places dans le spectre. Ainsi, sans nier la possibilité de modifications locales, il y a nécessairement, de la part de l'atmosphère terrestre, une action générale et commune.

En résumé, et comme conclusion, les observations précédentes montrent que l'atmosphère terrestre fait naître, dans le spectre, un système de raies qui lui sont propres, et sous ce rapport, malgré l'énorme différence des températures, son action est tout à fait comparable à celle que M. Kirchhoff attribue à l'atmosphère solaire.

Légende pour les cartes

La planche qui accompagne cette première partie du rapport contient trois cartes :

La première (figure I) est une reproduction d'une carte des bandes telluriques du spectre solaire, tirée du mémoire de MM. Brewster et Gladstone (*Phil. Trans.* 1860). J'ai pensé qu'il y aurait intérêt à placer sous les yeux du lecteur cette carte importante qui forme le point de départ des miennes.

On remarquera que les bandes telluriques se sont offertes aux auteurs sous forme non résolue. Ces bandes sont désignées dans la carte par les lettres grecques.

La seconde carte (figure II) représente la région CD du spectre, étudiée avec un spectroscope à cinq prismes. Elle offre la résolution en raies fines des bandes de M. Brewster.

Cette carte est double.

La partie supérieure présente le spectre observé vers le passage du soleil au méridien en été, à plus de 60 degrés de hauteur.

La partie inférieure donne le même spectre vers le coucher du soleil (5 degrés de hauteur environ). Cette hauteur a paru la plus convenable : les raies telluriques s'accusent déjà nettement, et la lumière solaire conserve encore assez d'intensité pour supporter la grande dispersion du spectroscope employé.

Les raies telluriques s'accusent par la différence de leur intensité dans les deux spectres ; les raies solaires proprement dites sont au contraire de même teinte. Les parties ombrées représentent des bandes non encore résolues.

De C à D, on remarque trois régions telluriques importantes.

Une première, près et au delà de C ; on pourrait nommer les raies telluriques de cette région, groupe C. Dans ce groupe, se remarquent les sous-groupes α, β, γ, δ, ε, ζ, etc., par ordre d'importance.

La seconde région se trouve située entre C et D, plus près de C ; on pourrait le nommer groupe C′ ; elle renferme les sous-groupes α, β, γ.

La troisième entoure D ; c'est la plus remarquable. α, β, γ, δ, ε, sont des sous-groupes qui, dans les petits instruments, apparaissent sous forme de lignes simples. Dans les grands spectroscopes, les raies de ce groupe sont très nombreuses.

La figure III présente la comparaison des spectres du soleil et de Sirius, au méridien et à l'horizon. Voir plus bas : *Des bandes telluriques dans le spectre de Sirius.*

Nous ferons remarquer enfin, d'une manière générale, que les parties ombrées du spectre, où les lignes spectrales de faible intensité ont dû être reproduites en gravure par de très fines lignes, visibles seulement à la loupe, et qui ne doivent pas être considérées comme des lignes spectrales distinctes ; celles-ci s'individualisent à la vue simple.

DU SPECTRE DE LA LUNE ET DES ÉTOILES

Quand il s'agit d'étudier la lumière de la lune et des étoiles dont l'intensité est incomparablement plus faible que celle du soleil, l'emploi de spectroscopes spéciaux devient nécessaire.

Dans mes études en Italie, je me suis servi, pour cet objet, du spectroscope à vision directe que j'ai présenté à l'Académie des sciences, le 6 octobre 1862 (1).

Ce spectroscope a donné avec les lunettes équatoriales des observatoires d'Italie, des spectres stellaires d'une grande beauté, qui l'emportaient de beaucoup sur les spectres obtenus jusqu'alors. Par exemple, les spectres des cartes de M. Donati, les plus récents au moment où je faisais ces études, ne contiennent que quatre à cinq raies généralement, tandis que les mêmes spectres dans notre instrument en présentaient de douze à dix-huit, et se montraient beaucoup plus étendus, surtout du côté du rouge.

Lorsqu'il s'agit de la lune, il n'est point nécessaire de recourir aux grandes lunettes des observatoires ; un objectif de quelques pouces d'ouverture suffit. A Rome j'ai obtenu ainsi un spectre lunaire où j'ai retrouvé toutes les raies solaires que le même instrument montrait dans la journée, et les mesures prises à l'échelle accusaient une concordance parfaite. Je n'ai pu y découvrir aucune bande ou raie nouvelle. L'analyse spectrale paraît donc s'accorder ici avec les indications astronomiques pour refuser à notre satellite une atmosphère de quelque importance. Du reste, pour décider la question d'une manière plus certaine et plus conforme aux principes de la nouvelle analyse, je propose d'examiner avec de puissants spectromètres, les rayons solaires qui raseront le globe lunaire à la prochaine éclipse de soleil (2). Je me propose aussi d'étudier à ce point de vue, et par des moyens spéciaux, la lumière qui émane des bords du disque de notre satellite et de la comparer à celle du centre. J'ajouterai que le spectre de la lune a été étudié aussi lorsque cet astre était fort près de l'horizon, et que j'y ai constaté, comme cela devait être, les mêmes bandes obscures que dans le spectre solaire pris dans les mêmes circonstances. Ce résultat confirme les observations de M. Brewster et Gladstone.

____

(1) Note sur de nonveaux spectroscopes, *C. R. Acad. Sc.*, 1862, T. 55, p. 576. Cf. ci-dessus, 1862, article II, p. 40.

(2) Voyez *Comptes rendus de l'Académie des Sciences*, 18 mai 1863. Cf. ci-dessus, 1863, article III, p. 49.

Des bandes telluriques dans le spectre de Sirius

Au point de vue de l'origine des raies particulières du spectre solaire dont nous nous occupons ici, il était extrêmement important de chercher si une lumière différente de celle du soleil présenterait les mêmes modifications à l'horizon et au méridien. La lumière des étoiles me parut précieuse pour cette recherche, et Sirius, la plus belle étoile du ciel par son éclat, semblait tout à fait indiquée. Cette étoile se prêtait d'autant mieux à l'expérience délicate que j'avais en vue, que son spectre propre ne présente point de bandes ni de lignes fortes dans les régions du rouge et du jaune, où les raies telluriques devaient se montrer.

Le spectre de Sirius a donc été examiné lorsque l'étoile, se dégageant de vapeurs de l'horizon, envoyait une quantité de lumière suffisante pour l'observation. Le moyen d'analyse était celui qui a déjà été décrit dans le journal de l'Observatoire du collège romain, c'est-à-dire que la fente du spectromètre était placée près du foyer du grand équatorial de Mertz. Une échelle illuminée et projetée sur le champ du spectre permettait de mesurer la position des bandes, et de les comparer à celles du spectre solaire observées pendant la journée ; j'ai remarqué alors dans le spectre de l'étoile où les couleurs étaient d'ailleurs très vives, des bandes obscures qui, d'après les mesures, correspondaient avec celles que le même instrument montrait dans le spectre du soleil à l'horizon. (Voir la planche I, fig. 3.) La bande tellurique nommée δ dans les cartes publiées par MM. Brewster et Gladstone a été vue notamment dans deux observations différentes. J'ai suivi ensuite l'étoile à mesure qu'elle s'élevait ; les bandes telluriques s'évanouissaient peu à peu, et quand l'étoile passait au méridien son spectre n'en présentait plus de traces sensibles (1).

---

(1) Il faut bien remarquer qu'il s'agit de bandes et non de raies, parce que l'instrument d'analyse approprié à l'intensité lumineuse de l'étoile ne pouvait résoudre en raies fines ces bandes telluriques. Dans la carte (fig. 3), ces bandes sont désignées par les nombres 1, 2, 3. On voit qu'elles sont communes aux spectres du Soleil et de Sirius observés à l'*horizon*. Le spectre solaire, ici représenté, est celui que donne le petit spectroscope à vision directe.

Cette observation confirmait pleinement l'origine terrestre assignée à ces bandes.

Sur la présence du sodium dans l'étoile α de la constellation d'Orion

Parmi les spectres stellaires que j'ai étudiés à l'Observatoire du collège romain, le spectre de α d'Orion doit être cité comme un des plus remarquables. Ce spectre présente des lacunes considérables et très nombreuses qui se répartissent dans toute son étendue.

J'avais remarqué que la raie située entre le jaune et le vert paraissait occuper la place de la raie D du spectre solaire. Pour vérifier cette conjecture, j'armai le spectroscope d'un prisme à réflexion devant la fente ; le tube qui portait l'instrument fut percé d'une petite ouverture correspondante, et l'on disposa en face une petite lumière donnant la raie du sodium en excès parmi les autres rayons. On avait ainsi deux spectres superposés : celui de l'étoile avec ses raies noires et espaces obscurs, et celui de la petite flamme artificielle avec la raie jaune du sodium, brillant sur le fond du spectre. Or, j'ai pu constater, à plusieurs reprises, une coïncidence parfaite entre la raie D de la flamme et la raie noire de l'étoile. Suivant la théorie de M. Kirchhoff, si l'étoile possède une atmosphère, elle doit compter le sodium au nombre des vapeurs métalliques qu'elle contient. Avant d'affirmer définitivement un fait de cette importance, il est peut-être prudent d'attendre que nous soyons en état de produire des spectres plus dilatés qui permettent de voir la raie D double, ainsi qu'elle est réellement constituée. Dans tous les cas, il y a là une coïncidence bien remarquable, et il m'a paru convenable de signaler un fait qui est sans doute notre premier pas dans l'étude de la constitution chimique de notre nébuleuse.

L'exactitude de cette conclusion a depuis été confirmée par les travaux de MM. Miller et Huggins (1865). Au moment où je l'ai faite, cette observation constituait un des premiers faits sur l'unité des éléments matériels du système du monde.

Archives des Missions scientifiques et littéraires, 1867, 2ᵉ série, T. 4, p. 541.

Reproduit dans *Cosmos*, 1868, 3ᵉ série, T. II, p. 1 et sous le titre : « Etudes sur les raies telluriques du spectre solaire » dans *Annales de Chimie et de Physique*, 1871, 4ᵉ série, T. 23, p. 274.

1868

I

ÉCLIPSE TOTALE DU 18 AOUT 1868. DEMANDE DE CRÉDITS A L'ACADÉMIE DES SCIENCES.

M. Janssen informe l'Académie qu'il vient de recevoir de M. le Ministre de l'Instruction publique, sur la demande du Bureau des Longitudes, la mission d'aller observer, dans l'Inde anglaise, l'éclipse totale du 18 août prochain. Il désire profiter de ce voyage pour aborder l'étude de diverses questions de physique céleste et terrestre, et demande à l'Académie de vouloir bien augmenter les ressources qui sont mises à sa disposition, afin de lui permettre de réaliser un programme qu'il soumet à son approbation.

C. R. Acad. Sc., Séance du 13 avril 1868, T. 66, p. 741.

II

ÉCLIPSE TOTALE DU 18 AOUT 1868. DÉPÊCHE TÉLÉGRAPHIQUE ANNONÇANT LE SUCCÈS DE L'OBSERVATION ET LETTRE A M. DELAUNAY.

M. le Secrétaire perpétuel communique la dépêche télégraphique suivante de M. Janssen, envoyé pour observer l'éclipse totale de soleil :

« Eclipse observée, protubérances, spectre très remarquables et inattendus, protubérances de nature gazeuse. »

A la suite de cette communication, M. Mathieu donne à l'Académie l'extrait d'une lettre du 22 juillet écrite de Madras par M. Janssen à M. Delaunay :

« A son arrivée à Madras, M. Janssen s'est mis en rapport avec les autorités locales qui l'ont parfaitement accueilli, grâce au caractère de sa mission et aux puissantes recommandations qui lui avaient été remises à Londres avant son départ. Il s'est empressé de prendre des renseignements sur les deux stations entre lesquelles il devait choisir celle qui lui paraîtrait la plus favorable à l'observation de l'éclipse de Soleil. Tous les avis, dit-il, s'accordent à donner à Guntoor un peu plus de chances de succès qu'à Masulipatam, qui est un port de mer où les brumes seraient plus à craindre. »

C. R. Acad. Sc., Séance du 24 août 1868, T. 67, p. 494.

III

INDICATION DE QUELQUES-UNS DES RÉSULTATS OBTENUS A GUNTOOR PENDANT L'ÉCLIPSE DU 18 AOUT ET A LA SUITE DE CETTE ÉCLIPSE.

Cocanada, 19 septembre 1868.

J'arrive en ce moment de Guntoor, ma station d'observation de l'éclipse, et je profite à la hâte du départ du courrier pour donner à l'Académie des nouvelles de la mission qu'elle m'a fait l'honneur de me confier.

Le temps me manque pour envoyer une relation détaillée ; j'aurai l'honneur de le faire par le prochain courrier. Aujourd'hui, je résumerai seulement les principaux résultats obtenus.

La station de Guntoor a été sans doute la plus favorisée : le ciel a été beau, surtout pendant la totalité, et mes puissantes lunettes de près de 3 mètres de foyer m'ont permis de suivre l'étude analytique de tous les phénomènes de l'éclipse.

Immédiatement après la totalité, deux magnifiques protubérances ont apparu ; l'une d'elles, de plus de 3 minutes de hauteur, brillait d'une splendeur qu'il est difficile d'imaginer. L'analyse de sa lumière m'a immédiatement montré qu'elle était formée par une immense colonne gazeuse incandescente, principalement composée de gaz hydrogène.

L'analyse des régions circumsolaires, où M. Kirchhoff place l'atmosphère solaire, n'a pas donné des résultats conformes à la théorie formulée par ce physicien illustre ; ces résultats me paraissent devoir conduire à la connaissance de la véritable constitution du spectre solaire.

Mais le résultat le plus important de ces observations est la découverte d'une méthode dont le principe fut conçu pendant l'éclipse même, et qui permet l'étude des protubérances et des régions circumsolaires en tout temps, sans qu'il soit nécessaire de recourir à l'interposition d'un corps opaque devant le disque du Soleil. Cette méthode est fondée sur les propriétés spectrales de la lumière des protubérances, lumière qui se résout en un petit nombre de faisceaux très lumineux, correspondant à des raies obscures du spectre solaire.

Dès le lendemain de l'éclipse, la méthode fut appliquée avec succès, et j'ai pu assister aux phénomènes présentés pour une nouvelle éclipse qui a duré toute la journée. Les protubérances de la veille étaient profondément modifiées. Il restait à peine quelques traces de la grande protubérance et la distribution de la matière gazeuse était tout autre.

Depuis ce jour, jusqu'au 4 septembre, j'ai constamment étudié le Soleil à ce point de vue. J'ai dressé des cartes des protubérances, qui montrent avec quelle rapidité (souvent en quelques minutes), ces immenses masses gazeuses se déforment et se déplacent. Enfin, pendant cette période, qui a été comme une éclipse de dix-sept jours, j'ai recueilli un grand nombre de faits, qui s'offraient comme d'eux-mêmes, sur la constitution physique du Soleil.

Je suis heureux de soumettre ces résultats à l'Académie et au Bureau des Longitudes, pour répondre à la confiance qui m'a été témoignée et à l'honneur qu'on m'a fait en me confiant cette importante mission.

M. Ch. Sainte-Claire Deville lit l'extrait d'une lettre qui lui a été adressée à la date du 19 septembre, par M. Janssen, et qui confirme la précédente communication.

Du 19 août au 4 septembre, ce savant a appliqué sa méthode et « a pu connaître, dit-il, la constitution, la forme, les variations des protubérances pendant ce laps de temps ».

M. Janssen se loue vivement de la réception qui lui a été faite par les autorités anglaises de l'Inde, qui ont mis à sa disposition un bateau à vapeur pour aller de Madras à Masulipatam, un autre pour le Godavery, et ont attaché à sa mission un jeune sous-collecteur (sous-préfet), afin de lui aplanir toutes les difficultés.

M. Janssen partait pour Calcutta et l'Himalaya, où il se propose d'exécuter les recherches de physique terrestre qui lui ont été recommandées par l'Académie.

C. R. Acad. Sc., Séance du 26 octobre 1868, T. 67, p. 838.

IV

OBSERVATIONS SPECTRALES PRISES PENDANT L'ÉCLIPSE DU 18 AOUT 1868, ET MÉTHODE D'OBSERVATION DES PROTUBÉRANCES EN DEHORS DES ÉCLIPSES.

Calcutta, 3 novembre 1868.

J'ai eu l'honneur d'écrire à l'Académie, le 19 septembre dernier, pour lui donner des nouvelles sommaires de ma mission. Aujourd'hui, je désire lui adresser un Rapport plus complet sur mes observations pendant la grande éclipse du 18 août dernier.

I

Le paquebot des Messageries impériales qui m'amenait de France m'a débarqué à Madras, le 16 janvier, sur la côte de Coromandel. A Madras, j'ai été reçu par les autorités anglaises avec une grande courtoisie. Lord Napier, gouverneur de la pro-

vince de Madras, me fit conduire à Masulipatam sur un vapeur
de l'Etat. M. Graham, collecteur adjoint, fut attaché à ma mission pour aplanir toutes les difficultés que je pourrais rencontrer
dans l'intérieur.

Il me restait à choisir ma station.

Si l'on jette les yeux sur une carte de l'éclipse, on voit que la
ligne de la centralité, après avoir traversé le golfe du Bengale,
pénètre sur la côte est du continent indien à la hauteur de Masulipatam ; elle coupe les bouches de la Kistna, traverse de grandes plaines formées par le delta de ce fleuve, et s'engage ensuite
dans un pays élevé, contenant plusieurs chaînes situées à la frontière de l'Etat indépendant du Nizzam.

D'après l'ensemble des informations très nombreuses recueillies et discutées, je fus conduit à choisir la ville de Guntoor, placée sur la ligne centrale à égale distance des montagnes et de la
mer ; j'évitais ainsi les brumes marines très fréquentes à Masulipatam et les nuages qui couronnent souvent les pics élevés.

Guntoor est une ville indienne assez importante, centre d'un
grand commerce de coton. Ces cotons viennent en partie des
Etats du Nizzam et passent en Europe par les ports de Cocanada et Masulipatam. Plusieurs familles de négociants français
résident à Guntoor ; elles descendent, pour la plupart, de ces
anciennes et nombreuses familles qui, au siècle passé, faisaient
fleurir nos belles colonies de l'Inde.

Mon observatoire fut établi chez M. Jules Lefaucheur, qui
voulut mettre à ma disposition tout le premier étage de sa maison, la plus élevée et la mieux située de Guntoor. Les pièces
de ce premier étage communiquaient avec une large terrasse,
sur laquelle je fis élever une construction provisoire répondant
aux exigences de nos observations.

Mes instruments consistaient en plusieurs grandes lunettes de
6 pouces d'ouverture et un télescope Foucault de 21 centimètres de diamètre (1).

Les lunettes étaient montées sur un même plateau, qui les

____

(1) Le miroir de ce télescope avait été parabolisé par M. Martin, qui a
voulu donner ainsi un concours désintéressé à notre expédition.

rendait solidaires. Le mouvement général était communiqué par un mécanisme construit par MM. Brunner frères, qui permettait de suivre le Soleil par un simple mouvement de rappel. L'appareil était muni de chercheurs de 2 pouces et de 2 pouces 3/4 d'ouverture, formant eux-mêmes de bonnes lunettes astronomiques. En analyse spectrale céleste, les chercheurs ont une importance toute particulière ; c'est par leur intermédiaire qu'on sait sur quel point précis de l'objet étudié se trouve la fente du spectroscope ou de la lunette principale. Il importe donc que les fils réticulaires ou, en général, les points de repère placés dans le champ du chercheur soient réglés très rigoureusement sur la fente de l'appareil spectral. Tous mes soins avaient été apportés pour atteindre ce but capital. Des micromètres spéciaux devaient permettre, en outre, de mesurer rapidement la hauteur et l'angle de position des protubérances. Quant aux spectroscopes adaptés aux grandes lunettes, je les avais choisis de pouvoirs optiques différents, afin de pouvoir répondre aux diverses exigences des phénomènes de l'éclipse. Enfin, tout l'appareil (1) portait, du côté des oculaires, des écrans en toile noire formant chambre obscure et destinés à conserver à la vue toute sa sensibilité.

Indépendamment de ces instruments, consacrés à l'observation principale, j'avais une riche collection de thermomètres d'une grande sensibilité, construits avec talent par M. Baudin (2), des lunettes portatives, des hygromètres, baromètres, etc.. Aussi ai-je pu utiliser le bon vouloir de MM. Jules, Arthur et Guillaume Lefaucheur, qui se mirent à ma disposition pour les observations secondaires. M. Jules Lefaucheur, exercé au maniement du crayon, se chargea du dessin de l'éclipse. Une excellente lunette de 3 pouces, munie de réticules, fut mise

---

(1) MM. Bardou et Secretan m'avaient obligeamment prêté deux des quatre objectifs de 6 pouces que j'avais avec moi. M. Bardou m'avait fourni la majeure partie des instruments de cet appareil. Je citerai aussi M. Wentzel pour le talent qu'il montre chaque jour dans le travail de mes prismes.

(2) Parmi ces thermomètres s'en trouvait un construit, sur mes indications, par M. Baudin sur le plan des thermomètres différentiels de Walferdin, mais dont le réservoir n'avait pas plus de 1 millimètre de diamètre.

à sa disposition ; il s'en servit d'avance et s'exerça, sur des représentations artificielles d'éclipses, à reproduire d'une manière
rapide et sûre les phénomènes qu'il aurait à représenter. La
mesure des températures fut confiée à M. Arthur Lefaucheur,
qui devait aussi, au moment de la totalité, par une expérience
très simple de photométrie, nous faire connaître le pouvoir lumineux des protubérances et de l'auréole.

J'étais assisté, dans mes observations propres, par M. Rédier,
jeune aspirant au grade d'officier, que M. le Commandant du
paquebot *l'Impératrice* avait bien voulu mettre à ma disposition. Le concours de M. Rédier, doué d'ailleurs de dispositions
heureuses pour les sciences d'observation, m'a été fort utile.

Le temps qui nous resta avant l'éclipse fut employé à des
études et à des répétitions préliminaires ; elles eurent l'avantage de familiariser tout le monde avec le maniement des instruments et me fournirent l'occasion de nombreux perfectionnements de détail.

II

L'éclipse approchait et le temps ne semblait pas devoir nous
favoriser ; il pleuvait depuis longtemps sur toute la côte. On considérait ces pluies comme exceptionnelles. Bien heureusement,
le temps se remit peu à peu avant le 18. Le jour de l'éclipse, le
Soleil brilla dès son lever, bien qu'il fût encore dans une couche
de vapeurs ; il s'en dégagea bientôt, et, au moment où nos lunettes nous signalaient le commencement de l'éclipse, il brillait de
tout son éclat.

Chacun était à son poste. Les observations commencèrent
immédiatement.

Pendant les premières phases, quelques légères vapeurs vinrent passer sur le Soleil ; elles nuisirent à la netteté des mesures thermométriques ; mais, quand le moment de la totalité
approcha, le ciel reprit une pureté suffisante.

Cependant la lumière baissait visiblement ; les objets semblaient éclairés par un clair de Lune. L'instant décisif approchait et on l'attendait avec une certaine anxiété ; cette anxiété
n'ôtait rien à nos facultés, elles les surexcitait plutôt, et d'ail-

leurs elle se trouvait bien justifiée, et par la grandeur du phénomène que la nature nous préparait, et par le sentiment que
les fruits de longs préparatifs et d'un grand voyage allaient
dépendre d'une observation de quelques instants.

Bientôt le disque solaire se trouve réduit à une mince faucille
lumineuse. On redouble d'attention. Les fentes spectrales de
l'appareil de 6 pouces sont rigoureusement tenues en contact
avec la portion du limbe lunaire qui va éteindre les derniers
rayons solaires, de manière que ces fentes soient amenées par
la Lune elle-même dans les plus basses régions de l'atmosphère
solaire quand les deux disques seront tangents.

L'obscurité a lieu tout à coup, et les phénomènes spectraux
changent aussitôt d'une manière bien remarquable.

Deux spectres formés de cinq ou six lignes très brillantes,
rouge, jaune, verte, bleue, violette, occupent le champ spectral,
et remplacent l'image prismatique solaire qui vient de disparaître. Ces spectres, hauts d'environ une minute, se correspondent raie pour raie ; ils sont séparés par un espace obscur, où
je ne distingue aucune raie brillante sensible. Le chercheur montre que ces deux spectres sont dus à deux magnifiques protubérances, qui brillent maintenant à droite et à gauche de la ligne
des contacts où vient d'avoir eu lieu l'extinction. L'une d'elle
surtout, celle de gauche, est d'une hauteur de plus de trois minutes ; elle rappelle la flamme d'un feu de forge, sortant avec
force des ouvertures du combustible, poussée par la violence
du vent. La protubérance de droite (bord occidental) présente
l'apparence d'un massif de montagnes neigeuses, dont la base
reposerait sur le limbe de la Lune, et qui seraient éclairées par
un Soleil couchant. Ces apparences ont été décrites avec soin
par M. Jules Lefaucheur ; je ferai seulement remarquer, avant
de quitter le sujet des protubérances, sur lequel j'aurai à revenir d'une manière spéciale, que l'observation précédente montre immédiatement :

1° La nature gazeuse des protubérances (raies spectrales brillantes) ;

2° La similitude générale de leur composition chimique (spectres se correspondant raie pour raie) ;

3º Leur espèce chimique (les raies rouge et bleue de leur spectre n'étaient autres que les raies C et F du spectre solaire caractérisant, comme on sait, le gaz hydrogène).

Revenons maintenant à l'espace obscur qui séparait les deux spectres protubérantiels. On se rappelle qu'au moment de l'obscurité totale, les fentes spectrales étaient tangentes aux deux disques solaire et lunaire ; elle traversait donc les régions circumsolaires immédiatement en contact avec la photosphère, régions où la théorie de M. Kirchhoff place l'atmosphère de vapeurs qui produisent par absorption élective les raies obscures du spectre solaire. Cette atmosphère de vapeurs, quand elle brille de sa lumière propre, doit, suivant la même théorie, donner le spectre solaire renversé, c'est-à-dire uniquement formé de raies brillantes. C'est le phénomène que nous attendions ou, du moins, que nous cherchions à vérifier ; et c'est pour rendre cette vérification décisive que j'avais accumulé tant de précautions. Mais on vient de voir que les protubérances seules donnèrent des spectres positifs ou à raies brillantes. Or, il est bien constant que, si une atmosphère formée des vapeurs de tous les corps qu'on a reconnus dans le Soleil existait réellement autour de la photosphère, elle eût donné un spectre au moins aussi brillant que celui des protubérances, formées de gaz beaucoup plus subtils et dès lors moins lumineux. Il faut donc admettre : ou que cette atmosphère n'existe pas, ou que sa hauteur est si faible qu'elle a échappé aux observations.

Je dois dire, au reste, que ce résultat m'a peu surpris. Mes études sur le spectre solaire m'avaient amené à douter de la réalité d'une importante atmosphère autour du Soleil, et je suis de plus en plus porté à admettre que les phénomènes d'absorption élective, rejetés par le grand physicien d'Heidelberg dans une atmosphère extérieure au Soleil, ont lieu au sein même de la photosphère, dans les vapeurs où nagent les particules solides et liquides des nuages photosphériques. Cette manière de voir serait non seulement en harmonie avec la belle théorie, que nous devons à M. Faye, sur la constitution de la photosphère, mais il semble même qu'elle en découle d'une manière nécessaire.

En résumé, l'éclipse du 18 août a montré, suivant moi, que la constitution du spectre solaire est insuffisamment expliquée par la théorie admise jusqu'ici, et c'est dans le sens indiqué ci-dessus que je propose de la réviser.

III

Je reviens maintenant aux protubérances.

Pendant l'obscurité totale, je fus extrêmement frappé du vif éclat des raies protubérantielles ; la pensée me vint aussitôt qu'il serait possible de les voir en dehors des éclipses. Malheureusement, le temps qui se couvrit après le dernier contact ne me permit de rien tenter pour ce jour-là. Pendant la nuit, la méthode et ses moyens d'exécution se formulèrent nettement dans mon esprit. Le lendemain 19, levé à 3 heures du matin, je fis tout disposer pour les nouvelles observations.

Le Soleil se leva très beau ; aussitôt qu'il fut dégagé des plus basses vapeurs de l'horizon, je commençai à l'explorer. Voici comment je procédai. Par le moyen du chercheur de ma grande lunette, je plaçai la fente du spectroscope sur le bord du disque solaire dans les régions même où, la veille, j'avais observé les protubérances lumineuses. Cette fente, placée en partie sur le disque solaire et en partie en dehors, donnait par conséquent deux spectres : celui du Soleil et celui de la région protubérantielle. L'éclat du spectre solaire était une grande difficulté ; je la tournai en masquant dans le spectre solaire le jaune, le vert et le bleu, les portions les plus brillantes. Toute mon attention était dirigée sur la ligne C, obscure pour le Soleil, brillante pour la protubérance et qui, répondant à une partie moins lumineuse du spectre, devait être beaucoup plus facilement perceptible.

J'étais depuis peu de temps à étudier la région protubéran-tielle du bord occidental quand j'aperçus tout à coup une petite raie rouge, brillante, de 1 à 2 minutes de hauteur, formant le prolongement rigoureux de la raie obscure C du spectre solaire. En faisant mouvoir la fente du spectroscope, de manière à bala-yer méthodiquement la région que j'explorais, cette ligne per-sistait, mais elle se modifiait dans sa longueur et dans l'éclat de ses diverses parties, accusant ainsi une grande variabilité dans la hauteur et dans le pouvoir lumineux des diverses régions de la protubérance.

Cette exploration fut faite à trois reprises différentes, et toujours la ligne brillante apparut dans les mêmes circonstances. M. Rédier, qui m'assistait avec beaucoup de zèle, dans cette recherche, la vit comme moi, et bientôt nous pûmes en prédire l'apparition par la seule connaissance des régions explorées. Peu après, je constatai que la raie brillante F se montrait en même temps que C.

Dans l'après midi, je revins encore à la région étudiée le matin ; les lignes brillantes s'y montrèrent de nouveau, mais elles accusaient de grands changements dans la distribution de la matière protubérantielle ; les lignes se fractionnaient quelquefois en tronçons isolés, qui ne se réunissaient pas à la ligne principale, malgré les déplacements de la fente d'exploration. Ce fait indiquait l'existence de nuages isolés, qui s'étaient formés depuis le matin. Dans la région de la grande protubérance, je trouvai quelques lignes brillantes, mais leur longueur et leur distribution accusaient, là aussi, de grands changements.

Ainsi se trouvait démontrée la possibilité d'observer les raies des protubérances en dehors des éclipses, et d'y trouver une méthode pour l'étude de ces corps.

Ces premières observations montraient déjà que les coïncidences des raies C et F étaient bien réelles, et, dès lors, que l'hydrogène formait en effet la base de ces matières circumsolaires. Elles établissaient, en outre, la rapidité des changements que ces corps éprouvent, changements qui ne pouvaient être que pressentis pendant les si courtes observations des éclipses.

Les jours suivants, je mis à profit toutes les occasions que pouvait m'offrir l'état du ciel pour appliquer la nouvelle méthode et la perfectionner, autant du moins que le permettaient les instruments qui n'avaient pas été construits à ce point de vue tout nouveau.

En suivant avec beaucoup d'attention les lignes protubérantielles, j'ai quelquefois observé qu'elles pénètrent dans les lignes obscures du spectre solaire, accusant ainsi un prolongement de la protubérance sur le globe solaire lui-même. Ce résultat était facile à prévoir, mais l'interposition de la Lune en eût toujours rendu la constatation impossible pendant les éclipses.

Je rapporterai encore ici une observation faite le 4 septembre par un temps favorable, et qui montre avec quelle rapidité les protubérances se déforment et se déplacent.

A 9^h50^m, l'exploration du Soleil indiquait un amas de matière protubérantielle dans la partie inférieure du disque. Pour en déterminer la figure, je me servis d'une méthode qu'on pourrait

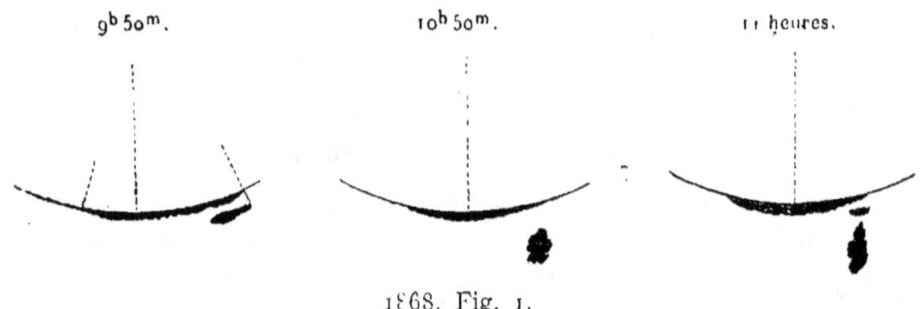

1868. Fig. 1.

appeler *chronométrique*, parce que le temps y intervient comme élément de mesure.

Dans cette méthode, on place la lunette dans une position fixe, choisie de manière que, par l'effet du mouvement diurne, toutes les parties de la région à explorer viennent successivement passer devant la fente du spectroscope. On note alors, pour chaque instant déterminé, la longueur et la situation des lignes protubérantielles qui se produisent successivement. Le temps que le disque solaire met à traverser la fente diurne donne la valeur de la seconde en minute d'arc. Cette donnée, combinée avec la longueur des lignes protubérantielles estimées suivant la même unité (1), fournit les éléments d'une représentation graphique de la protubérance.

L'application de cette méthode à l'étude de la région solaire dont je viens de parler, indiquait une protubérance s'étendant

---

(1) Cette estimation s'obtient d'une manière facile, en plaçant sur la fente du spectroscope deux fils dont l'écartement, réglé sur le foyer de la Lunette collectrice, représente un nombre déterminé de minutes d'arc.

sur une longueur d'environ 3o degrés, dont 10 degrés à l'orient
du diamètre vertical et 20 degrés, à l'occident. Vers l'extrémité
de la portion occidentale, un nuage considérable s'élevait à
1 1 /2 minute du globe solaire. Ce nuage, long de plus de 2 minutes, large de une minute, s'étendait parallèlement au limbe.
Une heure après (à 10^{h}5o^m) un nouveau tracé montra que le
nuage s'était élevé rapidement, prenant la forme globulaire.
Mais les mouvements devinrent bientôt plus rapides encore ;
car dix minutes après, c'est-à-dire à 11 heures, le globe s'était
énormément allongé dans le sens normal au limbe solaire ou perpendiculaire à la première direction. Un petit amas de matière
s'en était détaché à la partie inférieure, et se trouvait suspendu
entre le Soleil et le nuage principal. Le temps qui se couvrit ne
me permit pas de poursuivre plus loin mes recherches.

IV

Résumons ces observations.

Considérée d'abord dans son principe, la nouvelle méthode
repose sur la différence des propriétés spectrales de la lumière
des protubérances et de la photosphère. La lumière photosphérique, émanée de particules solides ou liquides incandescentes,
est incomparablement plus puissante que celle des protubérances, due à un rayonnement gazeux. Aussi a-t-il été jusqu'ici
à peu près impossible d'apercevoir les protubérances en dehors
des éclipses. Mais on peut renverser les termes de la question en
s'adressant à l'analyse spectrale. En effet, la lumière solaire se
distribue par l'analyse dans toute l'étendue du spectre, et, par
là, s'affaiblit beaucoup ; les protubérances, au contraire, ne
fournissent qu'un petit nombre de faisceaux, dont l'intensité
reste très comparable aux rayons solaires correspondants. C'est
ainsi que les raies protubérantielles sont perçues très facilement dans le champ spectral, sous le spectre solaire, tandis que
les images directes des protubérances sont comme écrasées par
la lumière éblouissante de la photosphère.

Une circonstance fort heureuse pour la nouvelle méthode vient
s'ajouter à ces données favorables. En effet, les raies lumineuses

des protubérances correspondent à des raies obscures du spectre solaire. Il en résulte que, non seulement on les aperçoit plus facilement dans le champ spectral, sur les bords du spectre solaire, mais qu'il est même possible de les voir dans l'intérieur de ce spectre, et, par conséquent, de suivre la trace des protubérances sur le globe solaire même.

Au point de vue de la détermination de l'espèce chimique, les procédés suivis pendant les éclipses totales comportaient toujours une certaine incertitude : en l'absence de la lumière solaire, on était obligé de recourir à l'intermédiaire des échelles pour fixer la position des raies des protubérances. La nouvelle méthode permet de comparer directement les raies protubérantielles aux raies solaires. Les identifications sont alors absolument certaines.

Au point de vue des résultats obtenus pendant la courte période où elle a été appliquée, la méthode spectro-protubérantielle a permis de constater :

1º Que les protubérances lumineuses observées pendant les éclipses totales appartiennent incontestablement aux régions circumsolaires ;

2º Que ces corps sont formés d'hydrogène incandescent et que ce gaz y predomine, s'il n'en forme la composition exclusive ;

3º Que ces corps circumsolaires sont le siège de mouvements dont aucun phénomène terrestre ne peut donner une idée, des amas de matière, dont le volume est plusieurs centaines de fois plus grand que celui de la Terre, se déplaçant et changeant complètement de forme dans l'espace de quelques minutes.

Tels sont les principaux résultats obtenus. J'espère que malgré l'état de ma vue, fatiguée par mes longues études sur la lumière, je pourrai continuer ces travaux. J'aurai l'honneur de soumettre les résultats à l'Académie.

J'ajouterai, en terminant, que j'ai eu l'occasion de continuer aussi mes études sur le spectre de la vapeur d'eau. Le climat de l'Inde, très humide en ce moment, est très favorable à ces recherches. Je suis conduit à attribuer au spectre de cette vapeur une importance tous les jours plus grande ; l'ensemble de mes étu-

des à Paris et ici m'amènent à reconnaître une action élective
sur l'ensemble des radiations solaires, depuis les rayons observés
jusqu'aux rayons ultra-violets, bien que, dans le violet, l'action
élective soit beaucoup plus difficile à constater. Ces études formeront l'objet d'une communication séparée.

M. le Secrétaire perpétuel, après avoir donné connaissance de
ce Rapport à l'Académie, communique une Lettre qu'il vient
de recevoir de M. Janssen, et qui est datée de Simla, du 13 janvier 1869. M. Janssen exprimait son étonnement et son profond
regret que le Rapport qu'on vient de lire ne fût pas parvenu : il
craignait surtout que ce silence de sa part eût pu être attribué
à un manque d'égards pour l'Académie.

M. Janssen annonce, en terminant, une Lettre prochaine « sur
la présence de la vapeur d'eau dans les planètes et dans les étoiles ».

C. R. Acad. Sc., Séance du 15 février 1869, T. 68, p. 93.
Le même rapport a paru dans *le Moniteur universel*, 2 décembre 1868, p. 1530 et dans l'*Annuaire du Bureau des Longitudes
pour l'an* 1869, p. 584, précédé de la lettre suivante, adressée au
Maréchal de France, Président du Bureau :

Calcutta, le 3 novembre 1868.

Monsieur le Maréchal et Ministre,

J'ai l'honneur de vous adresser, comme Président du Bureau
des Longitudes, mon rapport sur l'éclipse du 18 août dernier et
sur les études qui l'ont suivie.

Ces études m'ont conduit à trouver une méthode pour l'étude
des protubérances solaires en dehors des éclipses. Je vous prie-
rai de bien vouloir communiquer ce travail au Bureau.

J'ai l'honneur d'être, Monsieur le Maréchal et Ministre, de
Votre Excellence, le respectueux serviteur.

Janssen.

Ce rapport a été reproduit également dans les recueils suivants : *Archives des Missions scientifiques et littéraires*, 1868,
2e séric, T. V. p. 295 ; *Annales de Chimie et de Physique*, 1868,
4e série, T. 15, p. 414 ; *Moniteur scientifique*, 1868, p. 1137. Il
a été traduit dans *Monthly Notices of the R. Astronomical Society*,
1869, vol. XXIX, p. 154.

1869

I

SUR L'ÉTUDE SPECTRALE DES PROTUBÉRANCES SOLAIRES

Lettre a M. le Secrétaire perpétuel

Simla (Himalaya) : long., 77°14' ; lat., 31°6'25" ;
12 décembre 1868.

Je reçois par ma famille des nouvelles de France, et en particulier de la séance académique du 25 octobre 1868, où il a été question de la découverte que j'ai eu l'honneur de vous communiquer.

Je ne puis accepter les éloges beaucoup trop flatteurs que M. Faye a faits des résultats de mes efforts, mais je m'associe pleinement à cet astronome illustre pour applaudir au succès de M. Norman Lockyer. Ce physicien méritait bien, par l'ignorance où il était des résultats que j'avais déjà obtenus aux Indes, de parvenir d'une manière indépendante à la confirmation de ses judicieuses prévisions.

Quant à moi, c'est l'éclipse qui m'a tout appris. Témoin de l'éclat des lignes des protubérances, et comme inspiré par la beauté du phénomène que j'avais devant les yeux, je dis aux observateurs qui m'entouraient, à MM. Eugène Lefaucheur, Redier, etc. : « Je verrai ces lignes-là en dehors des éclipses. » Si le temps l'eût permis, j'aurais tenté immédiatement de les suivre après la réapparition du Soleil ; mais le ciel se couvrit après l'éclipse. Pendant la nuit du 18 au 19 août, la méthode pour retrouver ces lignes et en déduire la forme et la situation des protubérances se formula nettement dans mon esprit. Levés à

3 heures du matin, M. Redier et moi, nous fîmes rapidement
les quelques préparatifs indispensables, et, vers 10 heures, je
retrouvais, dans les régions protubérantielles de la veille, les
lignes brillantes de leur spectre. M. Redier les vit et fut initié à
la méthode et aux conséquences que je comptais en tirer. Cependant, pour n'apporter à l'Académie que des résultats entièrement certains et ayant déjà porté leurs fruits, j'étudiai le Soleil
du 18 août au 4 septembre ; j'acquis ainsi une première habitude dans cette direction toute nouvelle, et je pus construire les
Cartes de protubérances que j'ai eu l'honneur d'envoyer à l'Académie (Lettre de Calcutta, 3 novembre).

Je dois maintenant ajouter que cette méthode ne me satisfit
pas. D'une part, elle exige une construction géométrique assez
lente, et d'autre part, elle néglige complètement une circonstance bien remarquable, révélée par l'éclipse, à savoir : que les
lignes brillantes protubérantielles correspondent à des raies
obscures du spectre solaire. Je conçus alors l'idée d'une seconde
méthode.

Cette nouvelle méthode consiste, dans son principe, à isoler
dans le champ spectral un des faisceaux lumineux émis par la
protubérance, faisceau qui est déficient dans la lumière solaire,
et à transformer ensuite les éléments linéaires des images protubérantielles dans les images elles-mêmes, par un mouvement
rotatif assez rapide imprimé au spectroscope.

Malgré l'insuffisance des moyens de réalisation dont je dispose ici, j'espère pouvoir obtenir quelques résultats, et j'ai pensé,
dans tous les cas, qu'ayant l'honneur d'avoir un compétiteur
tel que M. Lockyer, je devais au moins faire connaître dans
quelle direction nouvelle je portais mes études.

Cette Lettre est datée de Simla, station de l'Himalaya, déjà
haute et surtout très favorable aux études que je poursuis par
la sécheresse extrême de l'atmosphère. Je suis parvenu à y faire
transporter mes grands instruments de l'éclipse. Je vais donc
pouvoir aborder, dans des circonstances exceptionnellement
favorables, les questions de Physique céleste qui se rapportent à la présence de la vapeur d'eau dans le Soleil, les planètes, certaines étoiles, etc..

J'ai recueilli des renseignements assez complets et satisfaisants sur une question dont l'Académie m'avait chargé de m'occuper, à savoir la formation artificielle de la glace dans les plaines brûlantes du Bengale. Les résultats sont conformes aux principes les mieux connus de la science.

C. R. Acad. Sc., Séance du 11 janvier 1869, T. 68, p. 95.

II

DE L'EXISTENCE D'UNE ATMOSPHÈRE HYDROGÉNÉE AUTOUR DU SOLEIL

Note de M. FAYE sur un télégramme et sur une lettre
de M. JANSSEN.

M. Ch. Sainte-Claire Deville vient de me remettre un télégramme de M. Janssen, en anglais altéré par le copiste ; en voici la traduction :

Simla, le 12 janvier 1869.

« Confirmation de l'existence d'une atmosphère hydrogénée autour du Soleil. Dépendance entre la présence des taches et les protubérances. »

D'autre part, j'ai été chargé directement par M. Janssen de faire à l'Académie la communication suivante, extraite de la Lettre du 19 décembre 1868 :

Himalaya : long. $77°14'$; lat. $31°6'25''$.

« Plusieurs observateurs ont donné la raie brillante D comme faisant partie du spectre des protubérances du 18 août. La raie brillante jaune était effectivement située très près de D, mais elle appartenait à des rayons plus réfrangibles que ceux de D. Mes études subséquentes sur le Soleil démontrent l'exactitude de ce que j'avance ici. »

C. R. Acad. Sc., Séance du 18 janvier 1869, T. 68, p. 112.

III

SUR UNE ATMOSPHÈRE INCANDESCENTE
QUI ENTOURE LA PHOTOSPHÈRE SOLAIRE

Lettre a M. le Secrétaire perpétuel

Simla (Himalaya), 25 décembre 1868 ;
Long., 77°14 ; lat., 31°6′25″.

La pureté du ciel de Simla m'a permis de continuer avec succès mes études sur les régions circumsolaires. L'Académie a sans
doute reçu un télégramme dans lequel j'avais l'honneur de lui
annoncer la découverte d'une atmosphère incandescente dont
l'hydrogène forme la base générale, sinon exclusive, et qui entoure la photosphère solaire.

Je décrirai, dans une prochaine Lettre, la méthode délicate
qui m'a permis de suivre les traces de cette enveloppe gazeuse
jusque sur la photosphère elle-même, et j'aurai l'honneur d'envoyer en même temps à l'Académie les cartes des protubérances, construites à cette occasion.

L'atmosphère dont il s'agit est basse, à niveau fort inégal et
tourmenté ; souvent elle ne dépasse pas les saillies de la photosphère, mais, phénomène bien remarquable, elle forme un tout
continu avec les protubérances, dont la composition générale
est la même et qui paraissent en être simplement des portions
soulevées, projetées et souvent détachées en nuages isolés,
comme je le constate tous les jours.

La présence de cette atmosphère explique les phénomènes
de réfraction révélés à la surface solaire par l'étude des taches ;
elle joue un rôle important dans tous les phénomènes lumineux
présentés par l'enveloppe visible du globe solaire, et en particulier dans les facules ; il n'est pas douteux que c'est elle qui
produit principalement cette diminution d'intensité lumineuse,
calorifique et photographique que le disque solaire présente sur
ses bords, d'une manière si remarquable.

C. R. Acad. Sc., Séance du 25 janvier 1869, T. 68, p. 161.

IV

SUR LES LIGNES DE L'HYDROGÈNE

M. Janssen adresse une dépêche télégraphique datée de Simla (Himalaya), et qui est ainsi conçue :

« Paris-Simla 139 20 27 4 17 S Via WB. — Hydrogen's lines visible in all circumference of Sun ; protuberances only elevated portions of this atmosphere. — Janssen. » Ce que l'on peut traduire comme il suit : « Les lignes de l'hydrogène sont visibles sur toute la circonférence du Soleil ; les protubérances ne sont que des parties élevées de cette atmosphère hydrogénée. »

L'Académie reçoit, en outre, communication de deux Lettres de M. Janssen, datées, l'une du 21 décembre 1868, et adressée à M. Elie de Beaumont, l'autre du 2 janvier 1869, et adressée à M. le Ministre de l'Instruction publique. Ces deux Lettres reproduisent les détails qui sont contenus dans celle qui a été insérée au *Compte rendu* du 25 janvier.

M. le Ministre informe l'Académie qu'il lui paraît urgent d'autoriser M. Janssen à continuer sa mission : il vient de lui écrire par le télégraphe qu'il peut poursuivre ses recherches, et que les fonds nécessaires seront mis à sa disposition.

C. R. Acad. Sc., Séance du 1er février 1869, T. 68, p. 245.

V

ON THE SOLAR PROTUBERANCES

By M. Janssen, in a Letter to Warren De la Rue F. R. S. Communicated by Mr De la Rue, Received February 2. 1869.

Je voulais vous écrire depuis longtemps pour vous faire part de mes travaux et vous remercier des bonnes et puissantes introductions que je vous dois. J'attendais que j'eusse quelque chose de complet à vous présenter, et j'ai été ainsi entraîné peu à peu.

Vous connaissez maintenant la méthode que j'ai proposée pour l'étude des protubérances, et dont M. Norman Lockyer avait eu l'idée, m'écrit-on, depuis deux années. J'ignorais cela, et c'est une circonstance qui a été favorable à M. Lockyer ; car si j'avais su qu'on travaillait sur ce sujet, naturellement j'aurais, en citant l'idée émise, fait connaître immédiatement par le télégraphe les résultats que j'obtenais dans l'Inde. Mais je ne regrette pas que M. Lockyer soit parvenu séparément à la confirmation de ses idées. Je trouve qu'il le méritait. Nous restons aussi indépendants l'un et l'autre.

Je dois vous dire que je viens de découvrir que les protubérances se rattachent au Soleil par une atmosphère dont l'hydrogène forme la base, au moins générale, et qui enveloppe la photosphère. Cette atmosphère est basse, à niveau fort inégal et tourmenté ; souvent elle ne dépasse pas les saillies de la photosphère. Les protubérances ne paraissent être que des portions soulevées, projetées, détachées de cette enveloppe. J'étudie aussi les taches, sujet difficile, mais qui promet d'importantes notions sur la constitution du Soleil.

J'aurai l'honneur, à l'issue de ces études, d'envoyer un mémoire à votre Société Royale, comme hommage rendu à sa grande et juste célébrité, et aussi comme témoignage de reconnaissance des bonnes réceptions que j'ai eues dans l'Inde et chez vous toutes les fois que j'y vais.

Mais, en attendant, je vous prie de vouloir bien lui communiquer les résultats dont je vous fais part ici.

Je suis, en ce moment, à Simla, résidence d'été du Gouverneur, où j'ai un beau ciel et 8.000 de vos pieds au-dessous de moi. Je profite de ces heureuses conditions pour aborder ici toutes sortes d'études.

Je serai encore dans le Bengale en mars. J'aurai donc le temps de recevoir une lettre de vous, ce qui me ferait un bien grand plaisir. Je n'ai ici aucune nouvelle scientifique d'Angleterre, et bien peu de France.

Proceedings of the Royal Society of London, 1869, vol. XVII, p. 276.

VI

RÉSUMÉ DES NOTIONS
ACQUISES SUR LA CONSTITUTION DU SOLEIL

Lettre a M. le Secrétaire perpétuel

Simla (Himalaya), 8 janvier 1869.

Vous savez, Monsieur, quel était jusqu'ici l'état de nos connaissances sur le Soleil. L'ensemble des travaux modernes, résumés et interprétés d'une manière si remarquable par la théorie de M. Faye, conduisait à considérer le Soleil comme un globe essentiellement gazeux, dont la température propre est si élevée, qu'aucun corps ne peut y exister qu'à l'état gazéiforme e plus prononcé. Or on sait que les gaz, alors même qu'ils sont portés à une très haute température, sont faiblement lumineux. Le globe solaire gazeux émettrait donc par lui-même très peu de lumière ; mais le rayonnement vers les espaces célestes a produit un refroidissement superficiel, qui a amené par voie de condensation les éléments gazeux de ces régions à l'état de poussière solide ou liquide. Cette poussière joue le rôle du carbone, de la chaux, de la magnésie dans nos flammes artificielles : elle rayonne énergiquement. Ainsi, par l'effet d'un abaissement relatif de température, le globe gazeux s'entoure d'une enveloppe très lumineuse : c'est la photosphère, c'est la partie visible du Soleil, c'est l'astre proprement dit.

Cette photosphère seule a été étudiée. C'est même par les travaux si persévérants, si attentifs, si bien interprétés dont elle a été l'objet, qu'on est arrivé à se former sur le Soleil les notions générales que j'expose ici. Dans l'étude de la photosphère, celle des taches tient la première place. Ces déchirures de l'enveloppe lumineuse, dont le diamètre est souvent double ou triple de celui de notre Terre, permettent de constater l'obscurité relative du noyau gazeux central ; leurs mouvements ont révélé les lois de la rotation superficielle du Soleil, rotation dont la vitesse est variable suivant les latitudes, et fournissent ainsi une des preuves les plus frappantes de l'état gazeux de l'astre. C'est aussi l'étude des taches qui a conduit les astronomes à admettre une atmosphère autour de l'enveloppe lumineuse. Mais cette atmosphère, dont l'existence était révélée par des phénomènes de réfraction observés sur la photosphère et par des effets d'absorption constatés sur les bords du disque solaire, n'était pas connue directement : sa nature, sa hauteur, sa composition étaient l'objet des assertions les plus contradictoires. Quant à ces singuliers appendices lumineux qui avaient été observés pendant les dernières éclipses totales, on ne savait absolument rien à leur égard.

Les choses en étaient là, quand la grande éclipse du 18 août dernier vint nous offrir l'occasion d'appliquer, pour la première fois, nos nouvelles méthodes d'analyse à l'étude de ces phénomènes.

L'analyse de la lumière des protubérances nous révéla tout d'abord leur nature gazeuse et leur espèce chimique. Ces grands appendices sont presque exclusivement formés d'hydrogène incandescent. Le spectre est ici tellement remarquable, les quelques faisceaux lumineux auxquels il se réduit sont si intenses, que l'idée bien naturelle de retrouver ces belles lignes en dehors des éclipses me vint aussitôt. Vous savez, Monsieur, comment cette remarque est devenue pour moi le point de départ d'une méthode pour l'étude journalière des protubérances solaires. Cette étude, je l'ai reprise à Simla, et j'ai cherché tout d'abord quels pouvaient être les rapports des protubérances et de la photosphère.

Pour un observateur prévenu et un peu exercé, les raies protubérantielles sont faciles à voir, surtout quand la protubérance étudiée est très saillante ; mais quand on s'approche du disque éblouissant, elles se perçoivent beaucoup plus difficilement, jusqu'au moment où l'énorme intensité de la lumière solaire les éclipse tout à fait et amène même le phénomène de l'interversion, les raies brillantes C, F, etc., devenant les mêmes raies obscures du spectre solaire. Or, voulant étudier à la surface même de la photosphère, j'ai cherché des dispositions qui permissent d'éliminer le plus possible la lumière étrangère du Soleil. Je suis parvenu à ce but en isolant dans le champ du spectre la région où les raies protubérantielles doivent se produire, soit par des verres d'une teinte bien appropriée, soit par des diaphragmes opaques ou semi-transparents. Enfin, au lieu de placer la fente du spectroscope normalement au disque, je lui donne la position osculatrice, approchant peu à peu du Soleil, jusqu'au moment où les parties saillantes de la photosphère viennent rayer le champ spectral et réalisent le phénomène connu des astronomes sous le nom de *grains de chapelet.*

L'emploi de cette méthode m'a conduit à découvrir la matière protubérantielle sur tout le contour du disque solaire, où elle forme comme un anneau continu dont les protubérances ne sont que les portions les plus saillantes.

Il faut une atmosphère très pure pour suivre ainsi, jusque sur la photosphère elle-même, les traces délicates de ces phénomènes lumineux ; mais, quand les conditions de l'observation sont favorables, on obtient indubitablement le résultat que j'annonce, à tout instant du jour et quel que soit le point du disque sur lequel on fasse porter l'examen.

C. R. Acad. Sc., Séance du 8 février 1869, T. 68, p, 312.

VII

SUR LA MÉTHODE QUI PERMET DE CONSTATER LA MATIÈRE PROTUBÉRANTIELLE SUR TOUT LE CONTOUR DU DISQUE SOLAIRE.

Simla, 18 février 1869.

Je terminais ma précédente Lettre en vous disant que j'étais arrivé à constater la présence de la matière protubérantielle sur tout le contour du disque solaire. Ce résultat est entièrement certain, bien que, en certains points, le niveau de cette atmosphère ne paraisse pas dépasser sensiblement les portions saillantes de la photosphère. Cette circonstance rendait indispen-

sable l'emploi d'un mode d'observation qui permît de suivre les
lignes protubérantielles jusque sur le disque solaire lui-même.
La méthode employée pour les protubérances, exigeant que les
phénomènes lumineux à étudier soient situées très notablement
en dehors du Soleil, eût été ici tout à fait impuissante.

Deux conditions caractérisent le mode d'observation suivi en
cette circonstance : la position tangentielle donnée à la fente du
spectroscope et l'isolement du faisceau lumineux révélateur.

La position tangentielle de la fente permet d'approcher du
disque solaire autant qu'il est nécessaire, et d'y chercher jusqu'au contact même la présence de la matière protubérantielle,
sans que l'énorme intensité de la lumière solaire écrase les phénomènes délicats qu'il s'agit de découvrir. Lorsque la fente
commence à mordre sur les portions saillantes de la photosphère,
ces saillies se traduisent dans le champ spectral par des raies lon-
gitudinales, que coupent à angle droit les lignes brillantes de
l'hydrogène. Cette circonstance permet une vision très facile de
ces lignes, qu'on peut suivre ainsi jusque sur le disque solaire
lui-même.

La définition du faisceau lumineux protubérantiel s'obtient
soit d'une manière approchée par les verres colorés, soit d'une
manière absolue par l'emploi d'une seconde fente placée au
foyer du spectroscope.

Un verre coloré, d'une teinte bien appropriée, placé à l'oculaire du spectroscope, donne à la lumière protubérantielle une
valeur relative beaucoup plus grande, et les phénomènes apparaissent avec une intensité qu'on était loin d'attendre. Mais un
diaphragme métallique, placé au foyer du spectroscope, et percé
d'une fente au point précis où l'une des lignes brillantes de la
lumière protubérantielle doit se manifester, permet de séparer
complètement cette lumière de celle de la photosphère, laquelle
manque précisément des faisceaux de cette réfrangibilité, et l'on
peut alors suivre encore plus loin les traces de la matière protubérantielle. J'aurai à revenir sur l'emploi de cette fente focale
ou oculaire qui permet d'obtenir, lorsqu'on la combine avec un
mouvement rotatif imprimé au spectroscope, la série des images monochromatiques que peut fournir un corps lumineux.

Les lignes brillantes qui apparaissent ainsi sur tout le contour du disque sont principalement celles que nous reconnaissons comme caractéristiques du gaz hydrogène incandescent. C'est donc l'hydrogène qui forme la base de cette enveloppe de la photosphère. Mais les manifestations spectrales des divers points sont loin d'être identiques entre elles ; la vivacité relative des faisceaux constitutifs paraît très variable, résultat qui explique en partie les apparences si diverses que les protubérances ont présentées pendant les éclipses. J'ai des raisons de penser que la température joue un grand rôle dans ces phénomènes, et je ne doute pas qu'une étude attentive du spectre des protubérances et de l'atmosphère à laquelle elles se rattachent ne puisse nous donner, non seulement des notions précises sur la constitution de ces corps circumsolaires, mais encore de nouvelles et importantes notions théoriques sur les propriétés spectrales des gaz incandescents.

L'atmosphère, dont l'analyse spectrale nous révèle ainsi l'existence autour de la photosphère, est loin de réaliser l'idée qu'on attache généralement à ce mot d'après la considération des atmosphères planétaires. L'atmosphère hydrogénée du Soleil repose sur la photosphère et participe des accidents de cette surface ; mais, dans sa partie extérieure, l'atmosphère en question présente des dénivellements bien autrement considérables : d'une hauteur de quelques secondes en certains points, elle atteint ailleurs trois et quatre minutes ; partout elle nous montre les accidents les plus variés. Ce résultat, que l'étude des lignes spectrales révèle de la manière la plus incontestable, se trouve confirmé par les observations qui ont été faites pendant les éclipses totales. Il est en effet bien remarquable que la plupart des observateurs ont vu l'atmosphère d'hydrogène incandescent qui entoure le Soleil dans toutes les circonstances où cette vision était possible, c'est-à-dire quand le limbe lunaire cachait exactement le disque solaire, sans le déborder. Pour ne prendre que les observations récentes, je citerai celle de Mauvais (éclipse du 28 juillet 1851), celle de M. d'Abbadie (en juillet 1852), celles de MM. Secchi, Lespiault, Goldschmidt, etc. (le 18 juillet 1860), et de beaucoup d'autres savants. Or, dans toutes les relations, les observateurs parlent d'un arc lumineux de couleur variable, paraissant entourer le disque lunaire sur une portion plus ou moins étendue *et très accidentée dans son contour extérieur*. Je dirai plus : il n'est pas nécessaire que le disque solaire soit entièrement caché pour qu'on puisse apercevoir cette enveloppe lumineuse. Pendant l'éclipse annulaire du 6 mars 1867, que j'ai observée à Trani, j'ai nettement aperçu, au moment du premier contact intérieur, un filet lumineux qui réunissait les cornes solaires avant l'apparition des grains de chapelet ; la faible intensité lumineuse de cet arc ne permettait point de le confondre avec l'anneau solaire, qui, d'ailleurs, ne s'est montré que quelques secondes plus tard (1). J'ai rapporté cette observation dans le Mémoire adressé au Bureau des Longitudes, qui m'avait fait l'honneur de me confier l'observation physique de cette éclipse.

M. Elie de Beaumont fait observer qu'en adressant à l'Académie sa communication datée de Rome, le 1er mars, et insérée au *Compte rendu* du 8, le *P. Secchi* ignorait nécessairement les résultats contenus dans la Lettre actuelle de M. Janssen, Lettre datée de Simla, le 18 février. Les ressemblances frappantes qu'il est impossible de ne pas remarquer dans ces communications montrent donc simplement que les deux astronomes ont constaté, loin l'un de l'autre, des faits que leur délicatesse avait dérobés jusqu'ici aux observateurs.

C. R. Acad. Sc., Séance du 22 mars 1869, T. 68, p. 713.

---

(1) Cette observation est importante ; elle nous montre que, malgré l'émission lumineuse d'un croissant solaire qui, sur le bord opposé au contact, atteignait alors une minute de largeur, la lumière de l'atmosphère solaire était encore nettement perceptible. Il faut encore remarquer que cette lumière devait traverser de plus un verre coloré dont j'étais obligé de me servir : heureusement je l'avais choisi de couleur rouge.

VIII

SUR QUELQUES SPECTRES STELLAIRES REMARQUABLES PAR LES CARACTÈRES OPTIQUES DE LA VAPEUR D'EAU.

LETTRE DE M. JANSSEN A M. LE SECRÉTAIRE PERPÉTUEL

Darjeeling, Sikkim, 22 mai 1869.

J'ai repris mes études sur les spectres des planètes et des étoiles, au point de vue de la vapeur aqueuse.

Des considérations théoriques m'avaient amené à rechercher si les spectres de certaines étoiles ne présenteraient pas les caractères optiques de la vapeur d'eau. J'ai été confirmé dans mes prévisions. Il paraît non douteux aujourd'hui qu'il existe une classe d'étoiles possédant une atmosphère aqueuse. Ces étoiles appartiennent en général à la classe des étoiles rouges ou jaunes, et les raies de l'hydrogène y font souvent défaut.

Mais cette recherche m'a présenté des difficultés particulières. Les étoiles qui possèdent les caractères optiques de la vapeur aqueuse les présentent avec une telle intensité, que la physionomie des phénomènes est fort altérée. Les lignes ou bandes obtenues avec la colonne de vapeur de 37 mètres dans l'expérience de La Villette en 1866, se traduisent dans les spectres stellaires en question par de larges bandes très foncées. Aussi, s'il n'est pas douteux, par l'ensemble des caractères optiques, qu'une classe d'étoiles à atmosphère aqueuse existe certainement, il me paraît indispensable, avant d'aller plus loin, de reprendre l'étude de colonnes de vapeur plus longues encore, afin d'obtenir des spectres artificiels où les phénomènes d'absorption présentent le même degré d'intensité que dans les étoiles. C'est alors seulement qu'on pourra dresser une liste parfaitement certaine ; et d'ailleurs, l'étude plus complète du spectre de la vapeur d'eau ne peut que nous conduire à d'importants résultats théoriques.

Je suis actuellement dans le Sikkim, situé par rapport à Simla à l'autre extrémité de la grande chaîne des Himalayas. Avant de quitter l'Inde, j'ai tenu à visiter cette région si intéressante par les caractères du climat tropical transporté dans les régions élevées. Les propriétés de l'atmosphère humide de Sikkim forment un contraste bien remarquable avec celle de Simla. Je m'en suis servi pour jeter les bases d'une méthode spectro-hygrométrique, destinée à l'étude des hautes régions de notre atmosphère.

C. R. Acad. Sc., Séance du 28 juin 1869, T. 68, p. 1545.

IX

MÉTHODE POUR OBTENIR LES IMAGES MONOCHROMATIQUES DES CORPS LUMINEUX

A la suite de l'éclipse du 18 août 1868, j'ai proposé une méthode pour obtenir les images monochromatiques des corps lumineux.

J'ai l'honneur de présenter, aujourd'hui, quelques détails sur cette méthode.

Imaginons qu'on fasse tomber l'image d'une flamme (pour prendre un exemple) sur la fente d'un spectroscope, le spectre formé résultera, dans le sens de sa hauteur, de la juxtaposition de tous les spectres linéaires fournis par les différents rayons lumineux qui pénétreront par les divers points de la fente.

Supposons maintenant qu'on place au point où le spectre se forme dans la lunette oculaire (tournée vers l'œil) une seconde fente parallèle à la première. Cette fente isolera dans le spectre une ligne lumineuse d'une couleur déterminée suivant le point du spectre où elle aura été placée. La hauteur de cette ligne et ses divers degrés d'intensité lumineuse seront en rapport avec celles de l'image de la flamme aux points où cette image est coupée par la fente du spectroscope. Si on imagine maintenant que le spectroscope tourne autour d'un axe passant par les deux fentes, alors les diverses parties de l'image lumineuse viendront successivement produire leur ligne monochromatique dans la lunette d'exploration, et si le mouvement rotatif est assez rapide, la succession de toutes ces lignes produira une impression totale qui sera l'image de la flamme formée avec des rayons d'une seule réfrangibilité. En déplaçant la fente, on pourra obtenir la série des images monochromatiques de cette flamme. Pour avoir plus d'égalité dans l'intensité des diverses parties d'une même image, on pourrait donner à la fente une ouverture plus grande vers les points les plus éloignés de l'axe de rotation.

Appliquée au Soleil, cette méthode pourrait fournir les images de l'ensemble des protubérances.

Pour la vision d'une protubérance isolée, la méthode de M. Huggins, appliquée par M. Zoellner, peut avoir certains avantages. Mais la méthode décrite ici permettrait d'obtenir l'ensemble du phénomène, et d'ailleurs, c'est surtout comme méthode pour obtenir la série des images monochromatiques des corps lumineux que je la considère comme intéressante.

X.

SUR LE SPECTRE DE LA VAPEUR D'EAU

Mes études sur le spectre de la vapeur d'eau ont été continuées.

Pour identifier les raies de la vapeur d'eau dans le spectre solaire, j'ai fait passer un faisceau de lumière solaire dans le tube de 37 mètres qui contenait la vapeur, et à côté du tube, un second faisceau. Ces deux faisceaux étaient reçus dans un même spectroscope, et leurs spectres étaient superposés. Toutes les raies du spectre dues à la vapeur d'eau étant beaucoup plus foncées dans le spectre correspondant à la lumière qui avait traversé le tube, on pouvait obtenir facilement la distinction.

Les raies du spectre solaire dues à la vapeur d'eau sont extrêmement nombreuses. De D à A (1), leur nombre est décuple des raies solaires proprement dites.

Dans la partie de la chaleur obscure, l'absorption de la vapeur d'eau est très énergique aussi, ce qui confirme les résultats obtenus d'une autre manière par M. Tyndall.

Il en est de même pour la partie violette et ultra-violette du spectre. A Simla, dans les Himalayas, j'étais à 7.000 pieds environ d'altitude, et pendant les mois de décembre et de janvier, j'avais une sécheresse extrême de l'atmosphère; or, j'ai pu constater, dans ces conditions, que le spectre ultra-violet, photographié par M. Mascart, était directement visible (avec un spectroscope à vision directe du modèle de ceux que j'ai proposés en 1862 (2) et que M. Hoffmann a exécutés le premier). Ceci montre combien une atmosphère sèche est transparente pour la lumière ultra-violette, et explique comment les phénomènes photographiques sont si influencés par la présence de la vapeur d'eau dans l'atmosphère. On sait, par exemple, que, dans l'après-midi, la puissance photogénique diminue rapidement. Ceci s'explique d'après les observations ci-dessus, en remarquant que l'eau dissoute dans notre atmosphère augmente à mesure que le Soleil s'élève sur l'horizon. En général, abstraction faite des modifications apportées par les vents, la quantité de vapeur doit être la plus grande vers les 2 et 3 heures de l'après-midi, et alors, le Soleil baissant rapidement, les deux causes concourent pour amener une diminution très prompte du pouvoir photographique de la lumière solaire. Le matin, avant que le soleil n'ait eu le temps de vaporiser toute l'eau répandue à la surface de la Terre, la puissance photographique doit être la plus grande, et c'est en effet ce que l'expérience confirme.

Si l'atmosphère sèche est transparente, d'après ces observations pour la lumière violette et ultra-violette, elle l'est également pour la chaleur obscure. Ainsi, à Simla, j'ai pu recon-

---

(1) Dans son beau mémoire sur le spectre normal du Soleil, M. Angström dit que j'attribue à la vapeur d'eau la raie A ; ceci n'est pas exact. (Voir *Compte rendu*, 27 août 1866, p. 411, et 29 octobre 1866, p. 728.)

(2) *Compte rendu*, 6 octobre 1862, p. 575.

naître par des expériences pyrhéliométriques que le rayonnement calorifique du Soleil augmente beaucoup avec la sécheresse de l'atmosphère, toutes choses égales d'ailleurs sous le
rapport de la pureté de l'air, de l'élévation de la station, etc..

J'ai pu constater aussi la présence de la vapeur d'eau dans
une classe d'étoiles qui sont en général les étoiles rouges, et
dans lesquelles manquent souvent les raies de l'hydrogène.

J'espère donner bientôt des cartes du spectre de la vapeur
d'eau pour les régions obscure, lumineuse et ultra-violette.

XI

SUR UNE NOUVELLE MÉTHODE POUR LA RECHER-CHE DE LA SOUDE ET DES COMPOSÉS DU SODIUM PAR L'ANALYSE SPECTRALE.

On sait que la recherche de la soude présente en analyse
spectrale des difficultés très grandes qui tiennent à ce que la
raie du sodium se retrouve dans presque toutes les flammes,
en raison de la présence presque constante du sel marin dans
l'atmosphère. Or, on peut lever facilement cette difficulté en
employant, au lieu d'une flamme très chaude et fort peu éclairante comme la flamme de Bunsen, une flamme très lumineuse, comme celle d'un bec de gaz ordinaire dans la partie la
plus brillante.

En effet, tandis qu'on aperçoit presque toujours la raie du
sodium dans la partie bleue et transparente de la flamme d'un
bec de gaz, on ne l'aperçoit plus dans la partie la plus lumineuse, à cause de l'abondance des rayons qui avoisinent la raie
du sodium dans cette région. — Voici donc la manière d'opérer :

On dirigera le spectroscope sur la partie brillante de la flamme,
de manière à obtenir un spectre brillant et continu, dans lequel
la raie du sodium n'apparaisse pas sensiblement. On prendra
un fil de platine qui aura été préalablement porté au rouge dans ,

une flamme, pour le débarrasser de toute poussière salée, et, avec ce fil, on portera une goutte de la solution à essayer dans la flamme du spectroscope. En cet instant, si la liqueur contient un composé de sodium réductible par la flamme, la raie D apparaîtra immédiatement.

On peut rendre aussi peu apparente qu'on le voudra la raie du sodium en employant les parties les plus brillantes des flammes, ou même en plaçant entre le spectroscope et la flamme d'essai une ou deux flammes auxiliaires qui rendront la raie D encore moins perceptible. Dans ce dernier cas, il faudra employer du sel en assez grande quantité dans la flamme d'essai pour voir apparaitre la raie D dans le spectroscope. Si, au contraire, la liqueur ou le corps à essayer contient fort peu du composé sodé, on pourra employer une partie plus transparente de la flamme. Dans tous les cas, il sera prudent de faire des expériences comparatives avec les fils de platine et de l'eau distillée pour s'assurer que les raies qui apparaissent sont bien dues à la substance qu'on analyse.

Je continue l'étude de ce sujet, et j'espère arriver à une analyse *quantitative* des substances à étudier.

Les notes IX, X, XI ont été publiées dans *British Association for the advancement of Science, Report of the 39th Meeting*, Exeter, August 1869, p. 23, 67, 68.

Elles ont été reproduites dans *Les Mondes*, septembre-décembre 1869, T. 21, p. 418-421 et dans le *Bulletin de la Société Philomathique de Paris*, octobre-novembre-décembre 1869, T. VI, p. 56-60.

1870

I

SUR LA PRODUCTION ARTIFICIELLE DE LA GLACE AUX INDES

La théorie de la production de la glace dans les plaines brûlantes du Bengale n'était pas suffisamment établie ; l'Académie m'avait chargé d'étudier cette question. Voici un court résumé de mes études sur ce sujet.

On obtient de la glace artificielle aux Indes, depuis Bénarès jusqu'au pied des Himalayas de Lahore : Bénarès, Delhi, Agra, Meerut, etc., sont des centres de production très actifs.

Pour cette fabrication, on choisit une plaine unie et dégagée ; on y creuse des bassins peu profonds garnis de paille, celle de canne à sucre préférablement. Sur cette paille, sont rangés en ordre serré, les vases à congélation qui sont de petites assiettes en terre à brique très poreuse, pouvant contenir un décilitre environ de liquide. La glace s'obtient en novembre, décembre, janvier, février, par les nuits calmes, sereines et pures, et lorsque la température de l'air s'abaisse au-dessous de 10° environ. La récolte se fait avant le lever du soleil ; on en porte le produit dans des glacières de construction excellente qui la conservent sans pertes très sensibles pendant les plus grandes chaleurs de l'été.

Les anciens auteurs (William, *Phil. trans.*, 1793, Barke, etc.) attribuaient la congélation à l'évaporation ; mais depuis les remarquables travaux de Wells sur le rayonnement nocturne, les physiciens y voient exclusivement un effet de rayonnement du liquide vers les espaces célestes.

Ces deux assertions sont trop exclusives. Une analyse atten-

tive du phénomène montre que le rayonnement et l'évaporation concourent tous deux à la production de la glace.

Pour séparer nettement l'influence du rayonnement et celle
de l'évaporation, j'ai produit simultanément de la glace :

1º Dans des vases où l'évaporation était empêchée (vases cirés
et lame d'huile excessivement mince à la surface du liquide).

2º Dans des vases soustraits au rayonnement nocturne, au
moyen de petits toits métalliques à double enveloppe, permettant un courant d'air qui maintenait le métal à la température
de l'air ambiant.

3º Dans des vases tels que les Indiens les emploient.

Il résulte de ces études que le rayonnement nocturne est la
cause principale du phénomène, mais que l'évaporation y joue
un rôle considérable ; elle détermine la formation de la glace
dans des circonstances où le rayonnement seul ne pourrait la
produire ; elle augmente toujours la quantité de glace formée,
et d'autant plus que l'air est relativement plus sec.

Il est arrivé souvent, par exemple, que les vases où l'évaporation et le rayonnement pouvaient librement se produire, ont
donné en plus, la moitié de la glace fournie par ceux où l'évaporation était empêchée.

En résumé, la production artificielle de la glace aux Indes
s'explique par les principes les mieux connus de la science, mais
on avait une idée incomplète de l'ensemble des causes qui concourent à la production du phénomène.

Annuaire de la Société météorologique de France, 1870, T. 18,
p. 22.

———————

II

SUR L'ÉCLIPSE TOTALE DU 22 DÉCEMBRE 1870

L'Académie a accueilli mes travaux avec une bienveillance si
marquée, elle les a récompensés d'une manière si glorieuse pour
moi, que je suis encouragé à m'adresser encore à elle pour la continuation de mon œuvre.

Cette œuvre se rapporte principalement aux deux objets suivants : en premier lieu, l'étude des propriétés optiques de la vapeur d'eau et leurs applications à la Physique céleste ; en second lieu, la connaissance de la constitution des enveloppes extérieures du Soleil.

Les propriétés optiques de la vapeur d'eau, déduites d'abord de mes études spectrales sur notre atmosphère et démontrées ensuite directement par l'expérience sur le tube de vapeur, à l'usine de la Villette, en 1866, ouvrent aujourd'hui un champ nouveau en Astronomie physique.

Appliquées à notre atmosphère, elles m'ont conduit à proposer une méthode spectro-hygrométrique pour la recherche et la mesure de la vapeur aqueuse, non seulement à la surface de notre globe, mais jusqu'aux régions les plus élevées de notre atmosphère.

Mais l'intérêt de ces nouvelles méthodes se rapporte surtout à l'Astronomie. Elles ont déjà permis d'étudier les atmosphères des planètes et de constater, chez plusieurs d'entre elles, la présence de cet élément aqueux qui joue un rôle si considérable dans le développement de la vie à la surface d'un monde.

J'ai abordé, au même point de vue, l'étude des étoiles. On sait que le spectre d'un très grand nombre d'entre elles indique la présence d'une vaste atmosphère d'hydrogène incandescent. Sirius nous offre un exemple remarquable. Ces étoiles n'ont point de vapeur d'eau dans leurs atmosphères ; il en est d'autres, au contraire, dont le spectre accuse la présence de cet élément, et pour lesquelles l'hydrogène fait généralement défaut. N'est-il pas naturel de penser que ces astres nous représentent des soleils en voie de refroidissement, et que, par suite des pertes causées par un rayonnement continué à travers d'immenses périodes de temps, leurs atmosphères ont atteint enfin la température où les gaz générateurs de l'eau peuvent s'associer. Le spectre de la vapeur d'eau deviendrait ainsi un critérium pour juger de l'âge relatif d'une étoile. Ce sont là des aperçus dont l'avenir seul peut montrer la valeur ; je ne les indique ici que pour constater tout l'avenir de ces études et faire comprendre combien je dois regretter que les instruments m'aient fait défaut pour les poursuivre.

J'arrive maintenant au Soleil. La connaissance de la constitution de cet astre est entrée, depuis ces derniers temps, dans une phase nouvelle. La théorie que nous devons à M. Faye se vérifie de plus en plus. Elle a eu le rare mérite de servir de guide à nos derniers travaux, et d'y trouver ensuite d'éclatantes confirmations. Aujourd'hui, l'étude journalière des régions circumsolaires nous est permise ; elle se poursuit activement, à l'étranger surtout, et cette étude, combinée avec celle des taches de la surface de l'astre, paraît suffisante pour nous conduire bientôt à la connaissance générale du Soleil proprement dit.

A ce point de vue, les éclipses totales ont perdu une grande partie de leur importance ; elles ne constituent plus les seules et fugitives occasions d'étudier les phénomènes qui ont leur siège en dehors du globe visible du Soleil. Il ne faudrait pas en conclure cependant qu'elles ne présentent plus d'intérêt : la nature des phénomènes lumineux, si beaux et si variables, qui constituent ce qu'on a nommé l'*auréole*, nous est encore inconnue. L'auréole prend-elle naissance dans notre atmosphère ; résulte-t-elle d'un jeu de lumière qui se produirait sur les bords de la Lune ; faut-il enfin y voir la manifestation de matières cosmiques répandues dans le voisinage du Soleil ? Nos méthodes actuelles d'observation ne paraissent pas suffisantes pour trancher cette question difficile et complexe. C'est peut-être une raison de ne perdre aucune occasion d'aborder le problème.

Une occasion de ce genre doit bientôt se présenter. Le 22 décembre prochain, une éclipse totale aura lieu dans le Sud de l'Europe (Sicile, Algérie. Espagne). Je sais que le Bureau des Longitudes s'en était préoccupé, et qu'il avait bien voulu me comprendre parmi les observateurs de la mission qu'il comptait envoyer. Malgré les circonstances si critiques et si douloureuses que traverse notre pays en ce moment, il ne paraît pas que la France doive abdiquer, et renoncer à prendre sa part dans l'observation de cet important phénomène. En dépit du siège et sans avoir à demander à nos ennemis le passage à travers leurs lignes, un observateur pourrait, au moment opportun, se diriger vers l'Algérie par la voie aérienne ; il emporterait seulement avec lui les parties les plus indispensables de ses instruments, sauf à les compléter à Marseille avant l'embarquement.

. Si l'Académie veut bien m'accorder son appui pour la continuation des travaux dont je viens de l'entretenir, une partie des ressources pourrait être employée à la réalisation de ce projet, et je m'offrirais pour tenter ce voyage, heureux de donner ainsi à la science ce témoignage de mon entier dévouement.

C. R. Acad. Sc., Séance du 24 octobre 1870, T. 71, p. 539.

III

SUR L'ANALYSE SPECTRALE QUANTITATIVE

J'ai l'honneur de faire une première Communication à l'Académie sur une branche nouvelle de la spectrologie ; je veux parler de l'analyse spectrale *quantitative*.

Jusqu'ici, les méthodes optiques, dans leurs applications à la chimie, n'ont permis d'aborder que le côté qualitatif de l'analyse.

Pour une classe nombreuse de corps, le spectroscope a fourni de précieuses indications sur leur présence ou leur absence dans un composé donné, mais il était impossible d'obtenir, par son aide, des données certaines sur les proportions suivant lesquelles ces corps se trouvaient associés. En un mot, l'analyse spectrale est restée jusqu'ici essentiellement qualitative ; le moment semble venu de lui faire faire un pas de plus, en lui permettant d'aborder les déterminations *quantitatives*.

Ce progrès semble d'autant plus désirable, que les méthodes chimiques de dosage sont insuffisantes dans bien des cas, notamment quand le corps à doser entre pour une proportion extrêmement faible dans le composé ; ou bien encore, et c'est le cas pour le sodium, quand la substance ne donne que des dérivés d'une grande solubilité non susceptibles d'une séparation nette et rigoureuse.

Cette Communication contient les résultats de mes premières études, et j'y expose le principe qui me paraît devoir servir de base à cette nouvelle branche de l'analyse. J'eusse désiré
attendre encore et avoir un travail plus achevé à offrir à l'Académie ; mais tout récemment, M. Champion, chimiste distingué du laboratoire de M. Payen, me demanda à employer les
nouveaux procédés à la recherche de la soude dans les végétaux.
Il y avait là une application spéciale qui ne pouvait que faire
progresser la question et montrer l'avenir dont elle était susceptible. Je communiquai donc mes résultats à M. Champion,
persuadé qu'il aurait l'occasion de les perfectionner, et c'est ce
qui est arrivé.

Je fais dès maintenant cette publication, afin de permettre à
M. Champion d'exposer ses recherches dont les résultats sont
déjà intéressants.

Avant d'aborder le principe de la méthode, je rappellerai une
Note publiée au Congrès scientifique d'Exeter, en août 1869. Ce
n'est pas encore l'analyse spectrale quantitative, mais c'est la
solution d'une question qui m'y a conduit, et qui n'était pas
résolue jusqu'ici, à savoir la recherche de la soude par le spectroscope (1).

L'esprit de ce procédé consiste à désensibiliser la flamme, de
manière que le sodium accidentel ne puisse se manifester, et que
la raie D apparaisse seulement si le corps contient normalement,
et en quantité appréciable, la substance sodique.

Appliqué à l'étude de quelques végétaux, le procédé a révélé
la présence de la soude dans plusieurs de ceux pour lesquels la
question paraissait douteuse. Ces résultats seront donnés plus
tard.

J'arrive maintenant à l'analyse quantitative.

L'emploi des flammes auxiliaires, dont il vient d'être parlé,
donne déjà une première solution de la question.

Ces flammes doivent être très lumineuses, et ne pas donner
la raie D dans leur spectre ; tel est le cas du gaz d'éclairage brûlant dans les becs ordinaires. On place les flammes auxiliaires

____

(1) Voir ci-dessus, 1869, XI, p. 201.

entre la flamme d'essai et le spectroscope, afin de noyer la lumière jaune du sodium dans une quantité plus ou moins grande
de lumière ordinaire, ce qui permet d'atténuer, autant qu'on le
veut, l'intensité relative de la raie D dans le spectre obtenu ou
de ramener cette intensité à la même valeur relative, quelle que
soit la richesse en soude de la liqueur essayée. Dès lors, si on fait
des expériences avec des liqueurs sodiques titrées, et qu'on détermine pour chaque solution le nombre des flammes nécessaires pour ramener la raie D au même degré de visibilité (on peut
choisir le moment où la raie D commence à se détacher sur le
fond brillant du spectre), on obtiendra une relation qui permettra de prononcer sur la richesse d'une solution sodique proposée.

Tel est le premier procédé qui s'est offert à mon esprit, mais
on peut en trouver un second dans la considération du temps
que la substance sodique emploie à se volatiliser. Si, en effet,
on place successivement dans une flamme des fils de platine
trempés dans des solutions sodiques diversement riches, on constate que non seulement l'abondance de la lumière jaune augmente avec la richesse de la solution, mais en outre que le temps
pendant lequel cette lumière jaune persiste dans la flamme,
croît aussi dans les mêmes circonstances. On cherche ensuite
expérimentalement la relation qui existe entre le temps qu'une
solution donnée exige pour être entièrement volatilisée et sa
richesse en substance sodique.

Ces deux procédés sont purement expérimentaux. Je compte
les étudier d'une manière plus approfondie, afin de les rendre
susceptibles d'une appréciation précise. Mais déjà, il est possible de dégager de ce qui précède les bases générales de la nouvelle analyse. Ces bases me paraissent ressortir des considérations suivantes :

Reprenons l'exemple choisi d'un sel de soude porté dans une
flamme à base d'hydrogène.

Le spectroscope indique d'une manière incontestable que
c'est le sodium incandescent qui, dans cette circonstance, produit la lumière jaune communiquée à la flamme, lumière qui,
par l'action du prisme, fournit presque exclusivement les deux
composantes de la raie Fraunhoférienne D. Le sel de soude a donc

été décomposé, et ses éléments dissociés. Le métal mis en liberté et porté à l'incandescence rayonne sa lumière caractéristique, et, trouvant ensuite de l'oxygène dans le milieu ambiant, il doit s'y combiner et se répandre dans l'atmosphère à l'état de composé sodique. L'existence du sodium libre a été temporaire, mais incontestable ; toutes les molécules métalliques ont été successivement et pendant un certain temps mises en liberté.

Or, pendant la période de cette mise en liberté, si l'on admet (ce qui peut être très sensiblement réalisé dans une expérience bien conduite) que ces molécules passent par les mêmes phases d'incandescence et fournissent la même quantité de lumière, il en résultera que la quantité totale de lumière sodique émise par la flamme depuis le moment où le sel commence à se décomposer jusqu'à celui de son extinction, sera proportionnelle au nombre des molécules de sodium contenues dans le sel, et toute méthode qui fera connaître cette quantité totale, cette intégrale de force lumineuse, conduira à la détermination du poids de métal qui l'aura produite. C'est ainsi que la connaissance d'une quantité déterminée de matière peut être ramenée à des mesures photométriques.

Je n'ai pas besoin d'ajouter que ces considérations s'appliquent sans modification à tous les corps donnant dans les flammes une émission lumineuse spécifique, tels que le lithium, le thallium, etc.. Si le corps était libre et porté directement dans le foyer, comme ce serait le cas pour un métal placé dans l'arc électrique, le principe serait encore applicable, pourvu que la substance se volatilisât régulièrement, en sorte que toutes ses particules prissent successivement une part égale à l'émission lumineuse.

Je me réserve de développer ce sujet et d'exposer plus tard les méthodes expérimentales qui me paraissent donner les meilleures applications des principes exposés.

C. R. Acad. Sc., Séance du 7 novembre 1870, T. 71, p. 626.

1871

I

LETTRE A M. LE SECRÉTAIRE PERPÉTUEL, SUR
LES RÉSULTATS DU VOYAGE ENTREPRIS POUR
OBSERVER EN ALGÉRIE L'ÉCLIPSE DE SOLEIL
DU 22 DÉCEMBRE 1870.

Je profite du rétablissement des communications pour rendre compte à l'Académie de la mission qu'elle m'a fait l'honneur de me confier.

Parti de Paris le 2 décembre 1870, à 6 heures du matin, de la gare d'Orléans, mon ballon a été poussé dans la direction de l'Ouest-Sud-Ouest. J'ai passé au-dessus de Versailles, Chartres, Le Mans, Château-Gontier. Il était à peine 11^h15^m quand j'ai vu la mer. Je suis descendu près de Savenay, à l'embouchure de la Loire, sans accident, malgré le grand vent que j'ai trouvé à terre. Mes quatre caisses d'instruments étaient intactes.

Le ballon, qui au départ a été élevé vers 1.100 mètres par abandon de lest, a continué régulièrement son mouvement ascensionnel par l'action solaire, et, fonctionnant alors comme une véritable montgolfière, il a accompli en cinq heures un quart un voyage de 400 kilomètres, à plus de 2.000 mètres de hauteur, sans dépense de lest. C'est une vitesse moyenne de 76 kilomètres, ou près de 20 lieues à l'heure.

Suivi du ballon, je me suis dirigé sur Nantes par un train spécial, puis à Tours, où j'arrivai vers 11 heures du soir.

A Tours, le directeur général des télégraphes prépara immédiatement une dépêche officielle pour le Gouvernement et l'Aca-

démie sur l'heureuse arrivée du *Volta*. Le lendemain, j'eus l'honneur de vous envoyer moi-même une dépêche privée, de même
teneur.

Alors je me dirigeai sur Bordeaux et de là à Marseille, où je
m'embarquai pour Oran, que j'avais choisi comme station. J'arrivai à Oran le 10 décembre et pris immédiatement toutes mes
dispositions pour l'éclipse. Je ne puis que me louer de l'assistance qui m'a été donnée par M. le Préfet, M. le général de Mezan-
ges, commandant la province, et par MM. les ingénieurs du service des Mines et des Ponts et Chaussées.

Toutes les informations prises, auprès des personnes ayant
la plus grande expérience du climat algérien, confirmaient le
choix de la station d'Oran comme offrant, dans toute l'Algérie, les chances les moins défavorables à cette époque de l'année. M. Bulard, directeur de l'Observatoire d'Alger, s'était également déterminé pour Oran.

Nous discutâmes avec M. Rocard, directeur du service des
Mines à Oran, le choix de l'emplacement de l'observatoire. On
sait que la ligne centrale passait un peu au-dessus d'Oran. Dans
cette région, se trouvent une suite de collines, dont les pentes
descendent d'un côté à la mer et de l'autre vers un grand lac
salé, le lac Sebkha, presque toujours desséché. C'est sur la crête
de ces collines que j'établis l'observatoire. J'étais ainsi sur la
ligne centrale, assez loin de la mer pour n'en pas redouter les
brumes, et dans une région où l'on observe ordinairement le ciel
le plus pur.

On construisit deux cabanes : une pour l'astronomie physique, une autre pour des observations qui devaient nous donner la longitude d'Oran. MM. Rocard et Pouyane, ingénieurs
des Mines, qui se sont beaucoup occupés de la géologie et de la
topographie de la province, désiraient profiter de l'éclipse pour
perfectionner la longitude d'Oran, qui est défectueuse. Ces messieurs voulurent bien me demander de diriger ces observations.
Nous disposions de deux chronomètres anglais, pris récemment
à la marine prussienne, de lunettes de 2 à 3 pouces d'ouverture
pour l'observation des contacts, d'un excellent sextant de Brunner, et d'un théodolite pour le règlement des chronomètres. Cinq

ou six personnes du service des Mines et des Ponts et Chaussées avaient été détachées, pour compléter le personnel.

J'arrive aux observations physiques. Je disposais de trois instruments construits spécialement en vue de l'étude de l'auréole :

Un télescope de 37 centimètres d'ouverture, dont les organes essentiels venaient de Paris, et qui avait été complété à Oran ;

Un télescope de 16 centimètres d'ouverture, même modèle, que j'avais emporté pour le cas où un accident de route serait arrivé au télescope de 37 centimètres ;

Une lunette de 108 millimètres d'ouverture, disposée pour les observations.

Chacun de ces instruments, muni de spectroscopes construits également en vue des exigences spéciales de la question à étudier.

Le télescope de 37 centimètres portait en outre une lunette polariscopique sortant des ateliers de M. Hartnack et Prazmowski.

Je rapporterai ici une disposition qui devait me permettre à la fois de voir le phénomène général de l'auréole, et d'en obtenir l'analyse spectroscopique. Elle pourra être utilisée aux prochaines éclipses.

Cette disposition consiste à placer le chercheur du télescope de manière que son oculaire soit placé à une distance du spectroscope précisément égale à celle qui sépare les axes optiques des yeux. L'observateur peut suivre ainsi, d'une part, le phénomène général dans le chercheur (dont les fils sont d'ailleurs parfaitement réglés sur la fente du spectroscope), et, d'autre part, le spectre des régions qu'il veut étudier. On se dispense ainsi d'un observateur spécial placé au chercheur, et il en résulte une unité et une rapidité d'observation qui sont sans prix, en présence des phénomènes si fugitifs d'une éclipse.

Cependant, à mesure que la journée décisive approchait, le temps devenait plus mauvais. Afin d'augmenter nos chances, autant qu'il était en moi, je détachai de mes instruments le télescope de 16 centimètres, que je confiai à M. Marcou, ancien élève de l'Ecole Polytechnique et professeur de Physique à Oran.

Après avoir été initié au point précis qu'il s'agissait d'élucider, en cette circonstance, M. Marcou partit pour Tiaret. Tiaret est une petite ville distante de 200 kilomètres d'Oran, vers l'Est ; elle est élevée et sur le bord de hauts plateaux. Le temps y est assez fréquemment opposé à celui de la plaine.

Il était un autre point sur lequel je tenais à obtenir des informations. Il s'agit de l'aspect précis des formes de l'auréole aux divers points de la ligne centrale. Je ne fais pas de doute qu'on pourra tirer de cette donnée de très utiles lumières, touchant le siège de l'auréole et son origine tellurique ou solaire. Dans cette intention, j'avais fait faire à Paris cinq objectifs, de 3 mètres environ de foyer, montés de manière à pouvoir être fixés à une fenêtre, et munis des mouvements nécessaires à l'orientation par rapport au Soleil. Des dessinateurs du service des Mines et des Ponts et Chaussées, fort habitués à prendre rapidement des croquis, se mirent avec beaucoup de zèle à ma disposition. Nous nous exerçâmes plusieurs jours à suivre le Soleil et à dessiner rapidement son disque et ses taches projetés sur un écran blanc. Quand ces messieurs furent parfaitement au courant de ce que je désirais d'eux, ils se dirigèrent vers leurs stations respectives.

M. Bouty se rendit à Batna, dans la province de Constantine ; M. Tiné à Aïn-Oussera, au Sud d'Alger, dans la région des hauts plateaux coupée par la ligne centrale. M. Haudas partit pour Gibraltar, où il devait s'élever vers le Nord, pour aller chercher à Estepona la région de centralité. Je gardai auprès de moi les deux autres observateurs. Je devais obtenir ainsi cinq dessins de l'auréole, obtenus par une méthode uniforme, et en des stations distribuées sur la plus grande partie de la ligne centrale. Ces dessins nous auraient montré comme constant tout ce qui appartenait aux régions circumsolaires, et comme variables les phénomènes nés localement dans l'atmosphère terrestre. Je recommande cette méthode aux prochaines éclipses.

Mais tous ces préparatifs n'eurent malheureusement pas une issue en rapport avec la peine que nous nous étions donnée. Le temps exceptionnellement mauvais, même pour la saison, ne permit pas d'observation à Oran, non plus qu'à Batna et à Aïn-

Oussera. A Relisane, où M. Marcou s'était arrêté par la nécessité
des circonstances, l'auréole ne se montra que quelques secondes, et il fut impossible de faire aucune observation. M. Haudas
m'a écrit qu'il avait été aussi dans l'impossibilité d'observer.

Toute l'Algérie et le bassin de la Méditerranée eurent à subir
des pluies et de violentes perturbations atmosphériques, qui
commencèrent vers le milieu de décembre. Quand je suis re-
venu de la province de Constantine, le i8 janvier, des sinistres
avaient encore lieu en mer, et notre paquebot dut rallier les
côtes d'Espagne pour gagner Marseille.

Quelques jours avant l'éclipse, j'avais eu le plaisir d'apprendre l'arrivée de la principale Commission anglaise, qui avait
aussi choisi Oran comme la station offrant le plus de chances
favorables. Cette Commission se composait de MM. Huggins,
Tyndall, amiral Ommanez, Crookes, R. Hortslett, Carpenter,
Hemter, capitaine Noble, lieutenant Ommanez, lieutenant Col-
lins. Ces messieurs m'apprirent qu'ils avaient formé auprès des
autorités prussiennes la demande de ma sortie libre de Paris.
Je les remerciai de cette démarche si honorable pour moi, et
qui me touchait profondément, et je leur appris le mode tout
nouveau de voyage qui m'avait permis de venir au rendez-vous
scientifique sans y avoir recours.

Je compte envoyer incessamment à l'Académie une relation
détaillée de mon voyage en ballon. J'en détache, dès maintenant, la description sommaire d'un instrument qui permet de
déterminer la direction et la vitesse de l'aérostat.

C. R. Acad. Sc., Séance du 27 février i87i, T. 72, p. 2i8.

II

COMPAS AÉRONAUTIQUE

Le compas aéronautique consiste en une boîte cylindrique
de métal, de io à i2 centimètres de diamètre et de hauteur. Le
fond inférieur du cylindre est en verre ; deux bras s'élèvent de
la partie supérieure de la boîte, et supportent, à 28 ou 3o cen-

timètres du fond et dans l'axe du cylindre, une petite plaque
percée d'un trou. Ce trou, de quelques millimètres de diamètre, est un point de visée ou œilleton : l'œil s'y applique pendant les observations. Sur le fond de verre est tracée une série
de circonférences, dont les rayons sont calculés pour être vus,
du trou de visée, sous des angles croissant de 1, 2, 3, ..., 10 degrés. La plus grande de ces circonférences est divisée de 10 en
10 degrés, et porte les diamètres 0°-180°, 90°-270°, 45°-225°,
135°-315°. Nous la nommerons la
grande circonférence.

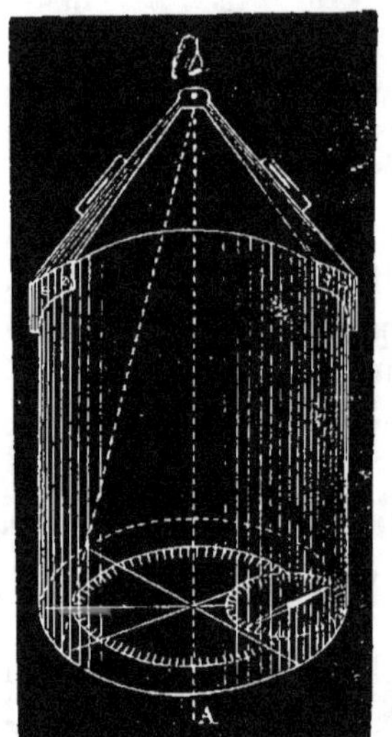

1871. Fig. 1.

L'instrument est muni d'une suspension à la Cardan, afin d'assurer,
pendant les observations, la vertica-
lité de l'axe. Une aiguille aimantée
est fixée sur le fond, un peu excen-
triquement, pour dégager la vue du
centre ; elle se meut au-dessus d'une
circonférence également gravée sur
le verre, et dont le diamètre 0°-180°
est parallèle au diamètre semblable
dans la grande circonférence.

Cet instrument peut donner en
même temps la direction et la vitesse
de l'aérostat.

Le compas étant tenu en dehors
de la nacelle, au moyen de poignées
fixées au cercle extérieur de la suspension, on l'oriente d'abord
en amenant les pointes de l'aiguille aimantée sur la ligne de
foi, 0°-180° de son cercle divisé.

Regardant alors le sol par l'œilleton, on attend qu'un objet
ou une portion d'objet quelconque passe par le centre des cercles. En cet instant, on compte le temps, jusqu'au moment où
l'objet remarqué traverse la grande circonférence, et l'on note
en outre par quelle division de cette circonférence s'est effectué le passage. L'aiguille de la boussole étant parallèle au diamètre 0°-180° de la grande circonférence, la connaissance du
point de cette circonférence où l'objet a passé donne immédia-

tement l'angle de la route avec le méridien magnétique ; il reste à corriger cet angle de la déclinaison.

Si l'aérostat est animé d'un mouvement de rotation assez rapide, il devient nécessaire d'en tenir compte. L'axe du compas, au lieu de suivre une parallèle à la ligne décrite par le centre du ballon, engendre alors une courbe cycloïdale, et la direction qu'on obtient est celle de la tangente à la courbe, à l'instant où l'objet qui sert de point de repère passe par la grande circonférence du compas. Mais si l'on remarque que cette tangente fait des angles égaux et de signes contraires avec la véritable route, dans tous les couples de points séparés par une demi-rotation du ballon, on sera conduit à prendre la moyenne des directions obtenues en des points ainsi espacés.

Voyons maintenant la vitesse.

Le temps qui a été mesuré est celui qu'un point du sol a mis à parcourir, d'une manière apparente, un rayon de la grande circonférence du compas, ou en réalité le temps que l'aérostat a employé à parcourir la projection conique de ce rayon sur le sol. Cette projection est à la hauteur de l'aérostat au-dessus du sol dans le même rapport que le rayon de la grande circonférence est à la hauteur du compas. Or ce rayon étant de grandeur calculée pour être vu du trou de visée sous un angle de 10 degrés, le rapport en question est celui de la tangente d'un angle de 10 degrés au rayon, c'est-à-dire le rapport de 0,176 à 1. Par exemple, si le temps compté est de $18^s,4$ et que la hauteur de l'aérostat soit de 2.200 mètres, la vitesse cherchée sera égale au produit de 2.200 mètres par 0,176 divisé par 18,4, ce qui donne 21 mètres par seconde, ou 76 kilomètres à l'heure. C'est sensiblement la vitesse moyenne du *Volta*.

Ces calculs sont bien simples, mais l'aéronaute n'est même pas tenu de les exécuter. On pourra construire une petite table qui donnera immédiatement la vitesse à l'heure, au moyen du temps et de la hauteur.

Ainsi la direction et la vitesse de l'aérostat sont obtenues par la même observation, et dans un temps extrêmement court. Il est seulement nécessaire qu'on connaisse la hauteur du ballon au-dessus de terre ; mais cette hauteur est donnée par le baromètre, et l'on peut encore employer ici une table préparée d'avance, au moment du voyage, avec les éléments météorologiques du jour. Au moment de mon départ pour le *Volta*, j'avais calculé une table de ce genre et j'en avais inscrit les résultats sous la division de l'instrument, de sorte que l'aiguille indiquait en même temps la pression et la hauteur.

Du reste cette hauteur pourrait être obtenue très simplement au moyen d'un pétard qu'on laisserait tomber sur le sol et qui s'enflammerait par le choc. On compterait alors le temps depuis l'apparition du feu jusqu'à l'audition de l'explosion.

Je compte revenir sur l'emploi des appareils pouvant produire du bruit ou des feux intenses, soit pour mesurer la vitesse et la direction quand l'obscurité ou des brumes cachent la vue du sol et peuvent être cependant percées par une forte lumière, soit encore pour s'assurer si l'on est au-dessus de la mer ou si l'on en approche.

Le compas aéronautique peut encore donner la direction de l'aérostat d'une autre manière.

Les branches qui supportent le trou de visée sont munies de pinnules qui permettent de déterminer l'azimut d'un objet éloigné, visé à travers ces pinnules, avec le méridien magnétique. On choisira donc un objet éloigné *au-dessus duquel le ballon aura passé*, et, en le visant à travers les pinnules en question, on obtiendra l'angle de route avec la direction de l'aiguille aimantée, et par suite avec le méridien du lieu.

Toutes ces déterminations n'exigent pas que la nacelle soit dans un repos apparent absolu ; elles deviendraient néanmoins difficiles avec des mouvements un peu forts, mais ceux-ci sont toujours faciles à éviter ou à éteindre. Il faut que la charge de la nacelle soit également répartie autour de l'axe vertical du ballon, il faut que les aéronautes s'abstiennent de mouvements brusques et restent autant que possible à leur place. A bord du *Volta*, j'ai pu presque toujours me servir d'une boussole carrée, dont j'orientais un des côtés sur la ligne tracée sur le sol par une des pointes de notre ancre, ce qui me donnait l'angle de route avec le méridien magnétique. J'ai pu même employer, avec la plus grande facilité, une lunette assez forte, pour l'exploration de la contrée. Il est donc hors de doute que le compas aéronautique pourra être utilisé dans l'immense majorité des cas.

C. R. Acad. Sc., Séance du 27 février 1871, T. 72, p. 222.

III

SUR LE COMPAS AÉRONAUTIQUE

Je lis dans le *Compte rendu* de la séance du 6 mars la description d'un instrument destiné à faire connaître la vitesse des ballons. L'auteur, M. Bourdin, nous apprend que c'est avec un profond désappointement qu'il a vu ma publication précédant la sienne. Tout d'abord, que M. Bourdin me permette de le rassurer. Malgré ma priorité, il aura toute liberté de construire, de perfectionner et d'appliquer son appareil concurremment avec le mien. Il s'agit ici non d'une découverte scientifique, difficile et dès lors glorieuse, mais d'un service de pure pratique à rendre à l'aérostation. Plus il y aura de personnes s'occupant de la question, plus tôt elle sera résolue d'une manière commode et efficace.

Du reste, M. Bourdin n'a pas été seul à s'occuper de ce sujet. Quand j'ai présenté mon appareil à la Commission scientifique de Bordeaux, le 17 février, on m'a appris que M. Boucarut, capitaine de frégate, avait communiqué verbalement à quelques personnes, dès le mois d'octobre, l'idée d'un instrument reposant sur un principe semblable ; mais M. Boucarut n'avait rien publié (1). M. W. de Fonvielle a donné, en décembre dernier, dans le journal l'*Aéronaute*, la description d'un appareil qu'il nomme *planchette aérienne*, et qui conduit aussi à une première et intéressante solution de la question.

Il est donc évident que le problème de la détermination de la route suivie par le ballon, capitale pour l'aéronaute, avait

---

(1) Dans ma Lettre écrite à l'Académie le 22 février pour donner la description du compas, j'avais fait mention de ce fait.

préoccupé beaucoup de personnes, et je trouve regrettable que ces personnes n'aient pas cherché plus activement, et fait connaître au plus tôt un instrument, même imparfait, dont on aurait muni tous les ballons sortant de Paris ; on eût évité ainsi de bien regrettables malheurs. Quant à moi, entièrement occupé de l'observation de l'éclipse, je n'ai pu revenir à cette question que plus tard, et je m'étais entendu avec M. Silvy, délégué du Ministère de l'Instruction publique à Bordeaux, pour envoyer, par pigeons, la description de mon compas, lorsque l'armistice est intervenu.

Je désire maintenant présenter quelques remarques sur l'instrument de M. Bourdin.

J'avais eu aussi l'idée d'employer une lunette à la détermination de la vitesse et je me servais, non d'une lunette brisée, ce qui n'est pas nécessaire, mais simplement d'une lunette suspendue à la Cardan, près de son oculaire. En y réfléchissant, j'ai été conduit à abandonner cette disposition. Une lunette a trop peu de champ, et, en outre, elle exagère tous les mouvements de la nacelle. Or, comme la vitesse se mesure par le temps qu'un point du sol met à passer dans le champ de la lunette, cette vitesse, déduite d'une observation de quelques secondes, est très gravement affectée par ces causes perturbatrices. Dans mon instrument, le champ embrassé est dix à quinze fois plus considérable, le temps de l'observation grandit dans le même rapport, et l'exactitude aussi. En outre, on remarquera que le compas aéronautique donne en même temps la vitesse et la direction.

Cette petitesse de champ est un obstacle très grave aux observations et fera sans doute abandonner la lunette par les aéronautes, comme je l'ai abandonnée moi-même ; le moindre mouvement de la nacelle rendra son emploi tout à fait impraticable. Il sera encore bien difficile de se servir d'une lunette, avec les bombes dont M. Bourdin propose l'emploi, à mon exemple ; car il est évident, qu'en raison de la différence de vitesse qui existe toujours entre les diverses couches aériennes depuis le sol jusqu'à l'aérostat, la bombe ne restera pas dans la verticale du ballon pendant sa chute, et qu'au moment où elle arrivera sur le sol, elle sera toujours en dehors du centre de la lunette, et souvent même au delà de son champ.

C. R. Acad. Sc., Séance du 13 mars 1871, T. 72, p. 291.

IV

SUR L'ÉCLIPSE DU 11 DÉCEMBRE 1871

Lettre de M. Janssen a M. le Secrétaire perpétuel

Une nouvelle et très importante éclipse doit avoir lieu le 11 décembre prochain sur le continent asiatique : à la Nouvelle-Hollande, à Java, à Ceylan, et dans l'Hindoustan.

La durée du phénomène sera considérable ; elle sera sensiblement double de celle de l'éclipse du 22 décembre 1870, dont l'observation a échoué presque partout, comme on sait, en raison du mauvais temps. Si nous considérons en outre que cette éclipse sera, pour plusieurs années, la dernière qu'il nous sera donné d'observer, on comprendra toute l'importance d'un phénomène qui nous permettra de compléter les découvertes inaugurées il y a trois ans, précisément dans les mêmes contrées. En Angleterre, en Amérique, on en a jugé ainsi, et l'on prépare d'importantes expéditions.

Je connais la sollicitude constante de l'Académie pour le progrès de la science ; je sais qu'elle fera, dans cette circonstance, tout ce qui dépendra d'elle pour soutenir l'honneur de la France ; je considère donc comme un devoir de venir me mettre entièrement à sa disposition.

(*Renvoi à la Commission d'Astronomie.*)

C. R. Acad. Sc., Séance du 31 juillet 1871, T. 73, p. 331.

V

SUR LA CONSTITUTION DU SOLEIL

M. Cornu vient de faire à l'Académie une Communication extrêmement intéressante, et dont l'auteur tire des conclusions relativement à la constitution de la photosphère solaire.

J'apprécie comme elles le méritent les expériences du jeune et savant professeur de l'Ecole Polytechnique, mais je ne suis pas d'accord avec lui sur la manière dont il les envisage dans leurs rapports avec la constitution du Soleil. Je demande donc à présenter quelques réflexions à cet égard, et en même temps à faire connaître des travaux en cours d'exécution qui ne sont pas les mêmes que ceux qui viennent d'être présentés, mais qui se rapportent au même sujet, et que dès lors je dois signaler immédiatement.

Ainsi que le rappelle M. Cornu, le grand physicien d'Heidelberg expliquait les raies obscures du spectre solaire par des actions d'absorption élective produites dans une vaste atmosphère enveloppant le globe visible du Soleil.

En commençant mes études sur ce sujet, j'ai été conduit à montrer, par une suite d'observations et d'expériences, que notre atmosphère produit une bonne moitié de ces raies obscures, et que, parmi ces raies *telluriques*, la vapeur d'eau atmosphérique en explique la majeure partie.

Mais à l'égard des métaux dont la présence était démontrée dans le Soleil, l'explication de M. Kirchhoff subsistait tout entière, et il restait à la concilier avec une série de faits astronomiques qui en contredisaient la possibilité, ainsi que M. Faye le faisait alors remarquer.

Tel était l'état de la question quand l'éclipse annulaire du 6 mars 1867 vint nous offrir l'occasion d'aborder ce problème par un côté nouveau.

L'existence d'une atmosphère absorbante autour du Soleil impliquerait une augmentation d'obscurité pour les raies d'absorption provenant de la lumière des bords du disque ; or, une

éclipse annulaire permettant d'obtenir cette lumière marginale
pure de toute autre, se prête admirablement à une étude de ce
genre. Il faut seulement remarquer que l'épreuve ne peut être
concluante que si l'observateur s'adresse à des raies pâles, sur
lesquelles une augmentation d'intensité est facilement et sûrement perceptible. Cette précaution indispensable, qui d'ailleurs
exige l'emploi de grands spectroscopes, n'avait pu être prise par
M. Forbes pendant l'éclipse de 1839 ; l'observation du 6 mars, à
Trani, avait donc, sous ce rapport, un avantage décisif. On sait
qu'elle donna un résultat négatif. Plusieurs raies pâles appartenant au fer furent suivies dans un spectroscope à cinq prismes
pendant toute la durée de l'éclipse, et ne m'accusèrent aucune
augmentation sensible d'intensité au moment de la centralité.

On n'accorda peut-être pas alors assez d'attention à cette
observation, qui contredisait nettement l'hypothèse de M. Kirchhoff et nous faisait entrer dans la véritable voie.

L'année suivante, la grande éclipse totale, visible en Asie,
nous offrit l'occasion de tenter des épreuves encore plus décisives. M. Faye et moi, nous nous étions préoccupés spécialement
de ce point capital de la constitution du Soleil, et il avait été
convenu que, négligeant d'abord les protubérances, j'interro-
gerais les basses régions en contact avec la photosphère. En conséquence, les fentes de mes spectroscopes avaient été disposées
tangentiellement au limbe lunaire, au point où celui-ci devait
éteindre les derniers rayons solaires, de manière à plonger par
leur plus grande largeur dans ces régions où l'on plaçait l'atmosphère hypothétique qui devait se révéler par un spectre
brillant complémentaire du spectre solaire. Rien de semblable
ne se produisit. J'en conclus que l'atmosphère de M. Kirchhoff
n'existait pas, et que l'origine des raies non telluriques (1) du
spectre solaire devait être reportée dans la photosphère même,
faisant remarquer en même temps que cette explication décou-
lait de la théorie de M. Faye, laquelle trouvait ainsi dans nos

------

(1) Et non chromosphériques. Il y a aujourd'hui à distinguer, dans le
spectre solaire, trois ordres de raies : les raies photosphériques, chromosphériques et telluriques.

observations une éclatante confirmation. (Rapport à l'Académie des Sciences, 2 novembre 1868, *Comptes rendus*, t. LXVIII, p. 367).

Cette explication fut encore corroborée, lorsque, quelques mois après, M. Lockyer et moi, nous découvrions l'atmosphère hydrogénée du Soleil. Il fut bien évident qu'on ne pouvait plus songer à une importante atmosphère de vapeurs de fer, de cuivre, etc., se superposant à la photosphère, lorsqu'on vit celle-ci brusquement terminée par une mince couche d'hydrogène, dont la rareté rappelle le vide de nos machines pneumatiques.

Voilà comment, par enchaînement de résultats, nous avons été conduits à abandonner définitivement l'idée d'une atmosphère solaire et à chercher à la surface même de l'astre l'origine des raies du spectre.

C'est une seconde phase dans nos études solaires, et voici ce que j'ai tenté de faire dans cette direction nouvelle.

Lorsque mes pensées se portèrent sur les expériences qui seraient les plus propres à démontrer cette double action d'émission et d'absorption de la photosphère, je pensai qu'il fallait s'attacher d'abord à établir deux ordres de faits distincts :

En premier lieu, démontrer que les raies obscures du spectre solaire sont produites par des absorptions sous de très petites épaisseurs ; en second lieu, prouver que la photosphère et les régions qui l'entourent sont le siège de mouvements propres à mêler toutes les couches et à s'opposer à l'existence d'une atmosphère très basse où se superposeraient, par ordre de densité, les vapeurs métalliques. Les mouvements de la matière photosphérique et chromosphérique ressortent des observations de chaque jour. Quant aux absorptions sous de très petites épaisseurs, pour l'établir j'ai eu la pensée de faire passer un faisceau de rayons solaires à travers la vapeur d'un métal appartenant au Soleil et d'examiner les modifications qui doivent en résulter dans la constitution du spectre relativement aux raies de ce métal. Si, par exemple, on s'adresse au fer, on fait traverser la vapeur ferrique par la lumière solaire, la vapeur étant prise dans les conditions où son absorption sur le faisceau l'emporte sur son émission propre. Dans ces circonstances, on examine si

les raies faibles ou pâles du métal reçoivent une augmentation
sensible d'obscurité par l'interposition de la vapeur. Les modifications observées conduisent alors à assigner approximativement l'épaisseur et la température de la vapeur de fer qui, dans
le Soleil, donne naissance à la raie observée. On conçoit, en outre, que, si l'on fait varier la température à laquelle on produit
la vapeur, le point où le faisceau solaire la traverse, le lieu même
où cette lumière solaire est prise sur le disque, on obtiendra une
série d'informations les plus précieuses relativement à la constitution de la photosphère.

Ces expériences ont reçu un commencement d'exécution
relativement aux métaux dont la vapeur s'obtient facilement ;
elles démontrent, en effet, que les raies solaires correspondantes
sont dues à de très petites épaisseurs de vapeurs métalliques.
Quelques dixièmes de millimètre de vapeur de sodium suffisent
à produire des raies obscures comparables aux raies D du spectre solaire, et quand la lumière de l'astre a traversé une épaisseur de vapeur analogue, les raies D sont très nettement ren-
forcées. Il y aura lieu d'étendre ces études aux métaux plus difficilement volatilisables, et notamment au fer. Pour le moment,
je n'ai pas à ma disposition l'appareil nécessaire ; mais, si
M. Cornu désire poursuivre ces recherches, mes expériences ne
peuvent se trouver en de meilleures mains.

Ainsi il est démontré, pour certaines raies photosphériques du
spectre solaire, et le fait devient infiniment probable pour les
autres, que de très petites épaisseurs de vapeur suffisent à les
reproduire avec leur intensité solaire. C'est un point considérable pour l'histoire de la photosphère, mais qui cependant ne
suffit pas encore pour établir que les choses se passent réellement ainsi à la surface du Soleil. Il faudra, par une étude très
attentive de toutes les parties du Soleil, établir que des émissions lumineuses ne viennent pas en des points nombreux, pour
certains métaux, compliquer les phénomènes. Il est évident, en
effet, qu'une raie pâle peut résulter ou de l'action d'une faible
quantité de vapeur, ou provenir du mélange de faisceaux lumineux émanés de divers points du globe et pouvant présenter une
composition très différente.

Je reviens aux expériences de M. Cornu. Ces expériences montrent, d'une manière précieuse pour nous, des faits d'absorption sous petites épaisseurs des vapeurs de plusieurs métaux ; mais je ne saurais y voir, avec l'auteur, une synthèse du phénomène spectral du Soleil. Cette synthèse est extrêmement complexe, comme on peut le voir par les considérations précédentes, et nous sommes loin d'en connaître encore tous les secrets. On a vu comment notre illustre prédécesseur, M. Kirchhoff, a failli pour avoir appliqué trop hâtivement les conséquences d'une expérience de laboratoire à la constitution du Soleil.

Il y a lieu de remarquer, en outre, que, dans l'expérience de M. Cornu, le phénomène d'absorption se produit par une couche de vapeurs moins chaudes enveloppant un noyau gazeux à une température plus élevée. Pour la photosphère, et suivant la théorie à laquelle l'auteur fait allusion, on admet, au contraire, que des particules solides ou liquides (1), produites par le refroidissement des parties extérieures, tombent ensuite et nagent dans leurs propres vapeurs, vapeurs qui produisent les phénomènes d'absorption d'où résultent les raies solaires. Dans cette théorie, on admet donc un centre rayonnant à spectre continu au milieu d'une vapeur plus chaude et spécifiquement absorbante : c'est l'inverse de ce qui a lieu pour les expériences en question.

Je crois la théorie de M. Faye la plus probable, quand il s'agit de nous expliquer les traits généraux de la constitution de la photosphère ; mais je suis loin de penser que les expériences de M. Cornu n'aient aucun rapport avec quelques-uns des phénomènes qui doivent se produire dans les injections de la matière photosphérique et solaire à travers la chromosphère ; sous ce rapport, elles me paraissent avoir un très grand intérêt.

C. R. Acad. Sc., Séance du 14 août 1871, T. 73, p. 432.

---

(1) La chute de ces particules solides ou liquides dans les gouffres, que nous nommons *taches*, doit avoir pour effet de convertir ces particules en vapeurs, et par suite, de produire, dans la photosphère, une augmentation de pression qui ne doit pas être étrangère à la projection du gaz hydrogène sous forme de protubérance.

VI

SUR CE QU'ONT JUSQU'A CE JOUR D'INCOMPLET LES RÉSULTATS D'OBSERVATIONS SPECTROSCOPIQUES POUR NOUS FAIRE CONNAITRE LA CONSTITUTION DU SOLEIL.

Remarques présentées à l'occasion d'une Note de M. CORNU.

J'avais présenté à M. Cornu quelques objections amicales sur les conséquences, un peu hâtives à mon sens, qu'il tire de ses expériences sur les vapeurs métalliques. M. Cornu me répond qu'il ne voit dans ma note aucune objection bien précise, et qu'il attend de moi des faits et non des hypothèses pour modifier ses conclusions.

Je crois que M. Cornu renverse ici les rôles. Le mien a été simple. Heureux de voir un savant distingué aborder l'analyse spectrale, qui n'est pas encore assez cultivée à mon sens, j'ai applaudi aux expériences en question, bien que ces expériences ne présentent que des faits très prévus par les principes connus et que, s'ils n'ont pas tous été expressément publiés, ils ont été couramment observés par ceux qui s'occupent spécialement d'analyse spectrale. Mais il m'a été impossible de suivre l'auteur jusqu'à admettre que ses expériences nous présentent « une véritable reproduction » de la constitution hypothétique du Soleil, et une synthèse du phénomène spectral qu'il présente. » Le problème de cette constitution du Soleil a épuisé les efforts des astronomes et des physiciens depuis un demi-siècle ; le génie de M. Kirchhoff y a failli, et nous sommes loin de la connaître complètement, même dans les traits généraux ; mais nous savons très bien qu'elle donne naissance à des phénomènes très complexes, qu'une expérience de laboratoire est absolument impuissante à représenter dans leur ensemble. Si donc M. Cornu persiste dans son affirmation sans en apporter d'autres preuves, il me permettra de lui dire que l'hypothèse est toute de son côté.

Ai-je besoin d'ajouter que les expériences que je signalais par la vapeur de sodium sont toutes différentes de celle si connue de Foucault sur le renversement de la raie D, à laquelle M. Cornu les assimile. Foucault s'était servi de l'arc électrique où la vapeur de sodium est lumineuse, au moins en grande partie, et les phénomènes d'absorption observés ne sont que la différence entre les pouvoirs émissifs et absorbants de cette vapeur. Je me sers au contraire de sodium volatilisé entre des lames de verre extrê·mement rapprochées. La vapeur n'est pas lumineuse et se prête alors avec rigueur aux mesures de son pouvoir absorbant.

Il serait également bien facile de montrer que, dans les expériences en question, le phénomène spectral diffère essentiellement de celui qui sert de base à la théorie à laquelle M. Cornu fait allusion ; mais je m'arrête ici, désirant clore l'incident et persuadé d'ailleurs que, si M. Cornu continue ces intéressantes études et pénetre davantage dans ce difficile sujet, il reconnaîtra ce qu'il y avait de fondé dans la remarque générale qui faisait le fond de ma Note.

C. R. Acad. Sc., Séance du 25 septembre 1871, T. 73, p. 793.

VII

LETTRE DE COLOMBO

M. Janssen écrit de Colombo à l'Académie, pour l'informer qu'il va se rendre sur la côte de Malabar, où il compte s'installer pour l'époque de la prochaine éclipse, dont l'observation lui a été confiée : c'est là, de l'avis général, le point qui doit présenter les meilleures chances au mois de décembre, c'est-à-dire pendant la mousson du Nord-Est. Java ne présente pas une chance favorable sur dix ; à Jaffna, au Nord de Ceylan, les mois de décembre sont pluvieux et couverts.

C. R. Acad. Sc., Séance du 11 décembre 1871, T. 73, p. 1368.

VIII

LETTRE ET TÉLÉGRAMMES DE LA COTE DE MALABAR

M. Ch. Sainte-Claire Deville donne communication de l'extrait suivant d'une Lettre qui lui est adressée par M. Janssen :

A bord de l'*Oriental*. Côte du Malabar, 19 novembre 1871.

« Nous voici dans l'Inde déjà depuis près de quinze jours. Nous sommes arrivés à Galle (Ceylan), le 5 novembre, après une magnifique traversée de vingt jours depuis Marseille. De Galle, nous avons été à Colombo, puis à Kandy, au centre de l'île, où j'ai préparé les choses pour des envois d'animaux au Muséum.

« Le 15, nous avons pris le vapeur qui fait la côte de l'Inde, et qui nous porte sur la côte de Malabar, où sont les meilleures chances de beau temps en décembre ; ce qui ne veut pas dire qu'elles soient très nombreuses. C'est là que la principale Commission anglaise observera.

« J'ai fait des observations météorologiques pendant la traversée. Je vous les enverrai pour les présenter à l'Académie et à la Société Météorologique. Le *thermomètre à pinceau* (1) fonctionne toujours parfaitement. »

Télégrammes adressés à l'Académie et à M. le Ministre de l'Instruction publique, concernant le résultat des observations faites pendant l'éclipse du 12 décembre 1871 sur la côte de Malabar.

Le télégramme suivant, expédié par M. Janssen, d'Octacamund (côte de Malabar), le mardi 12 décembre, à 5^h20^m du soir, a été reçu au Secrétariat de l'Institut le mercredi 13, à 10 heures du matin :

« Corona spectrum attesting matter farther than sun's atmosphere.

« (Spectre de la couronne attestant matière plus loin qu'atmosphère du Soleil.)

____

(1) Disposition imaginée par M. Janssen pour déterminer la température des eaux de la mer (Ch. Sainte-Claire Deville).

Appendice.

Pendant que le présent numéro des *Comptes rendus* était sous presse, l'Académie a reçu de M. Janssen un nouveau télégramme, arrivé au Secrétariat le 19 décembre, à 11^h25^m du matin ; le voici :

« Cotacamund, 18 décembre, à 1^h6^m du soir.

« Great hydrogenous atmosphere very rare beyond chromosphère. »
« Grande atmosphère d'hydrogène très rare au delà de la chromosphère. »

M. le Ministre de l'Instruction publique a bien voulu transmettre, de son côté, le 19 décembre, au Secrétariat de l'Académie, le télégramme suivant, qu'il a reçu directement de M. Janssen :

« Octacamund, Minister of public Instruction, Paris.
« Eclipse observed, important results.
« Éclipse observée, résultats importants. »

N. B. — Le télégramme à l'Académie, du 12 décembre, porte très distinctement *Octacamund* et celui du 18 *Cotacamund*. Il est permis de croire que dans l'un des deux télégrammes, l'ordre des deux premières lettres *o* et *c* a été simplement interverti ; mais quelle version choisir ? Au Ministère de l'Instruction publique, on a écrit Octacamund.

A la rigueur, les deux derniers télégrammes, n'ayant pas été lus dans la séance du 18 décembre, n'auraient pas dû être insérés dans le compte rendu de cette séance ; mais les Secrétaires ont pensé que les circonstances excuseraient cette dérogation exceptionnelle au règlement.

M. Janssen en déposant au bureau télégraphique, le lundi 18 décembre, à 1^h6^m du soir, heure indienne, c'est-à-dire à 8 heures du matin, heure française, d'après la différence des longitudes, le télégramme adressé à l'Académie, a pu croire qu'il arriverait avant l'ouverture de la séance, qui a lieu à 3 heures ; mais le télégramme, au lieu de parvenir en sept heures, est resté plus de vingt-sept heures en route, ce qui suppose qu'il a subi, dans les bureaux intermédiaires, des temps d'arrêt sur lesquels M. Janssen a pu ne pas compter.

C. R. Acad. Sc., Séance du 18 décembre 1871, T. 73, p. 1436-1437.

1872

I

LETTRES SUR LE CHOIX D'UNE STATION POUR L'OB-SERVATION DE L'ÉCLIPSE DE 1871 ET SUR L'OBSERVATION DE CETTE ÉCLIPSE.

M. le Secrétaire perpétuel donne lecture des deux lettres suivantes qu'il vient de recevoir de M. Janssen :

Sholoor, station dans les Neelgherries, frontière du Mysore,
8 décembre 1871.

Je viens donner de mes nouvelles à l'Académie et lui rendre compte de mes voyages préliminaires dans l'Inde, en vue du choix d'une station pour l'observation astronomique dont j'ai eu l'honneur d'être chargé par elle.

On sait que la ligne décrite par les points successifs où l'éclipse doit être centrale passe par le Nord de la Nouvelle-Zélande, le Sud-Ouest de Java, la pointe nord de Ceylan, et, enfin, la partie sud de la presqu'île de l'Hindoustan.

A ne consulter que la durée du phénomène et la hauteur du Soleil, au moment de l'observation, on serait conduit à rechercher les stations les plus orientales, Java et la Nouvelle-Hollande. Mais si l'on a égard en même temps aux chances favorables que l'état du ciel nous laissera en décembre, aux diverses stations, on se trouve, au contraire, rejeté vers l'Occident. J'avoue que les magnifiques conditions astronomiques dans lesquelles l'éclipse se présentera à Java m'avaient bien tenté, et c'est devant l'évidence seulement que je me suis résigné à aban-

donner cette belle station. Les indications générales de la météorologie de ces régions, confirmées d'ailleurs par les témoignages
de personnes instruites, fort au courant du climat de l'île, m'aver-
tissaient qu'en décembre, la partie occidentale de Java subit,
dans toute sa force, la mousson d'Ouest, et que des pluies torrentielles, presque constantes, ne me laisseraient pas une chance
sur vingt, peut-être, d'apercevoir le soleil au moment du phénomène.

Je me suis donc déterminé pour l'Inde. J'ai profité de l'avance
que je m'étais donnée, pour visiter les diverses stations indien-
nes, et prendre une détermination éclairée par mes propres observations et par des renseignements recueillis sur les lieux
mêmes.

J'ai d'abord visité Ceylan. Le climat de cette île est beau en
hiver ; mais, par une circonstance fâcheuse, la région nord de
l'île, visitée par l'éclipse, est brumeuse en décembre, tandis que
le Sud jouit d'un ciel presque toujours pur. Il était donc préférable d'observer sur le continent, et, dans cette intention, je
me suis rendu de Ceylan à la côte Malabar. J'ai débarqué à Til-
licherry, port situé fort près de notre petite colonie de Mahé,
dont j'ai visité le gouverneur, et où j'ai engagé des indigènes
parlant le français et les idiomes des régions où j'allais voyager,
c'est-à-dire le mayalum, le thamul, le kanarèse.

Si l'on jette les yeux sur une carte de l'Inde où la ligne centrale de l'éclipse ait été préalablement tracée, on voit que cette
ligne venant de l'Orient pénètre dans l'Hindoustan par le détroit de Palk (1), (10ᵉ degré de latitude), traverse les grandes
plaines arrosées par le Canvery (Tanjore), passe par le massif
montagneux des Neelgherries, la partie sud du grand plateau
du Mysore, coupe les Ghauts vers le 12ᵉ degré de latitude et va
sortir par la côte Malabar, à Baïcull, entre Cannanore et Mon-
galore. En résumé, la ligne centrale coupe un grand plateau
bordé à l'Est, au Sud, à l'Ouest, par une chaîne circulaire de

---

(1) Un peu au-dessus du point où le Ramayana place le pont de Rama,
qui reliait Ceylan au continent. On songe actuellement à creuser un canal
en ce point, pour ouvrir une route plus directe vers Calcutta aux navires
venant de l'Occident.

montagnes et deux versants : le versant occidental à pentes
rapides (côte Malabar) ; le versant oriental à pentes insensi-
bles formant les immenses plaines du Carnatic et de la côte
Coromandel. Or, en décembre, et lorsque règne la mousson de
l'Est, qui amène les vapeurs des eaux chaudes du golfe du Bengale, les stations de la côte Malabar, préservées de cette influence par la chaîne des Gauths, et le plateau central, sont indiquées d'une manière générale. Mais c'est là seulement une première donnée, qui doit être nécessairement modifiée par les éléments locaux du climat de chaque région. Aussi, ai-je profité du
chemin de fer qui relie les deux côtes et suit, dans une partie de
son parcours, la direction de la ligne centrale pour étudier rapidement les stations qui semblaient devoir être les plus favorables.
Après avoir laissé à la côte Malabar des instructions pour l'observation quotidienne du temps sur cette côte, observations qui m'ont
été envoyées chaque jour par le télégraphe, je me suis rendu à
Beypoor, tête de la ligne du chemin de fer sur la côte Malabar,
j'ai conduit mon gros bagage à Coïmbatore, station centrale du
chemin de fer en question, et la plus rapprochée des Neelgherries que je voulais visiter. Mon bagage mis en sûreté, et disposé
de manière à pouvoir être rapidement dirigé sur un point quelconque par la voie ferrée, je suis parti pour les montagnes.

Je me suis élevé sur le massif central, qui compte des sommets
de près de 9.000 pieds, et d'où l'on aperçoit, suivant leur situation à l'Est ou à l'Ouest du massif, soit les plaines du Carnatic
(côte de Coromandel), soit le plateau du Mysore jusqu'aux
Gauths. Avec les dépêches que je recevais de la côte Malabar,
j'avais ainsi sous les yeux la presque totalité de la région visitée par l'éclipse sur le continent. Voici le résultat de ces rapides
études.

Les plaines du Carnatic subissent en effet l'influence de la
mousson d'Est, elles sont fréquemment couvertes de nuages ;
ces nuages sont condensés en une couche basse et dense, qui,
vue de la montagne, figure une mer immense de flocons blancs
et cotonneux, percée, çà et là, par quelques sommets, et qui
s'étend à perte de vue. Cet effet se produit quand le vent a été
faible et la température basse, car alors les vapeurs sont restées

sur la plaine et s'y sont condensées en nuages bas et denses. Mais
si le vent est plus fort et la température plus élevée (effets qui
paraissent connexes, puisque le vent d'Est amène la température marine du golfe du Bengale), alors les nuages sont plus
élevés, et les régions montagneuses n'en sont pas défendues.
Le ciel des Neelgherries, très pur dans le premier cas, devient
nuageux et quelquefois pluvieux dans le second ; mais cet effet
est rare le matin. Du côté de Mysore, les résultats sont analogues et modifiés seulement par cette circonstance que ce plateau est couvert de riches et nombreuses forêts qui émettent
d'abondantes vapeurs, tandis que les plaines du Carnatic sont
beaucoup plus sablonneuses et arides. Ainsi, en résumé, et en
se plaçant au point de vue de l'observation de l'éclipse, les plaines du Carnatic paraissent devoir être condamnées, comme subis-
sant trop directement l'influence du golfe, le Mysore comme
trop humide, la côte Malabar comme ordinairement brumeuse
(d'après les télégrammes et les avis de ses habitants). Il reste les
stations des Neelgherries et celles des Ghauts. Sur les Neelgherries, j'ai eu d'admirables matinées, avec un ciel d'une pureté et
d'une *qualité* exceptionnelles. Par une de ces matinées, l'observation de l'éclipse eût été faite dans des conditions aussi parfaites que possible. A ma station, ces jours sont nombreux et
fréquents, et si l'on supputait la proportion de ces matinées
exceptionnelles en chaque point du globe, on trouverait le climat des Neelgherries excessivement favorisé. Je me suis donc
déterminé pour ces montagnes, parmi lesquelles j'ai adopté
celle qui m'était désignée comme la plus favorable par mes études. J'ai appelé alors mon bagage, ce qui a été une opération
assez difficile dans les montagnes : il a fallu transporter les caisses à bras d'homme, et, quoique j'eusse divisé le poids autant
que possible, plusieurs de ces caisses ont nécessité l'effort de
douze montagnards, et n'ont traversé qu'avec peine les défilés.
Enfin les instruments sont arrivés en très bon état ; la cabane
où je dois observer est construite, et tout est disposé pour le
moment critique.

En résumé, les chances de l'observation sont nombreuses et
aussi grandes que possible à cette époque de l'année, et l'éclipse

peut être observée par un ciel d'une grande pureté, condition aujourd'hui absolument indispensable pour la solution des problèmes de plus en plus délicats que les progrès antérieurs de nos études nous laissent seulement aujourd'hui à résoudre.

J'ai donc conscience, Monsieur le Secrétaire perpétuel, d'avoir fait tout ce qui dépendait de moi pour tirer le meilleur parti possible de la situation, et répondre à la confiance que le Gouvernement et les Corps savants de mon pays m'ont témoignée.

*
* *

Sholoor-Neelgherry, 12 décembre 1871, 10 heures du matin.

Je viens d'observer l'éclipse, il y a quelques instants seulement, par un ciel admirable, et, encore, sous l'émotion causée par le splendide phénomène dont je viens d'être témoin, je vous adresse quelques lignes par le courrier de Bombay, qui part à l'instant.

Le résultat de mes observations à Sholoor indique, sans aucun doute, l'origine solaire de la Couronne et l'existence de matières au delà de la chromosphère.

J'aurai l'honneur d'envoyer à l'Académie une relation détaillée de ces observations

*
* *

M. Faye a reçu de son côté une Lettre de M. Janssen, dont il lit à l'Académie les passages suivants :

Sholoor-Neelgherry, 12 décembre 1871, 10^{h}30^m du matin.

Vous avez mille fois raison, je viens de voir la couronne, comme il m'avait été impossible de le faire en 1868, où j'étais tout au spectre des protubérances. Rien de plus beau, de plus lumineux avec des formes spéciales qui excluent toute possibilité d'une origine atmosphérique terrestre.

Le spectre contient une raie verte brillante très remarquable, déjà signalée ; il n'est pas continu comme on l'a avancé, et j'y ai trouvé des indices des raies obscures du spectre solaire (D notamment).

J'enverrai une relation plus détaillée à l'Académie.

Je crois tranchée la question de savoir si la couronne est due à l'atmosphère terrestre, et nous avons devant nous la perspective de l'étude des régions extra-solaires, qui sera bien intéressante et féconde.

C. R. Acad. Sc., Séance du 8 janvier 1872, T. 74, p. 107.

II

LETTRE DE M. JANSSEN SUR LES CONSÉQUENCES PRINCIPALES QU'IL PEUT, DÈS AUJOURD'HUI, TIRER DE SES OBSERVATIONS SUR L'ÉCLIPSE DE DÉCEMBRE 1871.

Sholoor, 19 décembre 1871.

J'ai eu l'honneur de vous envoyer, le jour même de l'éclipse, quelques lignes pour informer l'Académie que j'avais observé l'éclipse par un ciel exceptionnel, et que mes observations me conduisaient à admettre une origine solaire à la couronne.

Immédiatement après l'éclipse, j'ai dû m'occuper de régler tout ce qui se rapportait à mon expédition dans les montagnes, personnel ou matériel, aussi n'ai-je pu achever une relation détaillée ; mais je profite du départ de ce courrier, pour donner quelques détails indispensables sur les résultats annoncés.

Sans entrer dans une discussion qui fera partie de ma relation, je dirai d'abord que la magnifique couronne observée à Sholoor s'est montrée sous un aspect tel, qu'il me paraîtrait impossible d'admettre ici une cause de l'ordre des phénomènes de diffraction ou de réflexion sur le globe lunaire, ou encore de simple illumination de l'atmosphère terrestre.

Mais les raisons qui militent en faveur d'une cause objective et circumsolaire prennent une force invincible quand on interroge les éléments lumineux du phénomène.

En effet, le spectre de la couronne s'est montré dans mon télescope, non pas continu, comme on l'avait trouvé jusqu'ici, mais remarquablement complexe. J'y ai constaté :

Les raies brillantes, quoique bien plus faibles, du gaz hydrogène qui forme le principal élément des protubérances et de la chromosphère ;

La raie brillante verte qui a été déjà signalée pendant les éclipses de 1869 et 1870, et quelques autres plus faibles ;

Des raies obscures du spectre solaire ordinaire, notamment celle du sodium (D) : ces raies sont bien plus difficiles à apercevoir.

Ces faits prouvent l'existence de matière dans le voisinage du Soleil, matière qui se manifeste dans les éclipses totales par des phénomènes d'émission, d'absorption et de polarisation.

Mais la discussion des faits nous conduit plus loin encore.

Outre la matière cosmique indépendante du Soleil, qui doit exister dans le voisinage de cet astre, les observations démontrent l'existence d'une atmosphère excessivement rare, à base d'hydrogène, s'étendant beaucoup au delà de la chromosphère et des protubérances, et s'alimentant de la matière même de celle-ci, matière lancée avec tant de violence, ainsi que nous le constatons tous les jours.

La rareté de cette atmosphère, à une certaine distance de la chromosphère, doit être excessive ; son existence n'est donc point en désaccord avec les observations de quelques passages de comètes près du Soleil.

C. R. Acad. Sc., Séance du 15 janvier 1872, T. 74, p. 175.

Reproduit dans *Monthly Notices of the Royal Astronomical Society*, january 12, 1872, vol. XXXII, p. 69.

III

EXTRAIT D'UNE LETTRE ADRESSÉE A M. DE LA RIVE SUR L'ÉCLIPSE DU 12 DÉCEMBRE 1871

Neelgherry Sholoor, 26 décembre 1871.

J'ai l'honneur de vous adresser le résultat de mes observations de l'éclipse du 12 décembre faites à Sholoor, Neelgherry, dans l'Hindoustan.

J'ai été favorisé par un ciel d'une pureté presque absolue. Cette circonstance, et surtout les dispositions optiques toutes nouvelles que j'avais prises, m'ont permis de faire sur la couronne des constatations qui démontrent son origine solaire (pour la meilleure partie).

Dans mon télescope (1), le spectre de la couronne s'est montré non pas continu, mais remarquablement complexe. J'y ai constaté :

Les raies brillantes du gaz hydrogène qui forme le principal élément des protubérances de la chromosphère.

Des raies obscures du spectre solaire ordinaire, notamment D. Ces raies sont beaucoup plus difficiles à apercevoir.

Mes observations prouvent que, indépendamment des matières cosmiques qui doivent exister dans le voisinage du Soleil, il existe autour de cet astre une atmosphère très étendue, excessivement rare, à base d'hydrogène.

Cette atmosphère, qui forme sans doute la dernière enveloppe gazeuse du Soleil, s'alimente de la matière des protubérances, lancée avec une si grande violence, des entrailles de l'atmosphère. Mais elle se distingue de la chromosphère et des protubérances, par une densité énormément plus faible, une température moins élevée et peut-être par la présence de certains gaz différents.

---

(1) Ce télescope a une ouverture de o m. 37, et 1 m. 42, seulement, de distance focale. Les images y sont douze à seize fois plus lumineuses que sous une lunette astronomique ordinaire. Le spectroscope avait été construit pour utiliser toute cette lumière.

Il y a donc lieu de distinguer cette nouvelle atmosphère solaire. Je propose de la nommer *atmosphère coronale*, désignation qui rappelle que c'est elle qui produit la meilleure partie des phénomènes lumineux, qui ont été désignés jusqu'ici sous le nom de couronne solaire.

En annonçant ce résultat, je n'oublie pas, quant à moi, tout ce que nous devons aux travaux qui l'ont préparé, notamment ceux des astronomes américains aux éclipses de 1869 et 1870.

Je ne doute pas que leurs observations de cette année ne soient d'accord avec les miennes.

Bibliothèque universelle, 1872, 5e série, T. 43, Sciences, p. 103.

IV

LETTRE ADRESSÉE A M. LE SECRÉTAIRE PERPÉTUEL DE L'ACADÉMIE DES SCIENCES

Madras, 27 janvier 1872.

J'arrive de l'intérieur. Pendant un mois après l'éclipse, j'ai fait des études de Physique céleste, que l'admirable pureté du ciel de Sholoor a singulièrement favorisées.

J'ai eu l'honneur de vous adresser une lettre, le 19 décembre dernier, dans laquelle je vous annonçais la découverte, pendant l'éclipse, d'une nouvelle enveloppe gazeuse solaire, à base d'hydrogène, très rare, très étendue, située au delà de la chromosphère et que je nomme atmosphère *coronale*, pour rappeler que c'est elle qui produit la majeure partie du phénomène de la *couronne*. J'aurai l'honneur d'adresser bientôt à l'Académie un rapport général sur ces études.

Je vais passer par Ceylan, pour recueillir une collection d'animaux destinés à notre Muséum d'histoire naturelle. Je ramène également tous les spécimens que j'ai pu me procurer des contrées que j'ai parcourues dans l'intérieur.

Je pense être à Paris pour le commencement de mars.

C. R. Acad. Sc., Séance du 19 février 1872, T. 74, p. 514.

V

LETTRE DE M. JANSSEN A M. DUMAS, DONNANT UNE BRÈVE INDICATION DES DIVERS RÉSULTATS OBTENUS DANS L'ACCOMPLISSEMENT DE LA MISSION QU'IL AVAIT REÇUE DE L'ACADÉMIE.

Je viens d'arriver à Paris, ayant accompli la mission que l'Académie m'avait fait l'honneur de me confier. Mon retour s'est effectué dans les meilleures conditions. Après l'éclipse que j'ai observée sur un des sommets des monts Neelgherries, dans l'Inde centrale, je suis resté un mois dans mon observatoire, afin de profiter, pour certaines études, de l'un des plus beaux ciels que j'aie rencontrés dans mes voyages. Je suis ensuite descendu de ces montagnes, et j'ai visité une partie de l'Inde du Sud, la province de Madras, puis l'île de Ceylan. Indépendamment des observations astronomiques, j'ai pu fixer la position actuelle, dans l'Inde, de l'équateur magnétique pour l'inclinaison, et faire des observations de physique terrestre. Enfin, je rapporte une collection d'animaux vivants ou conservés qui, je l'espère, sera de quelque utilité pour notre Muséum d'histoire naturelle.

J'aurai l'honneur de présenter incessamment à l'Académie un rapport d'ensemble sur ma mission.

C. R. Acad. Sc., Séance du 11 mars 1872, T. 74, p. 725.

VI

NOTE SUR LA COMPOSITION DU SOLEIL

Remise à M. Antoine-César Becquerel, le 13 mars 1872.

D'après l'ensemble des travaux et des connaissances actuelles, le Soleil serait formé :

1° D'un noyau relativement obscur, ayant une température excessivement élevée. Ce noyau doit être fluide au moins jusqu'à une grande profondeur.

2º Par une voie de refroidissement, ce noyau s'est entouré d'une enveloppe très mince ayant une constitution analogue à celle des nuages, c'est-à-dire formée de poussière solide ou liquide nageant dans un gaz. Ces poussières rayonnent énergiquement, aussi cette enveloppe nommée *la photosphère* est-elle la plus lumineuse de toutes les enveloppes solaires. C'est elle qui définit le Soleil dans les lunettes, les déchirures produisent les taches.

3º Au-dessus de la photosphère, se trouve la *chromosphère*, formée principalement par une mince couche d'hydrogène incandescent. Les protubérances appartiennent à cette couche.

4º Enfin, au-dessus de la chromosphère, se trouve l'atmosphère découverte dans cette dernière éclipse, atmosphère que je nomme *coronale*, parce que c'est elle qui forme la moyenne partie de la *couronne*. Cette atmosphère paraît extrêmement étendue, très rare, mais bien distincte de la chromosphère, quoique formée du même gaz, car la limite de la chromosphère est nettement indiquée, et l'intensité des raies spectrales est d'ordre tout à fait différent pour ces deux enveloppes.

Inédit.

—————

VII

RÉSULTAT DE MES OBSERVATIONS DANS L'INDE, SUR L'ÉCLIPSE DU 12 DÉCEMBRE 1871

Je considère d'autant plus comme un plaisir de donner ici ce résumé que l'Association Britannique, par l'organe de son illustre Président de l'année dernière, m'avait généreusement proposé de se charger de mon voyage dans l'Inde pour le cas où l'exécution de ce voyage eût rencontré en France des difficultés.

Heureusement, notre Gouvernement comprit l'importance de ces questions scientifiques et voulut faire les sacrifices nécessaires ; mais je n'en suis pas moins reconnaissant envers la savante Association.

On sait que le but des expéditions était de déterminer la

nature de la couronne sur laquelle, malgré les observations de 1869 et 1870, planaient encore bien des doutes.

Le peu d'étendue que doit avoir cette note ne me permet pas d'examiner les travaux antérieurs sur la couronne ni même les résultats obtenus par les autres observateurs le 12 décembre 1871, je me bornerai à exposer mes observations personnelles.

Pour l'étude de ce grand problème de la *couronne*, je me suis attaché surtout à réaliser deux conditions capitales.

1º Le choix d'une station où le ciel fût d'une grande pureté au moment du phénomène ;

2º La réalisation d'un instrument collecteur de la lumière très puissant de manière à obtenir un spectre très lumineux de la *couronne* (c'est le défaut de lumière qui jusqu'ici a induit en erreur sur la véritable constitution du spectre de la couronne).

Pour avoir un bon choix de la station, je partis de France deux mois avant l'éclipse, et je parcourus presque toutes les stations de la ligne centrale depuis Ceylan jusqu'à la côte Malabar. Le massif montagneux de Neelgherry me parut offrir les meilleures conditions sous le rapport de la pureté du ciel. En étudiant ces montagnes, j'ai remarqué que tous les matins, au lever du Soleil, le vent s'élevait de l'Orient et amenait des nuages, mais que ce vent cessait bientôt, en sorte que ces nuages s'arrêtaient et ne couvraient que la portion orientale du massif. Il résultait de cette remarque que les chances étaient beaucoup plus grandes dans la région occidentale du massif. Je m'établis donc dans cette direction. Ma station fut une montagne près Sholoor, petit village indien à environ 7.000 pieds au-dessus du niveau de la mer (1).

Je viens maintenant aux instruments.

L'étude des résultats obtenus en 1869 et 1870 m'avaient démontré que c'est le manque d'intensité lumineuse des spectres de la couronne qui avait empêché d'obtenir des résultats plus décisifs. Mes dispositions optiques eurent donc pour but d'obtenir un spectre de la couronne très lumineux : je construisis

____

(1) Je remercie ici les autorités de l'Inde, et, en particulier Lord Napier, de l'appui qu'ils m'ont donné.

un télescope d'environ 40 centimètres de diamètre, et 1 m. 43 de distance focale. Ce télescope donne des images environ seize fois plus lumineuses que celles d'une lunette astronomique ordinaire de même ouverture. Le chercheur était disposé de manière que l'un des yeux étant au chercheur, l'autre pouvait regarder dans le spectroscope du télescope. Cette disposition est très importante ; elle permet au même observateur de voir le phénomène, et d'en obtenir en même temps l'analyse lumineuse.

Le spectroscope était également très lumineux et mis en rapport de foyer avec le télescope.

Enfin, je pris des dispositions pour réaliser l'obscurité autour de moi pendant l'observation, afin de conserver à ma vue toute sa sensibilité.

Voici maintenant le résumé de l'observation de l'éclipse.

Le 12 décembre, à Sholoor au lever du Soleil, les nuages arrivèrent comme d'habitude et couvrirent le Dodabetta ; mais ils n'arrivèrent pas jusqu'à nous, et nous eûmes un temps d'une pureté admirable.

La couronne se montra avec des formes et une constance d'aspect qui ne permet pas de l'expliquer par la diffraction.

Le spectre des régions supérieures de la couronne montra immédiatement la raie verte déjà signalée et si remarquable ; mais elle était accompagnée des raies de l'hydrogène pâles, mais bien perceptibles.

Ainsi, le spectre de la couronne n'est pas continu comme la plupart des observateurs de 1868, 1869, 1870, l'ont observé ; mais, même dans les régions supérieures, il nous présente indépendamment de la raie verte les principales raies de l'hydrogène.

En avançant vers la base de la couronne, le spectre gagnait en vivacité, les raies de l'hydrogène s'accentuaient davantage. La raie obscure D s'est montrée.

Dans le vert, j'en ai vu aussi quelques autres plus fines ; mais cette vision était à la limite, ce qui s'explique très bien, parce que j'avais ouvert la fente autant que possible, mais de manière à voir toujours les principales raies du spectre solaire.

Je plaçai ensuite la fente de manière à couper à la fois le disque de la Lune, une protubérance et diverses régions de la couronne.

Le phénomène fut très beau et très concluant.

Sur la Lune, spectre très faible présentant les lignes de l'hydrogène, très courtes, très faibles, prolongeant les raies très vives de la protubérance.

La protubérance ne donnait pas la raie verte, tandis que cette raie commençait immédiatement au-dessus dans la couronne ; enfin la raie D fut aussi visible.

D'autres observations confirmèrent ces résultats pour le spectre de la couronne.

La polarisation de la couronne est vive, elle est radiale et a son maximum d'intensité à quelques minutes de la chromosphère.

Ce résultat explique comment quelques observateurs ont trouvé la lumière de la couronne non polarisée : c'est qu'ils interrogeaient des parties de la couronne très voisines de la chromosphère, là où l'émission propre l'emporte sur la réflexion. Mais plus haut l'émission étant plus faible, la réflexion devient perceptible, et c'est là aussi qu'on trouve les raies obscures du spectre solaire.

En résumé, il paraît aujourd'hui démontré par les observations de 1869, 1870, 1871 :

Que le phénomène de la couronne des éclipses totales est dû à une enveloppe gazeuse appartenant au Soleil ;

Que cette enveloppe est lumineuse par elle-même, au moins dans les parties voisines du Soleil ;

Qu'elle possède une densité excessivement faible et une température beaucoup plus basse que celle de la chromosphère ;

Que le gaz hydrogène en forme l'élément principal ;

Que cette enveloppe gazeuse n'est nullement dans un état statique, mais qu'elle présente des formes très irrégulières, ce qui s'explique par les mouvements prodigieux de matières qui ont lieu dans la chromosphère et qui font pénétrer dans cette enveloppe d'immenses jets de matières qui en troublent continuellement l'équilibre et en changent la densité en ses diverses parties.

Cette couche formant une enveloppe très distincte de la

chromosphère, il y a lieu de lui donner un nom. Je propose de l'appeler l'*atmosphère coronale*.

Report of the British Association for the Advancement of Science, 42[d] Meeting, Brighton, 1872, p. 34.

VIII

NOUVEAU THERMOMÈTRE DESTINÉ A PRENDRE LES TEMPÉRATURES DE LA SURFACE DES EAUX MARINES OU FLUVIALES.

J'ai l'honneur de présenter au Meeting un thermomètre d'un nouveau modèle, destiné à prendre la température de la surface de la mer ou des fleuves.

Cet instrument dont j'ai déjà publié une description dans le *Bulletin de la Société Météorologique de France*, le 3 décembre 1867, a été employé depuis par un grand nombre d'observateurs et a donné des résultats très satisfaisants, qui permettent de le considérer comme définitivement acquis à la science.

La disposition nouvelle de cet instrument consiste en ce que le réservoir est placé au milieu d'un pinceau de fils de chanvre. Ce pinceau est fixé à la garniture de bois ou de cuivre du thermomètre, il porte à la partie supérieure une virole de plomb. Lorsque l'instrument est jeté à l'eau, la virole de plomb l'entraînant, il y pénètre rapidement et verticalement ; les fils de chanvre s'écartent aussitôt et le réservoir thermométrique se trouve alors en contact avec le liquide, dont il prend la température. En quelques secondes, l'équilibre est atteint et on peut retirer le thermomètre au moyen de son cordon. Aussitôt que l'instrument sort de l'eau, les fils se réunissent, entourent le réservoir et conservent par capillarité une quantité assez considérable du liquide dont on voulait obtenir la température. La présence de ce liquide autour du réservoir permet de faire tout à son aise la lecture de l'échelle, car je me suis assuré par des expériences multipliées que l'évaporation à la surface du pinceau, même en présence du Soleil et dans un air très sec, est impuissante à faire varier la température du réservoir avant un temps triple ou quadruple de celui qui est nécessaire à la lecture.

Voici une expérience qui montre avec quelle lenteur le nouveau thermomètre perd la température du bain dans lequel on l'a plongé.

La température de l'eau était de 19° centigrade.

Au Soleil, un thermomètre marquait 37°.

Le thermomètre *à pinceau* fut plongé dans l'eau, marqua bientôt 19°, fut retiré et exposé au Soleil. Or, après :

30 secondes, il marquait .. 19°0	180 secondes, il marquait .. 19°15
60 — — .. 19°0	210 — — .. 19°2
90 — — .. 19°0	270 — — .. 19°3
120 — — .. 19°0	300 — — .. 19°4
150 — — .. 19°1	360 — — .. 19°5

Le temps nécessaire pour retirer le thermomètre de l'eau et en faire la lecture n'est jamais supérieur à 15 secondes. Dans l'expérience rapportée, le thermomètre était resté à 19° pendant 120 secondes ; c'est huit fois plus de temps qu'il n'était nécessaire à la lecture.

C'est à l'occasion des travaux que j'ai exécutés à Santorin en 1867, que j'ai imaginé ce thermomètre pour prendre la température de l'eau de la mer près du volcan en activité.

Je m'en suis servi dans un voyage aux Açores en 1867, depuis Lisbonne jusqu'à Saint-Michel. Je l'ai également employé dans mes deux voyages aux Indes en 1868 et en 1871.

Or, j'ai constamment contrôlé les indications du thermomètre à pinceau en prenant les températures par la méthode ordinaire, qui consiste, comme on sait, à puiser directement dans la mer un seau d'eau dans lequel on place un thermomètre. Les deux méthodes se sont toujours accordées à un dixième de degré quand on opérait avec le soin nécessaire.

A ma demande, M. Giraud, officier de marine français, a bien voulu prendre des températures de la Méditerranée pendant plusieurs voyages de Marseille à Alexandrie. Cet officier avait aussi le soin de contrôler les indications du thermomètre à pinceau jeté à la mer par celles que le même instrument dépouillé de son pinceau donnait dans un seau d'eau puisé au même instant. Voici un fragment de ses résultats :

Températures de la surface de la mer prises par M. Giraud, de Marseille à Alexandrie (1).

DATES	TEMPÉRATURE DE LA MER DONNÉE		Latitude Nord	Long. Est de Paris
	par le thermomètre à pinceau	par le seau		
	o	o	o ′	o ′
Février 19 9 heures soir .	14 2	14 2		
— 20 Midi.........	14 2	14 2	41 15	6 46 E
3 heures.....	14 2	14 2		
6 heures.....	14 2	14 2		
Minuit.......	14 3	14 3		
6 heures.....	14 5			
9 heures.....	14 5	14 5	38 53	11 44
21 Midi.........	14 5	14 5		
3 heures.....	14 5	14 5		
6 heures.....	14 5	14 5		
Minuit........	»	»		
6 heures.....	14 8	14 8		
9 heures.....	14 8	14 8	37 02	16 16
22 Midi.........	14 8	14 8		
3 heures.....	14 8	14 8		
6 heures.....	14 8	14 8		
9 heures.....	»	»		
Minuit........	»	»		
6 heures.....	15 0	15 0		
9 heures.....	15 5	15 5		
23 Midi.........	15 8	15 8	35 02	21 10

En résumé, le thermomètre à pinceau a très bien soutenu de nombreuses épreuves depuis cinq années, et on peut le considérer comme un instrument acquis à la science. On en construit beaucoup en France.

Report of the British Association for the Advancement of Science, 42ᵈ Meeting, Brighton, 1872, p. 59.

____

(1) M. Giraud a fait plusieurs centaines d'observations présentant le même accord. Les différences ne s'élèvent jamais à plus de un dixième de degré.

1873

I

SUR LE BAROMÈTRE ANÉROIDE

Société Française de Navigation Aérienne

Séance du 19 février 1873.

M. JANSSEN, en réponse à quelques mots de félicitation qui lui sont adressés par le Président M. J. Crocé Spinelli, à propos de sa récente élection à l'Académie des Sciences, exprime toute la satisfaction qu'il éprouve de voir la Société en voie de progrès. L'aérostation, dit-il, est une science éminemment française et par son origine et par les belles applications qui en ont été faites chez nous. Il importe de continuer à la développer ; c'est le but que poursuit la Société, but digne de l'intérêt de tous. Mais, à côté de la question des progrès de l'aérostation, il s'en pose une autre de la plus haute importance : c'est celle de l'application à l'étude de notre atmosphère. Je désirerais vous voir, Messieurs, vous en préoccuper au plus haut degré. La Société pourrait se mettre en rapport avec la Société météorologique, plus tard avec l'Académie ; elle dresserait un programme d'études, provoquerait des voyages, publierait les observations. Par là, la Société prendrait l'initiative d'une des plus belles sciences ; la connaissance de notre atmosphère, science qui se développera bientôt ailleurs, si nous laissons échapper l'occasion de nous en emparer. En outre, qui ne voit que ces études, indépendamment de leur immense utilité, feront nécessairement progresser l'aéronautique.

M. le Secrétaire général dépose un exemplaire des *Comptes rendus de l'Académie des Sciences*, contenant un mémoire de MM. A. Laussedat et A. Mangin sur le baromètre anéroïde de poche, avec une formule hypsométrique. Pour les hautes altitudes, 1.600 mètres par exemple, cette formule n'est plus aussi bonne, ce qui dépend de la construction et du métal employé.

M. Saco. — Jamais le baromètre anéroïde ne donne d'indications exactes. Ainsi, j'ai vu M. Regnault faire l'expérience suivante : il plaçait un baromètre anéroïde sous la cloche d'une machine pneumatique, faisait le vide, puis laissait rentrer l'air ; jamais l'aiguille ne revenait à son point de départ.

M. Janssen. — Comme dans tous les instruments fondés sur des flexions de corps solides, il existe, dans le baromètre anéroïde, une inertie qui l'empêchera toujours de devenir un instrument d'une absolue précision. J'en ai cependant vu qui s'accordaient avec le baromètre Fortin à un demi-millimètre pour une course de 20 à 30 centimètres. Le baromètre anéroïde n'est, d'ailleurs, pas plus inexact pour les grandes hauteurs que pour les petites. Je m'en suis servi dans les monts Himalaya pour constater les hauteurs auxquelles j'étais parvenu. Les écarts n'ont pas passé un millimètre et demi, et n'augmentaient pas quand on montait. Il faudrait engager les constructeurs à fabriquer, spécialement pour la constatation des grandes hauteurs, des baromètres anéroïdes à très grande course, que l'on comparerait de temps en temps avec un bon baromètre à mercure. M. Viollet-Le-Duc, qui n'est pas seulement un éminent architecte, mais un géologue habile, s'est servi sur mes indications et avec succès du baromètre anéroïde pour faire des coupes géologiques. Ce baromètre est, en effet, très sensible, plus sensible que le baromètre à liquide, et très suffisant quand on ne recherche pas des indications absolument exactes. Je me suis servi également, dans mon ascension du *Volta*, d'un baromètre anéroïde qui s'accordait à un millimètre près avec un baromètre Fortin. En Espagne, un baromètre anéroïde m'indiquait, en chemin de fer, l'existence des plus faibles rampes. Je crois donc qu'il serait tout à fait désirable de perfectionner la fabrication de cet instrument, qui peut rendre de grands services en aéronautique, où l'estimation de la hauteur a une si grande importance. Il faudrait obtenir d'un bon constructeur des instruments exacts, à longue course, avec cadrans bien visibles.

M. Hureau de Villeneuve. — L'*Aéronaute* a publié une table de correction, à l'usage des aéronautes, due à M. Mondot de la Gorce. Cette table est assez commode. Il existe encore une table hypsométrique, due à M. Radau, mais il serait presque impossible de la consulter pendant les ascensions

M. Janssen. — Lors de mon ascension dans le *Volta*, j'avais collé sur mon baromètre une table faite pour ce voyage seulement, avec corrections de température, et qui me donnait immédiatement la hauteur de l'aérostat.

M. Hureau de Villeneuve. — Afin d'avoir un instrument qu'on pût mettre entre les mains de tout le monde, il serait bon d'ajouter au baromètre un cercle curseur qu'on pourrait faire tourner à volonté, selon la pression du jour.

M. Janssen. — Les causes d'erreurs, provenant non seulement de la variation de pression atmosphérique, mais encore de la température, qui influe d'une façon considérable, il faudrait que les voyageurs emportassent une table à double entrée.

On pourrait encore disposer sur le baromètre deux cercles curseurs qui suffiraient amplement et dispenseraient de l'usage des tables.

Mais il faut toujours appliquer la correction de température quand on veut estimer la hauteur avec une certaine exactitude. Ainsi, à 3.000 mètres, dans des circonstances de température annonçant une différence de 30° avec le sol, on aurait une correction de 180 mètres à appliquer. C'est une question capitale de savoir exactement à quelle hauteur on se trouve au-dessus du sol, afin de pouvoir observer la hauteur des nuages, les changements de vents, etc.. C'est ainsi qu'on fondera la science météorologique. L'aéronaute doit toujours emporter trois instruments : le baromètre, le thermomètre et l'hygromètre.

M. Saco. — Pour les expéditions scientifiques, les appareils de M. Regnault sont très rigoureux et on devrait les préférer.

M. Janssen. — Les appareils très exacts de M. Regnault ont été utilisés dans la fameuse ascension de MM. Barral et Bixio,

parce qu'il s'agissait de constater un maximum de hauteur.
Mais ils ne peuvent servir qu'une seule fois pour une hauteur
déterminée. Ils ne sont pas pratiques et ne peuvent s'employer
dans les occasions ordinaires.

M. HUREAU DE VILLENEUVE. — Pourriez-vous me dire quel
est le prix d'un bon baromètre anéroïde de précision ?

M. JANSSEN. — Celui que j'ai emporté dans les monts Himalaya avait coûté 70 francs, mais on pourrait peut-être en faire
construire un avec indications spéciales pour 150 francs.

M. HUREAU DE VILLENEUVE. — Je suis disposé à faire construire, avec les conseils de M. Janssen, un baromètre anéroïde,
qui servira de type pour les membres de la Société.

M. JANSSEN. — Il faudrait se procurer aussi un baromètre
Fortin, pour comparer le baromètre anéroïde.

M. SACO. — La trépidation de la nacelle ne rend-elle pas l'observation difficile avec le baromètre à mercure ?

M. JANSSEN. — Oui, mais on peut obvier à cet inconvénient en
plaçant un étranglement dans la colonne de mercure. Au Creusot, j'ai réduit ainsi les oscillations d'un manomètre indiquant
la pression d'un souffleur.

*L'Aéronaute, Bulletin mensuel international de la Navigation
aérienne,* 1873, 6e année, p. 81.

II

PASSAGE DE VÉNUS : MÉTHODE POUR OBTENIR PHO-TOGRAPHIQUEMENT L'INSTANT DES CONTACTS, AVEC LES CIRCONSTANCES PHYSIQUES QU'ILS PRÉ-SENTENT.

On sait que l'observation des contacts doit jouer un grand rôle
dans les études sur le passage de Vénus. Cette observation doit
se faire optiquement, et présente des difficultés toutes spéciales
et bien connues. On comprend donc tout l'intérêt qu'il y aurait
à obtenir photographiquement ces contacts ; mais les méthodes

ordinaires ne peuvent conduire à ce but ; il faudrait connaître
l'instant précis du phénomène pour en prendre la photographie,
et c'est la méthode optique avec les incertitudes qu'elle comporte, qui seule peut le donner.

J'ai eu la pensée de tourner cette difficulté au moyen d'un
appareil qui permît de prendre, au moment où le contact va se
produire, une série de photographies, à des intervalles de temps
très courts et réguliers, de manière que l'image photographique
de ce contact fût nécessairement comprise dans la série et don-
nât en même temps l'instant précis du phénomène.

L'emploi d'un disque tournant donne une solution de la question qui paraît satisfaisante. Voici le dispositif :

La plaque sensible prend la forme d'un disque ; elle se fixe
sur un plateau denté qui peut tourner autour d'un axe parallèle à l'axe de la lunette ou du télescope qui donne l'image du
Soleil. Le disque est excentré de manière que les images se forment vers la circonférence. Devant ce disque, un deuxième disque fixe formant écran est percé d'une petite fenêtre pratiquée
de manière à limiter l'impression photographique à la portion
de l'image solaire où le contact doit se produire.

Le plateau circulaire qui porte la plaque sensible est denté
et mis en rapport avec un petit appareil d'échappement commandé par un courant. A chaque seconde, le pendule d'une hor-
loge interrompt le courant, le plateau tourne de la valeur angulaire d'une dent, ce qui amène sous la fenêtre une portion non
impressionnée de la plaque, où une nouvelle image du bord solaire vient de se peindre. Si le disque porte par exemple 180 dents,
la plaque pourra recevoir 180 images du bord solaire. On pourra
donc commencer les photographies une minute et demie avant
l'instant présumé du contact (instant que le spectroscope peut
d'ailleurs indiquer pour le premier contact extérieur). Quand la
série relative à un premier contact est obtenue, la plaque sensible est retirée et remplacée par une autre qui donnera le deuxième contact, et ainsi pour les quatre.

Ces plaques sont ensuite examinées à loisir avec un microscope ; l'instant du contact est donné par l'ordre de la photographie qui, dans la série, en présentera l'image.

On comprend qu'il est nécessaire de régler le temps de pose. On y parvient au moyen d'une languette métallique munie d'une fente variable qui forme écran devant la fenêtre du disque obturateur, et qui, par une disposition mécanique particulière, découvre la fenêtre pendant la fraction de seconde reconnue convenable dans les essais préliminaires.

Cette note est simplement destinée à indiquer le principe de la méthode ; on donnera plus tard les détails et les dessins nécessaires à la réalisation.

C. R. Acad. Sc., Séance du 17 mars 1873, T. 76, p. 677.

La même communication a été faite à la Commission du passage de Vénus, dans sa séance du 15 février 1873.

III

NOTE SUR L'ANALYSE SPECTRALE QUANTITATIVE, A PROPOS DE LA COMMUNICATION DE MM. CHAMPION, PELLET ET GRENIER SUR LA SPECTROMÉTRIE.

La communication de MM. Champion, Pellet et Grenier est intéressante parce qu'elle nous offre une première réalisation dans la voie de l'analyse spectrale quantitative, sur laquelle, à cette occasion, je demande à attirer de nouveau l'attention de l'Académie.

Tout le monde connaît les services que le spectroscope rend tous les jours à l'analyse chimique ; mais les indications de cet instrument sont essentiellement *qualitatives*, et ne permettent pas de se prononcer sur les proportions suivant lesquelles le corps dont on a reconnu la présence entre dans le composé examiné. Cependant, dans une foule de cas, on aurait le plus grand intérêt à obtenir un dosage même approximatif. Les métaux présentent beaucoup d'exemples de ce genre. On sait, par exemple, que le fer se trouve profondément altéré dans ses propriétés mécaniques par la présence de traces de phosphore ou d'arsenic ; l'atmosphère, l'eau des fleuves, des sources, etc., contiennent souvent des principes actifs qui modifient profondément leurs propriétés et qui s'y trouvent en proportions si faibles qu'ils échappent aux procédés actuels de dosage. Il en est de même des plantes par rapport à une foule de principes minéraux qui entrent dans leur constitution.

Une méthode pour obtenir, par la lumière, le dosage d'une substance, alors que l'analyse chimique devient impuissante, a donc une importance qui ne peut échapper à personne.

Depuis assez longtemps déjà, j'ai essayé de poser les bases rationnelles de cette nouvelle branche d'analyse spectrale, que j'ai nommée l'*analyse spectrale quantitative*.

Les bases ont été exposées dans une communication à l'Académie, faite le 7 novembre 1870.

Dans cette Note, j'exposais deux procédés pour l'application de ces principes.

Le premier est fondé sur la mesure de l'intensité d'une raie brillante donnée par le corps. Le second prend pour base la mesure du temps que le corps met à se volatiliser complètement dans la flamme.

L'appareil de MM. Champion, Pellet et Grenier se rapporte au premier procédé, attendu que c'est par la considération de l'intensité lumineuse de la raie spectrale que j'ai tout d'abord abordé la question. Ce procédé n'était d'abord qu'ébauché, quand M. Champion vint me demander de l'appliquer au dosage de la soude dans les végétaux.

Il y avait là une application intéressante ; et, si elle réussissait, elle apportait une preuve décisive de la justesse des principes sur lesquels j'avais essayé de fonder l'analyse spectrale quantitative. Je connaissais d'ailleurs M. Champion comme un chimiste habile et un esprit distingué et je ne doutais pas du succès. Si l'on en juge par les résultats annoncés par ces Messieurs, cette prévision serait réalisée et le dosage de la soude, surtout quand cet alcali existe en proportions très minimes, s'obtiendrait avec une approximation déjà très satisfaisante.

C. R. Acad. Sc., Séance du 17 mars 1873, T. 76, p. 711.

IV

SUR LE BAROMÈTRE ANÉROÏDE

Société Française de Navigation Aérienne

Séance du 23 juin 1873.

M. Crocé-Spinelli rappelle qu'il a présenté récemment, à la Société, l'idée d'un baromètre où les mouvements auraient été amplifiés, afin d'indiquer les moindres mouvements de montée ou de descente d'un aérostat. M. Marié-Davy lui a parlé d'un baromètre anéroïde, de M. Richard, au moyen duquel on peut mesurer la hauteur d'une table. Il propose d'amplifier encore davantage le mouvement.

M. Janssen fait remarquer qu'au microscope, on voit parfaitement l'aiguille du baromètre anéroïde marcher par saccades. Il lui faut, pour marcher, une certaine force acquise ; elle ne bouge souvent que lorsqu'on vient à frapper légèrement de petits coups répétés sur l'instrument. Sans cet inconvénient, il serait facile de mesurer, avec cet instrument, les plus faibles hauteurs en se servant d'un système de deux petits miroirs analogue à celui employé dans le galvanomètre de Gauss, et en multipliant le mouvement dans la proportion de 1 à 100, on pourrait ainsi mesurer l'épaisseur d'une table. L'avantage reste donc aux masses d'air agissant sur une membrane flexible, qui est de suite impressionnée.

M. Saco dit qu'on peut aussi se servir d'un archet pour déterminer le mouvement de l'aiguille d'un baromètre anéroïde.

M. Ch. Hauvel propose l'emploi d'une boîte munie d'un tube capillaire passant à travers un bouchon, dans lequel l'air serait emprisonné par une goutte de liquide dont les mouvements seraient transmis à l'aide d'un index.

M. Janssen. — J'ai vu autrefois chez Babinet un instrument fondé sur ce principe. Il se composait d'une carafe, d'un bouchon et d'un tube capillaire à double courbure dans lequel une goutte d'eau montait et descendait, suivant les variations de pression. Malheureusement, la force capillaire elle-même venait mettre obstacle au bon fonctionnement de cet appareil ; sans cela, on aurait pu mesurer ainsi des millionnièmes de degré. M. Marié-Davy, observant à l'aide d'un instrument analogue la température de la Lune, trouvait son rayonnement insensible, et pourtant la pile thermo-électrique de Melloni a depuis longtemps démontré le contraire. Depuis, en opérant avec la pile, M. Davy reconnut le rayonnement lunaire très appréciable.

L'Aéronaute, Bulletin mensuel international de la Navigation aérienne, 1873, 6e année, p. 192.

V

SOCIÉTÉ FRANÇAISE DE NAVIGATION AÉRIENNE

Assemblée générale du 26 novembre 1873.

Allocution de M. JANSSEN, Président de la Société.

MESSIEURS,

Mon intention n'est point de faire un discours.

Je veux seulement m'entretenir un instant avec vous des objets qui nous intéressent, et je profite de l'occasion qui m'est offerte par cette assemblée générale, la dernière que je dois présider.

Constatons tout d'abord, Messieurs, que la Société se développe rapidement et qu'elle se trouve dans un état très prospère. Elle compte aujourd'hui beaucoup de membres très recommandables, et même plusieurs hommes éminents. En outre, je crois pouvoir vous dire que la Société va recevoir du Ministre de l'Instruction publique une approbation qui la placera dans une situation morale excellente.

Cet heureux résultat tient à plusieurs causes.

Tout d'abord, à l'esprit même qui a présidé à la fondation de la *Société française de Navigation aérienne*. Vous avez voulu, Messieurs, en faire une Société exclusivement scientifique, et tout élément étranger à la recherche sévère et désintéressée de la vérité, vous l'avez soigneusement écarté. Cette rigoureuse et ferme attitude, prise tout d'abord, vous a valu l'estime générale et le concours des savants les plus distingués dont les travaux pouvaient offrir de l'analogie avec les vôtres. Une autre cause de succès se trouve dans l'actualité et l'utilité, comprise par tous aujourd'hui, de vos études. Sans doute, l'aérostation ayant été créée chez nous, nous est naturellement sympathique ; mais la dernière guerre a augmenté beaucoup ce sentiment. Pendant le siège, les ballons ont montré non seulement tous les services d'ordre militaire qu'ils peuvent rendre, mais encore ils ont joué un rôle moral considérable. Grâce à eux, Paris a pu rester en rapport avec la France et lui communiquer une partie de sa fermeté d'âme. Au milieu de nos immenses revers, ces courageuses expéditions ont formé un épisode glorieux qui a excité l'admiration, même chez nos ennemis.

Rien n'est donc plus motivé ni plus légitime que la sympathie qui s'attache aujourd'hui à l'aérostation. Répondons à ce sentiment, Messieurs, en faisant à l'aérostation militaire une large part dans nos travaux. Etudions et provoquons l'étude de toutes les questions qui s'y rattachent. Plus tard, quand le Gouvernement voudra s'éclairer sur ces questions pour doter nos armées d'un corps d'aérostiers, la Société deviendra sa conseillère naturelle, et elle pourra rendre alors les plus importants services au pays.

Mais l'aérostation appliquée à l'art militaire n'est pas la seule des applications que la Société se doive proposer. Le ballon nous ouvre l'atmosphère ; cette atmosphère, que nous n'avons pu étudier jusqu'ici que dans les couches qui confinent à la surface du globe, et dont le reste, c'est-à-dire la masse presque tout entière, nous est à peu près inconnue. En effet, de cet océan aérien qui nous enveloppe, nous savons seulement ce que peut nous en apprendre la lumière qui la traverse et s'y joue de mille manières. Nous éprouvons les résultantes des phé-

nomènes qui s'y élaborent et s'y engendrent, mais les phénomènes eux-mêmes nous échappent.

Tout ce qui se rapporte à la formation, à la structure des
nuages, de la grêle, des brouillards, nous est inconnu ; nous
sommes dans la même ignorance des conditions qui font naître ces grands troubles électriques qui se traduisent par des
éclairs, des orages, des trombes, des aurores, etc.. Enfin, nous
ne connaissons pas mieux les lois des mouvements aériens,
lois d'où dérivent cependant les vents de surface, qui ont tant
d'intérêt pour nous. Ces vents de surface, vous savez, Messieurs, quels services on a rendu à la navigation à voiles en
les étudiant mieux et en se servant de cette connaissance d'une
manière plus judicieuse. A cet égard, ne vous rappelez-vous
pas que toutes les ascensions faites par des hommes instruits
ont donné des résultats pleins de promesses, et, dernièrement,
dans cette excursion si courageuse entreprise par plusieurs
d'entre vous, n'a-t-on pas traversé des nuages formés de
cristaux, dont l'observation a été de la plus haute importance.

Il y a donc là un champ immense d'études, et toute une
science à créer. Cette science ne pouvait se constituer sans
l'instrument indispensable, qui est l'aérostat. Le champ est
immensément riche, il est vierge, et les premiers qui s'y élan-
ceront, s'ils sont instruits, persévérants, courageux, y feront
des découvertes capitales. Maintenant que l'instrument est
dans nos mains, il ne faut point tarder à entrer dans la carrière.

Quant aux applications utiles, découlant d'une connaissance
générale de notre atmosphère, est-il besoin de les énumérer ?
Indépendamment des progrès qui, dans les sciences physiques,
en seront le résultat, qui ne voit l'impulsion toute nouvelle
qu'en recevront l'agriculture, la marine, le commerce, etc. ?

Je suis si intimement persuadé de l'immense importance de
ces études, dont je vous engage vivement à prendre l'initiative, que je voudrais voir partout les Gouvernements créer ou
protéger des Sociétés aéronautiques, avec mission principale
d'étudier systématiquement notre atmosphère.

Pour ce qui touche à l'objet plus direct de nos travaux, je

dirai que c'est l'étude des courants aériens qui fera avancer le plus vite et le plus sûrement la navigation aérienne.

En effet, Messieurs, tout nous indique que nous ne posséderons pas, de bien longtemps encore, un moteur assez léger et assez puissant pour permettre au ballon, plongé dans une masse d'air animée d'un mouvement un peu rapide, de s'y frayer une route très notablement différente. Ce sont là des conditions qui résultent, malheureusement, d'une part, de la grande surface du ballon, et, d'autre part, du poids relativement faible qu'il peut enlever. Ainsi, de longtemps un aéronaute ne pourra se proposer de se rendre sur un point déterminé et arbitraire, par rapport à son point de départ, quel que soit l'état de l'atmosphère. Si, au contraire, il prend pour base première de sa navigation la connaissance des vents dans toute l'épaisseur des couches aériennes, dans lesquelles il peut se mouvoir, oh ! alors, le problème est susceptible d'une solution qui sera d'autant plus prochaine, que nous voudrons étudier l'atmosphère avec plus d'énergie et d'ardeur.

Il a été question, dernièrement, d'un projet de voyage à travers l'Atlantique, et vous vous souvenez avec quelle réserve vous en admettiez la possibilité et le succès. Eh bien, la seule circonstance qui, pour moi, rend actuellement une entreprise de ce genre si hasardeuse et si pleine de périls, c'est l'ignorance où nous sommes du régime des vents supérieurs au-dessus de l'Océan. Avec cette connaissance précise, l'aéronaute saurait de quel point il doit partir, quelles manœuvres de montées et de descentes il doit exécuter en route pour aller chercher les courants favorables, et à quel point il atterrira. Il resterait seulement à construire un ballon bien étanche, bien gréé, pouvant tenir l'atmosphère pendant plusieurs jours. Ce sont là bien des difficultés que chacun de vous, Messieurs, serait en état de résoudre.

Ces considérations me font exprimer ici le vœu que la Société place la connaissance de l'atmosphère en première ligne parmi ses travaux, et sans rien négliger des études si intéressantes qui se sont produites ici sur les moteurs aériens, moteurs qui deviendront un auxiliaire de plus en plus utile en aéronautique, qu'elle proclame que c'est surtout par l'étude des courants atmosphériques qu'on fondera la navigation aérienne.

La Société s'occupe encore de la science aérienne considérée en elle-même, c'est-à-dire des engins, machines et instruments aériens, du vol des oiseaux, de la direction aérienne, enfin. Je ne crois pas que le problème de la direction touche à une solution prochaine ; mais, en cherchant cette solution, au moyen des méthodes scientifiques, on ne pourra s'égarer, et, si la solution se fait attendre, on trouvera certainement, chemin faisant, des choses intéressantes, peut-être même fera-t-on quelque découverte imprévue.

Ainsi, Messieurs, vos travaux peuvent être divisés en trois ordres d'études bien distinctes : 1º Aéronautique appliquée à l'art militaire ; 2º aéronautique appliquée à la météorologie ; 3º aéronautique proprement dite et technique, à laquelle peuvent se rattacher tous les problèmes suscités par l'étude du vol des oiseaux, la direction aérienne, etc..

C'est là, Messieurs, un programme bien considérable, et qui ne pourrait être complètement rempli, il faut l'avouer, par les seuls efforts d'une Société particulière, quels que fussent l'ardeur et le dévouement de ses membres. Mais la Société française de Navigation aérienne ne sera pas la seule à entrer dans la carrière ; il suffira à son honneur qu'elle s'y soit engagée la première, et qu'elle ait donné chez nous un nouvel et durable essor à cette science aéronautique toujours si française, en prenant pour base la science, pour but la découverte de la vérité et l'utilité au pays.

L'Aéronaute, Bulletin mensuel illustré de la Navigation aérienne, 1874, 7ᵉ année, p. 46.

VI

RAPPORT SUR L'ÉCLIPSE DU 12 DÉCEMBRE 1871, OBSERVÉE A SHOOLOR (INDOUSTAN)

Monsieur le Ministre,

J'ai l'honneur de vous présenter mon rapport sur la mission que vous m'avez confiée, et dont l'objet était l'observation en Asie de l'éclipse du 12 décembre 1871.

On sait que tout l'intérêt de cette éclipse se rapportait à la couronne ou auréole lumineuse qui se montre pendant les éclipses totales de Soleil. Je ne m'arrêterai pas à décrire ici ce beau phénomène si connu aujourd'hui par toutes les descriptions qui en ont été données ; je passerai également sous silence les anciennes et infructueuses tentatives qui ont été faites pour en découvrir la cause, et j'arrive à l'époque où les méthodes fondées sur la décomposition de la lumière ont fait entrer l'étude de ces questions dans une phase toute nouvelle.

C'est à l'occasion de la grande occultation solaire du 18 août 1868, que nos méthodes spectrales actuelles furent appliquées pour la première fois à l'étude des phénomènes d'une éclipse totale. Mais alors on s'occupa surtout des protubérances dont la nature préoccupait à un si haut point les astronomes ; la couronne ne fut point spécialement étudiée. Si quelques faits se rapportant réellement à cet objet furent recueillis, ils l'ont été incidemment, et l'on n'en comprit la véritable signification que plus tard, en discutant les résultats des éclipses ultérieures (1).

Il en fut tout autrement en 1869. Une éclipse totale eut lieu dans l'Amérique du Nord. Le problème de la couronne fut directement abordé, et, s'il ne fut pas complètement résolu, les savants américains recueillirent du moins des faits très impor-

____

(1) Parmi ces faits, il convient de citer la nature du spectre de la couronne qui fut trouvé continu, et l'observation importante de M. Rayet qui trouva aux principales raies du spectre d'une protubérance, de petits prolongements lumineux.

tants, parmi lesquels il faut citer ces photographies (1) qui montraient le grand pouvoir actinique de la lumière de la couronne ;
et surtout la découverte dans le spectre coronal de cette raie
verte qui semble caractériser ce grand phénomène lumineux.

L'année suivante, une éclipse avait lieu dans le bassin de la
Méditerranée. Cette fois, la plupart des nations savantes voulurent prendre part aux observations. De nombreuses commissions vinrent s'échelonner sur le parcours du phénomène, en
Sicile, en Algérie, en Espagne. Mais on se rappelle que le temps
ne fut pas favorable. Quelques observations seulement furent
faites à travers les éclaircies du ciel ; les résultats donnèrent, en
général, la confirmation des faits acquis en 1869 (2).

Tel était l'état de la question en 1871, en présence de la nouvelle éclipse qui semblait promettre de nous fixer définitivement
à l'égard de la couronne, dont la véritable nature avait été pres-
sentie par quelques savants depuis 1869, mais sur laquelle planaient encore bien des doutes motivés.

L'éclipse de 1869 avait été en quelque sorte américaine, celle
de 1871, en raison surtout de l'échec de 1870, excita une vive
émulation en Europe. La France, l'Angleterre, l'Italie, la Hollande, etc., voulurent prendre une part active aux observations.

La ligne centrale de totalité devait passer par le Nord de l'Australie, à Java, au Nord de Ceylan, et sur le continent indien.
L'Angleterre se préoccupa naturellement des observations de
l'Inde, et elle fit dans cette circonstance des sacrifices considérables qui sont tout à son honneur. Par les soins de l'Association
Britannique, une commission d'une douzaine d'observateurs,
dirigée par l'éminent M. Lockyer, fut organisée, et reçut la mission de s'échelonner en quatre ou cinq stations, depuis Ceylan
jusqu'à la côte Malabar. Outre cette expédition, MM. le colonel
Tennant et le lieutenant Herschell, qui avaient pris une si belle
part aux observations de 1868, reçurent du Gouvernement des

____

(1) On sait que c'est M. Warren de la Rue qui a ouvert, en 1860, cette vie
féconde des photographies d'éclipses totales.

(2) Il convient de rappeler ici la belle observation du professeur Young
sur le renversement du spectre à la base de la chromosphère.

Indes la mission d'aller observer sur les Neelgherries. Le savant M. Pogson, directeur de l'observatoire de Madras, était chargé d'une mission semblable par Lord Napier. Enfin de nombreux officiers et amateurs, parmi lesquels je citerai M. le capitaine Fyers, directeur du service trigonométrique à Ceylan, se préparaient de tous côtés à apporter leur concours à ces travaux. Telle était la part considérable de l'Angleterre ; l'Italie allait être bien dignement représentée par M. Respighi qui applique à Rome avec tant de succès la méthode des protubérances. La Hollande avait à Java un astronome distingué, M. Oudemans. A l'extrémité de la ligne centrale en Australie, le phénomène ne devait pas être moins bien étudié ; les excellents observatoires que possède maintenant cette belle colonie anglaise s'étaient mis en mesure d'envoyer au Nord des astronomes habiles, pourvus des meilleurs appareils.

A l'égard de la France, il était à craindre que les récents événements ne paralysassent la généreuse initiative qu'elle a toujours montrée pour les entreprises scientifiques. Déjà même, nos savants voisins d'Outre-Manche s'étaient émus de cette situation, et de généreuses et fraternelles propositions m'avaient été faites de la part de l'Association Britannique, pour assurer à l'observation de l'éclipse le concours d'un observateur français. Mais l'Académie des Sciences, dont la passion pour la gloire nationale augmente en raison même des difficultés, a su lever tous les obstacles ; par sa haute intervention, par le concours du Bureau des Longitudes (1), par la sollicitude généreuse du Gouvernement, l'expédition fut assurée. J'eus l'honneur d'être désigné, honneur dont je sentais tout le péril, et qui me laissa le regret que les circonstances ne permissent pas de me donner des émules français.

Le voyage décidé, deux questions capitales se présentaient : le

---

(1) Le Bureau des Longitudes a pris l'initiative de mon voyage à Trani, pour la première application de l'analyse spectrale à l'étude de l'éclipse annulaire du 6 mars 1867. J'ai été également son missionnaire en 1868, 1870 et 1871. Pendant cette période, le Bureau s'est activement associé à l'Académie pour la préparation des expéditions qui ont amené les nouvelles découvertes sur la constitution du Soleil.

choix des instruments, et celui de la station. Je les aborderai successivement.

Choix des instruments

Pendant l'éclipse de 1868, absorbé tout entier par l'analyse des protubérances, je n'avais point étudié la couronne ; mais depuis, ayant beaucoup médité sur les observations de 1868, 1869 et 1870, j'étais arrivé à cette conviction que la principale difficulté rencontrée dans l'analyse spectrale de la couronne devait provenir du manque d'intensité lumineuse. On sait en effet que nos spectres célestes dérivent d'un faisceau lumineux d'un dixième à un vingtième de millimètre de largeur, que le prisme étale sur une surface quelques centaines de fois plus considérable. Or, dans les lunettes ordinaires, l'image de la couronne est-elle assez vive pour supporter un tel affaiblissement et donner encore un spectre où l'œil puisse percevoir de délicates lacunes de lumière ? L'affirmative paraissait bien douteuse, et je fus persuadé qu'il y avait là l'explication de plusieurs faits peu admissibles signalés par la plupart des observateurs en 1868, 1869, 1870, notamment la continuité du spectre coronal, résultat qui conduirait à admettre dans la couronne la présence de corps solides ou liquides incandescents.

Il n'était donc pas douteux pour moi que les spectres de la couronne obtenus jusque-là avaient été trop peu lumineux pour qu'on pût en reconnaître la véritable nature, et cette conclusion sera admise par tous les praticiens qui savent combien la constitution apparente d'un spectre change, soit par excès, soit par défaut d'intensité lumineuse. La première condition à réaliser était donc d'obtenir un spectre de la couronne suffisamment lumineux.

J'eus alors la pensée de construire un télescope tout spécial, où les conditions optiques qu'un instrument de ce genre doit réunir seraient sacrifiées dans une mesure admissible, pour tout reporter sur le pouvoir lumineux. Je reconnus, par un essai préalable, sur un miroir de 16 centimètres, qu'on peut réduire la distance focale principale d'un miroir à n'être que le quadruple de son diamètre

et à obtenir encore des images suffisamment pures pour l'objet
que j'avais en vue. Or, un miroir dont la distance focale est seulement quadruple de son diamètre donnera une image seize fois
plus lumineuse que celle d'une lunette astronomique de même
ouverture, et qui aurait un foyer quatre fois plus long (1).

Ce point fixé, je fis construire un miroir de 38 centimètres de
diamètre qui prit un foyer de $1^m,42$; le rapport de l'ouverture
au foyer était encore un peu plus grand que celui de 1 à 4, et cependant avec un bon choix d'oculaires, l'instrument montrait
dans Jupiter des détails au delà des deux larges bandes équatoriales bien connues (2).

Mais il était un autre desideratum également important à mes
yeux. On sait que dans les recherches d'analyse spectrale céleste
on se trouve dans la nécessité d'associer à la lunette qui porte le
spectroscope une seconde lunette faisant fonction de chercheur
pour diriger l'instrument analyseur sur le point qu'on veut étudier. De cette disposition, résulte la nécessité de deux observateurs : celui qui dirige le chercheur, et celui qui étudie les spectres. Il y a là un grand inconvénient. L'observateur qui observe
analytiquement les phénomènes d'une éclipse a le plus grand
intérêt à les voir lui-même, et cela, tant au point de vue de l'in-
terprétation qu'il doit en donner, que pour se guider dans le
choix des points où devra porter son investigation.

Il était donc très important de trouver une combinaison optique qui permît à la même personne de remplir les deux rôles. Ce
résultat fut obtenu par une disposition particulière du chercheur ;
l'oculaire de cet instrument fut muni d'abord d'un prisme à
réflexion totale pour rendre la direction de visée parallèle à celle
du spectroscope ; ensuite l'axe optique de ce chercheur fut amené
à une distance du spectroscope égale à celle qui sépare les centres
pupillaires des yeux.

Cette disposition si simple permet alors d'aborder l'observation
avec les deux yeux ; et il suffit de fermer alternativement l'un ou

____

(1) Abstraction faite, bien entendu, des pertes respectives que le faisceau subit dans un miroir et dans un objectif.

(2) Ce miroir a été travaillé par M. Cauche, habile artiste de la maison Bardou et fils.

l'autre pour obtenir soit l'image de la région étudiée, soit le spectre correspondant.

J'ajouterai que ce chercheur était une excellente lunette dont la distance focale avait été calculée de manière à obtenir dans le champ l'ensemble des phénomènes de l'éclipse. Elle portait une croisée de fils, et un index au foyer commun de l'objectif et de l'oculaire.

Quant au spectroscope, il était à vision directe et construit sur le principe de celui que j'ai présenté à l'Académie, dans la séance du 6 octobre 1862, et qui est devenu le point de départ de tous les spectroscopes à vision directe, si usités aujourd'hui.

L'appareil dispersif de cet instrument était formé de deux prismes composés, comprenant chacun cinq prismes très purs, réunis au baume de Canada. Je n'ai pas besoin d'ajouter que le foyer du collimateur fut mis en rapport de foyer avec celui du miroir de manière à profiter de toute la lumière donnée par celui-ci.

Ce spectroscope était si lumineux qu'il donnait le spectre des corps les moins éclairés de l'intérieur d'une chambre.

Le voyage

L'éclipse devait être totale en Australie, à Java, au Nord de Ceylan, et au Sud de l'Inde.

La Nouvelle-Hollande si éloignée, et n'offrant d'ailleurs aucun avantage particulier, était en quelque sorte hors de cause pour nous. A Java, le phénomène devait se présenter dans de très bonnes conditions astronomiques, et la totalité y atteignait presque son maximum. Malheureusement, au mois de décembre, Java se trouve soumis à la mousson d'Ouest qui le couvre fréquemment d'orages et de pluies torrentielles. D'après les avis les plus autorisés, notamment celui de M. Wattendorf, ancien secrétaire général du Gouvernement de l'île, les chances d'avoir un temps découvert en décembre étaient bien faibles ; quant au ciel très pur, qui m'était nécessaire, il paraissait impossible de l'espérer.

Il restait Ceylan et l'Indoustan. De ce côté, nous perdions, il est vrai, un peu sur la durée de la totalité, mais ce désavantage était largement compensé par des conditions climatologiques beaucoup plus favorables. L'Inde, située dans l'hémisphère nord, occupe, par rapport à l'équateur, une situation opposée à celle des îles de la Sonde, et les saisons y sont également contraires. Les mois de notre hiver qui sont pour les îles de la Sonde des mois de pluies et d'orages, sont pour l'Inde ceux de la belle saison ; il ne paraissait donc pas possible d'hésiter ; je me déterminai pour les Indes. Mais la longue ligne qui, partant de Ceylan dans le golfe du Bengale, traversait la côte Coromandel, les plaines du Carnatic, les monts Neelgherries, les Ghauts, pour aboutir à la côte Malabar, offrait des stations bien diverses parmi lesquelles il fallait choisir.

Ce choix avait une importance toute particulière ; les **Anglais** disposant d'un personnel nombreux, échelonné sur la longue ligne indienne de totalité, étaient toujours assurés de quelques bonnes observations. Pour nous, les circonstances actuelles n'ayant pas permis d'envoyer plusieurs commissions, il ne nous était pas permis de nous tromper sur le choix de notre unique station.

En conséquence, je résolus de ne pas m'en tenir aux données générales que nous possédons en Europe sur le climat des Indes, mais d'avancer mon départ, de parcourir la ligne centrale depuis Ceylan jusqu'à la côte Malabar, et de ne me déterminer que d'après la vue des lieux, et les renseignements recueillis aux sources mêmes.

Le 15 octobre 1871, je quittai Marseille sur le vapeur à hélice *le Donaï*, des Messageries françaises. Je fis pendant la traversée des observations météorologiques dont je rendrai compte à part, et après vingt et un jours de bonne mer, par un très beau temps, nous abordions à Galles (Ceylan), le 5 novembre. Nous y laissâmes les instruments et partîmes immédiatement pour Colombo, capitale de l'île, et centre de tous les renseignements dont j'avais besoin. Parmi les personnes avec lesquelles j'ai été en rapport, et après avoir remercié ici M. le gouverneur de son accueil distingué, je dois rappeler surtout M. Layard et la famille Ferguson. M. Layard, agent du Gouvernement à Colombo (1), se chargea bien obligeamment de me procurer une collection d'animaux

---

(1) Cette fonction correspond à celle de préfet en France.

vivants qui m'était demandée par notre Muséum, et que lui seul pouvait rassembler aussi promptement et d'une manière aussi complète, en raison de ses connaissances en histoire naturelle et de ses grandes relations dans l'île. La famille Ferguson, dont les chefs sont dans la presse et dans l'administration, m'aida, sous tous les rapports, de la façon la plus obligeante. Je conserverai toujours un souvenir fort agréable de ces relations. Mais relativement à l'éclipse, le résultat des informations prises aux meilleures sources n'était pas très favorable pour l'extrême Nord de l'île. Le ciel, fort beau en cette saison pendant le jour, restait souvent couvert de brumes de mer pendant la matinée ; or, l'éclipse devait avoir lieu le matin.

C'était là, comme on voit, une de ces circonstances locales qu'on ne connaît bien que sur les lieux mêmes, et qui pour Jafna et cette partie de l'île, me paraît tenir à l'existence du vent N. E. qui, en hiver, dans ces contrées, souffle plus ou moins au lever du Soleil. Sous ce rapport, la côte Malabar garantie par le massif des Ghauts contre l'humidité que ce vent peut apporter, me parut, d'une manière générale, offrir plus de chances favorables. Aussi, malgré le voyage un peu long que cette détermination exigeait, je résolus de quitter Ceylan pour me diriger vers la côte Malabar en doublant le cap Comorin.

Je fis venir les instruments de Galles à Colombo, et m'embarquai pour Tellicherry (côte Malabar), port le plus proche de notre petite colonie de Mahé, qui pouvait m'offrir des ressources. La traversée fut fort belle ; chemin faisant, je profitai de quelques heures de relâche à Cochin pour y déterminer l'inclinaison magnétique (1).

Tellicherry est un port anglais qui sert principalement à l'expédition en Europe des excellents cafés qu'on cultive sur les Ghauts. J'y arrivai le 20 novembre, et j'eus la bonne fortune d'y trouver une famille de négociants français, la famille Baudry, qui m'accueillit avec le plus grand empressement et me donna le plus utile concours.

----

(1) J'ai trouvé que l'équateur magnétique pour l'inclinaison passe actuellement aux environs de Cochin.

Notre petite colonie de Mahé est toute voisine de Tellicherry ; je m'y rendis sans retard. M. Liautaud, notre chargé de service, chef de la colonie, fit tout ce qui dépendait de lui pour aider une expédition française (1).

Il s'agissait maintenant du choix de la station. Pour bien comprendre la détermination que j'ai prise, il faut se rappeler la configuration des régions traversées par la ligne centrale dans le Sud de l'Inde. L'Indoustan forme un grand triangle dont la base est au Nord, et repose sur la chaîne des Himalayas ; la pointe au Sud se termine par le cap Comorin. Le côté occidental est bordé par la chaîne des Ghauts, chaîne à pentes rapides vers la mer d'Arabie (côte Malabar), mais qui, du côté de l'Orient, fournit d'abord les grands plateaux du Centre, et s'abaisse ensuite en pentes douces et prolongées vers le golfe du Bengale. Cette grande chaîne subit vers le Sud une inflexion très remarquable ; à la hauteur de Calicut, elle tourne brusquement à l'Est, pénètre dans le continent, et vient fournir un massif montagneux, les Neelgherries ou montagnes Bleues, qui réalise au centre brûlant de l'Inde, un ciel, une flore, un climat de l'Europe tempérée. Les Ghauts reprennent ensuite jusqu'au cap Comorin ; mais, entre les Neelgherries et les Ghauts du Sud, la dépression est si complète qu'on a pu relier les deux côtes par une voie ferrée (de Beypoor, près Calicut, à Madras). Or, la zone de totalité passant sur les Neelgherries, je devais les visiter, car elles semblaient offrir des postes bien favorables, mais en même temps, il était prudent de demeurer toujours en rapport avec la plaine, et de conserver la faculté de se porter là où l'ensemble des informations accuserait les meilleures chances.

L'éclipse approchait, et cette faculté de choisir ne pouvait être conservée qu'à la condition d'agir rapidement, c'est-à-dire d'utiliser la voie ferrée en question et le télégraphe. Voici le plan que j'adoptai.

Pendant ma visite aux Neelgherries, M. Baudry, que j'avais

---

(1) Ce qui a été surtout précieux pour moi à Mahé, fut d'y trouver des Indiens parlant le français et les idiomes des régions que j'allais parcourir. J'en attachai deux à mon service.

mis au courant de l'observation à faire tous les matins pour apprécier sur la côte la transparence du ciel à l'heure de l'éclipse, devait m'envoyer télégraphiquement ces renseignements. Dans la plaine, j'aurais une station semblable. Quant aux instruments, je les conduirais moi-même à Coïmbatoor, milieu de la voie ferrée et centre des opérations ; ils attendraient là leur direction ultérieure. Je m'élèverais ensuite dans les Neelgherries, et tout en étudiant ces montagnes, je recevrais des données comparatives sur la côte et la plaine, et je pourrais ainsi, une dizaine de jours après, me déterminer avec pleine connaissance de cause.

Ce plan s'exécuta exactement, et sans trop de difficultés. Le bagage fut conduit de Calicut à Beypoor par des chars à bœufs. Là il prit le chemin de fer pour Coïmbatoor où il attendit. Coïmbatoor est la capitale de la province. J'y rencontrai M. G. Ellis, juge supérieur du district, et frère de M. R. Ellis, secrétaire général de la présidence de Madras, avec lequel j'étais déjà lié d'amitié. M. G. Ellis m'offrit l'hospitalité la plus cordiale, et me servit de tout son pouvoir qui est fort grand dans la province. Mon arrivée fut immédiatement télégraphiée à Madras ; mais déjà des ordres avaient été envoyés d'Angleterre pour assurer à l'envoyé de la France l'assistance la plus efficace. J'ajouterai que plus tard, lorsque l'éclipse fut observée, lord et lady Napier nous invitèrent à venir nous reposer à Madras, et nous offrirent, dans la demeure royale de Guindy, l'hospitalité la plus distinguée et la plus affectueuse. Aujourd'hui, les pouvoirs de lord Napier sont expirés, et lady Napier est revenue en Angleterre ; elle a laissé dans les Indes le souvenir d'une femme accomplie, aussi supérieure par l'élévation de son esprit que par l'inépuisable bienveillance de ses sentiments.

Les choses disposées à Coïmbatoor suivant le plan indiqué, je partis pour Octacamund, chef-lieu du district montagneux des Neelgherries. La route se fait en trois étapes, et par des véhicules spéciaux. Des chars, attelés de bœufs qu'on lance au grand trot, conduisent de Coïmbatoor à Mattepollium, village situé au pied des montagnes. De Mattepollium à Koonor, c'est la route d'ascension, elle se fait dans une sorte de chaise suspendue et portée par six ou huit Indiens. Cette ascension est pleine de beautés ; à mesure qu'on s'élève, le caractère du paysage change constamment, et dans l'espace de cinq à six heures, on passe de la nature tropicale aux plus belles scènes alpestres. De Koonor à Octacamund, la route est carrossable, le trajet se fait en voiture.

Aussitôt mon arrivée à Octacamund, je me présentai chez M. Breeks, agent du district, qui m'attendait et me fournit les renseignements dont j'avais besoin sur le climat, les moyens de transport, la construction d'un observatoire, etc..

Il a existé autrefois un petit poste météorologique à Octacamund. Les observations embrassent une dizaine d'années environ, et ont été imprimées. Je les consultai avidement, et j'y vis avec une vive satisfaction que les mois de décembre et de janvier sont très beaux dans les Neelgherries, surtout les matinées, circonstance bien précieuse pour moi. On se rappelle en effet que c'était la difficulté d'avoir un ciel très pur vers huit heures du matin qui m'avait fait abandonner Ceylan et ne me laissait pas encore satisfait de la côte Malabar.

Je me mis aussitôt à parcourir la montagne pour étudier le lever du Soleil en divers points du massif. L'éclipse approchant, pour gagner du temps, je disposai les choses de manière à utiliser les nuits. Placé dans un fauteuil lié à des bambous, et porté par huit Indiens, je pouvais, enveloppé de mes couvertures, dormir pendant la marche de nuit accomplie d'un pas rapide, à la lueur de la torche. Arrivé avant le jour au lieu que je voulais étudier, j'assistais au lever du Soleil. La direction du vent, l'état général du ciel, la pureté des régions voisines de l'astre à l'heure de l'éclipse, étaient rigoureusement étudiés et notés. Ces études terminées, nous prenions le repas, et nous repartions pour un autre point. En même temps je recevais par le télégraphe et les courriers indiens des informations journalières sur la côte Malabar, Coïmbatoor et Octacamund.

Or, la comparaison de toutes ces données était incontestablement à l'avantage des Neelgherries. La première partie de mon programme était donc résolue : j'observerais dans ces montagnes. Ma résolution prise, j'envoyai des ordres pour que les instruments fussent amenés de Coïmbatoor à Octacamund, et j'utilisai le temps que ce trajet exigeait pour arrêter le point précis de ma station. Ce choix n'était pas indifférent, comme on va le voir. En effet, dans mes courses à travers ces montagnes, j'avais remarqué qu'au lever du Soleil, un vent léger s'élevait toujours du côté de l'Orient, et nous amenait un léger rideau de cirrus venant des plaines du Carnatic. Suivant la durée du vent et sa force, ce rideau s'avançait plus ou moins sur nos montagnes. A Octacamund, qui est à peu près au centre du massif, il arrivait deux fois sur trois que le Soleil n'était pas tout à fait dégagé vers 7 heures et demie (heure de l'éclipse) ; mais jamais le rideau ne s'étendait beaucoup au-dessus du Soleil, et je vis qu'en fixant à 2 kilomètres la hauteur maximum de ces nuages au-dessus des montagnes, il suffirait de me déplacer de 10 à 15 kilomètres, du côté de l'Occident, pour rendre favorable presque toutes les matinées. Je choisis donc en conséquence ma station à l'extrémité nord-ouest du massif, au point où la ligne centrale coupait les derniers sommets.

En résumé, on voit comment la considération de la mousson régnante du N. E. amenait à préférer, au Nord de Ceylan, la côte occidentale de la chaîne des Ghauts, comment les Neelgherries, par leur heureuse situation sur la ligne centrale, leur élévation et leur climat, sollicitaient l'observateur, et enfin comment l'étude attentive de ces montagnes conduisait au point le plus favorable qu'elles pussent offrir.

Je choisis mon poste d'observation sur une montagne au pied de laquelle se trouve le village indien de Shoolor, latitude $11°25'8''$, longitude Est de Paris $74°22'5''$, village formé de quelques misérables cases, et dont les pauvres habitants vivent de quelque maigre culture et du travail aux plantations de thé dirigées par les Anglais. C'est dans une plantation que nous vécûmes durant notre séjour.

Il fallait construire la cabane, faire venir les instruments, les monter et disposer les observations.

Le transport des instruments à travers ces montagnes sauvages, sans routes praticables, parsemées de forêts, offrait de sérieuses difficultés. On ne pouvait songer qu'à un transport à bras d'hommes. Voici comment nous procédâmes : les caisses

furent bridées par des cordes et suspendues à des bambous longs
de 3, 4, 5 mètres, suivant l'importance des caisses ; aux extrémités de ces bambous, d'autres bambous plus petits, disposés en
croix, permettaient aux porteurs de s'y placer sur deux rangs.
Les grandes caisses exigèrent une douzaine de porteurs, et arrivèrent en parfait état, résultat qui doit être attribué à leur mode
de suspension qui amortissait beaucoup les secousses. Au reste,
par précaution, les instruments avaient été complètement dé-
montés, noyés dans la rognure de papier fortement tassée, en
sorte que les chocs étaient peu à craindre. Le bagage se composait d'une douzaine de caisses. Il fallut, comme on voit, un nombre considérable de porteurs, et pour les obtenir et les mettre
en mouvement, l'intervention de M. Breeks me fut très utile.

En même temps, une trentaine de charpentiers et de coolies
travaillaient à la cabane. Nous la construisîmes avec du bois tiré
de la forêt, des nattes et du gazon. J'avais donné le plan et un
petit modèle au maître charpentier indien. Ce modèle facilitait
beaucoup les explications toujours difficiles malgré mes inter-
prètes, en raison de l'idiome local parlé dans ces montagnes.
Pour hâter la construction, j'avais fortement intéressé mes charpentiers à terminer dans un délai fixé ; je les excitais en outre par
ma présence ; aussi, en quelques jours, la cabane fut-elle élevée
et mise en état de recevoir les instruments. Ceux-ci commençaient
déjà à arriver au pied de la montagne. Les caisses les plus lourdes
étaient ouvertes, le contenu divisé en plusieurs lots qu'on amenait à bras d'hommes sur le sommet. Enfin le 7 décembre, trois
jours avant l'éclipse, les instruments étaient montés et en place.

Or, j'étais arrivé le 3 à Shoolor. En une semaine, les caisses
avaient été amenées d'Octacamund, l'observatoire érigé, les instruments montés et prêts pour l'observation (1).

Je dois placer ici quelques mots sur la disposition de la cabane
et des instruments.

La cabane était entièrement close, excepté du côté de l'Orient
où une ouverture étroite et élevée formant porte permettait au

---

(1) Je donne ces détails pour aider les voyageurs futurs dans la conduite
si difficile d'une expédition scientifique à travers un pays peu civilisé.

télescope de suivre le mouvement du Soleil, du lever jusqu'à
10 heures environ. Les parties de cette ouverture, non utilisées
par le télescope, au moment d'une observation, se fermaient par
des claies mobiles tenues par des aides. Autour du télescope,
j'avais disposé une seconde petite chambre en toile noire qui plaçait l'observateur dans l'obscurité, tandis qu'un demi-jour régnait dans le reste de la cabane et permettait aux assistants
d'exécuter leurs instructions. Quant au télescope lui-même, je
l'ai déjà décrit au point de vue de la disposition optique ; j'ajouterai qu'il était monté en alt-azimut sur un pied en fonte ; les
mouvements étaient commandés par un système de vis de rappel fixé sur un fort chevalet. Cette disposition, dans laquelle le
corps de l'instrument est saisi en deux points, donne une grande
stabilité. La veille (11 décembre) et à l'heure où le phénomène
devait avoir lieu, je répétai avec soin toutes les manœuvres, et
assurai surtout le parfait accord entre l'index du chercheur et
la fente du spectroscope.

La nuit suivante, veille de l'éclipse, fut belle ; j'en profitai
pour faire quelques observations, vérifier toutes choses, puis je
me jetai sur mon lit ; à 4 heures, j'étais debout, reposé, et j'ajouterai plein de confiance ; je sentais que j'étais prêt.

Le capitaine Sargent, officier anglais, qui avait dressé sa tente
auprès de ma cabane, était aussi sur pied ; il vint bientôt me voir,
et nous admirâmes le ciel qui était partout d'une pureté parfaite.
Mais vers 5 heures et demie, quand l'aube était bien accusée,
le vent s'éleva comme à l'ordinaire ; un rideau noir menaçant
s'avança sur nous ; le Dodabetta situé plus à l'Est était enveloppé
de nuages (1). Le capitaine crut que tout était perdu, mais j'avais
trop étudié la marche du phénomène pour m'effrayer ; je le ras-
surai et lui prédis que le soleil serait dégagé au moment de
l'éclipse. En effet, les nuages s'arrêtèrent bientôt, l'astre s'éleva,
et au moment du premier contact, il était resplendissant.

Je suivais l'éclipse dans le chercheur muni d'un verre très obs-

---

(1) Le colonel Tennant et le lieutenant Herschel observaient au Dodabetta, la plus haute montagne des Neelgherries. Le commencement de la
totalité y fut manqué ; mais, fort heureusement, ces messieurs eurent une
éclaircie pour la fin du phénomène.

cur, ne donnant qu'une image extrêmement pâle du Soleil, **et**
laissant à ma vue toute sa sensibilité.

L'OBSERVATION

La totalité approchait. Le ciel était d'une admirable pureté. Je
m'étais impérieusement tracé un programme, car l'éclipse totale
étant seulement de deux minutes (1), on ne pouvait songer qu'à
quelques courtes observations, mais tellement choisies, qu'elles
pussent lever définitivement les doutes qui planaient encore sur
la nature de la couronne.

Je devais m'attacher surtout à bien déterminer la véritable
nature du spectre coronal, et si, comme je le prévoyais, il présentait les caractères d'un spectre de gaz, déterminer quels sont
ces gaz, et quels rapports de nature ils présentent avec ceux des
protubérances, terminer, en examinant si les données de l'analyse spectrale s'accordent avec celles de la polarisation. Mais,
avant tout, je devais consacrer une quinzaine de secondes à
l'examen de la couronne dans la lunette, pour me former une
idée exacte du phénomène, et arrêter les points où l'étude spectrale devait porter.

Cependant le Soleil va être complètement éclipsé, il est actuellement réduit à un mince filet lumineux qui bientôt se résout en
grains séparés. Je fais tomber le verre obscur de la lunette, et la
couronne apparaît dans toute sa splendeur. Autour de la Lune
oscillent plusieurs protubérances d'un rose corail qui se détachent sur le fond d'une auréole doucement lumineuse, de couleur
blanche, mate et comme veloutée. Les contours de cette couronne
sont irréguliers, mais assez nettement terminés. La forme générale est celle d'un carré curviligne, cintré sur le Soleil, et débordant celui-ci d'un demi-rayon dans les parties les plus basses, et
de près du double vers les angles ; aucune diagonale n'a la direction de l'équateur solaire. Cette couronne présente une structure
très curieuse, dont on peut se servir pour résoudre plusieurs

---

(1) Le calcul donne 2 minutes 6 secondes pour la durée de la totalité à
Shoolor. Latitude 11°27'8'', longitude 74°22'5'' Paris.

points de théorie. On y distingue des traînées lumineuses qui,
partant du limbe lunaire, vont se rejoindre dans les hautes parties de la couronne ; l'apparence est celle d'une ogive ou d'un

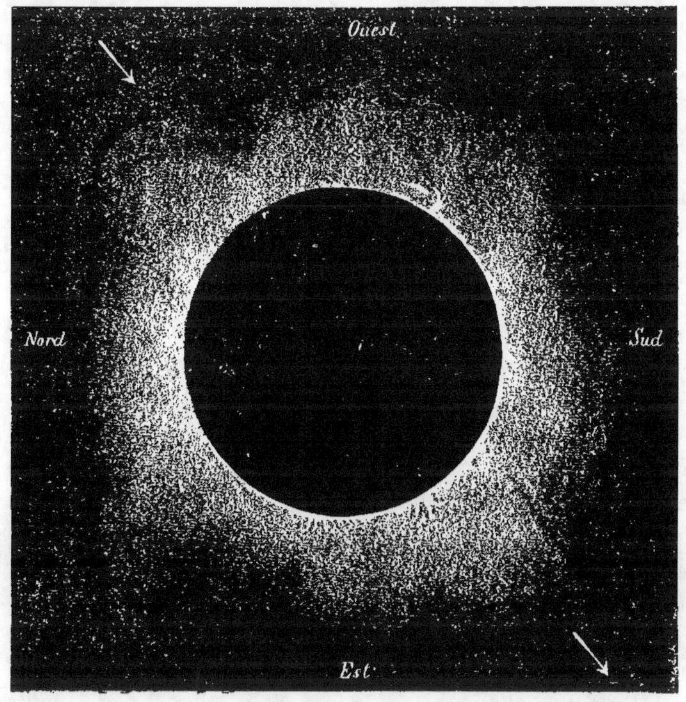

1873. Fig. 1.

pétale de fleur de dahlia. Cette structure se répète tout autour de
la Lune, et, dans son ensemble, la couronne figure comme une
fleur lumineuse, gigantesque, dont le disque noir de la Lune occu-
perait le centre.

Je m'arrache à l'extase dans laquelle cet incomparable phénomène m'avait jeté un instant, pour exécuter mon programme.

J'examine si la couronne présente des différences essentielles
au point du contact et au point opposé. Je ne trouve point de
différences. Je suis alors quelques instants le phénomène, afin de
voir si le mouvement de la Lune va apporter quelques change-

ments importants dans la structure intiale de la couronne. Ces épreuves me donnent la conviction complète que j'ai devant les yeux l'image d'un objet réel situé au delà de notre satellite, et dont celui-ci découvre les diverses parties par les progrès de son mouvement.

Ayant terminé cet examen, je reviens aux éléments lumineux du phénomène. Ma vue ayant encore toute sa sensibilité, je commence par l'examen du spectre des parties les plus hautes et les moins lumineuses de la couronne. Je place la fente du spectroscope à deux tiers de rayon environ du bord lunaire. Le spectre se montre beaucoup plus vif que je ne m'y attendais à cette grande distance, résultat qui tient évidemment au grand pouvoir lumineux de l'instrument et à l'ensemble des dispositions adoptées. Ce spectre n'est pas continu. J'y reconnais de suite les raies de l'hydrogène et la raie verte (dite 1474) (1). C'est un premier point très important. Je déplace la fente en restant toujours dans les hautes régions de la couronne. Les spectres présentent toujours la même constitution. Partant d'une de ces positions, je descends peu à peu vers la chromosphère, examinant très attentivement les changements qui peuvent se produire. A mesure que j'approche de la Lune, les spectres prennent plus de vivacité et paraissent s'enrichir, mais ils restent semblables à eux-mêmes comme constitution générale. Dans les hauteurs moyennes de la couronne, de trois à six minutes d'arc, la raie obscure D se perçoit, ainsi que quelques lignes obscures dans le vert, mais celles-ci sont à limite de visibilité. Cette observation prouve la présence, dans la couronne, de la lumière solaire réfléchie, mais on sent que cette lumière est noyée dans une émission lumineuse étrangère abondante.

J'aborde alors l'observation très importante qui doit me donner les rapports spectraux entre la couronne et les protubérances. La fente est placée de manière à couper une portion de la Lune, une protubérance, et toute la hauteur de la couronne.

---

(1) Mon spectroscope portait une échelle très précise, mais on va voir comment je me suis servi ensuite des raies mêmes d'une protubérance comme échelle de comparaison.

Le spectre de la Lune est excessivement pâle, il paraît dû principalement à l'illumination atmosphérique et donne une mesure précieuse de la faible part que notre atmosphère peut prendre dans le phénomène de la couronne.

La protubérance donne un spectre très riche et d'une grande intensité ; je n'ai point le temps d'en faire une étude détaillée. Le point capital ici est de constater que les principales raies de la protubérance se prolongent dans toute la hauteur de la couronne, ce qui démontre péremptoirement l'existence de l'hydrogène dans celle-ci.

La raie verte (dite 1474), si vive dans le spectre de la couronne, paraît s'interrompre dans le spectre de la protubérance (résultat très remarquable). Je donne encore quelques instants pour bien constater la correspondance exacte des raies de la couronne avec les principales raies de l'hydrogène dans les protubérances.

Il ne me reste alors que quelques secondes pour l'étude polariscopique (1). La couronne présente les caractères de la polarisation radiale, et, ce qu'il faut bien remarquer, le maximum d'effet ne s'observe pas à la base du limbe lunaire, mais à quelques minutes du bord (2). J'avais à peine terminé cette rapide constatation que le Soleil réapparaissait.

DISCUSSION

Lorsqu'il s'agit d'un phénomène aussi complexe que celui de la couronne, il est nécessaire de faire concourir des méthodes variées à son étude ; c'est pourquoi j'avais cru indispensable de considérer la couronne au triple point de vue de son aspect, de son analyse lumineuse, de ses manifestations polariscopiques. Discutons ces diverses observations.

---

(1) Pour étudier la polarisation, j'avais une excellente lunette munie d'un biquartz, construite très habilement par M. Prazmowski. Cette lunette placée sur le télescope, et mise en accord avec lui, pouvait être consultée en un instant.

(2) M. Prazmowski a signalé ce fait dans ses excellentes observations polariscopiques de l'éclipse du 17 juillet 1860.

Voyons d'abord ce que peut nous apprendre la figure de la couronne étudiée pendant les premiers instants de la totalité.

Nous avons vu que la structure générale de la couronne a persisté pendant la durée de l'éclipse.

On ne pourrait donc admettre ici un effet de l'ordre des phénomènes de diffraction engendrés à la surface de l'écran lunaire par des rayons rasant les bords de cet écran. En effet, reportons-nous aux circonstances géométriques d'une éclipse totale. Au moment où la totalité vient de se produire, le disque de la Lune est tangent en un point à celui du Soleil, et va en débordant de plus en plus celui-ci jusqu'au point opposé : la diffraction se produirait donc dans les circonstances physiques les plus différentes aux divers points du limbe lunaire, et une auréole due à cette cause révélerait, par sa dissymétrie, cette diversité de conditions. En outre, une auréole de cette nature présenterait un aspect incessamment variable pendant les diverses phases de la totalité ; dissymétrique au début, elle se modifierait avec le mouvement de la Lune, et tiendrait à prendre une figure semblable autour de notre satellite, quand le disque de celui-ci déborderait également partout celui du Soleil. Enfin, à partir de cet instant, cette auréole repasserait par les phases inverses jusqu'à la réapparition du Soleil.

Or, rien de semblable ne se produisit à Sholoor ; la structure générale de la couronne resta semblable à elle-même pendant la durée de la totalité (1).

Quant à l'hypothèse d'une auréole produite par une atmosphère lunaire, il n'est pas nécessaire de s'y arrêter. On sait aujourd'hui que, s'il existe à la surface de notre satellite, une couche gazeuse, elle doit être si peu étendue qu'il lui serait absolument impossible de reproduire le phénomène grandiose de la couronne.

Notre atmosphère ne pourrait pas davantage être invoquée

____

(1) Il est bien évident toutefois que cette constance d'aspect ne se rapporte qu'à des points de structure générale assez éloignés du Soleil pour n'être pas influencés par les variations d'éclairement résultant des déplacements de la Lune relativement aux régions basses et lumineuses de la chromosphère.

comme cause du phénomène, mais il est évident qu'elle joue un grand rôle dans les aspects particuliers que la couronne peut présenter en diverses stations, suivant l'état du ciel en ces stations. Elle agit comme cause modificatrice, mais non productrice.

Passons maintenant aux observations spectroscopiques.

La couronne présente les raies de l'hydrogène, et en certains points jusqu'à douze et quinze minutes d'arc de hauteur.

Cette observation est certaine. La précision des échelles spectroscopiques, l'habitude que nous avons de ces déterminations, enfin le soin qui a été pris dans la troisième observation, de comparer les raies de la couronne à celles d'une protubérance dont elles formaient les prolongements rigoureux, ne laissent aucun doute sur ce fait.

Mais si la couronne présente les raies de l'hydrogène, nous devons nous adresser cette question capitale : Cette lumière est-elle émise ou réfléchie ? C'est la constitution du spectre coronal qui va nous répondre.

Si la lumière de la couronne est réfléchie, cette lumière ne peut avoir qu'une origine solaire : elle provient de la photosphère et de la chromosphère, et son spectre doit être celui du Soleil, c'est-à-dire à fond lumineux avec des raies obscures. Or telle n'est point la constitution du spectre coronal ; celui-ci nous présente les raies de l'hydrogène se détachant fortement sur le fond ; après la raie verte (dite 1474), c'est la manifestation qui prime dans le phénomène. Il faut en conclure que le milieu coronal brille par lui-même, en grande partie au moins, et qu'il contient de l'hydrogène incandescent.

Ce premier point est nettement établi. Mais est-ce à dire que toute la lumière de la couronne soit de la lumière d'émission ? Evidemment non ; et, sur ce point, une observation délicate d'analyse spectrale et la polarisation peuvent nous instruire.

En effet, le spectre de la couronne m'a présenté, outre ses raies brillantes, plusieurs raies obscures du spectre solaire ; la raie D et quelques-unes dans le vert. Ce fait accuse la présence de la lumière solaire réfléchie. On pourrait demander pourquoi les principales raies fraunhofériennes se réduisent ici à la ligne D. Il faut remarquer que le spectre coronal n'étant pas très lumineux est

surtout perceptible dans sa partie centrale, et que dans cette
partie les raies C, F, etc., sont remplacées par des lignes brillantes. Dans ces conditions, c'est la ligne D qui restait la seule
importante ; aussi est-ce sur elle que j'avais dirigé surtout mon
attention. Quant aux lignes plus fines, elles étaient beaucoup
plus difficiles à apercevoir, fait qui s'explique très naturellement par l'ouverture assez large que j'avais été obligé de donner à la fente du spectroscope.

La constatation de raies fraunhofériennes dans le spectre de la
couronne est délicate ; elle n'a pas été obtenue par les autres observateurs. Ce fait s'explique et par la grande pureté du ciel à
Shoolor, et par la puissance de mon instrument. Je ne doute pas
que l'observation ne soit confirmée par les astronomes qui se
trouveront dans des conditions aussi favorables.

La présence de la lumière solaire réfléchie dans le spectre de la
couronne a une grande importance ; elle montre la double origine
de cette lumière coronale ; elle explique des observations de polarisation qui paraissaient inconciliables (1) ; mais surtout elle fait
comprendre comment la lumière solaire formant en quelque sorte
le fond du spectre de la couronne, on a pu croire ce spectre continu, et l'on sait que cette circonstance a été jusqu'ici le plus
grand obstacle qui s'opposait à ce que l'on considérât la couronne
comme étant de nature entièrement gazeuse. Les phénomènes de
polarisation présentés par la couronne sont, comme effet dominant, ceux de la polarisation radiale, ce qui montre que la réflexion a lieu principalement dans la couronne, et que celle qui peut
se produire dans notre atmosphère n'est que secondaire. La polarisation s'accorde donc ici avec mon observation des raies fraunhofériennes ; mais, pour que l'accord soit complet, il faut que
l'analyse polariscopique puisse nous montrer, comme l'analyse
spectrale, que la lumière de la couronne n'est que partiellement
réfléchie. C'est précisément ce qui arrive. Nous avons vu en effet

---

(1) Si l'on consulte l'histoire des éclipses, on verra que les observateurs
ont obtenu souvent des résultats contradictoires, ce qui avait jeté, sur ce
genre d'observations, une sorte de discrédit. Mais si l'on discute ces observations en tenant compte de la double nature de la lumière de la couronne
et des effets de notre atmosphère, on pourra lever la plupart des difficultés.

que près du limbe de la Lune, où la lumière coronale est la plus
vive, la polarisation paraît moins prononcée qu'à une certaine
distance. C'est que dans ces régions inférieures l'émission est si
forte, qu'elle masque la réflexion, et que celle-ci n'apparaît avec
ses caractères propres que dans les couches où elle peut reprendre une certaine importance relative. Ainsi, les deux analyses
spectrale et polariscopique, bien interprétées, s'accordent sur
cette double origine de la lumière coronale, et toutes les observations se réunissent pour démontrer l'existence de ce milieu
circumsolaire.

Ce milieu se distingue, et par sa température, et par la densité
de la chromosphère dont la limite, en outre, est parfaitement
tranchée, ainsi que le témoignent tous les dessins des protubérances et de la chromosphère. Il y a donc lieu de lui donner un
nom. Je propose celui d'*enveloppe* ou d'*atmosphère coronale*, pour
rappeler que les phénomènes lumineux de la *couronne* lui doivent
leur origine.

La densité de l'atmosphère coronale doit être excessivement
faible. En effet, on sait que le spectre de la chromosphère dans
ses parties supérieures est celui d'un milieu hydrogéné excessivement raréfié ; or, comme le milieu coronal, d'après les indications spectrales, doit être infiniment moins dense encore, on voit
à quelle rareté ce milieu doit atteindre. Cette conclusion est encore corroborée par les observations astronomiques : la science
a enregistré le passage de comètes à quelques minutes seulement
de la surface du Soleil ; ces astres ont dû traverser l'atmosphère
coronale, et cependant, malgré la faiblesse de leur masse, elles ne
sont pas tombées sur le Soleil.

J'ajouterai ici, touchant la constitution de l'atmosphère coronale, quelques idées qui ne découlent pas, d'une manière rigoureuse, de mes observations, mais qui me paraissent très probables,
et sur lesquelles, du reste, l'avenir pourra prononcer.

J'ai dit, à propos des observations dans la lunette, que la couronne s'était présentée à Sholoor avec une forme à peu près carrée, et qu'on y distinguait comme de gigantesques pétales de fleur
de dahlia. Il est de fait qu'à chaque éclipse la figure de la couronne
a varié. Souvent elle s'est présentée avec les apparences les plus

bizarres. Je dirai tout d'abord que ce milieu incontestablement reconnu maintenant, et que je propose de nommer l'atmosphère coronale, ce milieu, dis-je, ne présente fort probablement pas toute l'auréole que nous apercevons pendant les éclipses totales. Il est très admissible, suivant les idées de M. Faye, que des portions d'anneaux ou des traînées de matière cosmique deviennent alors visibles, et viennent ainsi compliquer la figure de la couronne. Il appartiendra aux futures éclipses de nous instruire à cet égard. Mais, en se bornant même au milieu coronal, il est incontestable qu'il se présente avec des formes singulières et qui rappellent bien peu l'idée qu'on se forme d'une atmosphère en équilibre. Or je suis porté à admettre que ces apparences sont produites par des traînées de nature plus lumineuse et plus dense, amenées des couches inférieures, et sillonnant ce milieu tourmenté. Les jets protubérantiels, qui vont porter l'hydrogène à de si grandes hauteurs, doivent avoir une part importante dans ces phénomènes. Il y aura à examiner, en outre, si le Soleil qui exerce une action si manifeste sur les comètes ne peut pas avoir une influence particulière sur ce milieu coronal dont la densité est tout à fait comparable à celle des milieux cométaires.

Il est donc très probable que l'atmosphère coronale, comme la chromosphère, est très tourmentée, et qu'elle change de figure assez rapidement, ce qui expliquerait comment elle s'est présentée sous des apparences si différentes chaque fois qu'elle a pu être observée.

En résumé, j'ai pu constater à Shoolor, par des observations certaines et concordantes, que la couronne solaire présente les caractères optiques du gaz hydrogène incandescent ; que ce milieu très rare s'étend à des distances très variables du Soleil, depuis un demi-rayon de l'astre environ jusqu'au double en certains points (ce qui donnerait des hauteurs de 80 à 160.000 lieues de 4 kilomètres) ; mais je ne donne ces chiffres que comme résultats d'une observation, et non comme définitifs. Il est bien certain, d'ailleurs, que la hauteur de la couronne doit être incessamment variable.

Ce résultat semble faire faire un pas considérable au problème général de la couronne. Si nos émules étrangers (1) n'ont pas obtenu un résultat aussi décisif que ceux de la mission française, je crois qu'il faut l'attribuer à la pureté tout exceptionnelle du ciel dans la station que j'avais choisie avec tant de soins, et aussi à l'ensemble des dispositions optiques qui ont donné, au phénomène lumineux qu'il s'agissait de saisir, une puissance exceptionnelle.

Archives des Missions scientifiques et littéraires, 1873, 3ᵉ série, T. I, p. 103.

Reproduit dans *Annales de Chimie et de Physique*, 1873, 4ᵉ série, T. XXVIII, p. 474.

---

(1) M. Respighi a fait à Poodookotah de très belles observations qui confirment les miennes ; seulement, il a trouvé une hauteur de couronne beaucoup plus petite, ce qui me paraît tenir au pouvoir lumineux plus faible de son instrument.

1874

1

SUR LA PRÉPARATION D'UNE ASCENSION SCIENTIFIQUE A GRANDE HAUTEUR

Société Française de Navigation Aérienne

Séance du 14 janvier 1874.

Remarques de Janssen, Président de la séance,
sur la communication de Crocé-Spinelli.

M. Crocé-Spinelli. — Dans les *soupapes*, les joints ne sont jamais étanches, et les fuites peuvent être sérieuses, car le gaz file avec une vitesse de 15 à 20 mètres par seconde. Il ne faut pas toucher, autant que possible, à la soupape. On ne défait pas ainsi le cataplasme, composé de suif et de farine de lin, qui bouche les interstices. Les soupapes sont appliquées, sur leurs portées, par des ressorts en caoutchouc, qui les tirent de bas en haut. Si ces ressorts venaient à se casser, l'orifice resterait béant, .et les aéronautes viendraient se fracasser sur le sol, à moins que par un heureux hasard, l'aérostat ne fit parachute. Cela pourrait arriver, si l'on se contentait de ressorts en caoutchouc, matière qui devient cassante au-dessous de — 10°. Je propose d'associer les ressorts en laiton, peu sensibles au froid, à ceux en caoutchouc.

M. Janssen. — Il ne faut pas demander de trop grands efforts à ces ressorts, qui doivent être à boudins et très longs. Le cuivre est, d'ailleurs, préférable à l'acier, qui, sous une température de — 40°, se briserait comme du verre, par suite d'un effet particulier de trempe.

M. Crocé-Spinelli. — La *corde de déchirure* nécessaire pour le dégonflement à l'atterrissage par vent violent offre le danger d'être involontairement saisie par les aéronautes en proie à des malaises, à des torpeurs résultant de la raréfaction dans les hautes couches. M. Janssen a proposé que la corde de déchirure, peinte en rouge, soit très peu accessible, tandis que la corde de la soupape, peinte en bleu, serait à la portée de la main.

M. Janssen. — Je crois, de plus, qu'il serait bon de diminuer le danger, en ne faufilant la corde de déchirure à travers l'étoffe que de l'équateur à l'appendice. On aurait encore une calotte pleine de gaz, qui laisserait au ballon une certaine force ascensionnelle, et qui lui permettrait de former parachute pendant la descente. Si le choc était très rude, au moins les aéronautes auraient-ils quelques chances de ne pas y laisser la vie. Je sais bien que, pendant l'atterrissage, la déchirure serait moins efficace que celle produite de l'équateur au sommet ; mais il faut avant tout penser, ce me semble, à éviter une effroyable descente verticale.

. . . .

M. Janssen. — Pour une ascension à grande hauteur, je conseille le gonflement avec du gaz maigre et l'emploi d'une très petite nacelle capitonnée, moins dangereuse qu'une grande nacelle pendant le traînage. Comme réserve de chaleur, je crois l'eau chaude excellente, à cause de sa très grande capacité calorifique. Cette eau, dans une nacelle remplie de foin fin, perdra peu de calorique ; elle pourra, au besoin, servir de lest. M. Regnault avait donné à MM. Barral et Bixio, pour leur ascension, un appareil barométrique qui indiqua la pression *minimum* atteinte. Je donnerai de même aux aéronautes quelques baromètres formés de tubes recourbés de diverses longueurs et de différents diamètres, complètement remplis de mercure. A la petite branche de ces tubes se trouve une ouverture capillaire, par laquelle le mercure s'échappe, à mesure que l'on s'élève. En descendant, le mercure remonte dans les tubes. Il suffit de placer ces tubes dans une cage ou boîte largement ouverte aux courants d'air, et que l'on accroche au cercle du ballon, en ayant soin, au moment de la descente, de renverser la boîte, munie à cet effet de deux

crochets opposés, afin d'empêcher le mercure d'être projeté hors
des tubes, par suite des chocs de la nacelle au moment de l'atterrissage. A terre, on place les tubes sous la cloche d'une machine
pneumatique, et l'on fait le vide. Au moment où le mercure perle
en même temps à l'extrémité capillaire des tubes, on note la pression indiquée par un bon Fortin placé à côté. Il reste seulement
à faire la correction de température. Il sera essentiel, surtout,
dans le prochain voyage, d'observer la couleur du çiel, le point
de rosée, les vents, et aussi de constater l'effet physiologique de
l'absorption de l'oxygène dans les hautes régions atmosphériques. Cette ascension, uniquement scientifique, me paraît méri-
ter un encouragement de l'Académie des Sciences, qui s'inté-
ressera certainement aux observations à faire. J'espère, avec le
concours de mon honorable confrère, M. Hervé-Mangon, obtenir cet encouragement. Les ascensions à grande hauteur ont, en
effet, une immense importance tant au point de vue météorologique qu'à celui du perfectionnement de l'aérostation, science
qui est née chez nous. Il y a donc un intérêt national à les propager et à les rendre les plus fructueuses possible.

L'Aéronaute, Bulletin mensuel illustré de la Navigation aérienne,
1874, 7ᵉ année, p. 119.

II

SUR LES EXPÉRIENCES A EFFECTUER PENDANT UNE ASCENSION A GRANDE HAUTEUR

Société Francaise de Navigation Aérienne

Séance du 18 mars 1874.

M. Hervé-Mangon. — L'état électrique de l'atmosphère est
très controversé. Robertson, Gay-Lussac, etc., et tout récemment M. Tissandier ont fait à ce sujet des expériences qui ont
fourni des résultats contradictoires tenant peut-être au degré
d'humidité des couches d'air. Les uns ont aperçu des étincelles ;

les autres n'ont rien vu. On pourrait certainement les faire en ballon captif, mais il ne se sépare pas assez du sol et il sera très important de refaire l'expérience à une assez grande hauteur.

M. JOBERT. — J'ai enflammé du gaz au moyen de l'étincelle électrique à une certaine distance, et l'étincelle n'était pas toujours visible. Je conseille, pour la sûreté des aéronautes, de faire l'expérience en vase clos au moyen de deux pointes que l'on pourra rapprocher ou écarter à volonté, et de placer un galvanomètre dans le circuit du courant.

M. JANSSEN. — Je crois très bon le système indiqué par M. Jobert. On pourrait faire agir tantôt l'étincelle, tantôt le galvanomètre ou plutôt une simple aiguille, à l'aide d'un commutateur disposé *ad hoc*. La hauteur atteinte par le ballon sera indiquée automatiquement par des baromètres témoins *a minima* que je leur fournirai.

M. Crocé-Spinelli se livrera à des expériences sur la vapeur d'eau dans l'atmosphère, présence constatée au moyen d'un petit spectroscope. Il s'agit de savoir si dans les hautes régions, audessus de la tête de l'observateur, il existe encore une quantité très sensible de vapeur d'eau dans l'air. En Suisse, à 3.000 mètres de hauteur, les raies de la vapeur d'eau diminuent considérablement. J'ai appelé méthode spectro-hygrométrique, une méthode qui consiste à se rendre compte par le spectroscope de la quantité de vapeur d'eau qui se trouve dans la direction du rayon visuel de l'observateur.

D'un autre côté, le P. Secchi croit qu'il existe de la vapeur d'eau dans le Soleil. Je ne crois pas qu'il en existe une quantité appréciable. Si, à grande hauteur, en visant le Soleil, on n'aperçoit plus du tout les raies et bandes de la vapeur d'eau, c'est qu'il n'en existe point, non seulement dans l'atmosphère terrestre, à cette hauteur, mais encore dans l'atmosphère solaire. Il est de la plus haute importance de constater ce fait. Pour baser ma méthode sur des chiffres certains, j'ai examiné les raies et bandes du spectre données par un tube de vapeur d'eau à sept atmosphères, tube de 35 mètres de longueur. L'expérience a été faite à l'usine à gaz de la Villette. Pour laisser passer la lumière, il faut que la vapeur soit bien transparente, qu'elle ne renferme pas de vésicules d'eau. Le surchauffage des parois du tube occasionne une trop grande dépense. J'ai dû employer un autre système. En ouvrant le robinet d'entrée de la vapeur dans le tube et laissant en même temps presque fermé un robinet de sortie, qu'on laisse d'abord tout à fait ouvert, pour produire un courant de vapeur, on arrive à une pression de sept atmosphères dans le tube, qui est placé dans une boîte de bois remplie de sciure. Les parois du tube s'échauffent. On ferme alors le robinet d'arrivée de vapeur et on ouvre l'autre robinet pour laisser tomber la pression à six atmosphères, puis on ferme le second robinet et il se produit une réaction qui fait s'échauffer la vapeur par les parois du tube et l'amène de nouveau à sept atmosphères. On examine alors les raies de la lumière qui a traversé un prisme.

L'orateur montre sur des images spectrales agrandies dans quelle proportion les bandes ou réunions de raies deviennent de plus en plus foncées et distinctes à mesure qu'on augmente la longueur du tube renfermant la vapeur d'eau. Les bandes primitives se résolvent en séries de raies. Puis il continue :

C'est à Santorin, où l'eau était mise en ébullition sur une grande étendue par des jets de lave incandescente, que j'ai pu obtenir au spectroscope la plus grande masse de vapeur d'eau, au moment du coucher du Soleil. La vapeur d'eau formait autant de raies que tous les métaux réunis ; les raies de la vapeur d'eau vont du jaune au rouge ; celles des métaux vont du vert au bleu, en marchant vers le violet. La moitié jaune-rouge paraît appartenir à l'atmosphère de la Terre, et la moitié vert-bleu à l'atmosphère du Soleil. Il sera utile de contrôler avec l'hygromètre les résultats indiqués par le spectroscope à terre et dans les hautes régions.

La quantité de vapeur d'eau qui existe dans l'épaisseur de l'atmosphère, traversée par 30°, correspond moyennement environ à celle contenue dans un tube de 50 mètres de longueur, dans lequel la pression serait de sept atmosphères. Dans le tube, la température de la vapeur était de 150 et quelques degrés, et les raies sont plus visibles que celles du spectre de la vapeur ordinaire. En hiver, les raies de la vapeur d'eau sont plus faibles qu'en été, ce qui explique facilement la différence du point de rosée dans les deux saisons. C'est même ce fait qui m'a mis sur la voie de la découverte des raies de la vapeur d'eau.

L'Aéronaute, Bulletin mensuel illustré de la Navigation aérienne, 1874, 7ᵉ année, p. 216.

III

RÉSULTATS DE L'ASCENSION DE « L'ÉTOILE PO-LAIRE » PAR MM. CROCÉ-SPINELLI ET SIVEL, LE 22 MARS 1874.

Société Française de Navigation Aérienne

Séance du 25 mars 1874.

M. Janssen, *Président.* — Je crois devoir adresser, à MM. J. Crocé-Spinelli et Sivel, mes félicitations pour la belle ascension scientifique qu'ils viennent d'effectuer. Cette ascension prend rang dans l'histoire des sciences parmi les plus glorieuses qui aient été faites. Elle fait honneur au pays et ouvre une ère nouvelle des plus fructueuses pour la connaissance de notre atmosphère. La science aéronautique, qui a rendu de si importants services pendant la guerre franco-allemande, est entrée dans la voie du progrès, grâce aux travaux de la Société, auxquels je suis heureux de rendre hommage.

[Crocé-Spinelli et Sivel font un récit de leur ascension] (1).

M. Janssen. — MM. Crocé-Spinelli et Sivel n'ont pu obtenir le point de rosée à l'aide de l'appareil que je leur ai confié, et qui n'est que la simplification de celui de M. Regnault. Je dois dire que j'ai trouvé le point de rosée de 20° au-dessous de zéro dans les monts Himalaya. Mais, pour y arriver, on doit prendre certaines précautions et, en particulier, ne pas opérer avec un excès

______

(1) Voir *L'Aéronaute*, numéro de mai 1874.

d'éther dont il faut refroidir la masse. Il suffit d'un demi-centi-
mètre cube, ce qui est à peu près le quart ou le cinquième d'un
dé d'argent. Je dois dire, cependant, que je ne demandais pas à
nos deux voyageurs aériens de trouver le point de rosée dans les
très hautes régions, très froides et très sèches.

M. Crocé-Spinelli. — L'air dans lequel nous opérions était
très sec, ainsi que l'indiquaient l'hygromètre à cheveu et la lim-
pidité de l'atmosphère. Cela est tellement vrai, qu'à terre, où
l'air était plus humide que dans les couches au-dessus de 2 000 mètres, il fallut descendre de + 13° à 0° pour atteindre le point de
rosée. Aussi, n'est-il pas étonnant que, quand la température
était de — 7° à — 10° (la montée était très rapide ainsi que l'augmentation du froid), nous n'ayons pu attendre que le point de
rosée se soit produit. Dans ces voyages à grande hauteur, où
l'on ne fait généralement qu'une pointe, on ne peut passer quatre ou cinq minutes à une observation hygrométrique. L'hygromètre à point de M. Janssen est d'ailleurs excellent pour les
voyages aérostatiques, car on ne se trouve pas toujours aussi
pressé que nous l'avons été, et surtout on ne monte pas toujours
si rapidement en rencontrant un air aussi froid et aussi sec.

M. Janssen. — Je voudrais savoir si M. Crocé-Spinelli en
examinant les raies du spectre a observé le violet.

M. Crocé-Spinelli. — Je ne me rappelle pas avoir rien vu de
très nettement déterminé dans le violet. Mon attention s'est
surtout concentrée vers le milieu du spectre que M. Janssen
m'avait chargé d'observer au point de vue de la persistance des
raies de la vapeur d'eau. Il est vrai de dire que la vigueur considérable de la raie F, celle de l'hydrogène, arrêtait et limitait
pour ainsi dire ma vue. Quant au rouge, les raies me semblaient
diminuées d'intensité. Je ne voyais assez bien que la raie C, et
difficilement la raie B dans le petit spectroscope que M. Janssen m'avait confié.

M. Janssen. — Que les raies du rouge s'aperçoivent moins
bien qu'à terre, je n'en suis pas étonné. A grande hauteur, il peut
se produire une sorte de daltonisme artificiel. La rétine devient
insensible au rouge et voit plus nettement le vert et le bleu. J'ai

vu, dans l'Himalaya, avec ses raies, le spectre ultra-violet que l'on ne peut apercevoir ordinairement que par la méthode indiquée par M. Mascart, en employant des moyens artificiels, tels que le suftate de quinine ou autres corps fluorescents, ou bien la juxtaposition de plusieurs prismes absorbant beaucoup de lumière ; il se produisait dans ma vue un déplacement de sensibilité.

J'ajouterai que je me suis trouvé en discussion avec le P. Secchi relativement à l'atmosphère solaire dans laquelle je soutenais qu'il n'existe pas de vapeur d'eau. J'attribuais les raies à l'atmosphère terrestre, et je pensais que les raies devaient disparaître complètement à une certaine hauteur. J'avais déjà constaté, dans les montagnes, qu'elles diminuent à mesure qu'on s'élève. M. Crocé-Spinelli a bien voulu se charger de faire l'expérience en ballon, et il les a vu disparaître à 7.000 mètres à gauche de la double raie du sodium. Cette expérience tend à démontrer qu'il n'existe pas d'eau dans le Soleil. La présence de la vapeur d'eau dans cet astre indiquerait un âge très avancé. J'ajouterai, d'ailleurs, qu'il serait bon de recommencer l'observation à l'aide de spectroscopes plus puissants que celui qu'avait emporté M. Crocé-Spinelli.

L'Aéronaute, Bulletin mensuel illustré de la Navigation aérienne, 1874, 7e année, p. 245.

IV

ASCENSION AÉROSTATIQUE DU 22 MARS 1874 PAR MM. CROCÉ-SPINELLI ET SIVEL

Société Météorologique de France

Séance du 7 avril 1874.

Après que MM. Crocé-Spinelli et Sivel eurent fait le récit de leur ascension, Janssen s'exprima en ces termes :

Vous venez d'entendre le récit d'une des plus belles ascensions scientifiques qui aient été faites ; les courageux voyageurs

qui vous ont exposé le résultat de leurs observations n'ont pas
hésité, par dévouement pour la science, à s'élancer à une grande
hauteur, dans ces régions inconnues que Gay-Lussac, Barral et
Bixio n'avaient pas même atteintes dans leurs mémorables
ascensions. Je propose d'adresser à nos hardis aéronautes de
chaleureux remerciements.

J'ai accepté pour cette année, la présidence de la Société française de Navigation aérienne parce que j'ai vu là un groupe de
jeunes hommes, pleins d'ardeur, d'intelligence et de dévouement, qui, bien dirigé, pouvait rendre de très grands services.

Le moment est venu, pour la météorologie comme pour
l'aérostation, d'étudier avec fruit les couches supérieures de
l'atmosphère. Dans cette voie, il y a de très belles découvertes
à faire et on peut être sûr qu'aucune ascension faite dans ce but
ne sera improductive ; il y a là un avenir très beau.

C'est pourquoi je désirerais voir une union très intime entre
la Société météorologique de France et la Société française de
Navigation aérienne ; la première y trouverait les moyens d'investigation qui lui sont indispensables pour coordonner ses études et rechercher les grandes lois de l'atmosphère ; la seconde
y puiserait des éléments considérables de développement ; le
ballon se perfectionnerait, un intérêt plus grand s'attacherait
aux ascensions, et, au moment voulu, l'art militaire profiterait
d'une science toute créée et d'une expérience dont il a déjà compris l'utilité.

Les voyageurs qui ont fait l'ascension du 22 mars avaient à
constater plusieurs faits et d'abord celui de savoir si, au moyen
de l'inspiration de l'oxygène, on peut remédier aux accidents
que cause à l'organisme la diminution de pression barométrique. Cette connaissance devait primer en quelque sorte toutes
les autres, car s'il était démontré que l'homme ne peut vivre à
de grandes hauteurs sans des douleurs intolérables, les ascensions au delà d'une altitude très limitée devenaient inutiles et
improductives. Or, l'expérience faite pour la première fois dans
les hautes couches de l'atmosphère a montré qu'un homme ner-
veux, ce qui est une condition défavorable, peut y conserver
parfaitement l'usage de ses membres et de ses facultés et faire

d'excellentes observations à la hauteur où Glaisher tombait en syncope au fond de sa nacelle.

C'est un point acquis d'une importance considérable ; la science aérostatique vient de faire un très grand progrès, et le domaine de l'homme, limité jusqu'à présent à une faible hauteur au-dessus du sol par les conditions physiques nécessaires à son existence, s'agrandit d'une manière considérable. Son audace le fera s'élever sans doute à des hauteurs plus grandes, puisqu'il peut le faire maintenant impunément, et de ses hardies excursions, il rapportera sans contredit sur la météorologie cosmique et la physique céleste de curieuses et importantes données.

L'ascension du 22 mars a déjà permis de résoudre dans ce champ d'études une question d'une importance capitale, dont la solution était jusqu'ici controversée.

J'avais constaté en m'élevant sur le Faulhorn à 3.000 mètres que les bandes telluriques de la vapeur d'eau diminuaient d'intensité, mais à 7 ou 8.000 mètres disparaissaient-elles tout à fait ? M. Crocé-Spinelli, auquel j'avais appris à reconnaitre la présence de ces raies dans le spectre solaire, répond affirmativement. A 3.000 mètres, les bandes de la vapeur d'eau, très visibles au départ, commençaient à faiblir ; à 7.000 mètres, elles avaient entièrement disparu, bien que la lumière fût très vive et que les raies voisines, notamment, fussent très nettement perceptibles.

Il y aura lieu, sans doute, de reprendre cette observation avec des instruments plus puissants que celui que j'avais confié à M. Crocé-Spinelli, car le point de physique solaire qu'il s'agissait d'élucider a une importance capitale ; mais dès aujourd'hui, en rapprochant cette observation d'autres antérieures et variées que j'avais faites dans ce sens, je me confirme de plus en plus dans cette opinion que les bandes de la vapeur d'eau qu'on aperçoit dans le spectre sont uniquement dues à notre atmosphère et non au Soleil et que, par conséquent, ce dernier n'est pas encore parvenu à la période de refroidissement où la dissociation des éléments de critique, l'eau, cesse de se produire.

Si les conclusions contraires auxquelles était parvenu le Père

Secchi avaient été confirmées par l'observation, il en serait résulté que la température extérieure du Soleil ne dépasserait pas 2.000 degrés, ce qui serait très inquiétant pour le Soleil et pour la Terre.

Une autre conclusion purement météorologique peut encore être tirée de l'observation de M. Crocé-Spinelli. Les aéronautes ont constaté la présence d'une couche de cirrus à reflets soyeux à 2.000 mètres plus haut que le ballon ; cette couche laissait passer les rayons solaires, mais était néanmoins très visible ; elle devait être constituée non pas par la vapeur d'eau dont le spectroscope n'a plus révélé l'existence, mais par des cristaux de glace analogues à ceux que le ballon a traversés à l'altitude de 5.000 mètres. Ces cristaux de glace, qu'on rencontre dans les ascensions à grande hauteur, ont peut-être une grande influence sur la température.

Depuis plusieurs années, j'ai entrepris une série d'expériences sur le spectre de la vapeur d'eau ; ces expériences nécessitent l'emploi de très grands appareils, pour la construction desquels les ressources me manquaient ; mes voyages m'ont en outre détourné de ces travaux et je ne suis pas en mesure de présenter une étude complète sur cette question très complexe. Mais, à la veille de partir pour un nouveau et long voyage, je pense que je dois faire connaître ce que j'ai déjà obtenu et donner au moins le principe d'une méthode hydro-spectroscopique qui intéresse spécialement les météorologistes et à l'aide de laquelle on peut déterminer l'état hygrométrique de l'atmosphère et le mesurer.

Le spectre solaire contient des raies constantes et des raies variables ; les premières appartiennent au Soleil et nous donnent son signalement au point de vue chimique ; les secondes appartiennent à l'atmosphère, et probablement à la vapeur d'eau. La vapeur d'eau agit sur l'ensemble des radiations solaires depuis les rayons de chaleur obscure jusqu'aux ultra-violets ; mais ce qui est très remarquable, c'est que l'action élective de la vapeur d'eau se fait surtout sentir sur la partie la moins réfrangible, celle qui correspond à la *chaleur obscure*, ce qui, d'après certaines considérations théoriques, me paraît dû à un effet de température. Des observations que j'ai faites à Simla sur l'Himalaya, où le climat est très sec, et dans la mer Rouge, où il est très humide, ont confirmé cette manière de voir. Pour une même hauteur, les raies de la vapeur d'eau sont beaucoup plus faibles en hiver qu'en été avec un point de rosée élevé.

Des expériences directes que j'ai faites en 1866 à l'usine à gaz de la Villette sur des tubes de 4o mètres pleins de vapeur d'eau m'ont donné des résultats très nets. Le difficile était d'obtenir de la vapeur d'eau à six atmosphères de pression, qui fût transparente : j'y suis arrivé en entourant le tube de sciure de bois et en faisant momentanément baisser la pression.

Un rayon solaire réfléchi par un miroir traversait toute cette colonne de vapeur et était reçu dans le même spectroscope qu'un rayon direct ; en superposant les spectres, on voyait nettement apparaître l'influence de la vapeur d'eau.

A Santorin, j'ai eu encore occasion de renouveler cette expérience dans des conditions encore plus favorables que la nature avait elle-même réalisées ; l'eau de mer, chauffée par le volcan sous-marin, émettait une quantité énorme de vapeur et je pouvais étudier des rayons ayant traversé toute cette couche.

En répétant ces expériences et faisant varier les conditions, on arrivera à construire, comme pour la mesure de l'ozone, une gamme des spectres solaires, dans lesquels les raies telluriques de la vapeur d'eau sont en rapport avec la quantité de vapeur d'eau contenue dans l'atmosphère. En comparant à cette échelle connue les observations faites dans diverses circonstances, on pourra convertir dans chaque cas la quantité d'eau contenue dans l'atmosphère en une colonne de vapeur ; on aura ainsi une intégrale résumant les actions exercées par la vapeur d'eau sur la couche d'air tout entière ; connaissant la tension à la surface du sol, on en déduira la loi de décroissance ou la limite extrême de la présence de la vapeur d'eau. Il y a là en un mot le principe d'une méthode qui n'est pas encore complète, mais dont l'observation faite par M. Crocé-Spinelli montre dès à présent la valeur et qui pourra rendre de grands services à la météorologie.

Annuaire de la Société météorologique de France, 1874, T. XXII, p. 135.

V

REMARQUES SUR LE SPECTRE DE LA VAPEUR D'EAU, A L'OCCASION DU VOYAGE AÉROSTATIQUE DE MM. CROCÉ-SPINELLI ET SIVEL.

La remarquable ascension de MM. Crocé-Spinelli et Sivel avait principalement pour but de soumettre au contrôle de l'expérience une importante question de Physiologie et un point de Physique solaire. On sait maintenant avec quel succès ces Messieurs ont accompli leur beau et périlleux voyage.

Je ne toucherai pas à la question de physiologie. C'est à M. Bert et à son illustre maître, M. Cl. Bernard, qu'il appartient de discuter ces observations qui ont démontré, d'une manière si concluante, l'efficacité de l'oxygène pour combattre les effets de la raréfaction dans les hautes régions de l'atmosphère. Quant à la Météorologie, le voyage nous a valu des documents très importants sur la température de l'air aux grandes hauteurs, sur l'existence de cirrus à 9 et 10.000 mètres, sur la direction multiple des vents suivant l'élévation, etc.. Je me propose de revenir sur ces points d'un si haut intérêt. Pour aujourd'hui, je présenterai simplement ici quelques réflexions sur la disparition complète des raies de la vapeur d'eau à 7.000 mètres, et j'en prendrai occasion pour faire connaître quelques résultats obtenus dans mes études sur ce sujet.

Ces résultats sont encore incomplets. Mes voyages, d'une part, et aussi le défaut des ressources dont il eût fallu disposer pour des expériences qui nécessitent de très grands appareils, ne m'ont pas permis de les terminer et d'offrir à l'Académie le travail complet et digne d'elle que je désirais lui présenter sur le spectre général de la vapeur d'eau (1) et ses applications à l'Astronomie et à la Météorologie. A la veille de partir pour un nouveau et long voyage, je pense que je dois faire connaître ce que j'ai déjà obtenu, souvent d'une manière indirecte. Quel-

---

(1) C'est-à-dire comprenant la partie obscure, lumineuse et ultra-violette du spectre.

ques-uns de ces résultats pourront déjà être utilisés, et plus tard, en reprenant ces études, je ne paraîtrai pas emprunter à d'autres des idées qui me sont propres.

Il est aujourd'hui démontré que la vapeur d'eau possède un spectre d'absorption très remarquable et très complet. Ce point me paraît définitivement établi par l'ensemble de mes études sur les raies telluriques, et surtout par les expériences directes faites en 1866, à l'usine de la Villette, sur de longues colonnes de vapeur aqueuse.

Le spectre de la vapeur d'eau est très riche : il comprend la presque totalité des raies du spectre solaire qu'on peut attribuer à l'action de l'atmosphère terrestre. Les plus beaux groupes sont situés dans le rouge, le jaune, le vert. Dans le bleu et le violet, la vapeur exerce certainement une action très active, mais cette action ne se traduit pas comme pour la partie la moins réfrangible du spectre, par des raies bien déterminées ; l'absorption est moins élective, plus générale. Il n'est pas douteux que si nous pouvions employer des instruments assez puissants et disposer d'une intensité lumineuse suffisante, nous verrions les bandes et les ombres de cette région se résoudre en raies innombrables. A l'égard de la partie ultra-violette du spectre, je rapporterai ici une observation qui accuse aussi une action de la vapeur sur ces rayons.

En 1869, j'étais à Simla, dans l'Himalaya. C'était en hiver, pendant la saison sèche ; l'atmosphère était rare, pure et si sèche que le papier donnait habituellement des étincelles par le simple attouchement des doigts. Or, je fus très surpris, un jour que j'observais le spectre solaire avec un spectroscope à vision directe placé au foyer d'une lunette de 6 pouces, de voir une longue traînée violacée prolongeant le violet et les deux bandes si connues H et H′ qui terminent le spectre ordinairement visible. Un examen attentif me montra que c'était le spectre ultra-violet avec ses lacunes qui apparaissait dans ces circonstances exceptionnelles. Le phénomène persista durant la saison sèche et disparut au retour des pluies, quant aux rayons de la partie la moins réfrangible du spectre, ceux dits de *chaleur obscure*, il a déjà été reconnu qu'ils sont abondamment absorbés par la

vapeur d'eau. Mais cette action est-elle générale ou élective ?
Elle est élective. A la suite des expériences de 1866, faites à
l'usine de la Villette, j'ai commencé sur ce sujet un travail,
interrompu bientôt par mes voyages, mais par lequel j'avais
déjà reconnu, dans la partie obscure, l'existence de bandes très
caractérisées, dues à la vapeur d'eau.

Dans le Rapport que j'avais l'honneur d'envoyer à l'Académie sur l'observation de l'éclipse du 18 août 1868 (1), j'annonçais ces premiers résultats, parce qu'ils venaient d'être très
singulièrement confirmés par des observations faites dans la
mer Rouge. La mer Rouge est profondément encaissée, et les
vents s'y font peu sentir ; il en résulte que l'action solaire y
charge l'air d'une énorme quantité de vapeur d'eau. Le point
de rosée y est presque aussi élevé que la température de l'air.
Pour une température de 28 à 32° degrés, j'ai souvent constaté
le point de rosée entre 26 et 30 degrés. Or, j'avais fait construire
un spectroscope binoculaire d'un grossissement faible et excessivement lumineux. Observant avec cet instrument les levers
et les couchers du Soleil dans cette mer, j'ai été surpris de voir
que ma vision s'étendait loin dans la région obscure, au delà de
A, et je vis alors les bandes obscures Y, Z de Brewster, extraordinairement accusées ; ce qui montre bien qu'elles sont dues à
la vapeur aqueuse ; car, dans les circonstances atmosphériques
ordinaires, ces bandes sont bien difficilement perceptibles.

Il résulte donc de l'ensemble de ces études que la vapeur agit
sur l'ensemble des radiations solaires depuis les rayons de chaleur obscure jusqu'aux ultra-violets ; mais, ce qui est très remarquable, l'action élective se fait surtout sentir sur la partie
la moins réfrangible, ce qui, d'après certaines considérations
théoriques, me semble dû à un effet de température.

Il serait difficile, dès maintenant, de prévoir toute l'étendue
des applications de ces propriétés de la vapeur aqueuse ; elles
seront sans doute en rapport avec le rôle immense de l'eau dans
la nature. Pour aujourd'hui je ne toucherai qu'à un point, celui
sur lequel l'ascension du 22 mars est venue apporter un précieux

---

(1) *C. R. Acad. Sc.*, 15 février 1869, voir ci-dessus, p. 172-183.

témoignage. Il s'agissait de savoir si les raies ou bandes du spectre solaire, d'origine aqueuse, sont entièrement dues à notre
atmosphère, ou si la lumière solaire, avant d'y pénétrer, en présente déjà les caractères. La question était fort importante,
comme on le comprend, puisque, dans la dernière hypothèse, il
faudrait admettre que dans les enveloppes solaires, il existe des
régions qui se sont déjà refroidies au point de permettre à la
vapeur d'eau d'y exister sans décomposition. Pour décider cette
question, on peut employer plusieurs méthodes ; mais les ascensions à grande hauteur fournissent un des moyens les plus simples et les plus sûrs. J'avais donc prié M. Crocé-Spinelli de se
charger de cette observation. Plusieurs semaines auparavant,
cet observateur s'était familiarisé avec l'instrument qu'il devait
emporter ; les raies dont j'avais recommandé l'observation sont
celles qui confinent la double raie du sodium du côté du rouge :
ce sont les premières qui apparaissent par l'action de la vapeur ;
ce sont donc celles qui devaient fournir le témoignage le plus
concluant. De plus, comme ces raies sont situées dans la partie
la plus lumineuse du spectre, on était assuré, quelque faible
que fût l'intensité lumineuse, de pouvoir toujours les observer.

On connait maintenant le résultat : les raies ont été en s'affaiblissant, à mesure qu'on s'élevait, et au-dessus de 7.000 mètres, au point culminant de l'ascension, M. Crocé-Spinelli les a
trouvées absolument disparues du spectre, bien que la lumière
fût très vive, et que les raies voisines, F notamment, fussent très
nettement perceptibles.

Il y aura lieu, sans doute, de reprendre cette observation, avec
des instruments plus puissants, en raison de l'importance capitale
du point de physique solaire qu'il s'agit d'élucider ; mais, dès
aujourd'hui, si je rapproche cette observation d'un ensemble d'observations antérieures de genres variés, je me confirme de plus en
plus dans cette opinion, que notre Soleil n'est pas encore parvenu à cette période critique de refroidissement où la vapeur
aqueuse commencerait à se former dans ses enveloppes extérieures.

C. R. Acad. Sc., Séance du 13 avril 1874, T. 78, p. 995. Reproduit dans *L'Aéronaute*, 1874, 7e année, p. 155.

VI

PRÉSENTATION DE QUELQUES SPÉCIMENS DE PHOTOGRAPHIES SOLAIRES OBTENUES AVEC UN APPAREIL CONSTRUIT POUR LA MISSION DU JAPON.

J'ai l'honneur de présenter à l'Académie quelques spécimens de photographies du Soleil, obtenues avec un instrument construit tout récemment et qui est destiné à la mission que je dois conduire au Japon.

L'Académie sait quelle est aujourd'hui l'importance des applications de la photographie à l'Astronomie. Parmi ces applications, celles qui se rapportent au Soleil occupent incontestablement la première place, en raison de l'immense importance des notions que peuvent nous fournir la comparaison d'images journalières et fidèles de cette surface solaire, siège de phénomènes si grandioses, si rapides, si mystérieux encore, et qui, cependant, enferment les secrets de la physique de notre système. J'avoue même que, quand je considère le nombre et l'importance des notions qui résulteraient de ces études, je suis profondément étonné qu'une branche si féconde de l'Astronomie soit aussi délaissée chez nous. A ce sujet, il est juste de rappeler que notre éminent confrère M. Faye a, depuis bien longtemps déjà, appelé l'attention des astronomes sur l'importance et l'avenir de ces applications de la photographie. En 1858, M. Faye, en présentant à l'Académie une magnifique photographie de l'éclipse du 15 mars, obtenue par MM. Porro et Quinet, avec la grande lunette de Porro, montrait l'importance du résultat et conviait les astronomes à suivre cette voie si féconde. Cependant, c'est à l'étranger que la photographie céleste a été presque exclusivement cultivée.

M. Warren de la Rue, en Angleterre, lui donna une impulsion qui fit honneur à sa nation. Ses magnifiques travaux sur la Lune reçurent de notre Académie la juste récompense du prix *Lalande*. A Kew, M. Warren de la Rue fonda un Service de la Photographie solaire qui a fourni à l'Astronomie une importante série ;

cette série, en ce moment même, se mesure à ses frais et par ses soins. Depuis, l'Amérique, l'Allemagne, la Russie, l'Italie, etc., sont entrées à leur tour dans la nouvelle carrière.

Pour ne citer qu'un exemple, je rappellerai les photographies de la Lune de M. Rutherfurd, qui ont excité, à leur apparition, une si juste admiration.

Pour moi, c'est l'observation du passage de Vénus qui a attiré plus spécialement mon attention sur cette branche si féconde et si délaissée chez nous. Tout en emportant un des appareils photographiques que la Commission donne à ses missionnaires, je désirerais faire des photographies plus comparables à celles des observateurs des autres nations, qui tous ont adopté le principe des grandes images.

Pour obtenir ce résultat, l'instrument tout entier était à créer. Je n'aurais pu y parvenir en si peu de temps sans le concours si complet de M. Prazmowski, dont l'habileté et la science en optique sont bien connues, et si je n'avais eu en outre l'aide d'un habile opérateur en photographie, M. Arents.

Pour le calcul de l'objectif, on commença par se procurer les spectres photographiques des matières flint et crown, qui devaient le former. L'étude de ces spectres montra sur quels rayons devait porter l'achromatisme, et servit de base à M. Prazmowski pour le calcul des courbures. Après la construction de plusieurs objectifs d'essai, nous avons obtenu un objectif de 5 pouces d'ouverture et de 2 mètres de foyer, qui donne, après grandissement par un oculaire, les photographies que j'ai l'honneur de soumettre à l'Académie.

Le temps ne me permet pas aujourd'hui d'entrer dans les détails de la construction et des précautions qui sont prises pour la mesure des images et la correction des déformations possibles : ce sera l'objet d'une prochaine Communication.

C. R. Acad. Sc., Séance du 22 juin 1874, T. 78, p. 1730.

VII

PRÉSENTATION D'UN SPÉCIMEN DE PHOTOGRAPHIES D'UN PASSAGE ARTIFICIEL DE VÉNUS, OBTENU AVEC LE REVOLVER PHOTOGRAPHIQUE.

J'ai l'honneur de présenter à l'Académie un spécimen des photographies obtenues avec un instrument dont j'ai fait connaître le principe au sein de la Commission du passage de Vénus, le 15 février 1873 (1), et que j'ai pu réaliser tout récemment.

Dans le principe, j'avais pensé à communiquer le mouvement à l'appareil au moyen de l'électricité, mais il fut reconnu bientôt qu'un ressort comme moteur donnait plus de sûreté. C'est d'abord avec M. Deschiens, constructeur distingué, que j'ai étudié les dispositions qui devaient amener la réalisation de l'appareil. Un premier modèle fut exécuté d'une manière très soignée par M. Deschiens, et plusieurs dispositions mécaniques lui sont dues ; mais, quand l'instrument fut terminé, il se trouva, ainsi que je le craignais, que l'appareil n'était pas exempt de trépidations nuisant à la netteté des images.

Je revins alors à une disposition que j'aurais désiré voir adopter tout d'abord par mon constructeur comme plus rationnelle, disposition où l'organe qui porte la fente et détermine par son passage la durée de l'impression photographique, au lieu d'être animé de mouvements alternatifs et brusques, fait partie d'un disque animé d'un mouvement rotatif continu.

En résumé, l'appareil que j'ai l'honneur de présenter à l'Académie est formé essentiellement d'un plateau portant la plaque sensible, plateau placé dans une boîte circulaire qui peut s'adapter au foyer d'une lunette ou de l'appareil qui donne l'image réelle du phénomène à reproduire. Ce plateau est denté et engrène avec un pignon à dents séparées, qui lui communique un mouvement angulaire alternatif de la grandeur de l'image à produire. Devant la boîte, et fixé sur le même axe qui porte le plateau, se trouve un disque percé de fentes (dont les ouvertures peuvent se régler) et qui tourne d'un mouvement continu. Cha-

----

(1) *C. R. Acad. Sc.*, T. 76, p. 677 ; voir ci-dessus, 1873, article II, p. 252.

que fois qu'une fente du disque passe devant celle qui est pratiquée dans le fond de la boîte, une portion égale de la plaque sensible se trouve découverte, et une image se produit. Il est inutile d'ajouter que les mouvements sont réglés pour que la plaque sensible soit au repos quand une fenêtre, par son passage, détermine la production d'une image.

Au moment où j'ai été à même de reprendre la construction de cet appareil, ce sont MM. Rédier père et fils qui m'ont donné le concours de leur talent avec un dévouement et une activité dont je dois les remercier ici. L'appareil est sans doute encore susceptible de quelques perfectionnements de détail, mais il fonctionne déjà d'une manière très satisfaisante. Ainsi, j'ai pu reproduire des passages artificiels de Vénus, et le spécimen que je place sous les yeux de l'Académie prouve que les images peuvent être obtenues avec beaucoup de netteté. Il me paraît même qu'il y a lieu d'espérer que les images photographiques seront affranchies, au moins en partie, des phénomènes qui compliquent, d'une manière si fâcheuse, l'observation optique des contacts. Dans tous les cas, la reproduction photographique de ces phénomènes, qu'on pourra étudier à loisir sur les épreuves, ne pourra manquer de présenter un très haut intérêt.

C. R. Acad. Sc., Séance du 6 juillet 1874, T. 79, p. 6.
(Voir les figures représentant l'appareil, 1876, article II, p. 334-336).

<h1 style="text-align:center">VIII</h1>

ARRIVÉE DE JANSSEN AU JAPON (1)

Nagasaki, le 8 novembre 1874, à 1h5o^m du soir.

Ministre Instruction publique, Académie des Sciences, Paris.
Nous sommes à Nagasaki, observations commencées, beau temps.   JANSSEN.

C. R. Acad. Sc., Séance du 9 novembre 1874, T. 79, p. 1033.

------

(1) Janssen avait été chargé par l'Académie d'aller observer au Japon le passage de Vénus sur le Soleil. (*Note de l'Éditeur*).

IX

LE TYPHON DE HONG-KONG
Extrait d'une lettre de Mme JANSSEN.

M. le Secrétaire perpétuel donne lecture à l'Académie des passages suivants d'une Lettre qui lui est adressée par Mme Janssen, qui a accompagné son mari dans son expédition.

En rade de Hong-Kong, 26 septembre 1874.

...Vous avez appris, par la dépêche adressée à M. le Président de l'Académie, le danger dont nous avons été menacés...

Nous étions heureusement sur un excellent navire, conduit par un commandant vigilant et expérimenté ; mais, à trois jours d'intervalle seulement, nous avons passé par deux cyclones, dont le second a été terrible, et sera cité comme celui de Bourbon dans les annales maritimes. Au dire des commandants, des agents maritimes, de tous ceux qui naviguent dans ces mers, depuis douze ou quinze ans on n'en a pas vu de semblable : les désastres sur terre et sur mer sont immenses.

La première fois, nous étions en mer à deux jours de Hong-Kong ; pendant vingt-quatre heures, nous n'avons pour ainsi dire pas avancé, ballotés par des vents violents et contraires et sous une pluie torrentielle ; grâce à la prudence de notre commandant, nous avons pu ne pas passer au centre du cyclone : mais, la seconde fois, nous étions en rade de Hong-Kong, nous ne pouvions qu'attendre. Tout était prévu pour parer aux événements, mais nous courrions un danger imminent ; si la chaîne de notre ancre se rompait, nous étions jetés à la côte ; depuis 9 heures jusqu'à 2 heures du matin le baromètre a baissé, le vent augmentait de violence et ne laissait pas d'intervalle ; cependant vers 4 heures le baromètre a commencé à remonter, un calme relatif s'est fait sentir ; jusqu'alors notre chaîne avait tenu bon ; nous étions sauvés, nous avions seulement, en terme marin, chassé, c'est-à-dire traîné notre ancre à environ 5oo mètres, ce qui a causé un moment d'effroi aux passagers restés à terre lorsqu'ils ne nous ont plus aperçu le matin.

Voilà quelle nuit nous avons passée du 23 au 24. Au jour, nous avions sous les yeux un spectacle navrant: la ville était encore dans l'eau ; la mer encore d'une hauteur prodigieuse, nous apportait des épaves de toute nature ; des mâts, des coques de navires paraissaient seuls là où nous avions vu la veille tant d'embarcations complètes et élégantes, et depuis deux jours on ne cesse de recueillir autour de nous les corps flottants. Plus de quinze cents Chinois ont disparu avec leurs sampans, petites embarcations où vit toute la famille. Un navire espagnol arrivé dans la matinée, a perdu quatre vingt-dix passagers et son équipage. On compte une douzaine de navires perdus ; un grand nombre ont éprouvé des pertes considérables, mais on ne peut encore évaluer le nombre des victimes. La ville offre aussi un aspect désolé ; les toits sont enlevés, les maisons écroulées en partie, les quais brisés, les rues jonchées d'arbres, de débris de toutes sortes. Cependant cette population chinoise paraît résignée, chacun va et vient, réparant les dégâts avec une tranquillité qu'on ne pourrait remarquer chez nous.

Ce soir, nous avons quitté l'*Ava* et nous sommes maintenant à bord du *Tanaïs* ; dans huit à neuf jours, nous espérons arriver à Yokohama.

M. Janssen ajoute : « Nous devons des éloges à notre commandant et à nos officiers pour leur conduite pendant la tourmente. J'ai passé toute la nuit du typhon (22 à 23 septembre) avec le commandant et je vous enverrai nos observations. »

C. R. Acad. Sc., Séance du 9 novembre 1874, T. 79, p. 1064.

X

TÉLÉGRAMMES RELATIFS A L'OBSERVATION
DU PASSAGE DE VÉNUS SUR LE SOLEIL

Nagasaki, 9 décembre, à 5^h16^m du soir.

Passage observé et contacts obtenus. Belles images avec le télescope sans ligaments. Vénus observée sur la couronne du Soleil. Photographies et plaques. Nuages par intervalles. Deux membres de la mission ont fait l'observation avec succès à Kobe.

JANSSEN.

Nagasaki, 10 décembre, 12^h4^m du soir.

Télégramme envoyé hier, passage observé à Nagasaki et Kobe, contacts intérieurs sans ligaments au révolver photographique, quelques nuages pendant le passage. Vénus observée sur la couronne avant le contact, donnant la démonstration de l'existence coronale.

JANSSEN.

C. R. Acad. Sc., Séance du 14 décembre 1874, T. 79, p. 1395.

1875

I

LETTRE DE M. JANSSEN A M. DUMAS SUR L'INS-
TALLATION A NAGASAKI POUR L'OBSERVATION
DU PASSAGE DE VÉNUS.

Nagasaki, 3 novembre 1874.

Bien que je sois en ce moment absorbé tout entier par les
soins de notre installation, je ne veux pas laisser partir la malle
sans vous donner de nos nouvelles.

Après avoir supporté en rade de Hong-Kong le grand typhon
dont le retentissement est maintenu parvenu en Europe, nous
nous sommes rendus à Yoko-Hama. Le Ministre de France,
M. Berthemy, nous présenta au Gouvernement japonais, qui
nous accueillit avec beaucoup de distinction et prit toutes les
mesures pour faciliter l'accomplissement de notre mission.

Yoko-Hama n'offrait pas, à beaucoup près, autant de chances
favorables que les points du littoral, Kobé et Nagasaki. Nous
résolûmes de nous établir dans cette direction. Le *D'Estrées*,
navire de notre escadre des mers de Chine, vint nous prendre et
nous conduisit d'abord à Kobé, près Osaka, dans la mer intérieure. Là l'ensemble des informations recueillies me porta à
préférer Nagasaki. A Nagasaki, nous trouvâmes la Commission
américaine, dirigée par M. Davidson, du Coast-Survey.

Notre station est très belle ; elle domine toute la rade et notre
installation marche très rapidement, grâce au nombre considé-

rable d'ouvriers de tous genres que nous avons engagés et que nous poussons incessamment.

Aussitôt que je serai un peu plus dégagé des soins à donner à tous ces travaux, j'aurai l'honneur d'envoyer une lettre détaillée à l'Académie.

C. R. Acad. Sc., Séance du 4 janvier 1875, T. 80, p. 34.

II

LETTRE DE M. JANSSEN A M. DUMAS, PRÉSIDENT DE LA COMMISSION DU PASSAGE DE VÉNUS

Observatoire de Kompira-Yama, le 10 décembre 1874.

Vous avez appris par mes deux télégrammes du 9 et du 10 décembre (1), que nous avons observé le passage.

Je vous dirai maintenant, Monsieur le Secrétaire perpétuel, que, bien que le temps n'ait pas été complètement favorable, et que nous n'ayons pas obtenu autant de photographies qu'il eût été désirable, nous devons nous estimer très heureux d'avoir pu observer les deux contacts intérieurs, et obtenu en somme le plus important. Cette année a été exceptionnellement pluvieuse au Japon, et peu après notre arrivée, j'ai été extrêmement anxieux sur l'issue de l'expédition. Aussi, ai-je rassemblé sur les diverses villes pouvant nous offrir les chances les moins défavorables tous les documents météorologiques recueillis, soit par le Gouvernement, soit par les observatoires, les Européens résidents, et même par les natifs. L'examen de ces documents ne tarda pas à me montrer que Yoko-Hama nous offrait bien peu de chances favorables. Kobé dans la mer intérieure, et Nagasaki au Sud-Ouest, nous étaient indiquées comme jouissant en hiver d'un meilleur climat, et à cet égard, tous les avis compétents étaient unanimes. Je demandai donc à M. Lespès.

---

(1) Voir ci-dessus, 1874, article X, p. 3o8.

Commandant de la Station du Japon, en exécution des ordres qui lui avaient été donnés, de vouloir bien nous conduire à Kobé. Nous fîmes le voyage sur l'aviso à vapeur, le *D'Estrées*, commandé par M. le Capitaine de frégate Jougla. A Kobé, je poursuivis activement mes informations ; elles nous confirmèrent dans la résolution que nous avions prise de quitter Yoko-Hama. Entre Kobé et Nagasaki, la différence était faible, cependant Nagasaki paraissait préférable, et c'est ainsi qu'en avaient jugé les Américains qui s'y étaient établis.

D'un autre côté, les circonstances astronomiques du passage y étaient plus avantageuses (Soleil plus élevé qu'à Kobé et surtout qu'à Yoko-Hama). Je me décidai donc pour Nagasaki, mais le beau temps n'étant nullement assuré, même dans cette dernière ville, je résolus d'avoir aussi un poste d'observation à Kobé. Ce partage qui était possible, en raison de notre personnel et de nos nombreux instruments, nous assurait toutes les chances possibles de succès.

Le 24 octobre 1874, le *D'Estrées* nous débarquait à Nagasaki. Après nous être mis en rapport avec les autorités et avec la Commission américaine, nous nous occupâmes de l'emplacement de notre observatoire. Nous l'établîmes à Kompira-Yama (1), sur une haute colline qui domine la rade. Cette situation était convenable sous tous les rapports. Site élevé au-dessus des vapeurs de la ville, route existante, proximité des habitations et ressources de tous genres. La grande difficulté était de transporter à cette hauteur les deux cent cinquante caisses ou colis formant notre bagage. Cinq cents porteurs environ effectuèrent ce travail. En même temps, une centaine de charpentiers et de terrassiers préparaient le terrain, y élevaient des cabanes, et notre installation marcha très rapidement. Le temps, beau d'abord, se gâta ensuite tout à fait. Des orages violents, des rafales venaient contrarier nos travaux et compromettre même notre établissement. Pendant une violente bourrasque, l'équatorial de M. Tisserand fut renversé, sa lunette et son micromètre brisés. Heureusement, j'avais avec moi ma lunette de 6 pouces, qui me

____

(1) Montagne de Kompira, dieu des typhons.

servait dans l'Inde en 1868, lunette que je destinais à des observations pendant le passage. En sacrifiant ces observations, je
fus heureux de pouvoir mettre M. Tisserand en état de réparer
ce malheur, qui l'eût mis hors d'état d'observer. Du reste, nous
avions avec nous un outillage très complet, forge, tour, etc., qui
nous fut de la plus grande utilité pour mettre en état nos instruments. Après cette période fâcheuse, le temps se remit, et
nous pûmes commencer l'étude des instruments, faire les observations préparatoires, et exercer chacun au rôle qui lui était
assigné. En se servant du cercle méridien que le Bureau des Longitudes nous avait prêté, M. Tisserand détermina la latitude de
Nagasaki, et obtient en ce moment une longitude qui sera très
probablement plus exacte que celle qui nous a été donnée par
M. Ward. M. Picard était chargé de l'appareil photographique
de la Commission ; M. d'Almeida dirigeait l'appareil à révolver
pour la photographie des contacts ; M. Arens dirigeait toute la
partie photographique, et spécialement celle de l'équatorial
photographique. Les deux timoniers Michaut et Mercier nous
assistaient avec zèle et intelligence.

Cependant, dès le milieu de novembre, je préparais l'expédition de Kobé. Les instruments qui devaient y être envoyés
étaient essayés, réglés et les observateurs exercés. M. Delacroix,
enseigne de vaisseau, emportait une lunette de 6 pouces de Bardou pour faire l'observation astronomique ; M. Chimizon avait
une excellente lunette photographique (1) qui avait été rigoureusement réglée ; deux chronomètres complétaient leurs baga-
ges. Le Gouvernement japonais nous donna la franchise télégraphique, et fit construire à ses frais des bouts de ligne nécessaires pour mettre directement en rapport l'observatoire de
Nagasaki et celui de Kobé. Cette facilité nous permit de régler
les chronomètres de Kobé sur ceux de Nagasaki où se trouvent
nos instruments méridiens.

J'arrive maintenant au jour du passage.

Je dois dire que, quelques jours avant le phénomène, nos
craintes avaient augmenté. Cependant, dans la matinée du 9,

---

(1) Celle de Steinheil.

le temps fut assez beau, quoique le ciel fût un peu voilé. Le premier contact fut obtenu par M. Tisserand et par moi. Dans l'équatorial de 8 pouces, dont la lunette est très bonne, l'image de Vénus se montra très ronde, bien terminée, et la marche relative du disque de la planète, par rapport au disque solaire, s'exécuta géométriquement au disque du Soleil, et celui de l'apparition du filet lumineux. Il y a là une anomalie apparente qui, pour moi, tient à la présence de l'atmosphère de la planète. J'ai fait prendre une photographie au moment où le contact paraissait géométrique, et sur cette épreuve, le contact n'a pas encore lieu. M. d'Almeida a obtenu une plaque de quarante-sept photographies du bord solaire qui conduit aux mêmes conclusions.

Je compte discuter ces résultats qui me paraissent conduire à d'importantes conséquences.

Après le premier contact intérieur, M. Picard et M. Arens prirent chacun à leur instrument autant de photographies qu'il leur fut possible, mais les nuages y mirent un grand obstacle. Enfin, vers l'instant du second contact intérieur, une éclaircie presque providentielle se produisit sur le Soleil et nous pûmes, M. Tisserand et moi, prendre l'instant de ce contact qui fut obtenu avec précision. Le ciel était tout à fait couvert au moment du dernier contact intérieur qui, du reste, a peu d'importance.

Pendant le passage même, nous recevions des nouvelles de Kobé, nous savions que les deux premiers contacts y avaient été observés, qu'une quinzaine de photographies y avaient été prises, et enfin peu après notre observation, M. Delacroix m'annonçait qu'il avait obtenu les derniers contacts, le dernier seul incertain.

Telle a été, d'une manière générale, le résultat de nos observations. Nous aurions eu incontestablement des résultats plus complets avec un ciel plus pur et plus constant, mais mon expérience des voyages m'a enseigné qu'il ne faut pas trop demander et qu'on doit s'estimer heureux, lorsque tant de peines, de fatigues, de sollicitude, ne restent pas sans résultats. Du reste, dès le lendemain, la pluie qui reprenait violente et continue, semblait témoigner que la Providence avait fait, au milieu de cette fâcheuse période, une courte trêve en notre faveur.

Je ne dois pas terminer sans vous parler, Monsieur le Secrétaire perpétuel, d'une observation qui se rattache à la couronne
et à l'atmosphère coronale du Soleil.

Avec des verres d'une coloration bleu violet, particulière et
très pure, j'ai pu voir Vénus avant qu'elle ait touché le disque
solaire. Elle se détachait comme une petite tache ronde très
pâle. Quand elle commença à mordre sur le disque solaire, cette
tache complétait le segment noir qui se trouvait sur l'astre
radieux. C'était une éclipse partielle de l'atmosphère coronale.
Cette observation prouve d'une manière toute naturelle et bien
concluante l'existence de cette atmosphère lumineuse, et l'exactitude de mes observations de 1871. J'ai vu Vénus depuis environ deux à trois minutes de distance du bord solaire.

Nous travaillons à nos rapports à l'Académie. Je ne dois pas
terminer sans remercier ici le Gouvernement japonais de l'accueil si distingué que nous avons reçu de lui.

C. R. Acad. Sc., Séance du 8 février 1875, T. 80, p. 342.

III

DÉPÊCHE TÉLÉGRAPHIQUE SUR L'OBSERVATION DE L'ÉCLIPSE DE SOLEIL

M. le Secrétaire perpétuel a reçu de M. Janssen la dépêche
suivante :

M. le Ministre de l'Instruction publique et M. Dumas, à Paris.

Singapore, 16 avril, après-midi.

Eclipse observée. Temps non absolument pur. Résultats concernant particulièrement l'atmosphère de la couronne confirmant ceux de 1871.

C. R. Acad. Sc., Séance du 19 avril 1875, T. 80, p. 986.

IV

OBSERVATIONS MAGNÉTIQUES EXÉCUTÉES
DANS LA PRESQU'ILE DE MALACCA

Singapore, le 16 mai 1875.

J'arrive de Siam et je profite du départ de la malle anglaise pour donner de nos nouvelles à l'Académie.

Immédiatement après l'observation de l'éclipse, j'ai eu l'honneur d'envoyer un télégramme à l'Académie et au Ministre ; en même temps j'adressais quelques mots à notre Secrétaire perpétuel.

Je vais profiter de la traversée pour rédiger mon Rapport sur l'éclipse.

Le temps me manquerait pour analyser ici une étude, mais je dois dire que je viens d'exécuter un travail magnétique pour fixer la position de l'équateur (inclinaison) sur la presqu'île de Malacca, travail destiné à se relier à celui de 1868 et 1871 aux Indes, et qui, je l'espère, permettra d'apprécier pour ces régions la marche du réseau magnétique depuis Humboldt et Duperrey.

L'exécution de ce travail présentait des difficultés particulières. En effet, il n'y a point de navigation régulière sur les côtes du Siam. En dehors des jonques qui font le cabotage, on ne trouve que des vapeurs allant irrégulièrement de Singapore à Bangkok, villes situées aux deux extrémités de la presqu'île. de Malacca. Or l'équateur en question passe au milieu de la presqu'île à plus de 300 milles de l'une et l'autre ville.

Cette étude ne pouvait donc s'exécuter qu'à la condition de disposer d'un navire. Le roi de Siam voulut bien mettre à ma disposition le vapeur de guerre *le Régent*, qui me conduisit à Singapore et s'arrêta aux points de la côte que je désignai.

L'équateur pour l'inclinaison passe actuellement entre Ligor et Singora.

La déclinaison a également varié ; elle n'est plus celle qui est indiquée sur les cartes. J'ai eu la bonne fortune de trouver un méridien où elle est actuellement nulle.

Je remercie ici le Bureau des Longitudes pour les instruments qu'il m'a prêtés pour l'exécution de ce travail auquel il veut bien attacher une certaine importance.

Depuis notre départ de France, on n'a cessé, toutes les fois que cela a été possible, de faire des observations météorologiques à la mer et à terre. Nous avons de nombreuses séries qu'on va s'occuper de réduire et de disposer pour la publication.

Je rapporte aussi un travail sur le mirage en mer, qui conduit à d'importantes conséquences pour les déterminations de latitudes par l'horizon de la mer.

C. R. Acad. Sc., Séance du 28 juin 1875, T. 80, p. 1552.

V

RETOUR DE LA MISSION DU JAPON

Le jour où Janssen reprit séance à l'Académie, à son retour d'Extrême-Orient, M. Frémy, qui présidait, prononça les paroles suivantes :

Un sentiment facile à comprendre m'empêche d'adresser à un membre de l'Académie les félicitations que méritent tous ceux qui ont pris part à la mémorable expédition du passage de Vénus.

Cependant l'Académie me permettra de souhaiter, en son nom, la bienvenue à notre cher et courageux confrère, M. Janssen, qui a représenté si dignement la Science française dans les contrées les plus reculées de l'Orient, et de lui dire que nous attendons ses Communications avec une impatience aussi vive que sympathique.

M. Janssen répondit :

Monsieur le Président,

Je vous remercie des paroles si bienveillantes que vous m'adressez ; mais permettez-moi de dire que j'ai eu bien peu de mérite en cette circonstance, tant mon concours me paraissait naturel, obligé. Et j'ajouterai de suite que tous, certainement, nous avons été bien heureux de pouvoir offrir notre dévouement au pays dans cette grande circonstance scientifique.

J'ai la satisfaction de dire à l'Académie que notre expédition, et par le mérite distingué de mes collaborateurs et par le beau matériel dont nous disposions, a produit un excellent effet moral au Japon. L'opinion publique, qui chez cette jeune et intéressante nation nous est très sympathique, a été en quelque sorte rassurée et très satisfaite en voyant ces témoignages de notre force morale et matérielle. Remercions donc ici notre Assemblée Nationale qui, par sa libéralité éclairée, a si bien servi, en cette circonstance, non seulement les grands intérêts scientifiques du pays, mais encore sa grandeur morale.

Monsieur le Président, vous voulez bien adresser à chacun de nous, à son retour, des paroles bienveillantes de remerciement. Pour ma part, je ne les accepte que sous les réserves si naturelles que je viens d'indiquer. Mais il ne faut pas oublier que dans ce succès, on peut dire général et inespéré, de nos expéditions, une bien grande part revient à la savante Commission qui a tout préparé et organisé ; une bien grande part surtout revient à l'homme illustre qui a bien voulu accepter de présider à ses travaux et mettre au service de notre entreprise sa haute expérience, sa puissante activité, l'autorité de son grand nom.

J'aurai l'honneur de présenter très prochainement à l'Académie les résultats de nos travaux.

C. R. Acad. Sc., Séance du 28 juin 1875, T. 80, p. 1541.

VI

ON THE TOTAL SOLAR ECLIPSE OF APRIL 1875, OBSERVED AT BANGCHALLÔ (SIAM)

Dr. Janssen used a special telescope for the study of the corona. The results obtained by the observations are as follows :

1. It was established that the line 1474 is infinitely more pronounced in the corona than in the protuberances. This line seems even to stop abruptly at the edge of the protuberances

without penetrating them. The light, therefore, which this
line 1874 gives belongs especially to the corona. This observation
is one of the strongest evidences that can be brought forward to
prove that the corona is a real object, matter radiating by itself.
The existence of a solar atmosphere situated beyond the chro-
mosphere (an atmosphere that Dr. Janssen had recognized in
1871 and proposed to call the coronal atmosphere) thus receives
confirmation.

2. *Height of the coronal atmosphere.* — In 1871 Dr. Janssen
announced that the coronal atmosphere extended from a distance of half the sun's radius to the distance of a whole radius at
certain points. This assertion has been confirmed not only by
the direct observation of the phenomenon, but also by photo-
graphy. At Dr. Janssen's request, Dr. Schuster took photographs of the corona with exposures of one, two, four and light
seconds. In this series of photographs the height of the corona
increases with the time of exposure. The height of the corona in
the eight-second's photograph exceeds at some points the sun's
radius. (It is true that account ought to be taken of the influence
of the terrestrial atmosphere).

3. As the sky was not perfectly clear at Bangchallô, Dr. Janssen was enabled to observe phenomena that explain previous
observations of eclipses which seemed to invalidate the existence
of the corona as an incandescent gaseous medium.

On the whole the observations of april 5, 1875, have advan-
ced us a fresh step in the knowle dge of the corona by bringing
forward new proofs of the existence of an atmosphere round the
sun, principally gaseous, incandescent, and very extended.

VII

ON MIRAGE AT SEA

Many facts relating to the phenomena of mirage at sea are
already known ; but the author has paid great attention to these
appearances in all his voyages since 1868, and has made some
remarkable observations on mirage, especially at sunrise and

sunset. He has established : 1. That the mirage is nearly constant at the surface on the sea. 2. That the appearances can be explained by assuming the existence of a plane of total reflection, situated at à certain height above the sea. 3. That the phenomena are due to the thermic and hygrometic action of the sea upon the neighbouring atmospheric strata. 4. That there exist at sea direct, inverse, lateral, and other mirages. 5. That these phenomena have a very general influence upon the apparent height of the sea-horizon, which is sometimes lowered, sometimes raised.

This variation of the apparent horizon it is very important to take into account, if we consider the use made of the horizon in nautical astronomy.

VIII

ON THE PHOTOGRAPHIC REVOLVER, AND ON THE OBSERVATIONS OF THE TRANSIT OF VENUS MADE IN JAPAN.

The author's expedition to Japan to observe the transit of Venus divided into two parts, the one taking up is station at Nagasaki and the other at Kobi.

At Nagasaki he observed the transit with an equatorial of 8 inches aperture. 1. He obtained the two interior contacts. 2. He saw none of the phenomena of the drop or of the ligament; the appearances were geometrical. 3. He observed facts which prove the existence of an atmosphere to Venus. 4. He saw the planet Venus before its entry on the sun's disk by the aid of suitable coloured glasses. This important observation proves the existence of the coronal atmosphere. 5. There was taken at Nagasaki a plate by the revolver for the first interior contact. 6. M. Tisserand observed the two interior contacts with a 6-inch equatorial; the contacts were sensibly geometrical. 7. Sixty photographs of the transit upon silvered plates were obtained.

8. There were also obtained some photographs of the transit (wet collodion and albumenized glass).

At Kobi (weather magnificent). — Fifteen good photographs of the transit (wet collodion and albumenized glass), of about 4 inches in size, were obtained : they will admit of being combined with the English photographs at the southern stations. The astronomical observations of the transit were made successfully by M. Delacroix, who was provided with a 6-inch telescope. He observed facts which attest the existence of an atmosphere round Venus.

IX

ON THE POSITION OF THE MAGNETIC EQUATOR IN THE GULF OF SIAM AND IN THE GULF OF BENGAL.

Dr. Janssen made observations at Bangkok, Bangchallô, Ligor, Singora and Singapore ; and he concludes that the magnetic equator passes between Ligor and Singora about 7°43′ north latitude.

The line without declination passes very near Singapore.

In the Gulf of Bengal the equator passes through the north of Ceylon (the exact position will be given).

The position of Ligor has been corrected. It is erroneously placed on the maps, latitude 8°24′30″.

Report of the 45 th. Meeting of the British Association for the Advancement of Science, held at Bristol in August 1875, p. 24-28.

Les articles VI, VII, VIII, IX sont des résumés des Communications de Janssen.

X

ANNONCE A L'ACADÉMIE DE L'ENVOI DE PIÈCES D'HISTOIRE NATURELLE PAR LE GOUVERNEMENT JAPONAIS.

M. Janssen, en annonçant à l'Académie un important envoi de pièces d'histoire naturelle, fait par le Gouvernement japonais, s'exprime comme il suit :

M. le chargé d'affaires du Japon me prévient qu'il vient de recevoir pour notre Muséum d'histoire naturelle quatre caisses contenant : un crâne de la baleine, nommée en japonais Nagassou-Koujira (*Balœnoptera*) ; un squelette de la grande Salamandre, nommée Sancha-ouo (*Salamandra maxima*, ou *Sieboldia maxima* ou *Coypto branchus japonicus*).

Avant mon départ pour le Japon, je m'étais mis à la disposition du Muséum, pour les objets qu'il me serait possible de rapporter. Notre savant confrère, M. Gervais, me signala comme spécimens désirables pour nos collections ostéologiques, les squelettes de baleines fréquentant les mers du Japon, ceux de la grande Salamandre, un crâne de l'ours de Yeso. Ce sont là les seules demandes qui m'aient été adressées.

Dès notre arrivée à Yokohama, je m'occupai de cette commission. Le Gouvernement japonais ne possédait pas dans son Muséum les spécimens que nous lui demandions, mais il me promit de les faire rechercher.

L'envoi actuel, qui est le premier fruit de ces recherches, sera suivi d'un second, aussitôt qu'on aura pu se procurer un squelette ou au moins un crâne de l'ours de Yeso.

Je suis persuadé que l'Académie des Sciences et la Direction du Muséum voudront témoigner leur gratitude au Gouvernement japonais, qui a mis un empressement si gracieux à nous procurer ces spécimens, d'un très haut intérêt pour les belles collections de notre Muséum national.

C. R. Acad. Sc., Séance du 15 novembre 1875, T. 84, p. 870.

XI

NOTE ACCOMPAGNANT LA PRÉSENTATION DE PLAQUES MICROMÉTRIQUES, DESTINÉES AUX MESURES D'IMAGES SOLAIRES.

J'ai l'honneur de présenter à l'Académie quelques spécimens de plaques micrométriques pour la mesure des images solaires.

La première est une plaque de laiton de 24 centimètres de côté. Cette plaque porte d'abord deux échelles millimétriques à angle droit, d'un bord à l'autre. Chaque cadran est divisé en quatre parties par des échelles disposées en rayons ; ces échelles sont gravées dans la plaque et portent une chiffraison dont l'origine est au centre.

L'épreuve sur verre qu'il s'agit de mesurer est placée sur la plaque collodion en dessous, de manière que l'image solaire soit en contact avec les échelles. La disposition rayonnante des échelles permet un centrage très rapide.

Chacun des points de la circonférence coupé par une échelle est amené sous un microscope micrométrique qui permet de mesurer la fraction de division qui exprime la distance du bord à la division voisine. On obtient donc, en répétant l'opération pour les huit échelles-diamètres, et sans déplacer l'image, huit mesures du diamètre du disque, d'où l'on conclut celui-ci.

S'il s'agit de mesurer la distance au centre d'une tache ou d'un point remarquable, il faut, en même temps qu'on centre l'image, amener la tache ou le point sur une des échelles.

La seconde plaque que j'ai l'honneur de présenter est en verre et porte gravées des échelles semblables. Cette plaque est destinée à la mesure d'épreuves non transparentes, comme, par exemple, des épreuves sur plaqué d'argent. Ici, c'est la plaque micrométrique qui se place sur l'épreuve, la division en contact avec celle-ci.

Avant mon départ pour le Japon, j'avais eu la pensée de ce dispositif de mesure qui dispense de l'emploi des machines et permet une mesure rapide des images. MM. Brunner frères ont exécuté ces plaques avec beaucoup de succès ; elles ont été emportées au Japon (1).

Si l'on voulait aller plus loin et mesurer rapidement la position de taches nombreuses et leurs coordonnées rectangulaires, il faudrait évidemment compléter le dispositif actuel.

Pour obtenir les coordonnées rectangulaires, la plaque devrait porter un quadrillé de divisions millimétriques, de l'étendue de l'image à mesurer ; l'image serait centrée au moyen de ces divisions, et la position de chaque tache rapportée au carré qui comprendrait son centre au moyen du microscope micrométrique.

Un semblable quadrillé, s'il devait avoir une étendue un peu plus grande, serait difficile à obtenir avec une grande précision ; mais il faut remarquer que l'équidistance des traits n'est ici nullement nécessaire. Une mesure préalable des divisions donnera leur valeur. Il faut seulement que ces traits permettent de bons pointés.

Ce mode de mesure renferme un principe que je crois très bon : celui de mettre l'image même en contact avec les échelles qui doivent en donner la mesure.

L'expérience, sans doute, n'a pas encore prononcé définitivement sur l'avantage de ces dispositions ; mais il m'a paru qu'il n'était pas inutile de faire connaître un procédé qui pourra peut-être rendre des services dans les observatoires où l'on a un grand nombre d'images solaires à mesurer.

C. R. Acad. Sc., Séance du 13 décembre 1875, T. 81, p. 1173.

XII

RELATION D'UNE OBSERVATION ASTRONOMIQUE DANS LES NEELGHERRIES

Dans un livre exclusivement consacré aux montagnes, et qui doit nous les faire apprécier à tous les points de vue, il n'est peut-être pas sans intérêt de montrer les services qu'elles peu-

---

(1) Je sais même que cette commande a été réglée par la Commission de Vénus pendant mon voyage.

vent rendre à une science chère à tous les esprits élevés, je veux parler de l'astronomie.

Autrefois, lorsqu'on plaçait les observatoires dans une situation dominante, c'était surtout pour leur assurer un horizon étendu et dégagé.

Mais aujourd'hui que nous sommes conduits à construire des instruments d'un pouvoir optique de plus en plus considérable, aujourd'hui surtout que l'astronomie physique possède des méthodes d'une délicatesse extrême, le besoin d'une atmosphère très pure se fait de plus en plus sentir, et c'est ainsi qu'on est conduit aux stations élevées qui affranchissent l'observateur de l'influence des couches basses et impures de l'atmosphère.

Sous ce rapport, les montagnes ont un intérêt astronomique sur lequel il est important d'insister. Pour moi, j'ai compris depuis longtemps cet intérêt, et j'ai eu souvent occasion de me servir des lieux élevés pour résoudre des questions variées d'astronomie physique.

C'est ainsi que, en 1864, je passais une semaine au sommet du Faulhorn pour étudier la lumière solaire avant qu'elle eût subi l'action des couches basses et humides de notre atmosphère. Ces observations me démontrèrent l'absence de vapeur d'eau appréciable dans les enveloppes gazeuses du Soleil.

En 1867, je restais plusieurs jours au sommet de l'Etna pour une étude qui n'était que le développement de la même pensée : la question de la présence de la vapeur d'eau dans les atmosphères planétaires.

La grande éclipse de 1868 m'amenait dans l'Hindoustan, à Guntoor, sur les bords de la Krischna. L'observation faite, et après avoir été conduit à la méthode d'étude journalière des protubérances par le spectroscope, je désirai l'appliquer dans les meilleures conditions atmosphériques, et je fus encore amené vers les montagnes. Je passai alors un hiver à Simla dans les monts Himalayas. A Simla, je reconnaissais la première enveloppe hydrogénée du Soleil (1), celle qui surmonte immédia-

---

(1) Aussi constatée par M. Lockyer.

tement la photosphère (la photosphère, comme on le sait, est l'enveloppe la plus lumineuse de l'astre, elle le délimite dans les lunettes).

Mon séjour à Simla me fournit en outre l'occasion d'études très variées de physique terrestre.

Afin de montrer tout le parti qu'on peut tirer des stations de montagne, je rapporterai une observation d'éclipse totale faite dans les Neelgherries (Hindoustan), observation dans laquelle j'ai pu reconnaître la nature de la couronne et découvrir la dernière enveloppe hydrogénée du Soleil.

Disons d'abord ce que les astronomes entendent par le mot *couronne* dans les éclipses totales.

Quand le Soleil vient d'être éclipsé par la Lune, on voit tout à coup apparaître autour du limbe obscur de celle-ci un admirable phénomène lumineux. C'est une auréole ou couronne de lumière, d'un éclat doux et tranquille qui rappelle la couleur de l'argent ou le blanc de la nacre. Le phénomène prend souvent la forme circulaire et paraît concentrique au limbe obscur lunaire. Alors, ou il se présente avec un éclat décroissant régulièrement de sa base à sa circonférence extérieure, ou bien il se divise en zones concentriques d'éclat différent, mais dont les plus lumineuses sont toujours les plus centrales. Ces formes régulières sont loin d'être les seules qu'on ait observées ; le plus souvent, le phénomène se complique de traînées lumineuses qui le sillonnent en apparence dans les directions les plus imprévues. Tantôt ce sont des jets divergents qui, partant du limbe lunaire pour s'élancer vers le ciel, donnent au phénomène l'aspect d'un astre à plusieurs branches ; tantôt les traînées se réunissent deux à deux et se distribuent d'une manière assez régulière autour du disque lunaire, pour figurer les pétales d'une immense fleur de lumière. D'autres fois enfin les traînées, divergeant symétriquement autour du centre, donnent au phénomène un aspect qui rappelle les gloires dont les peintres entourent la tête des saints.

C'est à pénétrer la cause de ce phénomène que nous devions nous appliquer pendant l'éclipse totale du Soleil du 12 décembre 1871, en appelant à notre aide les nouvelles méthodes d'analyse spectrale récemment inventées.

Ces méthodes, on s'en souvient encore, furent appliquées pour
la première fois au phénomène d'une éclipse totale en 1868, à
l'occasion de la grande occultation solaire de près de sept minutes, qui eut lieu alors aux Indes orientales. Mais on se rappelle
aussi que ce problème de la nature des protubérances, qui, avant
tout autre, préoccupait les astronomes, fut seul abordé. La question de la couronne fut réservée.

L'étude de la couronne fut commencée, il est vrai, aux éclipses totales de 1869 et 1870. Mais, malgré les résultats très importants qui furent obtenus (1), la véritable cause de la couronne
n'était point connue, et l'on ne s'accordait point encore sur son
origine solaire ou terrestre. L'éclipse, qui, en 1871, allait nous
fournir l'occasion de cette importante étude, devait se produire
en Asie ; la ligne de totalité passait par l'Australie, Java, Ceylan et le Sud de l'Hindoustan.

(L'auteur reproduit intégralement ici le *Rapport sur l'éclipse
du 12 décembre* 1871, *observée à Shoolor* (*Indoustan*), donné précédemment, 1873, article VI. Puis il ajoute les remarques suivantes) :

En résumé, j'ai pu constater à Shoolor, par des observations
certaines et concordantes, que la couronne solaire présente les
caractères optiques du gaz hydrogène incandescent ; que ce
milieu très rare s'étend à des distances très variables du Soleil,
depuis un demi-rayon de l'astre environ jusqu'au double en certains points (ce qui donnerait des hauteurs de 80.000 à 160.000
lieues de 4 kilomètres ; mais je ne donne ces chiffres que comme
résultats d'une observation, et non comme définitifs.) Il est
bien certain d'ailleurs que la hauteur de la couronne doit être
incessamment variable.

Ce résultat semble faire faire un pas considérable au problème général de la couronne. Si nos émules étrangers n'ont
pas obtenu un résultat aussi décisif que celui de la mission française, je crois qu'il faut l'attribuer à la pureté tout exceptionnelle du ciel dans la station que j'avais choisie avec tant de

---

(1) Citons la découverte de la raie verte, dite 1474, dans le spectre de
la couronne, et celle du renversement du spectre à la base de la couronne.

soins, et aussi à l'ensemble des dispositions optiques qui ont donné au phénomène lumineux qu'il s'agissait de saisir une puissance exceptionnelle.

Je dois ajouter maintenant que ces résultats ont reçu une récente confirmation.

L'année dernière, le 6 avril, une éclipse totale avait lieu en Cochinchine, à Siam, aux îles Andaman. Après le passage de Vénus, je me rendis à Siam pour observer ce phénomène qui avait, on le comprend, un si grand intérêt pour moi.

Je reçus du roi de Siam l'hospitalité la plus empressée et la plus distinguée. Je m'établis sur les bords du golfe de Siam, à Bangchallô, près de la ville de Petchaburrie. La plus importante des expéditions étrangères était celle des Anglais aux Andaman ; malheureusement elle ne fut pas favorisée par le temps. A Bangchallô, au contraire, j'eus une série de beaux jours. Le 6 avril, bien que le ciel ne fût pas d'une pureté absolue comme à Shoolor, le Soleil était entièrement dégagé. J'ai pu faire des observations qui ont confirmé celles de 1871, et qui, de plus, ont permis de fixer des points nouveaux et m'ont donné l'explication d'anciennes observations qui paraissaient en contradiction avec l'existence de l'atmosphère coronale.

En résumé, on voit que nous avons reconnu autour du noyau central et relativement obscur du Soleil, trois enveloppes bien distinctes et parfaitement appropriées au rôle que cet astre est appelé à jouer.

C'est d'abord la *photosphère*, ou l'enveloppe qui entoure immédiatement le noyau. Cette enveloppe est incomparablement plus lumineuse que les autres ; c'est elle qui donne au Soleil son immense éclat, et qui lui permet de remplir, vis-à-vis des planètes, son rôle d'astre rayonnant.

La photosphère est surmontée de deux atmosphères hydrogénées. La première, basse (huit à douze secondes d'arc), incandescente, est immédiatement en contact avec la photosphère, et appartient au système des protubérances : c'est la *chromosphère*. La seconde, beaucoup plus rare, moins lumineuse, mais extrêmement étendue, forme la véritable atmosphère du Soleil. C'est l'*atmosphère coronale*. Mais ce milieu est bien loin d'être

en repos. On en aurait une idée bien fausse, si on se le repré-
sentait comme une atmosphère en équilibre. Les éruptions solaires, qui lancent souvent l'hydrogène sous forme de protubérances jusqu'à plus de 100.000 kilomètres de la surface photosphérique, le sillonnent de toutes parts ; il en résulte des troubles
d'équilibre et de température dont l'atmosphère terrestre ne
peut nous donner une idée. Ce sont incontestablement ces jets
d'hydrogène qui forment les traînées de lumière qui sillonnent
si souvent la couronne et lui donnent ces formes bizarres et variables qui ont jeté tant d'incertitude sur la vraie nature de la
couronne.

Annuaire du Club Alpin Français, année 1875 p. 697.

1876

I

MISSION DU JAPON
POUR L'OBSERVATION DU PASSAGE DE VÉNUS

Le passage de Vénus, qui a eu lieu l'année dernière, est un événement astronomique si considérable que les lecteurs de l'*Annuaire* s'attendent certainement à trouver, dans le Recueil de cette année, un compte rendu des résultats obtenus. Pour ma part, comme membre du Bureau et comme observateur du passage, je compte bien m'acquitter ici de ma dette ; mais je crois qu'il y a avantage à reporter ce travail à l'année prochaine. Dans une année, nous connaîtrons, d'une manière complète, les résultats de toutes les missions ; les mesures des photographies avanceront beaucoup ; on pourra déjà apprécier la valeur des services que cet auxiliaire si précieux aura pu nous rendre. Enfin, nous commencerons à pouvoir nous former une opinion motivée sur le succès définitif de cette grande opération. Mais, pour cette année même, il serait difficile de ne pas faire connaître, au moins d'une manière succincte, comment nous nous sommes acquittés de l'importante mission qui nous avait été confiée. Je vais donc donner à nos lecteurs un compte rendu très sommaire de mon voyage au Japon et des résultats obtenus. Du reste, cette année, notre confrère, le commandant Mouchez, nous donne le récit si hautement intéressant de son courageux voyage à l'île Saint-Paul. C'est encore une raison pour ne pas multiplier actuellement maintenant ces relations de voyage.

La mission au Japon, pour l'observation du passage de Vénus que j'étais chargé de diriger, se composait du personnel suivant :

M. Tisserand, directeur de l'Observatoire de Toulouse, correspondant de l'Institut ; M. Picard, lieutenant de vaisseau ;
M. Delacroix, enseigne de vaisseau ; M. Arents, chef de la photographie ; M. Chimizou, ancien élève de l'Ecole centrale, chargé
d'un appareil photographique ; plus deux timoniers, un méca-
nicien, un maître charpentier.

Sur la demande de l'Empereur du Brésil, M. d'Almeida avait
été attaché à ma mission par le Gouvernement français.

Instruments.

Pour la partie astronomique, la Commission du passage de
Vénus avait donné à chaque station de premier ordre un équatorial de 8 pouces et un de 6 ; des instruments méridiens, des
chronomètres, chronographes, etc..

Pour la photographie, un appareil donnant, sur plaque d'argent, des images du Soleil, de 3 cm. 5 de diamètre environ.

Ne trouvant point ces images d'une grandeur suffisante, je
jugeai à propos de joindre à cet appareil un équatorial photographique donnant des images solaires sur verre, de o m. 11 à
o m. 12 de diamètre, et un second appareil formant rechange,
donnant des images de o m. 10 environ. Ces images se rapportent comme grandeur avec celle qui a été adoptée par les autres
nations.

Nous emportions, en outre, un pendule astronomique de Bré-
guet, un cercle géodésique de Brunner, une collection très complète d'instruments météorologiques et photographiques, un
revolver photographique, etc..

L'expédition prit bord sur le paquebot l'*Ava*, commandant
Fleuriais, et quitta Marseille le 16 août.

Par son empressement gracieux, M. le commandant Fleuriais aplanit beaucoup les difficultés qui résultaient de notre
grand bagage, et, grâce à cet officier distingué, la première partie de notre voyage fut très agréable ; mais, en approchant des
mers de Chine, nous nous trouvions dans la saison des typhons,
et il nous était réservé de traverser l'un des plus redoutables de
ces météores.

Nous arrivions à Yokohama le 3 octobre au matin.

Après le séjour strictement nécessaire à Yokohama, pour nous mettre en rapport avec le Gouvernement japonais et prendre les informations indispensables, nous quittâmes cette ville pour nous rendre à Kobé dans la mer Intérieure. Là, je choisis et préparai un poste d'observation pour plusieurs d'entre nous. Enfin, le 24 octobre, nous débarquions à Nagasaki, but de notre voyage.

L'auteur reproduit ici la lettre qu'il adressa le 10 décembre 1874, de l'Observatoire de Kompira-Yama, à l'Académie. Voir ci-dessus 1875, article II, p. 310.

Quelques jours après l'envoi de cette Lettre, je recevais de Kobé des spécimens des photographies qui y avaient été prises. Elles sont fort belles, d'une grande netteté de bord, et promettent de très bonnes mesures. M. Delacroix me remit ensuite ses observations astronomiques qui avaient complètement réussi. Le succès de la mission de Kobé avait donc été complet.

Ce succès nous imposait l'obligation de déterminer les coordonnées géographiques de Kobé. Je m'y rendis. La longitude fut obtenue en la rattachant à celle de Nagasaki par une opération télégraphique ; quant à la latitude, je la déterminai avec l'excellent cercle méridien de MM. Brunner frères.

Cette détermination de la position de Kobé permettra de rectifier l'hydrographie de la mer Intérieure.

Je revins alors à Nagasaki et nous fîmes les préparatifs de départ, non toutefois sans avoir marqué d'une manière durable la trace de notre passage par l'érection d'une pyramide sur laquelle nous avons rappelé le but de l'observation et le nom des observateurs (1).

Pour mes collaborateurs, le but était atteint ; il ne leur restait qu'à revenir en France. Ils le firent, chacun selon sa convenance.

Quant à moi, je devais me rendre au royaume de Siam pour y observer l'éclipse totale du 6 avril, qui devait fournir l'occasion

____

(1) A Kobé, M. le Gouverneur de la province fit élever une colonne de granite dans la même intention. — Voir ces deux monuments dans les planches hors texte.

de continuer nos recherches sur l'atmosphère coronale et les dernières enveloppes du Soleil. Le temps nous favorisa : nous pûmes confirmer les résultats obtenus en 1871 et y ajouter. En outre, ce voyage fut utilisé encore par la détermination de la position actuelle de l'équateur magnétique pour l'inclinaison dans le golfe de Siam et par des études sur le mirage en mer, études qui conduisent à l'explication des variations apparentes de la hauteur de l'horizon marin, et fourniront des bases plus sûres à l'Astronomie nautique (1).

Annuaire du Bureau des Longitudes pour l'an 1876, p. 4.

II

PRÉSENTATION DU REVOLVER PHOTOGRAPHIQUE ET ÉPREUVES OBTENUES AVEC CET INSTRUMENT

L'instrument que j'ai l'honneur de présenter à la Société a été imaginé à l'occasion du passage de Vénus.

On sait qu'une des difficultés les plus considérables rencontrées dans cette observation est celle d'apprécier d'une manière certaine l'instant du contact de la planète avec le disque solaire.

Au lieu d'un contact géométrique, comme celui qui doit se produire entre deux cercles, on observe, dans certaines circonstances, des apparences singulières, des phénomènes de goutte, de ponts obscurs entre les deux disques, etc., et ces apparences, quand elles se produisent, empêchent absolument l'observateur de pouvoir apprécier l'instant réel du contact ; partant, l'observation est compromise.

C'est ainsi que la première observation, celle de 1761, qui suivit l'invention de la méthode de Halley, sur laquelle on avait fondé de grandes espérances, fut manquée, on peut le dire, par les perturbations que ces phénomènes insolites amenèrent dans les observations.

---

(1) Nous devons témoigner ici notre reconnaissance à S. M. le roi de Siam, qui mit à notre disposition pour ces études un bateau à vapeur de l'Etat.

L'observation de 1769 fut meilleure ; mais là encore, les phénomènes perturbateurs dont nous parlons exercèrent leur fâcheuse influence.

Aussi, quand le passage de Vénus revint de nouveau en 1874 fixer l'attention du monde savant, se préoccupa-t-on beaucoup de ces phénomènes qui avaient eu un si fâcheux effet sur les observations antérieures. ·

Il est vrai, que depuis le siècle dernier, l'optique avait fait de grands progrès. En outre, cette question des contacts avait été spécialement étudiée. En France, MM. Wolf et André ont publié un important Mémoire qui élucidait beaucoup la question.

Néanmoins, de très légitimes appréhensions existaient encore, et c'est alors que j'eus l'idée de chercher à obtenir des images durables de ces phénomènes des contacts, en prenant au moment critique une série de photographies à des instants très rapprochés. Aux apparences fugitives, qu'un observateur nécessairement ému doit interpréter en quelques instants, on substituait ainsi des photographies qui seraient discutées ensuite à loisir pour en conclure le véritable instant du contact.

L'avantage était incontestable, et ce fut là l'origine du revolver photographique.

Les images devant être prises à des instants très rapprochés, on ne pouvait songer aux dispositions ordinaires ; il fallait un instrument spécial pouvant permettre de prendre un grand nombre d'images sans changement de plaque.

Le revolver photographique, que j'ai l'honneur de présenter, réalise les conditions suivantes :

1° L'instrument donne actuellement quarante-huit images, et ce nombre pourrait être doublé et même triplé ;

2° Le temps de pose est déterminé par l'instrument lui-même et peut être réglé ;

3° L'intervalle qui sépare les prises d'images peut être augmenté ou diminué à volonté ;

4° L'instrument est automoteur, il donne de lui-même, et sans aucune intervention de l'opérateur, la série d'images à produire ;

5° Si on le désire, l'instrument peut être conduit à la main, et donner alors ses images à tels intervalles de temps qu'on juge à propos.

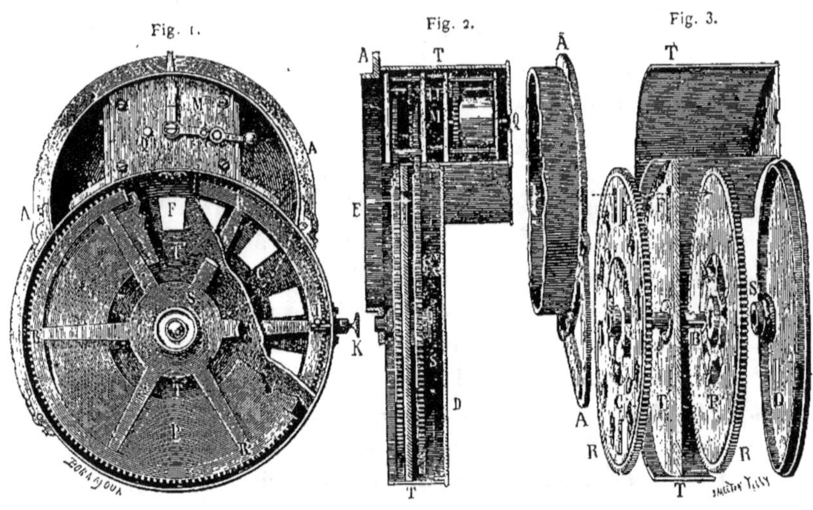

1876. Fig. 1.

R'R', plateau demi-porte-plaque. Ce plateau est animé d'un mouvement alternatif, de manière à se trouver au repos au moment de la formation de l'image. P, plaque photographique en forme de couronne fixée au plateau. On n'en a figuré que la moitié. T', fond de la boîte du revolver. C'est dans ce fond que se trouve pratiquée la fenêtre F placée au foyer de lunette, et par laquelle se forme l'image sur la plaque P. C, obturateur percé de fenêtres. Cet obturateur est animé d'un mouvement continu. Il se produit une image chaque fois qu'une de ses fenêtres passe devant la fenêtre F du fond de la boîte. K, bouton d'arrêt pour la mise en marche. M, organe pour désembrayer et conduire le revolver à la main si on le désire.

1876. Fig. 2.
Coupe et profil de l'appareil.

1876. Fig. 3.

Vue des pièces séparées. AA, pièce pour fixer le revolver sur la lunette. R, obturateur à fenêtres. T', fond de la boîte de l'instrument. F, Fenêtre. P, plateau porte-plaque. D, couvercle.

Description du revolver. — L'instrument est formé essentiellement de quatre parties :

1° La plaque sensible, en forme de couronne, supportée par un plateau circulaire ;

2º La boîte circulaire, contenant à l'intérieur le plateau et portant à l'extérieur le disque obturateur ;

3º L'obturateur ;

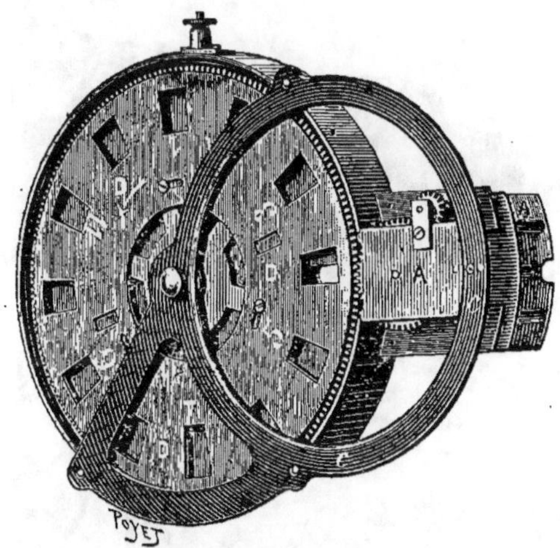

1876. Fig. 4.

Vue des trois quarts. AA, mécanisme moteur qui entraîne l'obturateur DD et la plaque sensible.

1876. Fig. 5.

Vue des trois quarts. Intérieur du revolver et mécanisme d'horlogerie AA qui entraîne la plaque sensible et l'obturateur.

4° Le rouage moteur.

La plaque sensible a la forme d'une couronne, les images se
distribuent circulairement sur sa surface, la grandeur de ces

1876. Fig. 6.

Cette image montre le revolver placé sur la lunette et prêt à fonctionner.

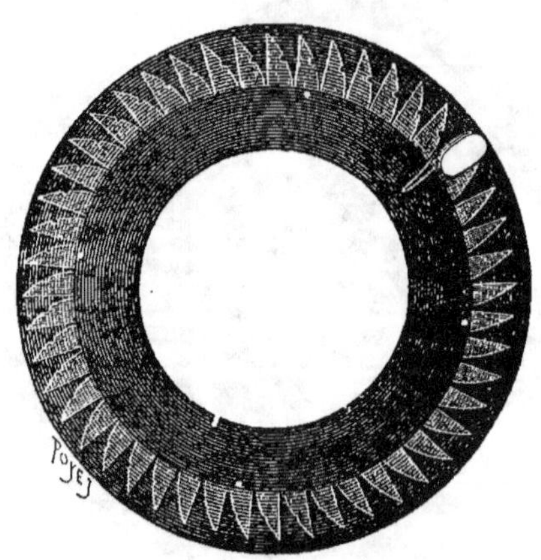

1876. Fig. 7.

Épreuve d'un passage artificiel de Vénus sur le Soleil. Chaque image triangulaire est celle d'une portion du disque solaire. La série des images
montre la marche de la planète par rapport au bord solaire.

images est déterminée par l'ouverture d'une fenêtre pratiquée dans la paroi de la boîte, et devant laquelle les diverses parties de la plaque sensible viennent se présenter successivement.

Le plateau porte-plaque est également circulaire ; il est destiné à supporter la plaque sensible et à lui communiquer les mouvements alternatifs nécessaires à la production des images. Ce plateau est denté à sa circonférence ; il engrène avec un pignon à dents séparées. A chaque passage d'une dent du pignon, le plateau reçoit un mouvement angulaire de la grandeur de l'image à reproduire sur la plaque sensible, puis il reste au repos pendant le passage d'une fenêtre de l'obturateur, passage qui amène la production d'une image ; après quoi un nouveau mouvement du plateau vient présenter une nouvelle portion de la plaque, et ainsi de suite.

Le disque obturateur est destiné à produire et à régler la pose.

Cet organe est formé de deux disques superposés, percés de douze fenêtres qui se correspondent ; il est monté sur le même axe que le porte-plaque, et placé devant la boîte circulaire. Mais, tandis que le plateau tourne d'un mouvement alternatif, l'obturateur reçoit du rouage moteur un mouvement continu. Chaque fois qu'une fenêtre de l'obturateur passe devant la fenêtre de la boîte, la plaque sensible est découverte dans la portion correspondante de sa surface, et une image se produit. Les mouvements sont d'ailleurs réglés entre l'obturateur et le plateau, de manière que la plaque sensible soit au repos au moment de la production des images. Quant au temps de pose, il peut être réglé de la manière la plus simple : il suffit de tourner l'un par rapport à l'autre les disques qui forment l'obturateur ; les parties pleines de l'un viennent empiéter sur les parties vides de l'autre, et l'on peut réduire ainsi dans la mesure voulue l'ouverture des fenêtres, et diminuer dans la même mesure le temps d'exposition.

Le moteur consiste en un mouvement d'horlogerie.

En agissant sur les ailettes du régulateur, on peut faire varier le temps qui sépare les prises d'images.

Le rouage étant monté, peut être remis au repos. En agissant sur un bouton, on peut commencer une série dès qu'on le juge à propos. On peut également interrompre une série commencée et la reprendre en diverses fois.

Enfin, par une disposition spéciale, on peut, si on le préfère, conduire l'instrument à la main et prendre des images aux instants désirés.

Photographies obtenues avec le revolver photographique. — Avant mon départ pour le Japon, j'avais déjà obtenu des photographies de passages artificiels de Vénus qui démontraient, par la netteté des contours, que l'instrument était exempt de trépidations nuisibles ; au Japon, nous avons obtenu une plaque du contact intérieur de Vénus. Le temps était alors un peu voilé, en sorte que ces images sont faibles, mais très visibles. Mais ensuite, et durant notre séjour, nous avons obtenu de nombreuses plaques d'une netteté remarquable (plusieurs de ces plaques sont placées sous les yeux des assistants à la séance) qui démontrent que l'instrument a pleinement atteint le but auquel il était destiné. J'ajouterai que les expéditions anglaises nous avaient fait l'honneur d'adopter notre instrument et qu'elles ont obtenu en plusieurs stations de fort belles séries.

Le revolver photographique peut recevoir des applications variées.

En Astronomie, on pourra l'appliquer à photographier les phases successives des éclipses totales ou partielles. La propriété de l'instrument, de pouvoir donner des images à instants très rapprochés, devient ici très précieuse, à cause du mouvement rapide de la Lune. Une série de photographies de chacun des contacts des deux astres permettra de fixer avec une grande exactitude les instants de ces contacts, et, par suite, d'obtenir avec une rigueur qui n'a pu être atteinte jusqu'ici tous les éléments astronomiques qui s'en déduisent (1). La photographie des passages méridiens recevra aussi de l'application du revolver d'importants perfectionnements. Le Soleil pourra être photogra-

---

(1) La Commission anglaise chargée d'observer aux îles Andaman, l'éclipse totale du 5 avril 1875 avait emporté des revolvers avec l'intention de photographier les diverses phases de cette éclipse. Malheureusement, le temps ne permit pas d'appliquer l'instrument à ce nouvel et important usage.

phié à instants très rapprochés, ce qui permettra de multiplier les fils et, par suite, le degré de précision.

La propriété du revolver, de pouvoir donner automatiquement une série d'images nombreuses et aussi rapprochées qu'on veut, d'un phénomène à variations rapides, permettra d'aborder des questions intéressantes de mécanique physiologique se rapportant à la marche, au vol, aux divers mouvements des animaux. Une série de photographies qui embrasserait un cycle entier des mouvements relatifs à une fonction déterminée fournirait de précieuses données pour en éclairer le mécanisme.

On comprend, par exemple, tout l'intérêt qu'il y aurait, pour la question encore si obscure du mécanisme du vol, à obtenir une série de photographies reproduisant les divers aspects de l'aile durant cette action. La principale difficulté viendrait actuellement de l'inertie de nos substances sensibles, eu égard aux durées si courtes d'impression que ces images exigent ; mais la science lèvera certainement ces difficultés.

A un autre point de vue, on peut dire aussi que le revolver résout le problème inverse du phénakisticope. Le phénakisticope de M. Plateau est destiné à produire l'illusion d'un mouvement ou d'une action au moyen de la série des aspects dont ce mouvement ou cette action se compose. Le revolver photographique donne au contraire l'analyse d'un phénomène en reproduisant le série de ses aspects élémentaires.

Bulletin de la Société française de Photographie, avril 1876, p. 100.

III

PRÉSENTATION DE PHOTOGRAPHIES SOLAIRES

J'ai l'honneur de présenter à la Société un certain nombre de spécimens de photographies solaires obtenues à l'Observatoire d'Astronomie physique de Paris (1).

---

(1) L'Observatoire d'Astronomie physique siégea provisoirement d'abord à Paris, boulevard Ornano, 68 ; il fut installé ensuite définitivement à Meudon. (*Note de l'éditeur*).

L'intérêt de ces photographies réside dans leurs grandes dimensions ; elles ont de 20 à 22 centimètres de diamètre.

Je n'ai pas besoin d'insister sur les difficultés que présentent les photographies solaires de cette grandeur. Les détails de la surface solaire étant tout à fait de même ordre que les défauts, même les plus légers, que peuvent amener les manipulations, aucun accident ne peut être dissimulé.

La rapidité de la pose, qui, quoique d'une petite fraction de seconde, doit être d'une égalité rigoureuse pour toutes les parties du disque, ajoute aussi aux difficultés pratiques ; mais j'estime qu'il y a un grand intérêt à chercher à surmonter ces difficultés pour obtenir de très grandes et très parfaites photographies du Soleil.

Sous cette dimension, en effet, les détails de la surface solaire apparaissent avec leur véritable constitution. Les facules, les taches peuvent y être étudiées dans leurs détails. Une longue série de ces photographies aurait pour l'histoire de la constitution physique du Soleil un prix inestimable. J'espère qu'il nous sera donné de pouvoir la réaliser.

L'instrument qui nous donne ces belles épreuves a été construit bien rapidement et, cependant, avec un succès, on peut dire complet. La partie mécanique est de M. Eichens ; le corps de la lunette, de M. Bigot. Quant à la partie optique, elle est due à M. Prazmowski, qui m'a prêté, dans cette circonstance, un concours si empressé et si habile, que je suis heureux de l'en remercier ici.

Je demanderai à présenter encore quelques spécimens des photographies prises au Japon par notre Mission.

Ces photographies figureront d'ailleurs à l'Exposition du Palais de l'Industrie, comme documents d'une mission du Ministère de l'Instruction publique. Elles représentent des vues et des monuments japonais, à Nagasaki et à Kobé (mer Intérieure).

J'appellerai spécialement l'attention sur une vue d'un petit temple japonais, à Kompira-Yama, obtenue avec un objectif de M. Prazmowski, de 48 centimètres de foyer environ, qui donne, comme on le voit, une très grande netteté sur les bords, malgré son court foyer.

Des photographies d'aussi grandes dimensions, avec le procédé humide, présentaient en voyage des difficultés nombreuses. Elles ont été habilement levées par le photographe en chef de la Mission, M. Arentz.

Bulletin de la Société française de Photographie, avril 1876, p. 107.

IV

PRÉSENTATION A L'ACADÉMIE DE PHOTOGRAPHIES SOLAIRES DE GRANDES DIMENSIONS

J'ai l'honneur de présenter à l'Académie quelques spécimens de photographies solaires d'une dimension qui n'avait pas été atteinte jusqu'ici, surtout pour les photographies journalières.

Je dis photographies journalières, car les clichés dont il s'agit ici et dont nous obtenions déjà des spécimens avant notre départ pour le Japon se font actuellement d'une manière courante et régulière à l'installation provisoire de l'Observatoire d'Astronomie physique sis à Montmartre.

L'importance des services que la photographie peut rendre à l'Astronomie physique a été présenté presqu'au début de cet art. En France, M. Faye n'a cessé d'appeler l'attention sur ce point, et les noms de MM. Fizeau, Foucault, Perro, etc., se rattachent soit à des découvertes, soit à des essais pleins d'intérêt. En Angleterre, M. Warren de la Rue fit faire des progrès considérables à cette application par ses belles photographies de la Lune, que nous avons tous admirées en leur temps, et par les longues séries de photographies solaires qu'il fit faire et calculer à ses frais. Pour l'Amérique, qui n'a nommé M. Rutherfurd, suivant ces traces avec si éclatant succès, et qui aujourd'hui s'occupe de confectionner des cartes célestes par un procédé photographique ? Enfin nous aurions encore à mentionner la Russie, l'Allemagne, l'Italie qui sont entrées à leur tour dans la carrière.

Il est donc superflu d'insister aujourd'hui sur l'importance de la photographie céleste. Mais il me paraît que cette application doit entrer aujourd'hui dans une phase nouvelle.

Pour le Soleil, par exemple, on doit commencer dans les observatoires qui aborderont ces études des séries indéfinies et aussi complètes que le temps le permettra. Ces séries doivent être constituées avec des images très grandes et très parfaites. Dans l'état actuel de la science, la reproduction des détails de structure de la photosphère est indispensable à nos discussions. Les images solaires doivent reproduire les facules et leurs contours précis, les taches et leurs détails si importants de structure, enfin les granulations de la surface avec leurs véritables formes. Ce sont les grandes photographies seules qui peuvent nous donner ces détails.

Les difficultés d'exécution croissent, il est vrai, bien rapidement avec le diamètre des images ; aussi suis-je persuadé qu'on ne rendra désormais de services réels à la science qu'en constituant dans les observations des services spéciaux pour cet objet ; services dotés d'instruments construits tout exprès pour ce genre de photographies, et où le personnel s'occupera exclusivement de ces études. C'est dans cette voie que nous sommes entrés depuis deux ans.

Sur les photographies que nous avons l'honneur de présenter, le disque solaire a 22 centimètres de diamètre, et malgré cette dimension, qui est actuellement très considérable pour une photographie solaire, la pureté et la netteté des clichés sont très grandes. Les taches, les facules, les granulations apparaissent ici à une échelle qui soulage l'œil. En outre, ces grands clichés présentent un avantage au point de vue de la diffusion de ces images : celui de pouvoir donner des positifs où les détails de la surface solaire sont reproduits sans être masqués, comme dans les petites épreuves, par les grains du papier sur lequel on les tire.

On comprend enfin la nécessité, dans un avenir prochain, pour les observatoires d'Astronomie physique, de pouvoir échanger leurs séries reproduites et rendues inaltérables par un procédé spécial comme celui du charbon par exemple (1). J'aurai, du reste, à entretenir encore l'Académie de mes études sur ce sujet important.

On peut remarquer par les clichés qui se rapportent à ces derniers jours combien la surface du soleil est remarquable en ce moment par l'absence complète de toute tache. Ce fait se rattache, comme on sait, à l'époque du minimum à laquelle nous touchons. J'aurai à revenir bientôt sur ce phénomène.

C. R. Acad. Sc., Séance du 12 juin 1876, T. 82, p. 1363.

V

NOTE SUR LES PASSAGES DES CORPS HYPOTHÉTIQUES INTRA-MERCURIELS SUR LE SOLEIL

L'attention du monde savant est, en ce moment, appelée de nouveau sur l'existence de corps qui circuleraient entre le Soleil et Mercure. Dans le sein de l'Académie, nous assistons aux savantes discussions par lesquelles notre illustre confrère, M. Le Verrier, essaye, au milieu d'observations de valeurs si diverses, de démêler et de saisir des données pouvant permettre le calcul de passages qui, observés régulièrement par les astronomes, conduiraient enfin à la conquête d'un ou de plusieurs astres nouveaux.

Quelle que soit l'issue de cette nouvelle tentative, elle présente, à mon sens, un intérêt plus grand encore que celui qu'on y attache déjà si légitimement, par la raison que nous possédons actuellement des moyens d'investigation qui permettront, si on veut les appliquer, de faire entrer les recherches de ce genre dans une voie nouvelle, où elles recevront une solution sûre, rationnelle et complète.

Ces moyens, que l'Astronomie physique peut mettre actuel-

---

(1) Ces séries, reproduites sur papier, auront un très grand intérêt au point de vue de la description de la surface solaire.

lement au service de la Science, se divisent naturellement en deux classes bien distinctes.

D'une part, ce sont les connaissances récemment acquises sur la constitution des enveloppes solaires, connaissances qui permettent de soumettre à un critérium nouveau les observations à discuter, et, d'autre part, nous possédons aujourd'hui des procédés particuliers d'enregistrement photographique, qui permettent de recueillir automatiquement des observations qui, par leur nombre, leur authenticité, leur précision, ne peuvent être remplacées par aucune autre méthode.

Il est constant que toute la difficulté de la question réside dans l'incertitude et dans l'insuffisance des données. D'une part, les observations de personnes ayant cru être témoins d'un passage de corps devant le Soleil présentent bien rarement un caractère suffisant de certitude, et d'autre part, l'observation fût-elle admise comme celle d'un véritable passage, elle n'a pas été faite dans les conditions d'exactitude nécessaire pour fournir les données indispensables au calcul des éléments du corps.

Comme critérium d'un passage véritable, on s'est généralement arrêté à exiger que l'observation se rapportât à une tache bien ronde sur le disque solaire, et surtout qu'on eût constaté un déplacement rapide à la surface du disque, mouvement d'un tout autre ordre que le mouvement apparent des taches solaires. Ce sont là des exigences bien légitimes et qui ont permis d'éliminer un grand nombre d'observations fort douteuses.

Mais il faut bien le remarquer, même avec ce double caractère, une observation peut encore ne pas se rapporter à un passage réel.

Depuis longtemps déjà, et la Photographie nous en a donné des exemples encore tout récents, on sait que le Soleil présente souvent des taches d'une rondeur surprenante et presque parfaite, beaucoup plus parfaite même que les taches données par la plupart de nos planètes supérieures si elles pouvaient passer devant le Soleil. La rondeur de la tache n'est donc pas un caractère distinctif. Il reste le mouvement propre. Ici, il existe encore une circonstance qui a dû causer des illusions. Quand on observe le Soleil avec une lunette qui n'a pas de monture équatoriale, mais dont le pied a les deux mouvements verticaux et azimutaux, comme c'est le cas ordinaire, la position d'une tache, par suite du mouvement diurne, change incessamment par rapport à un diamètre vertical du disque ; même avec l'habitude des observations, il est difficile de se défendre du sentiment que la tache s'est déplacée sur le disque. J'ai eu un exemple très frappant de l'illusion qui peut être produite en cette circonstance à l'occasion du passage de Vénus. Un grand personnage du royaume de Siam, grand amateur d'Astronomie, me montra, au moment de mon passage à Bangkok, un dessin qu'il avait exécuté du passage. Sur ce dessin, les positions successives de la planète étaient indiquées ; mais, au lieu d'être distribuées sur une corde du disque solaire, les petits cercles figuratifs de la planète étaient disposés en arc de cercle concave vers le centre du disque, et le personnage en question considérait cette circonstance comme la plus importante de son observation. Tout le monde a deviné que c'était une illusion produite par l'effet du mouvement diurne pendant le passage.

Sans doute, si le mouvement propre était conclu de mesures micrométriques attestant une variation rapide de distance du corps au centre ou au bord du disque solaire, le doute ne serait plus permis ; mais ce sont précisément ces mesures qui manquent ordinairement.

Le fait de la disparition de la tache quand on réobserve le Soleil, soit le lendemain de l'observation, soit même une demi-journée après, ne peut pas être invoqué comme une preuve péremptoire que l'objet était réellement situé en dehors du Soleil. J'ai déjà pu constater, par nos séries photographiques, que, quand le Soleil est à l'époque d'un minimum, les taches ont une surprenante tendance à se dissoudre. L'année 1876 en présente plusieurs exemples remarquables.

Il résulte de ces considérations que les observations isolées faites par des personnes qui n'ont pas des connaissances assez approfondies, ou qui ne disposent pas d'instruments convenables, fourniront bien difficilement des matériaux assez sûrs pour résoudre la question.

D'un autre côté, il est évident qu'on ne peut pas demander

aux astronomes, absorbés d'ailleurs par d'autres travaux où la
part personnelle est beaucoup plus grande, de suivre assez assi-
dûment le Soleil dans les divers points du globe, pour qu'on soit
assuré de ne laisser échapper aucun passage. On voit ainsi qu'on
est conduit d'une manière nécessaire à demander à la photographie ce que l'observation oculaire est impuissante à fournir.
C'est le point que je vais aborder.

Mais auparavant je désire revenir un instant aux observations à la lunette. Dans ma pensée, ces observations ne peuvent pas conduire à une solution complète de la question ;
mais elles n'en conservent pas moins beaucoup d'intérêt encore. La science doit de trop belles découvertes aux hommes
qui, à diverses époques, ont cultivé l'Astronomie sans en
faire leur profession, pour qu'elle ne continue pas à leur témoigner sa reconnaissance et à leur donner ses encouragements.

Voici donc quelques remarques qui pourraient ajouter beaucoup à la valeur des observations futures de passage.

Nous avons vu que la rondeur de la tache n'était pas un caractère spécifique, que l'illusion sur le mouvement propre était
bien facile, et que la disparition même de l'objet après cinq ou
six heures ne prouvait pas incontestablement un passage véritable. Il existe des caractères tirés de la constitution de la photosphère qui peuvent permettre, même pendant les courts instants d'une observation fugitive, de décider si le phénomène
observé est solaire ou extra-solaire. La surface du Soleil est se-
mée de granulations auxquelles on a donné divers noms, mais
qui sont bien connues de tout observateur un peu familier avec
cet astre. Ces granulations se modifient aux environs des taches,
et celles-ci, indépendamment de la pénombre qui fait bien rarement défaut, surtout aux taches rondes, celles-ci, dis-je, sont
entourées d'une facule circulaire qui jette presque toujours des
appendices autour d'elle.

En un mot, comme une tache solaire est un phénomène de la
photosphère, phénomène perturbateur au plus haut point de
la région où il se produit, il en résulte que l'aspect ordinaire de
la photosphère est modifié tout autour de lui. En outre, si la
tache est assez éloignée du centre du disque, elle doit présen-

ter les effets perspectifs d'un objet placé sur la surface fuyante d'un globe. Enfin on doit faire attention à la région solaire où la tache se montre ; voir à peu près quelle est sa latitude solaire, puisqu'on sait que les taches ont deux régions d'élection, au Nord et au Sud de l'équateur de l'astre. Il y a donc ici un premier ensemble de caractères qui peuvent permettre à un observateur exercé de prononcer en quelques instants sur le vrai caractère d'une tache ; mais il est un autre caractère d'une valeur plus grande encore, c'est celui qui se rapporte au mouvement propre d'un corps interposé par rapport aux granulations de la région solaire sur laquelle il se projette. Il est évident qu'un corps en mouvement interposé entre notre œil et la surface solaire doit produire une succession d'éclipses des granulations ; couvrir successivement celles vers lesquelles il marche, découvrir celles du côté opposé. Ce phénomène d'émersions et d'immersions successives est le plus décisif de tous ceux qu'on puisse invoquer quand il s'agit d'une observation qui ne peut durer que quelques instants. Il exige, il est vrai, un bon instrument et un grossissement suffisant ; mais nous ferons remarquer que les observations faites avec de très faibles grossissements doivent être admises avec une extrême réserve, en raison même de l'impossibilité où se trouve l'observateur de constater les vrais caractères du phénomène. J'en excepte, bien entendu, le cas où l'on aurait eu le bonheur d'assister à une entrée ou à une sortie.

J'ajoute encore un conseil, c'est celui d'explorer avec le plus grand soin les régions qui entourent le disque solaire jusqu'à trois ou quatre minutes de distance angulaire ; à cette distance, l'atmosphère coronale donne encore une lumière assez vive pour qu'un objet interposé, alors même qu'il n'aurait qu'une fraction de minute de diamètre, donne une éclipse visible. Au Japon, j'ai pu voir ainsi le disque pâle de Vénus se détachant sur l'atmosphère coronale, bien avant son entrée sur le disque solaire. Si un observateur constatait ce phénomène, soit à l'entrée, soit à la sortie, il donnerait à son observation un caractère de certitude complète, car cette circonstance est absolument incompatible avec l'hypothèse d'une tache solaire.

Il faut remarquer, en outre, que cette propriété de l'atmosphère coronale agrandit de moitié le champ d'observation, et qu'elle peut même permettre de constater le passage d'un corps devant le Soleil, alors même que ce corps ne passerait qu'à quelques minutes de ses bords.

Telles sont les remarques qui me paraissent opportunes à l'égard des observations par les instruments d'optique. Je crois que si l'on discutait à ce point de vue les observations de passages qui nous sont présentées, on serait conduit à en éliminer encore beaucoup ; mais je n'insiste pas sur ce point, parce que l'intervention de la photographie peut nous permettre de faire entrer la question dans une phase nouvelle.

En effet, les observations oculaires ne peuvent être que des observations isolées. D'une part, les occupations des astronomes, d'autre part, la fatigue et le danger même d'observations solaires longtemps poursuivies, sont des causes qui s'opposeront toujours à ce que le Soleil soit suivi dans les divers points du globe avec assez d'assiduité pour qu'on soit assuré, comme je le disais en commençant, de ne rien laisser échapper.

Mais la photographie nous donne aujourd'hui des images du Soleil d'une perfection telle, qu'elles permettent de les employer aux travaux de haute précision. Une photographie d'un passage, si elle est faite avec un instrument convenable, porte avec elle un caractère impersonnel, un caractère d'authenticité, et, en outre, elle offre aux mesures, à la discussion, des éléments tellement précieux, qu'elle surpasse en valeur l'observation du plus habile astronome.

J'ai senti très vivement cette vérité, signalée déjà, il y a quelque vingt ans, au sein même de cette Académie, par notre si éminent confrère M. Faye, aussi ai-je tenu à organiser un service de photographie céleste dans l'Observatoire d'Astronomie physique qu'on m'a fait l'honneur de me confier.

Pour ce qui concerne le Soleil, ce sont les annales de ce grand astre qu'il faut commencer à écrire. La question des corps intramercuriels montre une fois de plus l'immense importance de ces documents à obtenir désormais sans interruption et par un concert international.

Mais, pour la question spéciale qui nous occupe, on sent qu'il faut obtenir des épreuves prises à des instants assez rapprochés pour qu'un passage ne puisse avoir lieu sans qu'il soit enregistré. Ici donc l'intervention du revolver photographique me paraît nécessairement indiquée pour donner une solution pratique de la question. Un instrument de ce genre qui renfermerait une plaque sèche et dont le mouvement lui ferait prendre une photographie toutes les heures, par exemple, permettrait d'obtenir sans fatigue, sans même qu'il soit nécessaire que l'observateur soit exercé aux manipulations photographiques, des images solaires qui seraient développées ultérieurement. Un certain nombre de ces instruments, distribués systématiquement à la surface du globe, fourniraient des séries qui se compléteraient surabondamment. En quelques années, les régions circumsolaires seraient ainsi explorées avec une certitude et une efficacité qu'il serait impossible de demander à aucune autre méthode.

C. R. Acad. Sc., Séance du 2 octobre 1876, T. 83, p. 650.

Reproduit dans le *Moniteur de la Photographie*, 15e année, 15 octobre 1876.

1877

I

SUR UNE TACHE SOLAIRE APPARUE LE 15 AVRIL 1877

J'ai l'honneur de présenter à l'Académie deux photographies solaires obtenues à l'Observatoire de Meudon, et qui présentent un intérêt particulier.

Ces photographies montrent qu'une tache solaire très importante s'est formée sur le Soleil du 14 au 15 avril.

En effet, dans la photographie du 14 (vers 8 heures du matin, temps moyen de Paris), la surface solaire est absolument exempte de taches. Or, sur cette photographie, le diamètre du disque est de 30 centimètres, et les granulations de la surface sont d'une telle netteté qu'un noyau de tache, n'eût-il que 1 à 2 secondes de diamètre, y serait aisément perceptible. Mais la photographie du jour suivant, dimanche 15, à la même heure, présente dans l'hémisphère sud, près de la ligne des pôles, un peu à l'Occident et dans la région élective, en un mot près du centre du disque, un espace de près de deux minutes de diamètre couvert de taches. Les plus considérables de ces taches présentent des noyaux de quinze et vingt secondes de diamètre (1) avec de larges pénombres de figures très tourmentées.

Mon objet n'est pas de décrire ces taches : je ne m'occupe ici que de l'importance du phénomène qui s'est produit d'une manière aussi subite. Il est de l'ordre des grands phénomènes de taches que nous présente le Soleil à l'époque d'un maximum, et il montre qu'on ne s'était pas fait jusqu'ici une idée exacte de l'état de la surface photosphérique quand l'astre est dans une période

______

(1) Vue du Soleil, la Terre présente un diamètre de 17″7.

de minimum. On admet généralement que la photosphère est
alors dans une sorte de repos, et que la rareté des taches est due
à cette absence d'activité. Des faits déjà nombreux, et qui viennent de recevoir du remarquable phénomène de dimanche dernier une confirmation et une extension considérables, montrent
que ces idées sont inexactes. Nous sommes conduits à admettre que, si dans ces périodes les taches sont rares, c'est qu'il y a
alors une tendance très marquée à la dissolution, à la disparition des phénomènes dès leur naissance. Déjà, depuis le peu de
temps que nos séries d'images solaires sont commencées, nous
avons pu constater des faits nombreux de petites taches apparaissant et disparaissant dans l'espace de un à deux jours.

Quant au phénomène du 15 avril, nous croyons pouvoir lui
prédire une prompte extinction : sa configuration va changer
rapidement, les noyaux se segmenteront pour disparaître peu
après. Il ne serait pas surprenant que les taches actuelles, qui à
l'époque d'un maximum eussent pu accomplir plusieurs rota-
tions solaires, soient presque disparues avant d'avoir atteint,
samedi prochain, le bord occidental du disque.

Si notre climat était plus beau, il eût été bien intéressant de
prendre des photographies très fréquentes qui eussent permis
de suivre pas à pas les transformations successives du phénomène jusqu'à sa disparition. On en eût tiré sans doute de nouvelles lumières sur les causes encore si peu connues qui amènent ces grandes déchirures de la photosphère.

Quoi qu'il en soit, on voit combien sont importantes ces séries
photographiques. Dès leur début, elles nous donnent des faits
importants touchant la constitution du Soleil. Or, en Astronomie physique, je crois que nous devons nous attacher fortement et pour longtemps à l'étude du Soleil. Cet astre est pour
nous comme un résumé de la forme stellaire, et sa grande proximité nous fournit les moyens les plus faciles et les plus précieux
d'étudier les problèmes qui se rapportent à la constitution de
l'Univers.

C. R. Acad. Sc., Séance du 16 avril 1877, T. 86, p. 732.

II

RÉPONSE A UNE NOTE DE M. GAZAN, INSÉRÉE AUX COMPTES RENDUS DE LA SÉANCE DU 7 MAI 1877

M. Gazan a présenté, dans la dernière séance de l'Académie, des remarques critiques sur les faits et les conclusions de ma communication du 16 avril dernier, relative à l'apparition d'une tache solaire.

Je demanderai à M. Gazan la permission de ne pas entrer dans la discussion des idées théoriques et de ne toucher qu'aux points de fait qui sont ici en question.

Les circonstances que j'ai indiquées pour la formation de la tache n'étant que l'expression des faits accusés par les photographies, je n'ai rien à y changer. Quant à la disparition de la tache, je dirai qu'ici encore les faits donnent tort à M. Gazan. Contrairement à son assertion, et suivant la prévision que j'avais émise, la tache n'a point reparu, ainsi que le témoignent nos photographies des 3 et 4 mai.

J'ajouterai enfin que je crois superflu de vouloir me défendre de vouloir conseiller l'abandon des observations directes et spectroscopiques. Si j'avais une aussi singulière pensée, on pourrait, je crois, m'accuser, avec quelque raison, d'ingratitude.

C. R. Acad. Sc., Séance du 14 mai 1877, T. 84, p. 1055.

III

RÉPONSE A LA NOTE DE M. TACCHINI, INSÉRÉE AUX COMPTES RENDUS DE LA SÉANCE DU 14 MAI 1877

Les remarques que l'éminent observateur de Palerme a faites sur ma Note du 16 avril, à propos de la grande tache du 15, me font craindre que les idées que j'ai émises à cette occasion n'aient pas été parfaitement comprises.

M. Tacchini maintient qu'à l'époque d'un minimum, il y a réellement *repos* pour la surface solaire. Afin de le démontrer, l'habile observateur établit le parallélisme des phénomènes de taches d'éruptions métalliques, de protubérances, etc., pour les deux époques de maximum (1871) et de minimum (1876).

Je réponds à M. Tacchini que tous ces faits sont bien connus.

Ceux qui se rapportent à la fréquence des taches, qui ont conduit à distinguer des époques de maximum et de minimum, sont classiques. Quant au rapport entre les nombres et l'importance des taches et celui des protubérances, je l'avais déjà constaté pendant l'hiver de 1868-1869, passé à Simla (Himalaya), et mon télégramme du 12 janvier 1869 sur les rapports entre les taches et les protubérances y faisait allusion (1). Mais le fait a été établi depuis, de la manière la plus solide, par les spectroscopistes, spécialement par ceux de Rome et de Palerme.

Enfin, pour ce qui concerne les éruptions métalliques proprement dites, et spécialement celle du magnésium, je dirai que j'ai suivi avec trop d'intérêt et de profit les travaux de M. Tacchini pour ignorer les importants résultats qu'il a obtenus sur ce point.

Mais tous ces faits acquis aujourd'hui à la Science ne nous empêchent pas d'aller encore plus loin, de chercher à préciser davantage le caractère des phénomènes dans chacune des enveloppes solaires. C'est précisément ce que j'ai été conduit à faire à l'égard de la photosphère. On admet généralement, et la Note de M. Tacchini vient encore appuyer cette opinion, on admet, dis-je, qu'à l'époque d'un minimum, le petit nombre des taches est dû à un état de repos relatif beaucoup plus grand de la photosphère. Je dis que cette idée est inconciliable avec des apparitions et disparitions nombreuses et rapides de taches auxquelles nous assistons depuis plus d'une année ; apparitions et

____

(1) Télégramme reçu par l'Académie, séance du 18 janvier 1869 :

Simla, 12 janvier.

« Confirmation de l'existence d'une atmosphère hydrogénée autour du Soleil. Dépendance entre la présence des taches et les protubérances. »

disparitions qui accusent les mouvements de matière les plus
violents.

Quand on suit les phénomènes de la photosphère pendant
une période de minimum, comme nos séries photographiques
nous permettent déjà de le faire, on est conduit à penser que le
petit nombre des taches pendant une semblable période paraît
dû beaucoup plus à une tendance à la disparition de toute tache
qui vient à se produire qu'à un repos réel de la couche photosphérique. C'est cette tendance remarquable qu'il m'a paru
utile de signaler.

J'espère, du reste, pouvoir compléter plus tard ma pensée sur
ce sujet.

C. R. Acad. Sc., Séance du 28 mai 1877, T. 84, p. 1182.

IV

NOTE SUR LA REPRODUCTION PAR LA PHOTOGRA-PHIE DES « GRAINS DE RIZ » DE LA SURFACE SO-LAIRE.

L'Académie sait que, à l'Observatoire de Meudon, on s'occupe,
en outre de l'application régulière des méthodes que possède
aujourd'hui l'Astronomie physique, du perfectionnement des
méthodes existantes et de la recherche de procédés nouveaux.

Touchant ce dernier ordre de travaux, j'ai le plaisir d'annoncer à l'Académie que nous sommes actuellement parvenus à
obtenir, sur nos photographies solaires de 30 centimètres, la reproduction de ces délicats phénomènes de la photosphère qu'on
appelle les grains de riz. C'est par l'application d'un temps de
pose très court, combiné avec un développement énergique,
qu'on est parvenu à cet important résultat.

Je me contente aujourd'hui d'annoncer le fait, dont témoigne
du reste la photographie que j'ai l'honneur de placer sous les
yeux de nos confrères, me réservant de donner les détails nécessaires sur un résultat qui offrira aux astronomes des éléments

nouveaux d'investigation des mouvements de la surface du Soleil.

Bientôt je compléterai également ma pensée sur l'activité solaire, dans ses rapports avec les périodes de maximum et de minimum.

C. R. Acad. Sc., Séance du 13 août 1877, T. 85, p. 373.

V

SUR LA PHOTOGRAPHIE SOLAIRE ET LES FAITS QU'ELLE NOUS RÉVÈLE TOUCHANT LA CONSTITUTION DE LA PHOTOSPHÈRE.

J'ai l'honneur de présenter à la Section, une photographie solaire où le disque de l'astre a 30 centimètres de diamètre.

Ce n'est pas principalement en vue de ce grand diamètre que cette photographie présente de l'intérêt, c'est surtout au point de vue des phénomènes qu'elle révèle.

Jusqu'ici cet art n'avait été envisagé dans ses applications à l'Astronomie, que comme un moyen d'obtenir des phénomènes des images fidèles et indépendantes de toute intervention de la main-d'œuvre humaine.

Aujourd'hui la photographie est en état de rendre des services encore plus importants, et devient un moyen de découvrir des phénomènes qui eussent échappé à l'investigation par nos instruments d'optique.

A l'égard du Soleil, la photographie est en voie de nous révéler des faits de la plus haute importance.

Avant de parler de ces faits, disons quelques mots des procédés photographiques qui ont permis de les découvrir.

Il s'agit de la surface du Soleil. Or, on sait que jusqu'ici la photographie avait été impuissante à reproduire les détails donnés par les instruments puissants.

Les photographies les plus remarquables du Soleil obtenues jusqu'ici, et parmi lesquelles il faut citer en première ligne celles de l'éminent M. Warren de la Rue, un des fondateurs de la photographie céleste, celles de M. Rutherfurd, etc., donnaient bien les taches et les facules, mais pour la surface solaire proprement dite, elles ne montraient que des marbrures sans aucun des détails de granulations, dont les instruments d'optique nous ont révélé l'existence.

Il faut dire qu'on ne cherchait même pas à obtenir ces détails si délicats, entrevus dans des circonstances atmosphériques très favorables, et que les procédés photographiques paraissaient absolument impuissants à reproduire.

En méditant sur la question, j'ai été amené à penser que cette infériorité avait sa source dans le mode suivi jusqu'ici, et non dans l'essence même de la méthode photographique.

J'ai même reconnu, en comparant très attentivement les deux méthodes, que la photographie devait avoir sur l'observation optique des avantages qui lui étaient absolument propres, pour mettre en évidence des effets et des rapports de lumière que la vue est impuissante à percevoir et à estimer.

Notre organe visuel possède l'admirable faculté de pouvoir fonctionner dans les conditions d'éclairement les plus différentes ; mais aussi, la vue ne nous permet pas de juger des rapports d'intensité lumineuse, surtout quand ces intensités sont extrêmement considérables.

L'image solaire est dans ce cas. Malgré l'intervention des vers colorés, des hélioscopes, etc., l'œil doit saisir des détails dans un milieu éblouissant, et fonctionner dans des conditions tout à fait anormales pour lui. Les vrais rapports d'intensité lumineuse des diverses parties de l'image ne peuvent plus être perçus, et les apparences ne répondent plus à la réalité des choses. C'est là ce qui explique les opinions si différentes qui ont été émises sur les formes et les dimensions des granulations et des parties constitutives de la surface solaire.

L'image photographique, quand elle est obtenue dans des conditions bien réglées de l'action de la lumière, est affranchie de ces défauts, et elle exprime, d'une manière très approchée, les vrais rapports d'intensité lumineuse des diverses parties de l'objet qui lui donne naissance.

Pour que ce précieux résultat soit réalisé, il faut que pendant l'action lumineuse, la couche sensible reste sensiblement semblable à elle-même, condition qui exige que la portion de la substance photographique influencée pendant la pose ne soit qu'une faible partie de la quantité en présence sur la plaque.

J'aurai à revenir sur ce point important. Ainsi, en *dosant* rigoureusement le temps de l'action lumineuse, de manière à ne pas avoir de *surpose* pour les parties les plus brillantes du disque solaire, on aura une image qui nous présentera, non seulement les détails dans la vérité de leurs contours, mais qui, en outre, nous instruira sur les rapports très approchés de leurs véritables intensités lumineuses.

La photographie possède encore sur la vue un autre avantage précieux, surtout quand il s'agit de courtes poses. J'ai reconnu, en effet, que le spectre photographique, quand l'action lumineuse est courte, au lieu d'avoir l'étendue qu'on connaît se réduit à une bande étroite située près de G.

Cette curieuse propriété montre qu'on pourrait obtenir des images photographiques très tolérables du Soleil, avec des lentilles simples à long foyer. Elle montre surtout que l'achromatisme chimique est incomparablement plus facile à réaliser que l'achromatisme optique, et que les images solaires notamment, obtenues en ayant égard à cette propriété, peuvent avoir une netteté incomparablement plus grande que celle des images optiques.

Tels sont les avantages que j'appellerai avantages de méthode, que la photographie présente sur l'optique oculaire.

L'infériorité des images photographiques solaires obtenues jusqu'ici tenait donc uniquement aux conditions défavorables dans lesquelles elles étaient obtenues.

En premier lieu, il faut placer les circonstances de durée exagérée dans l'action lumineuse.

En effet, quand l'action lumineuse est trop prolongée relativement à son intensité, l'image photographique s'agrandit rapidement et perd toute netteté de contours. Ce phénomène qu'on pourrait nommer l'irradiation photographique (sans rien préjuger de sa cause), est très frappant dans les photographies d'éclipses totales qui ont été obtenues depuis 1860. Sur ces photographies, on voit l'image des protubérances empiéter sur le disque lunaire d'une quantité qui s'élève à 10″, 15″ et plus.

On comprend que, quand il s'agit de granulations solaires qui ont un diamètre moyen de 2 à 3″, on ne pouvait les obtenir sur des images où l'irradiation photographique avait une valeur très supérieure à leurs propres dimensions.

J'ai donc étudié avec le plus grand soin, et en conformité avec les principes posés précédemment, le temps de l'action lumineuse de manière à combattre cet obstacle capital.

J'ai combiné la diminution de temps de l'action lumineuse avec l'agrandissement des images.

Les dimensions des images ont été portées à 12, 15, 20, 30 centimètres.

Le temps de l'action lumineuse qui est ici la condition exclusive du succès (car on a obtenu des portions d'images solaires répondant à des disques de plus de 1 mètre de diamètre et qui ne montrent pas la granulation), a été abaissée jusqu'à 1/3 000 de seconde en été (1). Il faut un mécanisme tout spécial et très parfait pour régler ainsi une durée aussi courte, et donner pour les diverses parties de l'image une égalité d'action lumineuse qui doit être réalisée à 1/10 000 de seconde.

Quand la durée de l'action lumineuse est si courte, l'image est beaucoup plus latente encore que dans les circonstances ordinaires ; il faut lui appliquer un développement lent qui se termine ensuite par le renforcement à l'acide pyrogallique et au nitrate d'argent.

Je n'ai pas besoin d'ajouter que les opérations photographiques doivent être conduites avec le plus grand soin quand il s'agit d'images destinées à révéler de si délicats détails. En particulier, disons que le coton-poudre doit être préparé à haute température pour donner une couche d'une finesse suffisante. Ces conditions réalisées, on obtient alors des images solaires qui, par rapport aux anciennes, constituent un monde nouveau et

------

(1) Le chiffre se rapporte à l'action de la lumière solaire naturelle qui n'aurait passé par aucun milieu réfringent.

montrent des phénomènes sur lesquels nous allons nous arrêter un instant.

Mais auparavant, je dois dire que la lunette photographique qui m'a servi dans ces recherches, a été construite pour ma mission du Japon, par M. Prazmowski, le savant opticien qui prend actuellement une place si honorable dans l'optique française. M. Prazmowski avait basé les calculs de l'objectif sur les indications spectrales que je lui ai fournies touchant le maximum d'action dont j'ai parlé.

Pour les opérations photographiques, j'ai été très habilement secondé par M. Arents, artiste photographe, attaché à l'Observatoire de Meudon.

Disons maintenant un mot des phénomènes qui nous montrent ces photographies solaires.

On a beaucoup étudié la surface photographique dans les grands instruments d'optique. Cette étude a conduit à admettre, dans cette couche solaire, la présence d'éléments granulaires sur la forme et les dimensions desquels on n'est pas encore d'accord. Nos lecteurs se rappellent les discussions qui se sont élevées sur des formes rappelant les grains de riz, les feuilles de saule, etc.. Nous ne reprendrons pas cette discussion. La photographie est maintenant en état de résoudre la question. Aussi, dans le travail que nous poursuivons, et dont nous donnons seulement ici les prémisses, nous attachons-nous surtout à l'étude des clichés, qui sont désormais les documents les plus importants à consulter.

Nos photographies montrent la surface solaire couverte d'une fine granulation générale. La forme, les dimensions, les dispositions de ces éléments granulaires sont très variés. Les grandeurs varient de quelques dixièmes de seconde, à trois et quatre secondes. Les formes rappellent celles du cercle et de l'ellipse plus ou moins allongée, mais souvent ces formes régulières sont altérées.

Cette granulation se montre partout, et il ne paraît pas tout d'abord qu'elle présente une constitution différente vers les pôles de l'astre. Il y aura cependant à revenir sur ce point.

Le pouvoir éclairant des éléments granulaires considérés

séparément est très variable ; ils paraissent situés à des profondeurs différentes dans la couche photosphérique.

Les éléments granulaires les plus lumineux, ceux dans lesquels réside surtout le pouvoir lumineux de la photosphère, n'occupent qu'une petite fraction de la surface de l'astre.

Mais le résultat le plus remarquable, et qui est dû exclusivement à l'intervention de la photographie, c'est la découverte du *réseau photosphérique*.

En effet, l'examen attentif de ces photographies montre que la photosphère n'a pas une constitution uniforme dans toutes ses parties ; mais qu'elle se divise en une série de figures plus ou moins distantes les unes des autres, et présentant une constitution particulière.

Ces figures ont des contours généralement arrondis, souvent assez rectilignes et rappellent des polygones.

Les dimensions de ces figures sont très variables. Elles atteignent quelquefois une minute et plus de diamètre.

Tandis que dans les intervalles des figures dont nous parlons, les grains sont nets, bien terminés, quoique de grosseur très variable, dans l'intérieur, les grains sont comme à moitié effacés, étirés, tourmentés ; le plus ordinairement même, ils ont disparu pour faire place à des traînées de matière qui remplacent la granulation. Tout indique que, dans ces espaces, la matière photosphérique est soumise à des mouvements violents qui ont confondu les éléments granulaires.

Je ne toucherai point aujourd'hui aux conséquences de ce fait qui nous éclaire sur les formes de l'activité solaire et montre, comme je le disais il y a quelque temps, que cette activité dans la photosphère est toujours très grande, bien qu'il ne se montre aucune tache à la surface.

Le réseau photosphérique ne pouvait être découvert par les moyens optiques qui s'adressent à la vision du Soleil.

En effet, pour le constater sur les épreuves, il faut employer des loupes qui permettent d'embrasser une certaine étendue de l'image photographique. Alors si le grossissement est bien approprié, si l'épreuve est bien prise, et surtout si elle a reçu rigoureusement la pose convenable, on voit que la granulation n'a pas partout la même netteté, que les parties à grains bien formés dessinent comme des courants qui circulent, de manière à circonscrire des espaces où les phénomènes présentent l'aspect que nous avons décrit. Or, pour constater ce fait, il faut, comme nous disons, embrasser une notable portion du disque solaire, et c'est ce qu'il est impossible de réaliser quand on regarde l'astre dans un instrument très puissant, dont le champ est par le fait même de sa puissance très restreint. Dans ces conditions, on peut très bien constater qu'il existe des portions où la granulation cesse d'être nette ou même visible ; mais il n'est pas possible de soupçonner que ce fait se rattache à un système général.

Déjà l'examen des photographies embrassant un petit nombre de mois, montre des différences dans la constitution du réseau photosphérique, différences qui vont nous instruire sur les variations dans les formes de l'activité solaire.

Ainsi, la photographie solaire est placée dès maintenant dans les conditions où elle peut nous révéler les faits les plus importants sur la constitution du Soleil. C'est une méthode nouvelle qui s'ouvre devant nous, et dont nous pouvons associer les efforts à ceux de l'analyse spectrale et de l'ancienne optique pour résoudre enfin définitivement les grands problèmes que soulève l'astre du jour.

Association française pour l'Avancement des Sciences, Le Havre, 1877, Section de Physique, Séance du 29 août 1877, p. 327 (1).

---

(1) Une partie de cette étude a été lue à la séance du 29 octobre 1877 de l'Académie des Sciences, sous le titre de : *Sur le réseau photosphérique solaire* (*Comptes Rendus*, T. 85, p. 775). Cette dernière communication se termine par ces mots : J'ajouterai que, pour les photographies elles-mêmes, il est nécessaire d'étudier plusieurs clichés pour constater d'une manière certaine l'existence du réseau dont nous parlons. C'est ainsi que, dans une visite que M. Warren de la Rue voulait bien nous faire à Meudon samedi dernier, il fut frappé, dans l'examen d'une de nos photographies, de constater à la loupe un espace où la granulation était comme effacée et où l'on voyait des traces évidentes de mouvements très violents. Avec sa haute habileté en ces matières, M. Warren de la Rue reconnut l'importance de ce fait, mais j'ai pu lui montrer, sur des photographies de nos séries, que le phénomène était très général et qu'il se rattachait au système dont je viens de parler.

VI

SUR LA CONSTITUTION DE LA SURFACE SOLAIRE ET SUR LA PHOTOGRAPHIE ENVISAGÉE COMME MOYEN DE DÉCOUVERTE EN ASTRONOMIE PHYSIQUE.

(Le texte de cette note est, dans sa première partie, identique à celui de la communication faite par Janssen à la session du Havre de l'Association française pour l'avancement des Sciences et qui est donnée ci-dessus : 1877, article V, p. 355-361.)

· L'auteur termine par les considérations suivantes :

Examinons maintenant d'une manière sommaire, en nous réservant d'y revenir ensuite par des communications séparées, ce que les photographies nous apprennent, par un premier examen, touchant la constitution de la couche photosphérique.

Ainsi que nous l'avons déjà dit, les photographies montrent la surface solaire couverte d'une granulation générale. Les formes, les dimensions, la distribution de cette granulation ne sont pas en accord avec les idées qu'on s'était formées de ces éléments de la photosphère, d'après l'examen optique. Les images photographiques ne confirment nullement l'idée que la photosphère soit constituée par des éléments dont les formes constantes rappelleraient des feuilles de saule, des grains de riz, etc..

Ces formes, qui peuvent se rencontrer accidentellement en tel ou tel point, ne sont que des exceptions, et ne peuvent être considérées comme exprimant une loi générale de la constitution du milieu photosphérique. Les images photographiques nous conduisent à des idées beaucoup plus simples et plus rationnelles sur la constitution de la photosphère.

Formes des éléments granulaires. — Si l'on étudie la granulation dans les points où elle est le mieux formée, on voit que les grains ont des formes très variées, mais qui se rapportent plus ou moins à la forme sphérique. Cette forme est généralement d'autant mieux atteinte que les éléments sont plus petits. Dans les grains très nombreux, où les formes sont plus ou moins

irrégulières, on voit que ces grains sont formés par l'agrégation d'éléments plus petits rappelant la sphère. Là même où la
granulation est moins nette et où les grains paraissent étirés,
on sent que la sphère a été la forme première des éléments, forme
plus ou moins modifiée par l'effet des forces qui agissent sur ces
corps.

La forme normale des éléments granulaires de la photosphère paraît donc se rapporter à la sphère et les figures irrégulières paraissent s'y rattacher encore, soit que l'élément ait
été constitué par des corps plus petits, soit que ce même élément se trouve plus ou moins déformé par l'effet de forces étrangères agissant sur le milieu où il est plongé. Il résulte encore de
ces considérations une conséquence très importante, c'est la
preuve, découlant du fait même de la grande variété des formes des éléments granulaires, que ces éléments sont constitués par une matière très mobile qui cède avec facilité aux actions extérieures. L'état liquide ou gazeux jouit de ces propriétés ; mais, en ayant égard à d'autres considérations que
nous développerons plus tard, on est conduit à admettre pour
les granulations un état très analogue à celui de nos nuages
atmosphériques, c'est-à-dire à les considérer comme des corps
constitués par une poussière de matière solide ou liquide nageant
dans un milieu gazeux.

Origine des granulations. — Si la couche solaire qui forme la
photosphère était dans un état de repos et d'équilibre parfait,
il résulte de la notion de sa fluidité qu'elle formerait une enveloppe continue autour du noyau solaire. Les éléments granulaires se confondraient les uns dans les autres, l'éclat du Soleil
serait uniforme dans toutes ses parties. Mais les courants gazeux
ascendants ne permettent pas cet état d'équilibre parfait. Ces
courants brisent et divisent cette couche fluide en un grand
nombre de points pour se faire jour : de là la production de ces
éléments qui ne sont que des fractions de l'enveloppe photosphérique. Ces éléments fractionnaires tendent à prendre la
forme sphérique par la gravité propre de leurs parties constituantes : de là la forme globulaire qui, comme on voit, ne correspond pas, à un état d'équilibre absolu, mais seulement rela-

tif, celui où la matière photosphérique, ne pouvant se constituer en une couche continue, est divisée en éléments qui tendent à prendre individuellement leur figure d'équilibre. Mais cet état d'équilibre individuel des parties est lui-même assez rarement réalisé ; en des points nombreux, les courants entraînent plus ou moins fortement les éléments granulaires, et leur forme globulaire d'équilibre est altérée jusqu'à devenir tout à fait méconnaissable quand les mouvements deviennent plus violents.

Ces mouvements, dont la couche gazeuse où nagent les éléments photosphériques est incessamment agitée, ont des points d'élection. La surface solaire est ainsi divisée en régions de calme et d'activité relatives, d'où résulte la production du *réseau photosphérique*. En outre, dans les points mêmes de calme relatif, les mouvements du milieu photosphérique ne permettent pas aux éléments granulaires de se disposer en couche de niveau, d'où résulte l'enfoncement plus ou moins grand des grains au-dessous de la surface, et par suite, eu égard au grand pouvoir absorbant du milieu où nagent ces éléments, la grande différence d'éclat des grains sur les images photographiques.

Ainsi, une première étude des nouvelles photographies nous conduit déjà à modifier beaucoup nos idées sur la photosphère, et l'ensemble des données qu'elles nous fournissent nous conduit à cette idée si simple sur la constitution des éléments photosphériques et sur les transformations qu'ils éprouvent par l'effet des forces auxquelles ils sont soumis.

Tirons encore cette conséquence, du fait de la rareté relative des grains les plus brillants dans les images photographiques, que le pouvoir lumineux du Soleil réside principalement dans un petit nombre de points de sa surface. En d'autres termes, si la surface solaire était couverte entièrement par les éléments granulaires les plus brillants qu'elle nous montre, son pouvoir lumineux serait, d'après une première approximation sur laquelle nous aurons à revenir, de dix à vingt fois plus considérable.

Enfin, il est une grande question sur laquelle les faits précédents jettent un jour nouveau : c'est la question si souvent dé-

battue de la variation du pouvoir lumineux du Soleil. Il est
évident que les taches ne peuvent plus être considérées comme
formant l'élément principal des variations que l'astre peut
éprouver, et qu'il faudra désormais considérer le nombre et le
pouvoir lumineux variable des éléments granulaires, qui peuvent jouer ici un rôle prépondérant.

C. R. Acad. Sc., Séance du 31 décembre 1877, T. 85, p. 1249.

Cette note a été reproduite dans *La Nature*, numéros des 2 et
16 février 1878, p. 154 et 177, dans *Report of the British Association
for the advancement of Science*, 48th. Meeting, Dublin, August 1878,
p. 443 et dans une Conférence faite à l'Association française
pour l'avancement des Sciences, septième Session, Paris, le
28 août 1878.

1878

I

NOTE SUR LE RÉSEAU PHOTOSPHÉRIQUE SOLAIRE
ET SUR LA PHOTOGRAPHIE ENVISAGÉE COMME
MOYEN DE DÉCOUVERTES EN ASTRONOMIE PHY-
SIQUE.

Les applications de la Photographie à l'Astronomie prennent
une importance qui devient chaque jour plus considérable. On
peut même dès aujourd'hui distinguer plusieurs branches dans
ces belles applications.

Dès l'origine, la Photographie fut considérée comme un moyen
d'obtenir d'un phénomène une image durable, fidèle et surtout
indépendante de toute intervention personnelle.

C'était déjà un champ bien important, ouvert à cette nouvelle branche de la science ; mais on ne tarda pas à reconnaître que l'image photographique, si elle était prise avec des précautions convenables, pouvait se prêter à des mesures précises.
C'est ainsi que dans les Observatoires d'Astronomie physique,
déjà nombreux à la surface du globe et dont le nombre s'accroît
chaque jour, on prend des séries d'images du Soleil, de la Lune
et même des constellations ; car la Photographie s'attaque aujourd'hui à la confection des cartes célestes, et tout indique
qu'elle va obtenir dans cette direction d'éclatants succès.

Dans ces quelques pages, nous n'aurions pas l'espace nécessaire pour traiter de ces progrès nouveaux, et encore moins de
faire l'historique de ces belles applications d'un art qui est né en
France, et que nous devons nous efforcer de maintenir chez nous
à la hauteur de tous les progrès. Nous désirons seulement entre-

tenir les lecteurs de l'*Annuaire* d'un point de vue nouveau de ces applications, celui des découvertes astronomiques qui peuvent être obtenues au moyen de la photographie.

D'après les faits dont nous allons parler, on pourra se convaincre en effet que, dans certaines circonstances, l'image photographique peut révéler des phénomènes qui ne seraient pas perceptibles avec nos instruments d'exploration céleste. Ici, nous ne voulons pas faire allusion, bien entendu, aux impressions photographiques fondées sur l'intervention des rayons ultra-violets, rayons qui paraissent avoir une action si faible sur l'organe de la vue, et si active au contraire sur toute une classe de substances photographiques. Ces phénomènes sont très connus, et nous n'avons pas à en traiter. Il s'agit ici d'un tout autre objet.

Depuis sa fondation, en 1876, l'Observatoire d'Astronomie physique, n'étant pas encore doté de grands instruments d'exploration céleste, s'est spécialement occupé de photographie solaire.

La lunette photographique, construite par notre éminent opticien, M. Prazmowski, pour notre expédition du passage de Vénus au Japon, nous a été bien précieuse pour ces recherches.

Ces travaux ont été conduits non seulement au point de vue de la formation de séries d'images solaires donnant l'histoire de la surface de l'astre, mais encore surtout en vue des progrès à réaliser dans cette branche si importante et si nouvelle de l'Astronomie physique.

Jusqu'ici, la Photographie solaire, considérée comme moyen de description de la surface de l'astre, est restée très inférieure à l'observation optique dans les grands instruments.

Les clichés dont l'image ne passe pas 10 à 12 centimètres ne peuvent montrer les détails de la structure photosphérique. Cependant, l'étude de la photosphère, considérée dans sa constitution intime, est aujourd'hui indispensable si nous voulons progresser dans la connaissance du Soleil.

L'étude des taches solaires qui, depuis près de deux siècles et demi, a fourni presque seule les données sur la constitution de la photosphère, paraît presque épuisée aujourd'hui, ou du moins elle doit être soutenue désormais de l'étude de la photosphère elle-même.

Or cette étude n'a été abordée jusqu'ici que par l'observation optique, et l'on sait combien ce genre d'observations présente de difficultés.

La rareté des circonstances favorables, la fatigue, le danger même ne sont pas ici les plus grands obstacles. La principale circonstance qui s'est surtout opposée jusqu'ici aux succès de ces études, c'est l'impossiblité, dans ce milieu photosphérique incandescent, de bien reconnaître la forme des granulations, de pouvoir les mesurer, surtout de les identifier, afin de suivre leurs transformations. Aussi est-ce seulement près des taches et des petits noyaux obscurs qu'on a tenté l'étude de la constitution photosphérique ; mais là les conditions ne sont déjà plus normales.

A l'égard des questions qui se rapportent aux variations de structure que la surface photosphérique peut présenter suivant les diverses régions, elles n'avaient même pu être abordées.

Il y avait donc là un grand pas à faire faire à la Science. Si la Photographie pouvait nous donner des images de la surface du Soleil, où les détails fussent obtenus avec assez de netteté pour permettre cette étude, refusée par l'optique, on faisait faire à la connaissance du Soleil un bien grand pas ; on préparait pour l'avenir de bien précieux éléments de progrès et de découvertes.

C'est la solution de cette question qui nous occupe depuis que nous avons entrepris ces travaux de Photographie solaire.

Disons maintenant quelques mots des considérations qui nous ont guidé dans ces recherches.

En étudiant les conditions dans lesquelles les photographies solaires étaient obtenues jusqu'ici, j'ai été conduit à reconnaître que la cause principale qui s'opposait à la reproduction, sur ces photographies, des détails de la surface solaire, tenait à un phénomène qu'on peut nommer l'*irradiation photographique* (sans rien préjuger sur sa cause) et en vertu duquel une image photographique, quand elle est formée par une lumière très vive, prend sur le cliché des dimensions plus grandes que ses dimensions réelles. Ce phénomène est très frappant dans toutes les

photographies d'éclipses totales qui ont été obtenues depuis
1860 ; on voit les images des protubérances empiéter sur le disque lunaire d'une quantité qui s'élève quelquefois à 10, 20 secondes d'arc, et plus.

On comprend que si les détails de la surface solaire, les granulations par exemple, sont d'un ordre de grandeur inférieur à la
valeur de cette irradiation, il doit être impossible de les obtenir
avec quelque netteté. Or on sait que les granulations ont en général un diamètre moyen d'environ une seconde d'arc, et nous
venons de voir l'irradiation atteindre, même pour la lumière
beaucoup plus faible des protubérances, une valeur vingt fois
plus considérable.

Il m'a paru que la solution de cette difficulté était dans
l'agrandissement de l'image, combiné avec une diminution dans
le temps de l'action lumineuse sur la plaque sensible.

Dans cette voie, on rencontre une triple chance de succès.
D'une part, l'irradiation diminue rapidement avec l'augmentation des diamètres des images, surtout si le temps de pose diminue en même temps ; d'autre part, les dimensions des détails
à reproduire augmentant, ces détails doivent s'obtenir beaucoup plus facilement. Enfin, les imperfections de la couche sensible prennent moins d'importance relative.

Mais il est surtout une circonstance qui devient alors très
favorable à l'obtention d'images très précises. J'ai reconnu, en
effet, que, dans les très courtes poses, le spectre photographique
se réduit à une bande très étroite, c'est-à-dire que les rayons qui
agissent alors pour former l'image photographique appartiennent à un petit groupe presque monochromatique. Si l'on considère que le spectre oculaire est au contraire très étendu, on sera
conduit à reconnaître que la Photographie peut donner, dans
les conditions où nous nous plaçons, des images beaucoup plus
précises que l'observation oculaire.

Il est vrai que les difficultés d'ordre photographique augmentent avec la grandeur des images, mais ces difficultés peuvent
être surmontées avec du soin et de la persévérance.

Aussi, depuis le commencement de ces études, en 1874, ai-je
constamment tendu vers l'obtention d'images solaires de plus

en plus grandes. Les diamètres de nos images ont été portés successivement à 12, 15, 20 et 30 centimètres.

En même temps qu'on augmentait les dimensions, on perfectionnait la constitution de la couche sensible, et le mode de développement du cliché. Sur ces derniers points, je dirai que les images solaires demandent des procédés photographiques d'une très grande perfection ; ici, les plus petits défauts sont révélés impitoyablement, et, comme les détails à mettre en évidence sont d'une délicatesse extrême, il faut que la couche soit d'une finesse et d'une pureté irréprochables. Le coton-poudre doit être préparé à haute température pour donner une couche d'une grande finesse.

Le développement de l'image doit être graduel ; commencé au fer, nous le terminons à l'acide pyrogallique additionné de nitrate d'argent (1).

La mise au point doit être rigoureuse. Elle varie avec la saison, et même avec les heures du jour, à cause de la variation de température de l'objectif et du tube qui le porte. Dans notre instrument, l'oculaire est rendu mobile, et sa position est repérée par un cercle finement divisé.

Le temps de pose est réglé par un mécanisme où l'égalité des mouvements est réalisée rigoureusement, afin d'obtenir un temps de pose égal dans toutes les parties de l'image.

La durée de la pose se mesure au diapason ; elle doit être extrêmement courte. En été, la durée de cette action pour les images de 30 1/2 centimètres est comprise entre 1/2 000 et 1/3 000 de seconde par rapport à la lumière directe du Soleil, qui tomberait sur la couche sensible sans être ni concentrée ni dispersée par un milieu réfringent.

C'est une durée d'action extrêmement courte qui nécessite un développement lent et soutenu ; mais alors l'image exempte d'irradiation sensible apparaît avec des détails, et montre des phénomènes dont nous avons maintenant à nous occuper.

On a beaucoup étudié la surface photosphérique dans les

---

(1) J'ai été assisté dans ces travaux pour les opérations photographiques par M. Arents.

grands instruments d'optique. Cette étude a conduit à admettre dans cette couche solaire la présence d'éléments granulaires sur la forme et les dimensions desquels on n'est pas encore d'accord. Nos lecteurs se rappellent les discussions qui se sont élevées sur des formes rappelant les grains de riz, les feuilles de saule, etc.. Nous ne reprendrons pas cette discussion. La Photographie est maintenant en état de résoudre la question. Aussi, dans le travail que nous poursuivons, et dont nous donnons seulement ici les prémisses, nous attachons-nous surtout à l'étude des clichés, qui sont désormais les documents les plus importants à consulter.

Nos photographies montrent la surface solaire couverte d'une fine granulation générale. La forme, les dimensions, les dispositions de ces éléments granulaires sont très variées. Les grandeurs varient de quelques dixièmes de seconde à trois et quatre secondes. Les formes rappellent celles du cercle et de l'ellipse plus ou moins allongée, mais souvent ces formes régulières sont altérées.

Cette granulation se montre partout, et il ne paraît pas tout d'abord qu'elle présente une constitution différente vers les pôles de l'astre. Il y aura cependant à revenir sur ce point.

Le pouvoir éclairant des éléments granulaires considérés séparément est très variable ; ils paraissent situés à des profondeurs différentes dans la couche photosphérique.

Les éléments granulaires les plus lumineux, ceux dans lesquels réside surtout le pouvoir lumineux de la photosphère, n'occupent qu'une petite fraction de la surface de l'astre.

Mais le résultat le plus remarquable, et qui est dû exclusivement à l'intervention de la Photographie, c'est la découverte du *réseau photosphérique*.

En effet, l'examen attentif de ces photographies montre que la photosphère n'a pas une constitution uniforme dans toutes ses parties ; mais qu'elle se divise en une série de figures plus ou moins distantes les unes des autres et présentant une constitution particulière.

Ces figures ont des contours généralement arrondis, souvent assez rectilignes et rappelant des polygones.

Les dimensions de ces figures sont très variables. Elles atteignent quelquefois une minute et plus de diamètre.

Tandis que, dans les intervalles des figures dont nous parlons, les grains sont nets, bien terminés, quoique de grosseur très variable, dans l'intérieur, les grains sont comme à moitié effacés, étirés, tourmentés ; le plus ordinairement même, ils ont disparu pour faire place à des traînées de matière qui remplacent la granulation. Tout indique que, dans ces espaces, la matière photosphérique est soumise à des mouvements violents qui ont confondu les éléments granulaires.

Je ne toucherai point aujourd'hui aux conséquences de ce fait qui nous éclaire sur les formes de l'activité solaire et montre, comme je le disais il y a quelque temps, que cette activité dans la photosphère est toujours très grande, bien qu'il ne se montre aucune tache à la surface.

Le réseau photosphérique ne pouvait être découvert par les moyens optiques qui s'adressent à la vision du Soleil. En effet, pour le constater sur les épreuves, il faut employer des loupes qui permettent d'embrasser une certaine étendue de l'image photographique. Alors, si le grossissement est bien approprié, si l'épreuve est bien pure, et surtout si elle a reçu rigoureusement la pose convenable, on voit que la granulation n'a pas partout la même netteté, que les parties à grains bien formés dessinent comme des courants qui circulent de manière à circonscrire des espaces où les phénomènes présentent l'aspect que nous avons décrit. Or, pour constater ce fait, il faut, comme nous disons, embrasser une notable portion du disque solaire, et c'est ce qu'il est impossible de réaliser quand on regarde l'astre dans un instrument très puissant, dont le champ est, par le fait même de sa puissance, très restreint. Dans ces conditions, on peut très bien constater qu'il existe des portions où la granulation cesse d'être nette ou même visible ; mais il n'est pas possible de soupçonner que ce fait se rattache à un système général.

Déjà l'examen des photographies embrassant un petit nombre de mois montre des différences dans la constitution du réseau photosphérique, différences qui vont nous instruire sur les variations dans les formes de l'activité solaire.

Je signale encore ce fait très important, mis en évidence d'une manière très certaine par les photographies, celui de points nombreux très obscurs se montrant dans les régions à granulation régulière et qui indiquent que la couche photosphérique doit avoir une épaisseur extrêmement faible.

Aussi, la Photographie solaire est placée dès maintenant dans les conditions où elle peut nous révéler les faits les plus importants sur la constitution du Soleil. C'est une méthode nouvelle qui s'ouvre devant nous et dont nous pouvons associer les efforts à ceux de l'analyse spectrale et de l'ancienne optique pour résoudre enfin définitivement les grands problèmes que soulève l'astre du jour (1).

Annuaire du Bureau des Longitudes pour l'an 1878, p. 689.

II

SUR UNE NOUVELLE MÉTHODE DE PHOTOGRAPHIE SOLAIRE ET LES DÉCOUVERTES QU'ELLE DONNE TOUCHANT LA VÉRITABLE NATURE DE LA PHOTOSPHÈRE.

M. Janssen expose devant l'auditoire des spécimens des photographies solaires qui sont obtenues à l'Observatoire de Meudon.

Ces spécimens comprennent :

1° Une contre-épreuve positive sur verre d'un cliché où l'image solaire a 30 centimètres de diamètre ;

---

(1) La Planche hors texte qui illustre cette Note est une photographie d'une portion de la surface solaire.

Cette photographie résulte d'un grandissement au triple d'une portion d'une épreuve originale de 305 millimètres de diamètre. Le cliché de ce grandissement a servi à faire un contre-type, qui a ensuite été reproduit par la photoglyptie.

Ce qui est ici d'un haut intérêt, c'est que la main humaine n'est intervenue en rien pour la production de cette image, qui est entièrement due à l'action de la lumière.

2° Des tirages sur papier de grandissements qui donneraient, à l'image solaire 1 m. 5o de diamètre ;

3° Des tirages sur papier, de grandissements de clichés originaux à une échelle qui donnerait 4 m. 5o de diamètre à l'image solaire.

Ces spécimens démontrent qu'on obtient actuellement à Meudon les détails de la granulation solaire comme les lunettes astronomiques ne pourraient les donner, résultat qui justifie ce que M. Janssen avait annoncé il y a une année environ, à savoir, qu'à l'égard du Soleil, la photographie était un moyen tout nouveau de découvertes.

Les principes sur lesquels repose la méthode qui a permis d'atteindre ce résultat sont les suivants :

1° *Une plus grande perfection des procédés photographiques.* — Le collodion est sensibilisé avec des iodures et des bromures, comme à l'ordinaire, mais le coton-poudre doit être préparé à haute température pour donner une couche d'une finesse suffisante. Le développement se fait au fer, mais lentement, et on termine par un renforcement à l'acide pyrogallique et au nitrate d'argent.

2° *L'augmentation des dimensions de l'image solaire* qui a été portée successivement de 10 à 12 centimètres de diamètre qui étaient les dimensions ordinaires à 15, 20, 3o, 49 centimètres et au delà.

3° *L'achromatisme chimique de l'objectif.* — Cet achromatisme a été calculé pour réunir en un faisceau les rayons d'une région étroite du spectre situé près de G. M. Janssen a constaté en effet que dans les très courtes poses, ces rayons sont les seuls actifs. Cette condition est très importante pour la netteté des images solaires.

4° *Enfin la durée de la pose* qui a aussi une influence capitale sur le résultat. C'est en réduisant cette durée de 1/2 000 à 1/4 000 de seconde, qu'on a pu obtenir les granulations de la photosphère.

L'auteur reproduit ensuite une partie de la communication faite à l'Association française pour l'avancement des Sciences, session du Havre et à l'Académie des Sciences, le 31 décembre 1877. (Voir ci-dessus, 1877, articles V et VI.) Il termine par les remarques suivantes :

J'ajouterai enfin que l'étude des dernières photographies montre que la surface photosphérique est dans un état d'agitation extrême, que les éléments granulaires subissent les transformations les plus rapides à l'époque actuelle qui est cependant celle d'un minimum de taches, ce qui tend à démontrer que l'activité solaire ne s'arrête jamais, mais qu'elle prend sensiblement des formes différentes pendant les périodes de maximum et de minimum.

M. Janssen se réserve de revenir sur la nature précise de ces mouvements des éléments de la surface photosphérique qui ont une si grande importance pour la constitution du Soleil.

III

SUR LA CONSTITUTION DES SPECTRES PHOTOGRAPHIQUES QUAND L'ACTION LUMINEUSE EST EXTRÊMEMENT COURTE.

M. Janssen a constaté par des expériences nombreuses dont les premières remontent à 1874, que l'étendue du spectre photographique peut se réduire à une bande étroite située près de la ligne G (du côté du rouge) quand le temps de l'action lumineuse est très court.

M. Janssen montre à l'auditoire des spectres photographiques du Soleil qui démontrent cette propriété. Une plaque notamment porte sept spectres obtenus avec le même appareil et dans les mêmes conditions, sauf le temps de pose qui a été successivement de 5 minutes, 2 minutes, 1 minute, 30 secondes, 15 secondes, 1 seconde. Le spectre correspondant à 5 minutes est très complet et s'étend de l'ultra-violet à *b* dans le vert ; les autres se rétrécissent successivement et celui de 1 seconde ne consiste qu'en une bande étroite de rayons un peu moins réfrangibles que G.

Ces expériences ont été faites avec des appareils en quartz et en spath.

On a étudié à ce point de vue les collodions sensibilisés avec les iodures et bromures de potassium, ammonium, cadmium, lithium, etc.. employés isolément ou associés. Les spectres n'ont pas la même étendue pour ces diverses substances, mais le principe de la réduction à une bande subsiste toujours pour les poses très courtes.

Ainsi le principe dont il s'agit est général. Cette importante propriété a des conséquences théoriques et pratiques importantes. Relativement à ces dernières, il en résulte qu'on peut obtenir des images photographiques tolérables avec des lentilles, pourvu que le temps de l'action lumineuse soit très court, ce qui est le cas pour le Soleil. On voit de plus que l'achromatisme des objectifs photographiques peut être obtenu beaucoup plus rigoureusement que celui des objectifs pour la vision, puisque les rayons qu'on doit superposer n'appartiennent qu'à un point très limité de spectre.

La lunette photographique solaire de l'Observatoire de Meudon a été construite d'après ces principes.

IV

QUELQUES REMARQUES SUR L'ÉCLIPSE TOTALE ET LA COURONNE

M. Janssen rappelle une idée émise dans son rapport sur l'éclipse de 1871, idée qu'il a développée au Congrès de Glasgow.

D'après cette idée, la couronne étant formée au moins en grande partie par des gaz dans lesquels figure l'hydrogène, les jets protubérantiels qui dépassent la chromosphère doivent augmenter l'importance de cette atmosphère coronale, et surtout doivent lui donner, avant qu'ils se soient dissipés, une apparence tourmentée et irrégulière.

Ces grandes colonnes hydrogénées peuvent expliquer les apparences de traînées lumineuses présentées si souvent par la couronne pendant les éclipses totales. Lorsque ces jets protubérantiels sont très nombreux et très puissants, ils doivent en outre troubler considérablement l'état statique du fluide coronal, et la couronne ne peut alors présenter l'aspect d'une atmosphère en équilibre. La constitution et l'aspect de la couronne doivent donc varier suivant la fréquence et l'importance des protubérances. A l'époque du maximum des jets protubérantiels, qui est à peu près celle du maximum des taches, l'atmosphère coronale doit, toutes choses égales d'ailleurs, présenter un aspect moins régulier, et révéler un état plus troublé.

Au contraire, à l'époque où les phénomènes extraphotosphériques se calment et présentent leur minimum d'action, le milieu coronal peut reprendre une figure relativement plus régulière et se rapprocher davantage des conditions d'une atmosphère en équilibre.

Si nous possédions des dessins très exacts de la figure de la couronne pendant les éclipses totales des derniers siècles, il serait bien intéressant de les étudier à ce point de vue.

Malheureusement les descriptions et les dessins que nous possédons ne sont généralement pas assez fidèles ni assez précis pour servir très utilement à cet objet.

Cependant, on peut considérer comme confirmant l'idée émise, les observations précises de l'éclipse de 1842 analysées par Arago. On voit en effet que la couronne était alors formée d'anneaux concentriques nettement terminés, ce qui indique un état relatif d'équilibre. Or, l'année 1842 était une époque de minimum.

En 1871, la couronne présentait au contraire un aspect très tourmenté que j'ai décrit dans mon mémoire. Et cette année était une époque de maximum.

Ajoutons maintenant que la couronne, pendant la dernière éclipse de juillet 1878, d'après les premières relations publiées, aurait été trouvée très basse et d'un aspect très différent de celui de 1870 et 1871. Nous sommes encore dans la période minimum, puisque les taches solaires sont encore actuellement si rares, cette observation semble donc confirmer encore l'idée que nous avons émise dans le mémoire de 1871 et développée au Congrès de Glasgow.

Nous comptons revenir sur ce point, mais nous devons faire remarquer que si pour nous, l'aspect et la constitution de la couronne sont en dépendance avec les phénomènes protubérantiels, il ne faut pas oublier cependant que la couronne peut encore emprunter une partie de ses aspects à des matières cosmiques circulant autour du Soleil dans ces régions, et venant compliquer ainsi les apparences de l'atmosphère coronale.

Les articles II, III, IV, résument des communications faites par Janssen à l'Association britanique pour l'avancement des Sciences. *Report of the British Association for the Advancement of Science*, 48th. Meeting, Dublin, August 1878, p. 443-446.

1879

I

NOTICE SUR LES PROGRÈS RÉCENTS DE LA PHYSIQUE SOLAIRE

Nous nous proposons, dans cette Notice, de mettre les lecteurs de l'*Annuaire* au courant des progrès que la Photographie a fait faire récemment à la Physique solaire.

On se tromperait, en effet, si l'on attribuait exclusivement à l'analyse spectrale les développements rapides que prend chaque jour l'Astronomie physique et surtout ceux qu'elle est appelée à recevoir encore. Cette admirable méthode d'investigation a sans doute la meilleure et la plus grande part dans ces progrès, mais elle n'est pas la seule à laquelle on puisse et l'on doive emprunter. L'avenir de l'Astronomie physique est dans l'ensemble des découvertes réalisées dans l'ordre des sciences physique, chimique et géologique. Il faut qu'elle sache puiser tour à tour dans cet admirable ensemble suivant ses besoins, et c'est en variant à propos le genre de ses emprunts qu'elle grandira sans cesse ses horizons.

C'est dans cet ordre d'idées que nous demandons à nos lecteurs de les entretenir aujourd'hui de l'importance des applications de la Photographie à l'Astronomie physique, spécialement au point de vue des faits nouveaux qui peuvent être révélés par son aide.

Mais, avant d'aborder ce sujet, qu'on nous permette de résumer rapidement l'état de nos connaissances sur la constitution du Soleil au moment de ces études.

On ne peut mieux marquer la grandeur des progrès accomplis dans la connaissance de notre astre central qu'en rappelant, sur cette question, l'opinion des astronomes les plus éminents, il y a quarante ans à peine.

Arago dit dans son *Astronomie populaire*, t. II, p. 181 : « Si l'on me posait simplement cette question : le Soleil est-il habité ? je répondrais que je n'en sais rien. Mais qu'on me demande si le Soleil peut être habité par des êtres organisés d'une manière analogue à ceux qui peuplent notre globe, je n'hésiterais point à faire une réponse affirmative. » Aujourd'hui, une pareille affirmation serait presque une monstruosité.

Ici Arago adoptait les idées d'Herschel, qui considérait le globe solaire comme formé d'un noyau obscur et relativement froid, surmonté d'une atmosphère où flotte une couche de nuages très réfléchissants qui renvoient et repoussent la chaleur et la lumière de la couche extérieure lumineuse, couche appelée *photosphère*, parce que c'est elle qui donne au Soleil la propriété éclairante et en fait un globe radieux.

C'est précisément cette conception d'un noyau obscur, mais qu'on voulait froid parce qu'il est obscur, qui a conduit à cette idée de l'habitabilité possible du Soleil. Nous verrons bientôt ce qu'on doit penser d'une pareille conception.

Voilà donc le point de départ : une enveloppe extérieure, éblouissante de lumière, où s'opèrent des réactions chimiques ; au-dessous, une couche opaque réfléchissante préservant des rayonnements trop violents le noyau obscur, qui peut, en conséquence, rester à une température planétaire.

Mais, en 1860, l'analyse spectrale reçoit ses bases définitives comme méthode de recherches, et la Physique solaire va être transformée.

La lumière de l'astre est soumise au spectroscope et révèle aussitôt, soit dans l'enveloppe brillante elle-même, soit dans l'atmosphère qui la surmonte, la présence de la plupart de nos métaux en vapeur : premier pas, pas décisif, sur l'unité matérielle du système solaire.

Bientôt, du Soleil on passe aux étoiles. Ces soleils lointains contiennent aussi, diversement associés, nos métaux terrestres. Dès lors, l'unité de substance de l'univers est démontrée.

Mais, en même temps, on constate un fait qui n'est pas assez remarqué, fait qui, bien interprété, aurait pu nous conduire à prévoir les découvertes de 1868 sur la nature des protubérances et l'existence de la chromosphère : ce fait, c'est la présence d'une vaste atmosphère d'hydrogène autour de la plupart des étoiles. En vertu des analogies évidentes de constitution entre notre Soleil et ceux qui sont répandus dans l'espace, n'était-il pas bien probable que notre astre central devait contenir l'hydrogène comme élément principal de ses enveloppes gazeuses ?

Cette découverte a été faite en 1868, pendant la grande éclipse du mois d'août, que les astronomes français allèrent observer aux Indes, dans les meilleures conditions, grâce à l'appui du ministre d'alors, M. Duruy, dont le nom est resté cher à la France libérale, grâce aussi à l'Académie des Sciences et au Bureau des Longitudes.

La connaissance du Soleil fit alors un grand pas. La nature des protubérances est reconnue. Elles sont des objets réels, et non des jeux de lumière. Ce sont d'immenses jets gazeux formés principalement d'hydrogène incandescent, et qui s'élèvent à des hauteurs de 10 000, 20 000 et 30 000 lieues, c'est-à-dire au quart du rayon de l'astre. Bientôt après, on découvre que ces protubérances dépendent d'une atmosphère hydrogénée, haute de 10 à 15 secondes, qui enveloppe complètement le Soleil. Mais, de même que les jets protubérantiels s'élèvent au-dessus de la chromosphère et vont se dissiper dans l'atmosphère coronale, dont nous allons parler, de même la chromosphère voit des éruptions de vapeurs métalliques, surtout de magnésium, qui viennent périodiquement la pénétrer. Enfin, à la base même de la chromosphère, il paraît aujourd'hui démontré qu'il existe une mince couche de vapeurs métalliques, plus lourdes, très lumineuses, et qui produisent le renversement presque complet des raies obscures du spectre solaire.

Mais là ne se bornent pas les conquêtes de l'analyse spectrale.

On sait, en effet, que le phénomène des éclipses totales emprunte principalement sa splendeur, non aux protubérances, mais à la magnifique auréole de lumière qui entoure alors l'astre éclipsé. Cette auréole ou couronne, avec ses rayons en gloire, ses gerbes et tous ses appendices lumineux, paraît quelquefois occuper dans le ciel un espace trois à quatre fois plus grand que celui du Soleil lui-même.

Mais ce phénomène est aussi énigmatique que ravissant. Chaque fois qu'une éclipse totale a permis de l'étudier, il s'est présenté avec des apparences si irrégulières, si bizarres, si changeantes, qu'il a été impossible aux ressources ordinaire de l'Optique d'en découvrir la cause. C'est encore l'analyse spectrale combinée avec la méthode polariscopique qui nous a permis de pénétrer, en grande partie du moins, l'énigme de la couronne.

La couronne fut particulièrement étudiée avec le spectroscope en 1869 et dans les éclipses suivantes.

En 1869, l'éclipse avait lieu dans l'Amérique du Nord. Les savants américains recueillirent alors des faits très importants, parmi lesquels il faut citer les photographies de la couronne, qui montraient le grand pouvoir actinochimique du phénomène et la constatation de cette raie verte (1474 des cartes de Kirchhoff) qui paraît caractériser le spectre coronal.

L'année suivante, une nouvelle éclipse avait lieu dans le bassin méditerranéen. Cette fois, la plupart des nations savantes prirent part aux observations. De nombreuses Commissions vinrent s'échelonner sur le parcours du phénomène, en Sicile, en Afrique, en Espagne.

Quant à la France, elle était alors envahie et Paris assiégé. Plusieurs de mes amis d'outre-Manche, désireux de me voir prendre part aux observations, avaient eu la généreuse pensée de faire demander à M. de Bismarck ma libre sortie de Paris, et leur demande allait être accordée ; mais déjà je m'étais mis en mesure de me passer de la générosité de nos ennemis. Avec le concours du Gouvernement et sous les auspices de l'Académie des Sciences, j'avais préparé ma sortie de Paris par la voie aérienne. Un ballon, semblable à ceux que le Gouvernement faisait construire pour le service des dépêches (le *Volta*), fut mis à ma disposition. J'emportai un télescope d'un modèle nouveau qui devait donner de l'auréole un spectre quinze à seize fois plus lumineux que celui d'une lunette astronomique ordinaire, et

promettait en conséquence de lever les principales difficultés
qui avaient été rencontrées dans l'analyse du mystérieux phénomène. Ce télescope, dont le miroir avait o m. 4o de diamètre,
était plutôt un instrument d'observation que de voyage, et la
voie que j'allais suivre ne semblait guère en permettre le transport ; mais je m'assurai que ces difficultés n'étaient pas insurmontables. Le corps de l'instrument pouvait être remplacé, pour
une courte observation, par un corps provisoire construit en
Algérie, où je devais observer. J'emportai donc seulement le
miroir monté et tous les organes. Ces diverses pièces furent em-
ballées et réparties dans quatre caisses pleines de rognures de
papier qui servirent à les coussiner de telle sorte que les chocs
les plus violents n'auraient pu les endommager. Les caisses,
cerclées de fer et rembourrées extérieurement, furent distribuées autour de la nacelle de l'aérostat.

Je partis le 2 décembre, à 6 heures du matin, le jour même
de la bataille de Champigny. J'étais accompagné d'un marin
pour m'aider dans les manœuvres, mais je conduisais moi-même.
Nous traversâmes les lignes ennemies à 800 mètres ; mais bientôt, le soleil agissant sur le gaz de l'aérostat, nous nous élevâ-
mes progressivement jusqu'à 2 000 mètres. La boussole indiquait la route de Bretagne. A 11 heures, nous étions à l'embouchure de la Loire, en face de l'Océan. Une descente rapide nous
fit atterrir à temps. Nous avions parcouru la distance de Paris
à Nantes en cinq heures. Un train spécial me conduisit à Tours,
où je vis les membres du Gouvernement et M. Thiers, alors de
retour de sa patriotique tournée en Europe. De Tours, je me
rendis à Marseille et à Oran, où je devais observer. J'avais choisi
une station aux environs de la ville, à la tour Combes. Une mission anglaise, comptant parmi ses membres MM. Huggins, Tyndall, l'amiral Ommaney, était venue également à Oran pour
observer l'éclipse.

Plusieurs jours avant le phénomène, le télescope était muni
d'un corps nouveau, et tout était disposé pour l'observation.
Mais la fortune ne souriait pas à notre cher et malheureux pays :
la pluie tombait à Oran depuis assez longtemps déjà, et d'une
manière tout à fait exceptionnelle. Cependant, pour augmen-

ter nos chances, j'avais envoyé des observateurs dans les provinces d'Alger et de Constantine, mais ce fut en vain ; le jour de l'éclipse, le ciel fut couvert presque partout en Algérie, et il fut impossible de faire aucune observation nouvelle.

En Sicile et en Espagne, quelques observations furent faites à travers des éclaircies du ciel. Les résultats furent analogues à ceux obtenus l'année précédente. Il convient cependant de citer spécialement la belle observation du professeur Young, qui constata le renversement du spectre à la base de la chromosphère,

Cependant ces phénomènes laissaient encore la nature du phénomène indécise. Presque tous les observateurs avaient trouvé le spectre coronal continu, ce qui indiquait une couronne produite par des matières solides ou liquides, et cette opinion fut nettement avancée. D'un autre côté, la présence d'une raie lumineuse (1474) et celle de la polarisation incontestablement constatée accusaient, au contraire, un phénomène de nature gazeuse.

Tel était l'état de la question en 1871, en présence d'une nouvelle éclipse qui devait avoir lieu en Asie et en Australie. Le phénomène excita une vive émulation en Europe. La France, l'Angleterre, l'Italie, la Hollande, etc., prirent une part active aux observations.

J'eus l'honneur d'être désigné par le Gouvernement français et le Bureau des Longitudes.

Ayant beaucoup médité les observations de 1869, il me parut que les principales difficultés rencontrées par les observateurs tenaient à l'insuffisance lumineuse des spectres qu'on obtenait de la couronne, insuffisance provenant du pouvoir lumineux trop faible des instruments employés, et qui devait avoir pour effet de rendre bien difficile la perception des raies peu brillantes sur fond lumineux et surtout celles des raies obscures.

Je repris donc le télescope tout spécial que j'avais fait construire pour l'éclipse de 1870, instrument dans lequel la définition très rigoureuse, inutile ici, est sacrifiée au pouvoir lumineux si indispensable.

Le miroir de ce télescope a o m. 40 de diamètre et seulement

1 m. 60 environ de distance focale principale. Dans cet instrument, l'image de la couronne devient environ seize fois plus lumineuse que celle d'une lunette astronomique d'un foyer ordinaire.

Ce télescope porte en outre un chercheur, décrit dans mon rapport à l'Académie, dont la disposition nouvelle permet à l'observateur de voir avec un œil le phénomène, tandis que l'autre est appliqué au spectroscope, disposition qui dispense d'un aide et permet de suivre simultanément le phénomène et son analyse spectrale.

En outre, j'avais ajouté un polariscope pour les constatations polariscopiques dont l'importance est extrême pour la théorie de la couronne.

On voit que les préparatifs de cette observation étaient dirigés de manière à obtenir de la couronne un spectre beaucoup plus lumineux, et à combiner les indications qui en résulteraient avec celles de la polarisation et de la vue du phénomène.

J'observai cette éclipse à Shoolor, dans les monts Neelgherry (Hindoustan), et je fus favorisé par un ciel d'une pureté que je n'ai jamais eue ni avant ni depuis (1).

L'existence d'un milieu gazeux, produisant en grande partie au moins le phénomène de la couronne, était nettement établi par cette observation. Je proposai de lui donner le nom d'*atmosphère coronale*, et cette dénomination a été adoptée généralement.

Quant au spectre continu, trouvé en 1869, 1870, et revu depuis en 1878 (et aussi par moi en 1875), il peut être dû à des matières solides cosmiques circulant plus ou moins abondamment autour du Soleil, fait qui serait conforme aux idées de M. Faye à ce sujet.

Il y a ici une conséquence sur laquelle je désire appeler l'attention du lecteur, conséquence que j'ai développée au Congrès de l'Association scientifique anglaise à Glascow, et à celui de cette année, à Dublin. Il paraît en effet plausible que la figure

---

(1) L'auteur reproduit ici une partie de son Rapport sur l'éclipse du 12 décembre 1871. Voir ci-dessus 1873, article VI, p. 262.

de la couronne doit être en connexion avec le nombre et l'importance des jets protubérantiels qui viennent la sillonner. Dans les époques de minimum des taches, qui sont aussi celles de minimum des protubérances, la figure de la couronne doit se rapprocher de celle d'une atmosphère en équilibre, tandis qu'à l'époque du maximum, quand les jets protubérantiels la sillonnent de toutes parts, elle doit présenter une figure beaucoup plus irrégulière et tourmentée.

Si nous possédions des dessins très exacts de la couronne pendant les éclipses totales qui ont été observées, nous aurions un moyen de contrôler ce que cette déduction a de fondé. Malheureusement, les dessins et les descriptions que nous possédons à cet égard laissent beaucoup à désirer. Nous ferons remarquer cependant que pour l'éclipse de 1842, qui coïncidait avec un minimum, et dont l'expédition d'Arago nous a transmis une si excellente description, nous voyons que la couronne avait alors une figure régulière bien concentrique du Soleil, et formée même de deux anneaux bien distincts, ce qui indique évidemment un état de calme et d'équilibre relatifs.

Mais, dans cette recherche, il ne faut pas perdre de vue que la matière cosmique, les essaims de météorites circulant dans le voisinage du Soleil, peuvent venir, par leur présence, compliquer les apparences et masquer, partiellement au moins, le véritable caractère du phénomène. Pour les observations futures, la Science possède des moyens de distinguer entre ces matières solides et le véritable milieu coronal.

Pour résumer les conquêtes de l'analyse spectrale relativement aux enveloppes gazeuses solaires, disons que l'application de cette méthode a permis d'en reconnaître trois bien distinctes, en laissant pour le moment de côté la lumière zodiacale, dont l'origine et la nature ne sont pas encore bien connues.

Immédiatement au-dessus de la photosphère, qui est l'enveloppe dont le pouvoir lumineux l'emporte sur toutes les autres, et qui donne à l'astre son pouvoir rayonnant, nous voyons d'abord une couche très basse de quelques secondes à peine, formée de vapeurs métalliques incandescentes plus légères que celles qu'on trouve dans la photosphère ; au-dessus vient la

chromosphère, dont la hauteur véritable est de 8 à 12 secondes,
couche encore très chaude où domine l'hydrogène avec de fréquentes injections de vapeurs métalliques de magnésium ; enfin, l'atmosphère coronale, atmosphère très haute, très rare,
beaucoup moins chaude, très tourmentée, atmosphère qui est
rarement en équilibre, et où déjà doivent se faire sentir ces phénomènes que la matière cométaire éprouve quand elle s'approche du Soleil. Toutes ces causes, associées à la présence au moins
fréquente d'anneaux, de météorites, concourent pour donner à
cette enveloppe solaire cet aspect et ces formes bizarres qui ont
défié pendant si longtemps la sagacité des astronomes.

Voilà la part des dernières découvertes.

Revenons maintenant à la photosphère.

On sait que cette enveloppe qui constitue le Soleil même
comme astre radiant a été étudiée dans sa constitution depuis
l'invention des lunettes, et que cette étude, qui occupe les astronomes depuis plus de deux siècles et demi, a permis de reccn-
naître la rotation de l'astre, l'inclinaison de son axe sur l'éclip-
tique, la structure des taches, les circonstances variées de leurs
mouvements, les vitesses décroissantes des zones photosphériques suivant l'élévation de leurs latitudes, etc., etc.. Toutes ces
belles études ont eu pour base l'examen par les lunettes astronomiques et les télescopes.

L'analyse spectrale, qui nous a dévoilé tant de choses sur les
enveloppes gazeuses extérieures, nous a peu appris touchant la
photosphère : c'est qu'aucune méthode n'est universelle, et qu'il
faut savoir approprier chacune d'elles à la nature des difficultés à vaincre.

Il paraît que c'est la Photographie, cette belle invention française, qui est actuellement appelée à nous faire faire les pas les
plus décisifs dans la connaissance de la photosphère, et nous allons
maintenant aborder cette nouvelle phase de nos études solaires.

Mais, avant d'entretenir nos lecteurs de cette nouvelle application, il nous paraît indispensable d'exposer quelques considérations théoriques sur la méthode photographique comparée à la
vision simple ou télescopique ; ces considérations feront mieux
comprendre nos déductions ultérieures.

Disons tout d'abord que, lorsqu'on considère l'ensemble des applications que la Photographie reçoit chaque jour, les immenses services qu'elle rend dans toutes les branches des sciences et de l'industrie, les applications plus importantes qui se préparent encore, il parait urgent que l'Astronomie s'empare définitivement de cette admirable méthode de fixer les phénomènes et d'en découvrir de nouveaux. C'est la conviction où nous sommes, de l'importance des services que cette méthode est appelée à rendre à l'Astronomie, qui nous a engagé à poursuivre ces études de Photographie solaire.

Dans cet ordre d'idées, et pour mieux marquer les avantages de la méthode photographique, nous allons toucher à quelques points du parallèle entre l'image oculaire et l'image photographique.

Considérons d'abord les étendues comparées des spectres oculaires et photographiques.

Le spectre oculaire s'étend du rouge au violet.

Le spectre photographique peut aujourd'hui, grâce aux travaux de MM. Ed. Becquerel, Vogel, Waterhouse, Abney, etc., s'étendre au moins aussi loin du côté du rouge que le spectre oculaire. Quant à l'extrémité violette, tout le monde sait que les plaques photographiques sont impressionnées par les rayons situés au delà du violet, rayons qu'on nomme, en raison de cette circonstance *ultra-violets*, et que l'œil est impuissant à percevoir dans les circonstances ordinaires.

Cette partie du spectre a été étudiée, en France, par MM. Ed. Becquerel, Mascart et Cornu. Ce dernier physicien, dans un récent travail, est parvenu à photographier des rayons solaires dont la longueur d'onde est seulement o mm. 000295, tandis que les derniers rayons admis comme visibles dans le violet ont une longueur d'onde d'environ o mm. 000390 ; c'est une étendue d'environ un tiers que le spectre photographique possède en plus du spectre oculaire.

Il en résulte que des phénomènes où ces rayons ultra-violets joueraient un rôle pourraient être révélés par la Photographie, tandis qu'ils échapperaient à la vision.

Mais là ne se bornent pas les avantages.

Les images oculaires ont une intensité qui est limitée par la durée de l'impression lumineuse sur la rétine. Au delà d'un dixième de seconde environ, l'intensité de l'image formée au fond de l'œil cesse d'augmenter, parce que les sensations lumineuses qui ont plus d'un dixième de seconde de date s'évanouissent et que les nouvelles ne font que les remplacer ; le gain ne peut plus dépasser la perte. C'est la durée des impressions lumineuses rétiniennes qui règle et limite pour nous l'intensité des images produites. Si la nature eût étendu à un cinquième de seconde la durée de cette impression de la lumière sur notre nerf optique, l'effet eût été double, le monde extérieur nous eût paru deux fois plus lumineux, c'est-à-dire que nous eussions supporté deux fois plus difficilement l'éclat du jour, mais que, la nuit, nous eussions pénétré deux fois plus avant dans les espaces étoilés. Toute une classe d'étoiles qui échappent à la vue simple nous eût été révélée avant l'invention des lunettes. Avec une persistance de une seconde, le monde était dix fois plus lumineux, l'éclat du jour intolérable, et la nuit brillait d'un nombre si prodigieux d'étoiles, que le ciel eût semblé comme une immense voie lactée.

Tels seraient les effets nécessaires d'un allongement dans la durée de la persistance lumineuse, c'est-à-dire le temps pendant lequel toutes les actions lumineuses s'ajoutent sur la rétine. Mais la durée de l'impression lumineuse sur notre organe est fixée, et elle paraît l'être dans des limites assez étroites. Or, c'est absolument le contraire pour la photographie. Ici, les actions lumineuses s'ajoutent et rien, en quelque sorte, ne limite cette action. En employant des plaques comme on sait les préparer aujourd'hui, au collodion sec, on peut accumuler de faibles actions lumineuses pendant un temps pour ainsi dire illimité. C'est que pour l'œil, tandis que les impressions s'effacent presque aussitôt qu'elles se sont produites, celles qui sont reçues par la plaque sensible y laissent des modifications permanentes qui ne s'effaceront plus et s'ajouteront avec celles qui viendront s'y imprimer après elles.

Ainsi, non seulement l'œil photographique a la vue plus étendue que le nôtre, non seulement il conserve les images qui s'y pei-

gent, mais encore il a la faculté d'éclairer en quelque sorte à volonté les objets qu'il considère, en suppléant à leur défaut d'éclat
par le temps de l'action lumineuse.

Mais poursuivons encore le parallèle.

On sait que, dans le spectre solaire, c'est la région du jaune
qui a le plus grand éclat. Après elle, viennent les régions de
l'orangé, du rouge vif, du vert, du bleu, et enfin des points extrêmes violet et rouge, l'un confinant aux radiations purement
calorifiques, l'autre à celles dites chimiques, et qui nous ont été
révélées par la fluorescence et la Photographie.

Ce maximum remarquable se manifeste d'une autre manière
quand la lumière du spectre s'affaiblit au déclin du jour. Si l'on
considère alors le spectre des nuées, on voit les couleurs pâlir
peu à peu ; le violet disparaît le premier, puis le bleu ; le rouge
se rétrécit et se fonce, le vert disparaît ensuite, et enfin, avant
son extinction, le spectre se réduit à une bande blanchâtre qui
occupe l'emplacement du jaune.

Pour conclure de ces faits, que notre organe visuel est plus
sensible à la lumière jaune qu'à tout autre, il faudrait s'être
assuré que, pour le spectre solaire, les lumières élémentaires à
comparer sous le rapport de la sensibilité oculaire arrivent à la
rétine dans des conditions d'égale puissance rayonnante, mais
la démonstration de ce point, qui n'a pas été d'ailleurs suffisamment élucidée, n'est point nécessaire à notre objet, qui est la
constatation d'un maximum de lumière pour notre organe dans
le spectre solaire. Or, le fait sur lequel nous devons appeler l'attention de nos lecteurs, c'est que ce maximum existe aussi dans
le spectre solaire photographique ; il est seulement placé dans une
tout autre région et présente des particularités plus remarquables.

Nous avons vu que le spectre solaire photographique peut
s'étendre depuis le rouge extrême jusque bien au delà des régions violettes visibles à l'œil ; mais on aurait une idée très
fausse, si l'on croyait que l'intensité de ce spectre est la même
dans toute son étendue. Il suffit d'examiner très superficielle-
ment l'image photographique du spectre pour voir que son intensité, ou, si l'on veut, l'opacité du dépôt métallique qui forme
l'image, est fort inégale dans les diverses parties de l'image.

C'est pour la région violette que l'image est le plus intense, et cette intensité diminue ensuite, soit qu'on marche vers le rouge ou vers l'ultra-violet.

En faisant cette remarque, comme bien d'autres l'avaient faite sans doute avant moi, j'ai eu la pensée, en 1874, au moment où je maniais ces spectres pour les préparations de l'expédition au Japon pour l'observation du passage de Vénus, j'ai

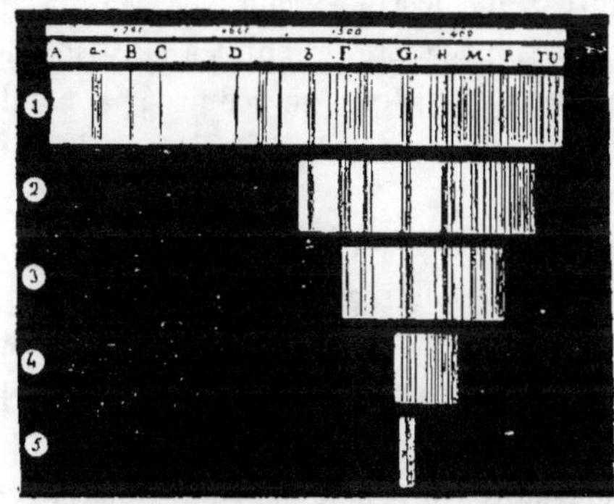

1879. Fig. 1, 2, 3, 4, 5.
Spectre solaire photographié.

eu la pensée, dis-je, d'examiner comment l'image photographique du spectre solaire se comporterait en réduisant peu à peu le temps d'action lumineuse jusqu'au moment où l'image cesserait de se produire.

J'ai trouvé alors, comme on devait s'y attendre, que les parties faibles de l'image sont celles qui disparaissent les premières quand on réduit le temps de la pose, c'est-à-dire que l'image photographique du spectre se retire en quelque sorte sur elle-même au fur et à mesure qu'elle se produit dans un temps plus court.

Mais le résultat qui pouvait plus difficilement être prévu, c'est que le spectre arrive à se réduire à une bande nette, étroite et limitée quand on réduit suffisamment la durée de l'action lumineuse. C'est près de la raie G que se trouve cette bande étroite qui représente le spectre évanouissant.

Nous donnons ici une figure qui montre les diverses longueurs du spectre solaire photographique quand on réduit successivement le temps de l'action lumineuse qui les engendre.

Dans la figure 1, nous donnons le spectre solaire photographié suivant les derniers procédés, qui ont permis d'obtenir le jaune et le rouge.

Dans la figure 2, ce spectre, toujours riche dans l'ultra-violet, ne dépasse pas la raie b.

Dans la figure 3, le spectre s'étend de F à P.

Dans la figure 4, le spectre se réduit à la région de G à L.

Dans la figure 5, le spectre se réduit à la bande dont nous venons de parler, qui représente le point où l'action photographique est maxima.

Ainsi, les deux spectres jouissent également d'un maximum ; mais, dans le spectre photographique, ce maximum est beaucoup plus limité et accusé que dans le spectre oculaire : c'est pourquoi le spectre photographique se réduit à une bande quand il est évanouissant.

Nous avons étudié à ce point de vue les divers sels d'argent, de zinc, de lithium, etc. ; le maximum a persisté et sensiblement à la même place.

Cette propriété du spectre photographique est importante au point de vue de l'achromatisme des objectifs destinés à la Photographie solaire. On sait que pour ces images la pose doit être extrêmement courte. On n'a donc, dans ce cas, à compter qu'avec des rayons extrêmement voisins, et, dans ce cas, on comprend que l'achromatisme puisse être obtenu avec une rigueur qui serait irréalisable pour les lunettes destinées à l'œil.

Considérons encore un autre avantage de la Photographie comparée aux lunettes, celui de la grandeur du champ embrassé par l'image photographique. On sait, en effet, que plus une lunette est puissante, plus le champ visible dans l'instrument est restreint. Si une lunette astronomique, donnant un grossissement de trente fois, nous montre le Soleil entier et occupant juste le champ de l'instrument, la même lunette, avec un grossissement double, ne montrera que la moitié du disque en hauteur et le quart en surface ; un grossissement quadruple donnera le seizième, et ainsi de suite. Quand on emploie des instruments très puissants, à très longs foyers, munis d'oculaires puissants qui donnent des grossissements de quinze cents à deux mille fois et au delà, la partie du Soleil comprise dans le champ peut tomber au-dessous de la trois-millième partie de la surface du disque solaire. Dans ces conditions, on peut examiner des détails de structure d'une région très limitée, mais les phénomènes voisins échappent complètement et les comparaisons des phénomènes simultanés sont absolument impossibles. Il en est tout autrement de la Photographie ; le grossissement n'entraîne pas nécessairement la diminution du champ embrassé. On peut obtenir des images complètes du disque solaire, depuis le diamètre de quelques millimètres jusqu'à telles dimensions qu'on voudra. Il n'y a ici de limites que dans les difficultés de manipulation, amenées par l'augmentation des dimensions de la plaque.

A l'Observatoire de Meudon, on obtient des images solaires dont les diamètres ont été successivement portés à 10, 20, 30, 50. On va en obtenir bientôt de 70 centimètres de diamètre. Or, il y a un grand intérêt à grandir ainsi les clichés photographiques ; on obtient simultanément l'image très détaillée de tous les phénomènes qui coexistent à un moment donné à la surface du Soleil, et l'on peut apercevoir des relations qui échapperaient absolument à un examen successif, auquel on est condamné avec les lunettes puissantes. Nous verrons bientôt que c'est en effet à cet avantage des images photographiques que nous devons la découverte du réseau photosphérique de la surface solaire, qui avait échappé aux investigations des astronomes pendant plus de deux siècles et demi.

Nous aurions encore d'autres rapprochements à faire, particulièrement comparer la vision et la Photographie sous le rapport de la fidélité avec laquelle les images, dans les deux cas, peuvent donner les véritables rapports des intensités lumineuses des parties de l'objet lumineux ou éclairé.

Ici encore nous trouverions de précieuses propriétés à la méthode qui fixe les images, mais ce point très important, auquel se rattachent les noms d'Arago, Fizeau et Foucault, mérite de nouvelles études.

Tels sont quelques-uns des traits généraux du parallèle entre la vue et la Photographie. Ils montrent combien cette admirable méthode possède d'avantages précieux dont la Science peut tirer un immense parti.

Ceci posé, nous venons maintenant aux images solaires.

On sait que jusqu'ici la Photographie solaire avait été impuissante à reproduire les détails donnés par les instruments puissants. Les photographies les plus remarquables du Soleil obtenues jusqu'ici, et parmi lesquelles il faut citer celles du savant M. Warren de la Rue, celles de M. Rutherfurd, etc. (1), donnaient très bien les taches et les facules ; mais, pour la surface proprement dite, elles ne montraient généralement que des marbrures, sans aucun des détails de granulation dont les instruments d'Optique nous ont révélé l'existence.

Il faut dire qu'on ne cherchait même pas à obtenir ces détails si délicats, entrevus dans des circonstances atmosphériques très favorables, et que les procédés photographiques paraissaient absolument impuissants à reproduire.

En méditant sur la question, j'ai été amené à penser que cette infériorité avait sa source dans le mode suivi jusqu'ici, et non dans l'essence même de la méthode photographique.

J'ai même reconnu, en comparant très attentivement les deux méthodes, que la Photographie devait avoir sur l'observation optique des avantages qui lui étaient absolument propres pour mettre en évidence des effets et des rapports de lumière que la vue est impuissante à percevoir ou à estimer.

Notre organe visuel possède l'admirable faculté de pouvoir fonctionner dans les conditions d'éclairement les plus différentes ; mais aussi la vue ne nous permet pas de juger des rapports d'intensité lumineuse, surtout quand ces intensités sont extrêmement considérables.

L'image solaire est dans ce cas. Malgré l'intervention des verres colorés, des hélioscopes, etc., l'œil doit saisir des détails dans un milieu éblouissant et fonctionner dans des conditions tout à

---

(1) MM. Fizeau et Foucault ont obtenu, en 1849, une photographie sur plaque du Soleil qui paraît être la première image d'un corps céleste obtenue par la Photographie.

fait anormales pour lui. Les vrais rapports d'intensité lumineuse des diverses parties de l'image ne peuvent plus être perçus, et les apparences ne répondent plus à la réalité des choses. C'est là ce qui explique les opinions si différentes qui ont été émises sur les formes et les dimensions des granulations et parties constitutives de la surface solaire.

L'image photographique, quand elle est obtenue dans des conditions bien réglées de l'action de la lumière, est affranchie de ces défauts, et elle exprime d'une manière très approchée les vrais rapports d'intensité lumineuse photographique des diverses parties de l'objet qui lui donne naissance.

Pour que ce précieux résultat soit réalisé, il faut que, pendant l'action lumineuse, la couche sensible reste à très peu près semblable à elle-même, condition qui exige que la portion de la substance photographique influencée pendant toute la durée de la pose ne soit qu'une faible partie de quantité en présence sur la plaque.

J'aurai à revenir sur ce point si important.

Ainsi, en dosant rigoureusement le temps de l'action lumineuse, de manière à ne pas avoir de *surpose* pour les parties les plus brillantes du disque solaire, on aura une image qui nous représentera non seulement les détails dans la vérité de leurs contours, mais qui, en outre, nous instruira sur les rapports très approchés de leurs véritables intensités lumineuses.

La Photographie possède encore sur la vue un autre avantage précieux, surtout quand il s'agit de courtes poses. J'ai reconnu, en effet, comme on vient de le voir, que le spectre photographique, quand l'action lumineuse est courte, au lieu d'avoir l'étendue qu'on lui connaît, se réduit à une bande étroite située près de G.

Cette curieuse propriété montre qu'on pourrait obtenir des images photographiques très tolérables du Soleil avec des lentilles simples à long foyer. Elle montre surtout que l'achromatisme chimique est incomparablement plus facile à réaliser que l'achromatisme optique, et que les images solaires notamment, obtenues en ayant égard à cette propriété, peuvent avoir une netteté incomparablement plus grande que celle des images optiques.

Tels sont les avantages, que j'appellerai *avantages de méthode*, que la Photographie présente sur l'Optique oculaire.

L'infériorité des images photographiques solaires obtenues jusqu'ici tenait donc uniquement aux conditions défavorables dans lesquelles elles étaient obtenues.

En premier lieu, il faut placer les circonstances de durée exagérée dans l'action lumineuse.

En effet, quand l'action lumineuse est trop prolongée, relativement à son intensité, l'image photographique s'agrandit rapidement et perd toute netteté de contours. Ce phénomène qu'on pourrait nommer l'*irradiation photographique* (sans rien préjuger sur sa cause), est très frappant dans les photographies d'éclipses totales qui ont été obtenues depuis 1860. Sur ces photographies, on voit l'image des protubérances empiéter sur le disque lunaire d'une quantité qui s'élève à 10, 15 secondes et plus.

On comprend que, quand il s'agit de granulations solaires qui ont un diamètre moyen de 2 à 3 secondes, on ne peut les obtenir sur des images où l'irradiation photographique aurait une valeur supérieure à leurs propres dimensions.

J'ai donc étudié avec le plus grand soin, et en conformité avec les principes posés précédemment, le temps de l'action lumineuse, de manière à combattre cet obstacle capital.

J'ai combiné la diminution de temps de l'action lumineuse avec l'agrandissement des images.

Les dimensions des images ont été successivement portées à 12, 15, 20, 30, 50 centimètres.

Le temps de l'action lumineuse, qui est ici la condition exclusive du succès (car on a obtenu des portions d'images solaires répondant à des disques de plus de 1 mètre de diamètre et qui ne montrent pas la granulation), a été abaissé jusqu'à 1/3 000 de seconde en été (1). Il faut un mécanisme tout spécial et très parfait pour régler ainsi une durée aussi courte et donner, pour les diverses parties de l'image, une égalité d'action lumineuse qui doit être réalisée à 1/10 000 de seconde.

____

(1) Le chiffre se rapporte à l'action de la lumière solaire naturelle qui n'aurait passé par aucun milieu réfringent.

Quand la durée d'action lumineuse est si courte, l'image est beaucoup plus latente encore que dans les circonstances ordinaires ; il lui faut appliquer un développement lent, qui se termine ensuite par le renforcement à l'acide pyrogallique et au nitrate d'argent.

Je n'ai pas besoin d'ajouter que les opérations photographiques doivent être conduites avec le plus grand soin quand il s'agit d'images destinées à révéler de si délicats détails. En particulier, disons que le coton-poudre doit être préparé à haute température pour donner une couche d'une finesse suffisante. Ces conditions réalisées, on obtient alors des images solaires qui, par rapport aux anciennes, constituent un monde nouveau et montrent des phénomènes sur lesquels nous allons nous arrêter aujourd'hui un instant.

Mais, auparavant, je dois dire que la lunette photographique qui m'a servi dans ces recherches a été construite, pour notre expédition du Japon, par M. Prazmowski, qui avait basé les calculs de l'objectif sur les indications spectrales que je lui ai fournies touchant le maximum d'action dont j'ai parlé.

Pour les opérations photographiques, j'ai été très habilement secondé par M. Arents, artiste photographe attaché à l'Observatoire de Meudon.

OPÉRATIONS PHOTOGRAPHIQUES

Pour ceux de nos lecteurs qui désireraient obtenir des photographies solaires montrant les granulations de la surface, nous donnerons ici quelques détails sur les manipulations.

Nous n'avons pas besoin d'insister sur la nécessité de la propreté rigoureuse des glaces employées ; cette propreté est ici encore plus indispensable que pour les photographies artistiques les plus soignées.

Les glaces doivent être passées à la potasse, à l'acide nitrique, au tripoli, et polies au tampon avec quelques gouttes d'éther aiguisé d'acide acétique.

L'extrême finesse du tissu du collodion est une condition indispensable. Voici le moyen de le préparer.

Préparation du coton-poudre.

Acide sulfurique .... 500 grammes.
Nitrate de potasse 500   —
Coton 15   —

Dans une capsule en porcelaine, on verse d'abord l'acide sulfurique et l'on y introduit par petites portions le nitrate de potasse, en ayant soin d'agiter avec des baguettes ou bandes de verre jusqu'à ce que tous les grumeaux aient disparu, et que l'on ait obtenu un mélange homogène. La température à ce moment peut être d'environ 60 degrés ; on l'élève, sur un feu doux, jusqu'à 80 degrés, puis on place la capsule sur un bain de sable chauffé préalablement, pour maintenir cette dernière température. On y introduit alors, par petites portions successives, les 15 grammes de coton préalablement desséché et bien ouvert, ayant soin de le presser contre la capsule pour que la fibre soit bien imprégnée. Il est important de n'introduire le coton que par petites quantités, et de bien l'ouvrir, car, si on l'immergeait d'un seul trait, il retiendrait l'air entre ses fibres, il se dégagerait des vapeurs nitreuses d'un jaune foncé, et l'on obtiendrait un coton défectueux. Ce coton-poudre serait très soluble dans l'éther alcoolisé et donnerait des images très intenses, mais qu'il serait très difficile de vernir convenablement. La durée de l'immersion du coton dans le mélange acide est d'environ six minutes ; une grande habitude permet d'apprécier, selon l'aspect du coton, s'il faut plus ou moins de temps ; dans tous les cas, il ne faut jamais dépasser dix minutes, à moins que le liquide ne soit descendu au-dessous de 60 degrés.

Quand on aura suffisamment laissé digérer le coton avec l'acide, on le versera dans une grande quantité d'eau, en ayant soin de l'agiter énergiquement pour dissoudre le sel qui adhère aux fibres du coton. Après ce lavage fait dans de bonnes conditions, le coton doit déjà être souple, ce qui témoigne qu'il n'a point retenu de sulfate de potasse entre ses fibres. On continue le lavage à l'eau pendant plusieurs heures, jusqu'à ce que la dernière eau ne présente aucune réaction acide au papier de tournesol. On exprime finalement le coton, on ouvre les flocons et on le laisse sécher à l'air libre, en ayant soin de le garantir des poussières qui s'y attacheraient et donneraient au développement des taches en forme de comète (pointes rondes avec queue) ; ces poussières restent toujours en suspension dans le collodion.

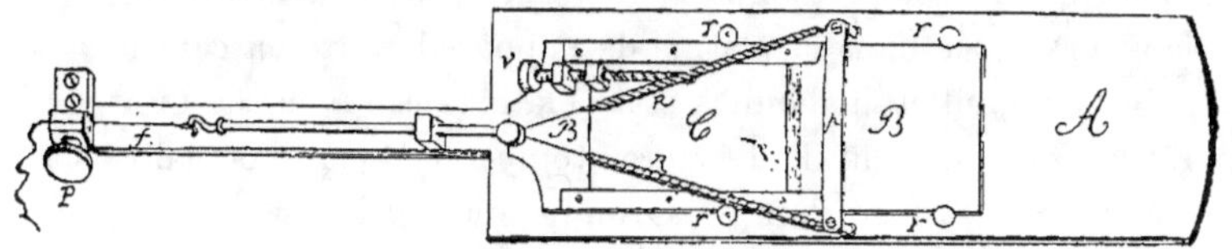

1879. Fig. 6.

Appareil pour régler le temps de l'action lumineuse.

A, plaque portant l'appareil mobile BCB qui glisse sur les galets *r*, *r*, *r*, *r*.

BB, partie mobile portant la fente.

C, petite plaque commandée par la vis *v*, et qui sert à régler l'ouverture de la fente.

f, fil pour maintenir tendus les ressorts moteurs de la partie mobile.

P, bouton de serrage du fil.

Le coton-poudre bien préparé doit peser environ un quart en plus de son poids primitif.

Collodion.

Alcool à 40 degrés	400 grammes.	
Ether sulfurique, 62 degrés	600 —	
Coton-poudre	15 —	
Iodure d'ammonium	4 —	
Iodure de cadmium	5 —	
Iodure de potassium	2 —	
Bromure d'ammonium	1 —	
Bromure de cadmium	1 —	(1)

Le collodion doit être étendu sur les glaces avec une grande uniformité.

Les bains d'argent, d'une propreté rigoureuse et toujours assez neufs.

____

(1) M. Arents.

Après la pose, qui varie, suivant les saisons, de 1 /500 de seconde à 1 /3 000, 1 /4 000 et jusqu'à 1 /6 000, et qui est donnée par
l'appareil spécial que nous allons décrire, la plaque est développée lentement au fer, puis lavée avec grand soin, et renforcée à
l'acide pyrogallique et à l'argent.

Cet appareil (fig. 6), s'introduit dans le corps de la lunette et se
place au foyer de l'objectif, de manière que l'image réelle du
Soleil donnée par cet objectif se forme dans l'ouverture circulaire pratiquée dans la platine de l'appareil, vers son centre.

Si l'appareil était réduit à cette platine, les rayons de l'image
réelle traverseraient l'ouverture, tomberaient sur l'oculaire et
viendraient former l'image agrandie du Soleil sur la plaque
photographique. Mais cette platine porte une partie mobile BCB
qui glisse entre les galets r, r, r, r. Dans la plaque qui forme cette
partie mobile, est pratiquée une fenêtre qui peut être ouverte
plus ou moins, par le moyen de la petite lame mobile l, commandée par la vis v. Cette partie mobile se termine par une tige
portant un crochet f, auquel s'attache un fil qui peut être pris
dans la pièce P. Des ressorts attachés à la plaque mobile et à
la plaque fixe aux extrémités du pont p se tendent quand la plaque mobile est dans la position de la figure. Si l'on coupe le fil,
les ressorts agissent pour ramener la plaque mobile qui glisse
entre les galets. Dans ce moment, la fenêtre passe devant le trou
circulaire de la plaque fixe et permet aux rayons des diverses
parties de l'image réelle de la traverser successivement et de
venir imprimer leur image sur la plaque sensible. Les diverses
parties de l'image sont ainsi photographiées successivement.
La régularité du mouvement de la fenêtre est extrêmement
importante. J'obtiens actuellement ce résultat par un dispositif qui permet de ne faire agir les ressorts que pour donner
l'impulsion à la plaque mobile, leur action cessant dès que
l'image commence à se produire. La plaque mobile se meut
alors en vertu de la vitesse acquise, et son mouvement est uniforme pendant le temps très court de l'action lumineuse.

Le temps de cette action pour chaque partie de l'image se
mesure d'ailleurs facilement au moyen du diapason. On dispose une petite plaque de verre noirci à la fumée sur la plaque

mobile, et on la fait partir pendant que le style d'un diapason vibrant est placé sur le verre. On obtient ainsi une ligne ondulée qui donne les éléments pour obtenir, par un calcul très simple, la vitesse de la plaque mobile. Cette vitesse, combinée avec l'ouverture connue de la fenêtre, donne le temps de la pose. Nous rapportons toujours ce temps de pose à la lumière solaire directe, c'est-à-dire à la lumière du Soleil qui n'aurait été ni concentrée ni affaiblie.

Examinons maintenant, d'une manière sommaire, ce que ces photographies peuvent nous apprendre sur la constitution de la couche photosphérique.

Ainsi que nous l'avons déjà dit, les photographies montrent la surface solaire couverte d'une granulation générale. Les formes, les dimensions, la distribution de cette granulation ne sont pas en accord avec les idées qu'on s'était formées de ces éléments de la photosphère d'après l'examen optique. Les images photographiques ne confirment nullement l'idée que la photosphère soit constituée par des éléments dont les formes constantes rappelleraient des feuilles de saule, des grains de riz, etc..

Ces formes, qui peuvent se rencontrer accidentellement en tel ou tel point, ne sont que des exceptions et ne peuvent être considérées comme exprimant une loi générale de la constitution du milieu photosphérique. Les images photographiques nous conduisent à des idées beaucoup plus simples et plus rationnelles sur la constitution de la photosphère.

Formes des éléments granulaires. — Si l'on étudie la granulation dans les points où elle est le mieux formée, on voit que les grains ont des formes très variées, mais qui se rapportent plus ou moins à la forme sphérique.

Cette forme est généralement d'autant mieux atteinte que les éléments sont plus petits. Dans les grains très nombreux, où les formes sont plus ou moins irrégulières, on voit que ces grains sont formés par l'agrégation d'éléments plus petits rappelant la sphère.

Là même où la granulation est moins nette et où les grains

paraissent étirés, on sent que la sphère a été la forme première des éléments, forme plus ou moins modifiée par l'effet des forces qui agissent sur ces corps.

La forme normale des éléments granulaires de la photosphère paraît donc se rapporter à la sphère, et les figures irrégulières paraissent s'y rattacher encore, soit que l'élément ait été constitué par des corps plus petits, soit que ce même élément se trouve plus ou moins déformé par l'effet de forces étrangères agissant sur le milieu où il est plongé. Il résulte encore de ces considérations une conséquence très importante : c'est la preuve, découlant du fait même de la grande variété des formes des éléments granulaires, que ces éléments sont constitués par une matière très mobile, qui cède avec facilité aux actions extérieures. L'état liquide ou gazeux jouit de ces propriétés ; mais, en ayant égard à d'autres considérations que nous développerons plus tard, on est conduit à admettre pour les granulations, un état très analogue à celui de nos nuages atmosphériques, c'est-à-dire à les considérer comme des corps constitués par une poussière de matière solide ou liquide nageant dans un milieu gazeux.

Origine des granulations. — Si la couche solaire qui forme la photosphère était dans un état de repos et d'équilibre parfait, il résulte de la notion de sa fluidité qu'elle formerait une enveloppe continue autour du noyau solaire. Les éléments granulaires se confondraient les uns dans les autres, l'éclat du Soleil serait uniforme dans toutes ses parties. Mais les courants gazeux ascendants ne permettent pas cet état d'équilibre parfait. Ces courants brisent et divisent cette couche fluide en un grand nombre de points pour se faire jour ; de là la production de ces éléments, qui ne sont que des fractions de l'enveloppe photosphérique. Ces éléments fractionnaires tendent à prendre la forme sphérique par la gravité propre de leurs parties constituantes ; de là la forme globulaire qui, comme on voit, ne correspond pas à un état d'équilibre absolu, mais seulement relatif, celui où la matière photosphérique, ne pouvant se constituer en une couche continue, est divisée en éléments qui tendent à prendre individuellement leur figure d'équilibre. Mais cet état d'équilibre individuel des parties est lui-même assez rarement réalisé ; en des points nombreux, les courants entraînent plus ou moins fortement les éléments granulaires, et leur forme globulaire d'équilibre est altérée jusqu'à devenir tout à fait méconnaissable quand les mouvements deviennent plus violents.

Ces mouvements, dont la couche gazeuse où nagent les éléments photosphériques est incessamment agitée, ont des points d'élection. La surface solaire est ainsi divisée en régions de calme et d'activité relatives, d'où résulte la production du *réseau photosphérique*. En outre, dans les points mêmes de calme relatif, les mouvements du milieu photosphérique ne permettent pas aux éléments granulaires de se disposer en couche de niveau, d'où résulte l'enfoncement plus ou moins grand des grains au-dessous de la surface, et, par suite, eu égard au grand pouvoir absorbant du milieu où nagent ces éléments, la grande différence d'éclat des grains sur les images photographiques.

Ainsi, une première étude des nouvelles photographies nous conduit déjà à modifier beaucoup nos idées sur la photosphère, et l'ensemble des données qu'elles nous fournissent nous conduit à cette idée si simple sur la constitution des éléments photosphériques et sur les transformations qu'ils éprouvent par l'effet des forces auxquelles ils sont soumis.

Tirons encore cette conséquence, du fait de la rareté relative des grains les plus brillants dans les images photographiques, que le pouvoir lumineux du Soleil réside principalement dans un petit nombre de points de sa surface. En d'autres termes, si la surface solaire était couverte entièrement par les éléments granulaires les plus brillants qu'elle nous montre, son pouvoir lumineux serait, d'après une première approximation sur laquelle nous aurons à revenir, de dix à vingt fois plus considérable.

Enfin, il est une grande question sur laquelle les faits précédents jettent un jour nouveau : c'est la question, si souvent débattue, de la variation du pouvoir lumineux du Soleil. Il est évident que les taches ne peuvent plus être considérées comme formant l'élément principal des variations que l'astre peut éprouver, et qu'il faudra désormais considérer le nombre et le pouvoir lumineux variable des éléments granulaires, qui peuvent jouer ici un rôle prépondérant.

Un des plus importants objets que ces photographies permettent d'aborder est l'étude des mouvements et des transformations qui se produisent à la surface du Soleil en dehors des taches.

Il suffit de jeter un coup d'œil sur ces images, qui nous présentent les éléments granulaires avec leurs formes, leurs groupements et tous les accidents de la surface quand ceux-ci ne mesurent pas des dimensions inférieures à un quart de seconde d'arc, pour comprendre qu'une telle étude est facile. Il est seulement nécessaire que l'appareil soit muni de fils ou de réticules très exactement orientés, car il est absolument indispensable que l'exactitude de la position donnée à des fils qui viendront se peindre sur l'image soit d'un ordre supérieur à la grandeur des modifications qu'il s'agit d'apprécier. La nature provisoire de l'instrument qui nous sert dans ces études n'a pas permis encore cette délicate installation. Elle sera prochainement réalisée.

Mais déjà il est des phénomènes que l'examen de photographies successives prises à court intervalle peut révéler.

J'ai déjà pu m'assurer que les grains photosphériques n'ont qu'une existence très temporaire, qu'ils se transforment rapidement, que les points où les courants ascendants d'hydrogène viennent les agiter changent aussi.

Sous ce rapport, la découverte du réseau photosphérique nous est d'un précieux secours. On voit, en effet, que la forme et la place des polygones subissent des changements rapides.

Pour mettre nos lecteurs à même d'apprécier et l'existence de ce réseau photosphérique et les changements dont nous parlons, nous avons fait reproduire, par la photoglyptie, une même portion de la surface solaire prise à cinquante minutes d'intervalle. Nous avons, à dessein, choisi une région qui comprend une tache, parce que les accidents de celle-ci facilitent les alignements et les mesures qui peuvent mettre en évidence les mouvements en question (1).

____

(1) Voir la planche hors texte : Observatoire de Meudon ; surface solaire, 1ᵉʳ juin 1878.

Mais nous prévenons que la reproduction de la tache, au point
de vue photographique, a été sacrifiée à celle de la granulation,
le temps de l'action lumineuse pour une tache devant être bien
plus considérable que pour les détails de la surface photosphérique. La tache n'est donc ici que comme un repère pour l'étude
des mouvements granulaires.

Nous disons que ces reproductions ont été obtenues par la
photoglyptie, c'est dire que la main humaine n'a eu aucune part
à leur production. Les clichés originaux ont servi à faire des contre-types sur une plaque de gélatine bichromatée. Celle-ci, dépouillée par des lavages et durcie ensuite, a permis de prendre
des contre-empreintes en plomb qui ont enfin servi au tirage sur
papier.

C'est la maison Lemercier et Cie qui a fort habilement exécuté ces travaux délicats.

Ces résultats ne sont encore que des débuts dans cette voie
nouvelle, qui, comme on le voit, promet d'être féconde.

La Photographie, du reste, n'est pas seulement appliquée
au Soleil. En ce moment, M. Huggins obtient des spectres
d'étoiles qui révèlent d'importants résultats. M. Lockyer s'occupe à photographier le spectre solaire en rapport avec les
spectres métalliques, et il a pu conclure de son travail à la présence dans le Soleil de toute une nouvelle série de métaux.

La Photographie s'essaye encore à la confection de cartes
célestes stellaires. M. Rutherfurd, l'auteur des belles photographies lunaires qui ont fait tant de sensation, attaque cette
importante question. M. Gould, dans l'Amérique du Sud, est déjà
parvenu à photographier les étoiles de 11e grandeur. En France,
M. Ed. Becquerel, qui a obtenu le premier le spectre ultra-violet dans sa pureté, et après lui M. Mascart, et ensuite M. Cornu,
se sont servis de la Photographie pour étudier les parties les
plus réfrangibles du spectre solaire et en donner de savantes
cartes. C'est ainsi que la Photographie prend une place définitive en Astronomie.

Si l'Observatoire de Meudon est doté comme nous le demandons, il abordera ces études, qui sont tout à fait de son domaine
et qui ont été jusqu'ici trop négligées chez nous.

Pour terminer, revenons au Soleil, et voyons si les faits que nous venons de constater ne permettent pas une synthèse un peu plus complète sur sa nature et son origine.

A mesure que la Science avance, l'origine nébulaire et stellaire s'affirme davantage pour notre astre central.

L'hydrogène est le trait dominant dans la composition des nébuleuses, des principales étoiles. Or, l'hydrogène joue un rôle immense dans la constitution du Soleil ; c'est le gaz qui sort des profondeurs de la photosphère, s'élève à travers cette couche nuageuse de poussières ou gouttelettes métalliques, les brasse, les agite, les porte à la surface et les fait rayonner efficacement pour nous, puis, continuant à s'élever, vient former ces appendices protubérantiels qui alimentent l'atmosphère coronale, atmosphère nécessaire, milieu de transition indispensable entre ces lourdes vapeurs métalliques de la photosphère et les espaces célestes. L'hydrogène joue sans doute, à l'égard des nuages photosphériques (nos granulations), le rôle des courants atmosphériques qui soutiennent les nuages terrestres et les empêchent de tomber à la surface du sol. Quant à ces nuages photosphériques, c'est en eux que réside presque exclusivement la vertu rayonnante du Soleil. Aussi tout a-t-il été admirablement prévu pour assurer leur entretien. C'est ici qu'il y a lieu d'insister sur une idée très importante, nettement formulée par M. Faye dans sa belle théorie solaire.

N'est-il pas évident que ces nuages photosphériques, s'ils étaient fixés à la surface solaire, s'épuiseraient bientôt par leur propre rayonnement ?

Mais ce rayonnement a pour effet de prononcer davantage leur état de condensation, de rendre plus lourdes leurs parties constituantes, d'y produire sans doute des particules solides ou liquides plus considérables. Ces particules, par leur poids, tombent vers le centre, s'y vaporisent, sont ramenées à la surface par les courants hydrogénés, et le cycle recommence pour se continuer indéfiniment.

Mais, pour que ces phénomènes puissent se produire, il faut que le Soleil soit plus chaud à une certaine profondeur qu'à sa surface. Aussi, plus j'avance dans ces études, plus je suis conduit à admettre cette vérité capitale : d'un noyau solaire, réservoir de chaleur destiné à l'entretien de la photosphère.

On voit, en effet, les nuages photosphériques se dissoudre quand ils sont précipités dans le fond des taches. Mais ce sont surtout des raisons que j'appellerai d'*ordre philosophique* qui me font admettre cette vérité.

En effet, l'origine nébulaire du Soleil s'affirme de plus en plus ; or, comment concevoir qu'une nébuleuse dont les gaz sont incandescents puisse donner naissance à des soleils à noyaux froids ? La condensation ne peut qu'augmenter la chaleur, et non la diminuer.

Et du reste, est-ce que l'idée de fonctions ne se pressent pas déjà très nettement en Astronomie ? Est-ce que le système solaire n'est pas un tout, un organisme dans lequel chaque partie a sa fonction ? Celle de l'astre central est de répandre, par ses radiations, la chaleur, la lumière sur les planètes qui l'entourent. Ce sont celles-ci qui doivent être constituées pour devenir le théâtre de la vie. Vouloir mettre des habitants dans le Soleil, c'est commettre une faute contre l'harmonie de l'univers.

Ainsi, le Soleil peut rayonner, et rayonner aussi longuement qu'il est nécessaire, pour dispenser aux mondes qui lui sont attachés cette nourriture de rayons qui est l'indispensable condition de la vie.

Une loi fondée sur les propriétés les plus essentielles de la matière a réglé que sa masse entière serait appelée à entretenir le pouvoir rayonnant de l'astre et qu'il faudrait, en quelque sorte, anéantir cet immense réservoir de force avant d'atteindre la vertu qui réside à sa surface.

Nous pouvons donc nous rassurer : bien que notre Soleil ne soit pas parmi les étoiles les plus blanches et les soleils les plus jeunes, il a cependant des perpectives qui peuvent suffire aux rêves les plus ambitieux de l'humanité.

Annuaire du Bureau des Longitudes pour l'an 1879, p. 622.

II

SUR LE MAXIMUM D'INTENSITÉ
DU SPECTRE PHOTOGRAPHIQUE SOLAIRE

Cette communication est la suite des recherches sur ce sujet, et qui remontent à 1874. Dès cette époque, j'avais reconnu que le spectre solaire présentait un maximum d'intensité situé au delà de F vers le violet.

Depuis, à diverses reprises, j'ai communiqué le résultat de ces recherches, qui ont été fréquemment interrompues (1).

Les parties nouvelles de ce travail concernent l'examen des diverses substances photographiques et des divers milieux optiques, et surtout l'emploi d'une nouvelle méthode d'étude du spectre par la variation du temps de pose et que je propose de nommer analyse chronométrique du spectre.

Méthode d'Analyse chronométrique du spectre. — Cette méthode consiste à faire passer devant la fente d'un appareil à photographier le spectre, et pendant la pose un écran en forme de triangle, qui, par le progrès de son mouvement, vient masquer successivement les diverses parties du spectre dans le sens de sa hauteur ; en sorte que si l'on considère deux lignes ou bandes brillantes du spectre, ces lignes prendront dans la photographie des longueurs en rapport avec leurs intensités lumineuses.

En effet, si l'on considère le spectre dans un sens perpendiculaire à celui de ses lignes spectrales ou de la fente, on reconnaîtra que les points dans cette direction reçoivent une pose égale, que cette pose est au contraire de plus en plus grande à mesure qu'on marche dans le sens de la perpendiculaire dans la direction des raies et vers les parties que l'écran triangulaire couvrira les dernières.

Le mouvement de l'écran triangulaire est donné par un rouage d'horlogerie et doit pouvoir prendre des vitesses variables.

____

(1) Voir les notices de *l'Annuaire du Bureau des Longitudes*, 1878, 1879, et du *Report of British Association*, 1878. — Cf. ci-dessus, 1878, article I, II, III, IV et 1879, article I.

L'écran triangulaire rectiligne peut être remplacé par un triangle dont l'hypoténuse est une courbe de forme déterminée pour produire une pose variant suivant une loi déterminée (1).

Maximum du spectre. Expériences. — Les études qui ont mis en évidence ce maximum sont les suivantes :

On a employé des spectrographes formés avec prismes et lentilles de quartz, de spath d'Islande, de crown, de flint, et aussi des réseaux pour produire le spectre.

Les substances photographiques employées sont les collodions aux iodures et bromures de potassium, sodium, ammonium, zinc, cadmium. Ces substances ont été essayées soit isolément, soit associées.

Pour la pose : on s'est procuré relativement à chaque disposition d'expérience une série de spectres depuis cinq minutes de pose jusqu'à une fraction de seconde.

On a aussi employé la méthode des écrans à marches et la méthode chronométrique décrite plus haut.

Résultats. — Ces études ont conduit à reconnaître qu'il existe un maximum d'action dans le spectre solaire.

Ce maximum est situé près de G.

Il est un peu variable d'étendue avec les substances photographiques ; les bromures lui donnent plus d'étendue que les iodures.

Il est toujours limité, et pour des poses courtes et bien déterminées, il se traduit par une étroite bande près de G.

Certains flints le réduisent encore, et il devient presque une ligne.

Ces conclusions ne visent que les conditions expérimentales décrites.

---

(1) Cette méthode permet de mettre en évidence et de mesurer les intensités photographiques des divers points des spectres par la considération des longueurs des lignes ou bandes dans leurs images photographiques. Elle pourra être spécialement employée à la question de la présence des lignes brillantes de l'oxygène dans le spectre solaire.

Conséquences. — L'existence d'un maximum très limité dans le spectre photographique du Soleil conduit à des conséquences dont on énumère ici quelques-unes.

1. Elle montre qu'on peut obtenir de bonnes photographies du Soleil avec des lentilles simples, si elles ont un long foyer et si elles sont formées avec un flint donnant le maximum très limité dont nous avons parlé.

2. Elle explique comment il a été possible d'obtenir par la photographie des images de la surface solaire donnant des détails et révélant des phénomènes que les lunettes ne peuvent montrer, car l'achromatisme photographique peut être beaucoup plus parfait que l'achromatisme oculaire. Il y a aussi à tenir compte du temps de pose de ces images, qui est d'environ 1/3 000 de seconde, ce qui empêche l'action des perturbations atmosphériques.

On comprend en outre l'importance de la découverte de ce maximum pour la construction des objectifs et appareils optiques de la photographie. On devra y avoir égard dans la recherche de l'achromatisme des objectifs si l'on veut avoir une très grande perfection.

———

III

SUITE DES RECHERCHES
SUR LA PHOTOGRAPHIE SOLAIRE

La nouvelle méthode est fondée sur trois conditions.

1° L'achromatisme chimique de l'objectif, qui est fondé sur le maximum d'action dans le spectre photographique.

2° L'extension de la grandeur des images qui ont été portées successivement à 20, 30, 50 centimètres de diamètre.

3° Le temps de pose qui a été réduit jusqu'à 1/3 000 et quelquefois 1/5 000 de seconde.

Résultats. — Ces photographies ont montré que les formes admises pour les granulations n'étaient pas exactes.

Les formes sont celles de nos nuages atmosphériques, sauf qu'au lieu de vapeur d'eau, ce sont des poussières métalliques solides ou liquides qui forment ces nuages.

Les photographies ont montré à la surface du soleil l'existence du réseau photographique — c'est-à-dire que la surface solaire est divisée en régions de calme et d'activité relatives.

Les dernières études ont montré que les formes et la grandeur des polygones du réseau photographique sont variables, ce qui montre que les émissions gazeuses du Soleil sont soumises à des périodes, qui sont sans doute en rapport avec celles des taches.

Le Dr Janssen étudie en ce moment les mouvements dont la surface solaire est le siège.

Pour cette étude, il a institué des expériences par lesquelles une même portion de la surface solaire est photographiée à courts intervalles (deux secondes, une seconde, une demi-seconde, etc.) sur la même plaque. Il opère aussi avec deux lunettes photographiques, qui donnent, soit au même instant, soit à des intervalles déterminés, deux images d'une même portion de la surface solaire.

Ces études, qui sont en cours, montrent déjà que la surface solaire est le siège de mouvements d'une violence dont nos phénomènes terrestres ne peuvent donner aucune idée. L'étude de ces mouvements, dans ses rapports avec ceux des protubérances révélées par le spectroscope, conduira sans doute aux plus importants résultats sur la physique solaire.

<hr>

IV

SUR L'APPLICATION DU REVOLVER PHOTOGRAPHIQUE A L'ÉTUDE DES ÉCLIPSES PARTIELLES ET A CELLE DES MOUVEMENTS DES ANIMAUX.

Le Dr J. Janssen explique qu'à l'aide du *revolver photographique*, qui a été imaginé à l'occasion du passage de Vénus, on pourra obtenir des photographies successives des éclipses partielles, et que l'inspection ou la mesure des images conduira à la connaissance du temps des contacts et à celle de la position relative des astres.

En modifiant les dispositions du *revolver*, M. Janssen montre qu'on pourra aussi l'appliquer à l'étude des mouvements des animaux, soit pendant la marche, soit pendant le vol. M. Janssen s'occupe de ce sujet.

Les articles II, III, IV résument des communications faites par Janssen à l'Association britannique pour l'avancement des Sciences.

Report of the British Association for the Advancement of Science, 49 th. Meeting, Sheffield, August 1879, pp. 252-3 et 282-3.

V

SUR L'ÉCLIPSE DU 19 JUILLET 1879 OBSERVÉE
A MARSEILLE

L'observation des éclipses partielles est considérée depuis longtemps comme présentant peu d'intérêt pour l'Astronomie de position. La difficulté de prendre des mesures micrométriques précises sur le Soleil, celle de déterminer avec exactitude l'instant des contacts, sont les principaux motifs de ce discrédit.

Il me paraît que l'application des nouvelles méthodes dont les Sciences physiques ont enrichi l'Astronomie est appelée à changer complètement cette situation.

Aujourd'hui, j'entretiendrai en particulier l'Académie des services que nos nouvelles méthodes de photographie céleste peuvent rendre en ces circonstances. Tout d'abord, je dirai que l'observation des contacts peut être obtenue photographiquement avec précision par le *revolver*. En effet, un instrument de ce genre, donnant une douzaine d'images solaires de 0 m. 06 à 0 m. 10 de diamètre, prises à une seconde d'intervalle, conduirait très sûrement et très simplement au résultat. Par l'observation optique, ces contacts ne peuvent être observés avec précision, en raison de la faible déformation du disque solaire au moment où celui de la Lune, qui est de même ordre de grandeur, l'entame à peine. Avec le revolver, on obtient une série d'épreuves dont plusieurs se rapportent à ce moment critique. Ces épreuves peuvent être examinées à loisir, et l'astronome peut se déterminer avec toute sécurité sur l'instant du contact. Mais remarquons, en outre, que ces épreuves photographiques se prêtent également à des mesures sur les progrès des mouvements relatifs des deux astres en rapport avec la marche du temps, et qu'on peut encore parvenir par cette nouvelle voie, qui est même la plus sûre, à cette même détermination.

A ces épreuves, on pourra joindre, si la lunette photographique employée donne des images suffisamment parfaites pour se prêter à des mesures micrométriques, on pourra joindre, dis-je, pendant la durée de l'éclipse, des images du phénomène prises à des instants déterminés. La mesure de ces images conduira également, quoique d'une manière moins facile, à fixer la position respective des deux astres pour des instants déterminés.

Or, il y a lieu de remarquer l'importance de cette application. Jusqu'ici on n'a utilisé que les éclipses totales ou annulaires ; mais l'observation des éclipses partielles, qui sont beaucoup plus nombreuses, permettra de tripler, sans doute, les occasions de perfectionner, à l'aide de ces phénomènes, les Tables astronomiques.

L'Astronomie de position ne sera pas seule à recevoir un utile concours des nouvelles méthodes d'observation. Les éclipses partielles peuvent être étudiées, avec fruit, au point de vue physique, par l'analyse spectrale et la Photographie.

Déjà en 1863 (1), je signalais les applications du spectroscope en ces circonstances pour la question de l'atmosphère lunaire. Aujourd'hui, je dirai quelques mots de celles que nous offre la Photographie pour le même objet.

On sait qu'on obtient actuellement par la Photographie les granulations de la surface solaire. Supposons donc qu'on ait pris

____

(1) *Comptes rendus*, t. LVI, p. 962.

une large épreuve d'éclipse partielle où cette granulation soit bien visible. Si le globe lunaire est absolument dépouillé de toute couche gazeuse, la granulation solaire conservera ses formes et son aspect jusqu'au bord occultant lunaire. Si, au contraire, une couche gazeuse de quelque importance se trouve interposée, elle agira dans les conditions les plus favorables pour produire des déformations par réfraction. L'existence et la valeur de ces déformations des éléments granulaires au bord occultant de la Lune deviendront dans ces circonstances des criteriums très sûrs de la présence et de la densité de cette atmosphère.

Il est encore une question que nos grandes photographies solaires peuvent permettre de résoudre très simplement : je veux parler de celle qui concerne la hauteur des montagnes lunaires situées au bord du limbe de cet astre, c'est-à-dire des montagnes qui occupent une région où les mesures, par les procédés actuels, sont les plus difficiles et les plus incertaines. En effet, la photographie du bord solaire échancré par la Lune nous donne le relief de tous les accidents de terrain de notre satellite qui se projettent sur le Soleil. La mesure de ces reliefs s'obtient de la manière la plus simple et la plus sûre en comparant micrométriquement leur grandeur à celle du disque solaire. On en déduit ensuite l'angle sous lequel ils sont vus de la Terre, et par suite leur grandeur réelle. Il faut seulement remarquer qu'on n'obtiendra ainsi la hauteur d'une montagne que si le sommet de celle-ci se projette sur le Soleil au moment de l'observation. Il sera donc nécessaire de déterminer, par la libration, quels sont les cirques du globe lunaire qui se projetaient sur le ciel suivant leur vraie grandeur au moment où les photographies ont été prises.

Je n'insisterai pas davantage, pour le moment, sur ces applications nouvelles ; je dirai seulement à l'Académie quelques mots sur l'observation de l'éclipse partielle du 19 juillet dernier, que nous avons faite à Marseille et qui avait précisément pour but d'étudier quelques-unes des applications que je viens de signaler.

A Marseille, nous avons été favorisés par un ciel extrêmement beau, tandis qu'à Paris le ciel est resté couvert pendant toute la durée du phénomène.

J'ai observé l'heure des contacts avec un chronomètre comparé, une demi-heure avant l'éclipse, avec les instruments de l'Observatoire. Le dernier contact a été bien obtenu. Je rendrai bientôt compte de cette observation. Nous avons pris des photographies solaires de o m. 3o de diamètre. Ces photographies, sur lesquelles on voit les granulations, n'accusent pas de différences sensibles sur le bord de la Lune ; mais elles montrent très nettement les accidents du contour lunaire, et permettront, par des mesures micrométriques, d'obtenir la hauteur des reliefs de cette partie du globe de notre satellite.

J'aurai donc à revenir sur les résultats de cette observation ; mais je tiens à dire dès maintenant combien M. Stephan, Correspondant de l'Académie, directeur de l'Observatoire, nous a bien accueillis. J'ai visité en détail avec le plus grand intérêt ce bel établissement, fondé par Le Verrier, développé par M. Stephan et qui possède actuellement d'excellents instruments ; mais je dois, au nom de la Science, exprimer le vœu que le budget de cet Observatoire, actuellement beaucoup trop modique, soit notablement augmenté, et que M. Stephan puisse s'entourer d'un personnel qui permette l'utilisation complète des instruments et des conditions favorables de ce ciel méridional. Je crois néanmoins qu'il y a lieu de féliciter la ville de Marseille des sacrifices très honorables qu'elle a déjà faits pour l'Observatoire qu'elle possède.

C. R. Acad. Sc., Séance du 11 août 1879, T. 89, p. 34o.

VI

NOTE SUR LES TEMPÉRATURES SOLAIRES

Je prendrai occasion de la Communication de notre éminent confrère M. Faye pour présenter quelques réflexions sur les derniers travaux relatifs à la chaleur solaire.

Dans ces travaux, il est évident qu'on ne tient pas assez compte de la constitution de l'astre dont on veut mesurer la température.

Le Soleil est formé d'un noyau central et d'enveloppes diverses de densités décroissantes. Les températures du noyau, qui doivent être très différentes suivant la profondeur que l'on considère, nous sont inconnues ; mais l'ensemble de nos études nous conduit à les considérer comme devant être très élevées. Elles sont sans doute plus élevées que celles de toutes les autres parties de l'astre. Or, comme dans le rayonnement total, celui du noyau n'entre que pour une portion extrêmement petite, il en résulte que les températures obtenues par des mesures d'intensité de rayonnement ne visent pas la température du noyau, qui forme cependant la principale partie de l'astre. Au-dessus du noyau, on rencontre les diverses enveloppes bien connues qui jouent un rôle plus ou moins important dans le rayonnement solaire, et dont les températures, très élevées pour la photosphère, vont en décroissant jusqu'à devenir celles des espaces célestes pour les dernières parties des dépendances solaires. On a ainsi une échelle de température embrassant les extrêmes les plus opposés.

Il est vrai que, quand on parle de la température du Soleil, on entend implicitement celle de la surface de l'astre, c'est-à-dire de la photosphère, qui nous envoie la grande majorité des rayons que nous recevons du Soleil. Mais ici, encore, il y aurait lieu de distinguer, car, dans la photosphère même, on sépare des parties qui ont des températures extrêmement différentes, et j'ajouterai même que, d'après mes recherches personnelles, ce ne sont pas les parties qui rayonnent le plus abondamment qui ont les plus hautes températures.

Le mot *température du Soleil* manque donc de précision dans son objet, et les méthodes de mesure adoptées manquent également par leurs bases. En effet, alors même que la surface solaire serait homogène dans toutes ses parties, alors même que cette surface serait débarrassée des immenses enveloppes qui la recouvrent et empêchent son rayonnement de nous parvenir dans toute sa puissance, il resterait encore un élément capital à connaître pour conclure la température de la photosphère de sa puisssance rayonnante : c'est son pouvoir émissif, pouvoir qui nous est inconnu.

Les méthodes calorimétriques et thermo-électriques employées généralement jusqu'ici me paraissent d'un emploi très rationnel pour déterminer, comme le faisait Pouillet, la puissance calorifique du rayonnement solaire qui parvient à la surface de la Terre ; mais elles ne peuvent s'élever, dans leur emploi actuel, jusqu'à nous donner des notions exactes sur les températures réelles de l'astre, pas même pour une *température moyenne*, expression qui, du reste, n'aurait presque aucun sens pour le Soleil

Il me paraît donc que les recherches sur le Soleil doivent être entreprises sur des bases nouvelles, et mes travaux tendent depuis longtemps vers ce but. Il faut d'abord considérer, non plus l'astre dans son ensemble, mais dans chacune de ses parties bien déterminées ; puis, dans cette étude, ne plus se borner aux instruments calorimétriques, mais y introduire les méthodes analytiques et spécialement la photographie des spectres des portions étudiées. La considération des longueurs d'onde des rayons est capitale quand il s'agit de température, et c'est en employant des méthodes fondées sur cette considération qu'on pourra seulement parvenir à des notions sûres et définitives sur la température des diverses parties du Soleil.

Pour moi, c'est dans cette direction que je conduis nos travaux. Ces travaux s'exécutent simultanément avec l'étude de la photosphère par la photographie, et il y a avantage à ne pas les en séparer. Le sujet est en effet extrêmement complexe et délicat, à cause de l'extrême complication des phénomènes solaires. Aussi, désirant ne présenter à l'Académie que des travaux complètement élaborés, j'attendrai que j'aie obtenu des résultats dans lesquels elle puisse avoir une confiance complète ; mais, puisque l'occasion se présente de parler de ce sujet, je tenais à l'informer de ces études et à montrer que je ne suis pas indifférent à l'une des plus importantes questions cosmiques de notre temps.

C. R. Acad. Sc., Séance du 1er septembre 1879, T. 89, p. 464.

1880

I

REMARQUES SUR UNE COMMUNICATION RÉCENTE RELATIVE AU RÉSEAU PHOTOSPHÉRIQUE

Je lis dans les *Comptes rendus* du 8 décembre 1879 une Note de dom Lamey (1), dans laquelle l'auteur affirme avoir observé le *réseau photosphérique* sur le disque solaire du 16 novembre dernier, avec une lunette de 6 pouces.

Voici le passage en question :

« En publiant l'an dernier, dans l'*Annuaire du Bureau des Longitudes*, un spécimen de ses belles photographies solaires, M. Janssen annonçait que l'existence du *réseau photosphérique*, révélée par elles, ne pouvait être reconnue par l'observation directe à l'œil. Or, le 16 novembre dernier, comme j'essayais sur le Soleil l'équatorial de 6 pouces nouvellement acquis pour l'Observatoire du prieuré de Grignon (Côte-d'Or), je pus parfaitement reconnaître que la tache existant alors du côté gauche supérieur était entourée d'une région réticulée. Ce réseau, plus étendu à gauche de la tache, lui était intimement lié ; il cessait d'être perceptible au delà de deux ou trois fois son diamètre. Vu sous un faible grossissement, l'aspect cratériforme était manifeste ; on voyait un bourrelet lumineux à courbure plus ou moins circulaire, imitant assez bien ces cratères de la Lune qui se trouvent accolés l'un à l'autre. Une autre région réticulée

---

(1) Le même auteur, le Père M. Lamey, a publié l'an dernier, dans les *Comptes rendus* (t. LXXXVI, p. 312), une Communication sur le même sujet.

se voyait également au bord inférieur de gauche ; les nuages,
du reste, ne permirent pas de suivre longtemps l'observation. Je regrette de ne pouvoir faire actuellement usage de
notre instrument ; ce serait pourtant le moment d'étudier la
corrélation qui existe entre les taches et le réseau, maintenant
justement que la période undécennale de l'apaisement de la surface solaire est à son terme. En effet, si, comme il est probable,
les apparences cratériformes du réseau ne sont que la trace
d'immenses bulles de vapeur venant crever la surface de la photosphère (1), les taches étant des ouvertures donnant un passage permanent à une plus grande quantité de gaz, il sera facile
de voir si l'hypothèse est vérifiée par le fait d'un maximum d'intensité du réseau aux endroits où les taches vont apparaître ou
viennent d'apparaître.

« Le Dr Van Monckhoven m'a montré, à cette occasion, une
épreuve photographique du disque solaire qu'il a obtenue, il y a
deux ans environ, avec son petit photohéliographe de 2 pouces
d'ouverture ; sauf vers le centre, elle montre très nettement
cette apparence réticulée, ou mieux cratériforme, de la surface.
Ainsi donc le réseau n'est pas d'une nature si délicate qu'il ne
puisse être perceptible soit par l'observation directe de l'œil,
soit par de petites épreuves photographiques. J'ajouterai que,
pour l'observation directe, je me servais d'un oculaire polariscopique de Merz. »

La lecture de cette Note montre de suite que le P. M. Lamey
s'est mépris complètement sur la signification du phénomène
qu'il a observé. Nous avons précisément obtenu à l'Observatoire de Meudon une photographie du Soleil du 16 novembre,
et j'ai pu m'assurer en un instant que l'aspect réticulé de la région entourant la tache est simplement dû à de belles *facules*.
Cet aspect réticulaire produit par les facules a été reconnu depuis longtemps ; il est bien familier à toutes les personnes qui
observent un peu cet astre, mais il n'a rien de commun avec le

____

(1) *Comptes rendus*, séance du 4 février 1878 ; *ibid.*, t. LXXXIX, n° 23 ;
1879.

phénomène que les grandes photographies solaires ont révélé
et que j'ai nommé *réseau photosphérique.* Tandis que le réseau
photosphérique est constitué par l'ensemble des points où la granulation solaire est perturbée par les courants ascendants d'hydrogène, les facules sont dues à des masses gazeuses qui sur-
montent la région granulée : le premier phénomène se passe
dans le couche photosphérique elle-même ; le second se produit
au-dessus d'elle : le réseau se perçoit surtout dans les parties centrales du disque ; les facules, au contraire, ne sont aisément visibles que sur les bords.

. Le réseau photosphérique étant constitué par l'ensemble des
points où la granulation solaire est modifiée, il est clair que le
phénomène ne peut être visible que dans les instruments qui
montrent bien cette granulation, c'est-à-dire dans les grands
instruments munis d'oculaires puissants ; mais on sait que
dans ces circonstances, le champ embrassé par la vue est extrêmement limité, tellement limité, qu'il est impossible d'embrasser une étendue de la surface solaire suffisante pour reconnaître
l'existence du réseau. C'est là ce qui explique comment un phénomène aussi capital a constamment échappé, depuis plus de
deux siècles et demi, aux observateurs, parmi lesquels il y eut
tant d'hommes de génie. Il en est tout autrement de la Photographie. En suivant la méthode que nous avons indiquée, elle
donne des images où la granulation a une netteté qui ne peut
être atteinte par les plus grands instruments, et, ces images
embrassant le disque entier de l'astre, elle nous permet d'y constater l'ensemble des modifications que la granulation peut subir.
Mais il faut, bien entendu, que la grandeur des images solaires
permette de voir nettement la granulation, ce qui exige des
images d'au moins o m. 18 à o m. 20. Nous voyons, d'après ces
données, que les photographies solaires du Dr Van Monckhoven, dont parle le P. Lamey, ne peuvent montrer le véritable
réseau photosphérique.

La découverte du réseau photosphérique est due à la Photographie, et elle ne pouvait être faite que par son intervention,
pour les raisons que nous venons de donner. Ce phénomène
n'est réellement bien visible que sur les photographies de 0 m. 25

à o m. 3o de diamètre. Si le P. Lamey affirme le contraire, c'est qu'il a confondu avec le véritable réseau photosphérique un phénomène tout différent, produit par les facules, et qui n'est visible que près des bords de l'astre.

C. R. Acad. Sc., Séance du 5 janvier 188o, T. 9o, p. 26.

II

SUR LES EFFETS DE RENVERSEMENT DES IMAGES PHOTOGRAPHIQUES PAR LA PROLONGATION DE L'ACTION LUMINEUSE.

J'ai l'honneur de faire part à l'Académie de la découverte d'un fait auquel je viens d'être conduit par mes études sur l'analyse de la lumière du Soleil et de ses images photographiques.

Ce fait consiste en ce que les images photographiques peuvent s'inverser et passer du négatif au positif par l'action prolongée de la lumière qui leur a donné naissance.

A Meudon, nos images solaires s'obtiennent en un temps d'action lumineuse qui est variable suivant l'état de l'atmosphère et la nature des phénomènes qu'on veut mettre en évidence ; mais ce temps d'action est bien rarement supérieur à 1 /1 ooo de seconde quand on veut obtenir les granulations photosphériques. Lorsqu'il s'agit de plaques photographiques préparées avec le gélatinobromure d'argent, ce temps, déjà si court, s'abaisse considérablement et peut descendre à 1 /20 ooo de seconde et moins encore. Or, dans ces conditions, si l'une de ces plaques sèches reçoit l'impression de la lumière pendant une demie ou une seconde, c'est-à-dire pendant un temps dix mille ou vingt mille fois plus long que celui qui eût donné une bonne image négative, l'action du corps révélateur fait apparaître une image positive qui présente le disque de l'astre en blanc et les taches en noir, comme ce disque est vu dans les lunettes. Cette image positive peut acquérir toute la finesse de l'image négative qu'elle a remplacée. Il existe un temps d'action de la lumière, intermédiaire entre ceux qui donnent les images opposées, pour lequel l'image n'est ni positive ni négative et où la plaque présente uue teinte sensiblement uniforme ; mais, si on dépasse la période pour laquelle l'image est positive ou qu'on laisse la lumière agir beaucoup plus longtemps, alors cette dernière image disparaît à son tour : le révélateur ne provoque plus de dépôt métallique sur l'image, qui apparaît uniformément transparente sur le fond noir du ciel. Ce fond disparaît lui-même par une action lumineuse beaucoup plus prolongée.

Ainsi, pendant la première période de l'action lumineuse, période qui n'atteint pas ordinairement, dans nos images solaires, 1/1 000 de seconde, une première image se forme, et cette image est négative ; c'est-à-dire qu'elle présenterait, étant développée, des parties d'autant plus opaques que la lumière les aurait frappées plus vivement. L'action lumineuse continuant, cette image persiste encore dans le sens négatif, mais en perdant de sa netteté et de sa vigueur ; puis il arrive bientôt un moment où l'image négative disparaît entièrement et où la plaque passe par un état neutre, c'est-à-dire où aucune image appréciable n'apparaîtrait par l'action du corps révélateur. Mais, sous l'action toujours maintenue de la lumière, une phase nouvelle s'ouvre et un phénomène inverse se produit. L'image négative de la première période d'action fait place à une image positive où la distribution des ombres et des lumières est exactement inverse ; et cette image, si le temps d'action lumineuse a été bien réglé, possède tous les détails et toute la finesse de celle qu'elle a remplacée. Puis, si l'on veut encore dépasser cette période et laisser la lumière continuer son action, un second état neutre tend à se produire, état inverse aussi du premier, en ce sens que, si celui-ci nous montrait l'image uniformément obscure, le second état neutre nous la donne uniformément claire, le corps révélateur ne provoquant plus aucun dépôt métallique.

C'est l'inversion des images du Soleil qui se produit avec le plus de facilité, à cause de l'énorme puissance de rayonnement de cet astre. Mais cette inversion n'est pas la seule possible ou même la seule facile. En effet, j'ai déjà pu obtenir :

1º Des images solaires de o m. 10 de diamètre donnant l'aspect de l'astre dans les lunettes, c'est-à-dire avec disque blanc et taches noires ;

2º Des vues en images positives, où le paysage se présente par transparence tel qu'il est vu naturellement ; temps de pose, une heure à trois heures ;

3º Une vue du parc de Meudon, où le disque solaire se détache en blanc sur le fond obscur du ciel ;

4º Des contre-types qui sont de même signe que le type original, c'est-à-dire positifs si le type est positif, négatifs si celui-ci est négatif.

Dans ces photographies, ce sont les mêmes rayons spectraux qui ont donné l'image négative d'abord et sa transformation en image positive.

Tels sont les premiers résultats obtenus, résultats dont je désirais faire part immédiatement à l'Académie.

Dans une prochaine Communication, j'exposerai les résultats d'une manière plus complète : je donnerai une analyse des travaux, surtout d'ordre spectral, qui touchent à ce sujet et auxquels se rapportent les noms d'éminents observateurs, comme MM. Abney, Draper, Vogel, etc. ; j'essayerai aussi d'aborder l'examen des conséquences que ces faits apportent à la théorie des phénomènes photographiques et, en général, à celle des actions de la lumière sur les corps.

C. R. Acad. Sc., Séance du 21 juin 1880, T. 90, p. 1447.

III

SUR LA PHOTOGRAPHIE DE LA CHROMOSPHÈRE

En suivant la méthode du renversement des images par la surpose, que j'ai communiquée à l'Académie à l'avant-dernière séance, il me paraît qu'on peut arriver à obtenir la photographie de la chromosphère.

Il faut que l'action lumineuse solaire s'exerce assez longtemps pour que l'image solaire devienne positive jusqu'aux bords, sans les dépasser. Alors la chromosphère se présente sous forme d'un cercle noir, dont l'épaisseur correspond à 8″ ou 10″.

J'ai comparé des photographies solaires positives et négatives obtenues le même jour, avec le même instrument : la mesure des diamètres montre que le cercle noir en question est bien en dehors du disque solaire.

Néanmoins, je ne présente ce résultat que sous réserves, des études plus approfondies me paraissant nécessaires pour le corroborer.

C. R. Acad. Sc., Séance du 5 juillet 1880, T. 91, p. 12.

IV

NOTE SUR LES TRANSFORMATIONS SUCCESSIVES DE L'IMAGE PHOTOGRAPHIQUE PAR LA PROLONGATION DE L'ACTION LUMINEUSE.

L'objet de cette Note est simplement de constater, devant l'Académie, l'extension des faits qui concernent le renversement de l'image photographique par la prolongation ou l'augmentation convenable d'énergie de l'action lumineuse.

En employant la lumière solaire mise en œuvre par nos appareils de Photographie céleste, j'ai pu obtenir les transformations successives suivantes de l'image photographique :

1º L'image négative ordinaire ;

2º Un premier état neutre ; la plaque devient uniformément obscure sous l'action du révélateur ;

3º Une image positive qui succède au premier état neutre (1) ;

---

(1) Ce premier renversement, dû à la prolongation de l'action de la lumière, avait été constaté en Allemagne, à notre insu, dans ces derniers temps.

4° Un second état neutre, opposé au premier, et où la plaque devient uniformément claire par l'action du révélateur ;

5° Une seconde image négative, semblable à l'image négative ordinaire, mais en différant par les états intermédiaires dont elle en est séparée et par l'énorme différence d'intensité lumineuse qui est nécessaire pour l'obtenir (1) ;

6° Un troisième état neutre, où l'image négative du second ordre a disparu et se trouve remplacée par une teinte sombre uniforme.

Ces faits ont été constatés avec des plaques sensibles préparées au gélatino-bromure, au tannin, etc..

C. R. Acad. Sc., Séance du 26 juillet 1880, T. 91, p. 199.

V

SUR LA PÉRIODICITÉ D'ACTION DE LA LUMIÈRE SUR LES SUBSTANCES PHOTOGRAPHIQUES ET APPLICATIONS A L'ASTRONOMIE.

Nos études actuelles à Meudon ont pour but de constituer une méthode photographique qui se substitue à l'examen optique pour l'étude de la constitution de la photosphère.

Les avantages d'une semblable méthode sont immenses, puisque nous arrivons d'une part à la révélation de phénomènes que les lunettes ne montrent pas et, que d'autre part, ces phénomènes une fois fixés sur la plaque photographique sont toujours à la disposition de l'observateur et se prêtent à des mesures qui seraient impossibles dans l'autre méthode.

C'est ainsi que la photographie nous a révélé l'existence du réseau photosphérique, qu'elle nous donne sur les granulations, les facules, les lucules, des détails précis et mesurables que l'examen optique était impuissant à nous révéler.

---

(1) Pour obtenir cette image négative du deuxième ordre, il faut une intensité d'action lumineuse de plus de 1.000.000 de fois celle qui donne l'image négative ordinaire.

Aujourd'hui nous avons à entretenir la section des derniers progrès accomplis dans cette voie.

En premier lieu, nous présentons une photographie de tache qui montre que les stries des pénombres et les détails les plus délicats peuvent être obtenus par la photographie, en combinant l'agrandissement des images avec la durée excessivement courte de l'action lumineuse.

Nous nous occupons, en outre, d'obtenir à très courts intervalles des images photographiques d'une même région photosphérique. La comparaison de ces images prises à 1 seconde, 2 secondes d'intervalle, etc., montre que la photosphère est le siège de mouvements d'une violence dont aucun phénomène terrestre n'est capable de donner une idée. Nous publierons bientôt un travail étendu sur ce sujet.

Enfin, je dirai que ces études m'ont conduit à reconnaître tout un ensemble de transformations de l'image photographique opérées par la seule action de la lumière.

On avait déjà reconnu depuis longtemps que l'image photographique pouvait être renversée, soit par l'effet de certains réactifs, soit par l'action simultanée ou successive de lumières de réfrangibilités différentes. MM. Draper, colonel Abnez, Vogel notamment ont accompli, dans cette direction, de très remarquables travaux. Tout dernièrement, on reconnut, en Allemagne, que la seule prolongation de la lumière pouvait amener l'inversion de l'image pour les plaques au gélatino-bromure ou au tannin.

De notre côté, à Meudon, nous obtenions, en juin dernier, des images positives du Soleil sur plaques au gélatino-bromure, au tannin, etc., par la seule action prolongée de la lumière même qui donne l'image. Mais bientôt, ce premier résultat fut complété, et nous avons été conduit à reconnaître que la seule action prolongée ou suffisamment intense de la lumière amène six phases successives et bien distinctes dans l'état de la plaque photographique.

1° La phase de négativité pendant laquelle l'image est plus ou moins parfaite, mais reste négative. C'est la phase de l'image ordinaire.

2º La première phase de neutralité. Dans cette phase, l'image négative a disparu. La plaque est presque uniformément obscure.

3º La phase de positivité. Pendant cette phase, l'image négative a été remplacée par une image exactement inverse, c'est-à-dire positive. Cette phase est beaucoup plus longue que la phase négative qui la précède.

4º A cette phase succède une nouvelle phase de neutralité, mais qui diffère de la première, en ce que la plaque devient ici uniformément claire au développement, au lieu d'être obscure.

5º L'action lumineuse continuant, une nouvelle image négative apparaît, image que nous nommons du second ordre, pour la distinguer de la première image négative qui s'est formée sur la plaque. Cette phase est encore beaucoup plus longue que la positive précédente.

6º Enfin, l'action lumineuse se prolongeant toujours, cette image disparaît à son tour, et la plaque devient, après développement, presque uniformément obscure. C'est la phase d'obscurité du second ordre.

Il suit de ces résultats que l'action de la lumière sur les substances examinées est périodique ; que pour une certaine durée de son action, elle provoque, par le développement, un dépôt métallique ; que pour une action plus longue, elle cesse de la provoquer ; qu'elle la provoque de nouveau pour un temps d'action encore plus considérable, etc.

Je me propose de déterminer les rapports qui existent entre ces durées d'actions différentes et si remarquables. Déjà, j'ai pu constater approximativement que le temps d'action qui donne l'image négative du deuxième ordre doit être plus de un million de fois celui qui donne celle du premier.

C'est la puissance de nos appareils de photographie céleste qui nous a permis de réaliser dans ces courtes périodes des différences aussi considérables dans les actions lumineuses.

Nous avons obtenu, à l'Observatoire de Meudon, des images positives directes du Soleil de 4, 10, 30 centimètres de diamètre. Ces images directes montrent le Soleil comme il est vu dans la lunette.

Ces images sont entourées d'un cercle noir sur la signification duquel nous aurons à revenir.

En variant convenablement le temps de l'action lumineuse par une disposition spéciale, nous avons pu obtenir des images solaires où une partie est positive, une partie neutre claire, une partie négative du deuxième ordre, etc..

J'ai l'honneur de joindre à cette note :

1º Une image solaire de 10 centimètres de diamètre, positive ;

2º Une image solaire de 4 centimètres de diamètre, positive ;

3º Une image solaire avec partie neutre-clair ;

4º Une image solaire ayant une partie positive, une neutre-clair, une négative de deuxième ordre, etc. ;

5º Un paysage négatif avec Soleil positif dans un ciel négatif ;

6º Un paysage coupé en trois parties obtenues par contact avec un cliché négatif.

Première partie négative (les apparences sont contraires à cause que le cliché producteur est un négatif).

Deuxième partie positive (milieu).

Troisième partie négative du deuxième ordre ;

7º Une photographie de taches solaires obtenues d'un cliché de 30 centimètres de diamètre par un grossissement de trois fois. Cette photographie montre les traces de la pénombre et les granulations de la surface environnante.

Association française pour l'avancement des Sciences, Congrès de Reims, Section de Physique, Séance du 18 août 1880, p. 366.

Cette note a été reproduite sous le titre suivant : « Sur les Transformations successives des images photographiques, et les applications à l'Astronomie », dans *Report of the British Association for the Advancement of Science*, 5oth. Meeting, Swansea, 1880, August 31, p. 5oo.

VI

SUR LES PHOTOGRAPHIES DE NÉBULEUSES

M. Draper a annoncé, dans le dernier numéro des *Comptes rendus*, qu'il était parvenu à obtenir une photographie de la nébuleuse d'Orion, et l'éminent auteur annonce qu'il enverra prochainement des détails sur la méthode employée.

Je ne suis nullement surpris de ce résultat, eu égard à l'habileté bien connue de M. Draper, et aussi, il faut le dire, en raison des nouvelles préparations photographiques sèches découvertes dans ces derniers temps.

Ces nouvelles préparations, qui réunissent les avantages d'une action lumineuse aussi prolongée qu'on veut, avec une sensibilité supérieure à celle des meilleurs procédés de la voie humide, ouvrent une carrière nouvelle à la photographie et spécialement à la reproduction des objets célestes que leur peu de pouvoir lumineux rendaient inaccessible aux anciens procédés.

Aujourd'hui, la photographie d'une nébuleuse très brillante est relativement facile, si l'on se contente de la partie la plus lumineuse de l'objet ; elle est au contraire extrêmement difficile si l'on veut une image complète comparable aux images données par nos grands instruments. Or, ce sont nécessairement ces images qu'il faut obtenir si nous voulons préparer, pour des temps qui ne soient pas trop éloignés, des documents propres à mettre en lumière ces variations de structure nébulaire dont la discussion sera si importante pour la connaissance de la constitution de l'univers.

Mais c'est là un sujet qu'on trouvera bien vaste si l'on considère d'une part le nombre prodigieux des nébuleuses à reproduire facilement, et de l'autre la rareté des circonstances de pureté atmosphérique qui sont absolument indispensables pour obtenir des images un peu complètes.

Il sera donc bien nécessaire que cette étude, *capitale* pour l'avenir de la science, soit faite dans le plus grand nombre possible d'observatoires où l'on s'occupe d'Astronomie physique,

qu'on y consacre beaucoup de temps, de grands instruments
et d'habiles observateurs.

C'est dans la pensée de concourir à une étude aussi importante que nous préparons à Meudon les éléments d'un travail
de ce genre. Le télescope à très court foyer avec lequel j'ai pu
obtenir, en 1871, un spectre très lumineux de la couronne et
qui a révélé sa véritable nature, m'a paru un type que je compte
imiter en plus grand pour cette étude. La combinaison d'un
instrument extrêmement lumineux, de plaques sèches très sensibles et d'une limpide atmosphère est la condition première
du succès.

Mais on doit accueillir avec une extrême faveur toute tentative faite dans une direction si féconde pour l'avenir de la science.

C. R. Acad. Sc., Séance du 2 novembre 188o, T. 91, p. 713.

1881

I

SUR LES PHOTOGRAPHIES DE NÉBULEUSES

Dans l'avant-dernière séance (1), j'ai présenté quelques remarques au sujet de la photographie de la nébuleuse d'Orion. Je viens préciser les idées que j'émettais à l'occasion de cette Communication.

Je tiens d'abord à dire à l'Académie que j'applaudis plus que personne au résultat très important qui a été obtenu par l'éminent M. Draper, dont les beaux travaux sont bien connus de l'Académie.

Mais je crois que les réflexions que j'ai à présenter sont indispensables pour bien préciser les difficultés de la question et indiquer avec quelles précautions, suivant moi, on doit aborder ces études.

La question d'obtenir des nébuleuses des images inaltérables et fidèles pour léguer à l'avenir des termes sûrs de comparaison est une des plus importantes que l'Astronomie physique ait maintenant à se proposer. Cette question, en outre, est toute actuelle, car, en raison de la puissance des instruments dont les observatoires disposent aujourd'hui et surtout avec les admirables progrès que la Photographie a réalisés tout récemment dans les procédés secs, nous sommes suffisamment armés pour aborder la solution de ce délicat problème.

Aussi, à Meudon, ainsi que je le disais récemment à l'Académie, avons-nous déjà commencé des travaux dans cette direc-

---

(1) JANSSEN à dû commettre une confusion, car à « l'avant dernière séance » c'est-à-dire à celle du 24 janvier 1881, il ne prit pas la parole. (*Note de l'Éditeur*).

tion et obtenu des résultats. Mais ces études, entreprises avec un petit télescope de voyage, ont surtout pour but d'étudier les méthodes, en attendant que nous puissions disposer des instruments que nous attendons et qui permettront d'obtenir des résultats plus complets, tout à fait dignes de publication.

Néanmoins, ces études nous ont montré, comme je l'indiquais dans une précédente Communication, que, s'il est relativement facile d'obtenir une image photographique des parties les plus brillantes des nébuleuses, il est au contraire beaucoup plus difficile de réaliser de ces astres des images complètes et qui permettent de les considérer comme des termes sûrs de comparaison pour l'avenir.

C'est qu'il y a ici une circonstance toute particulière qui influe sur les images photographiques et ne permet de les employer qu'avec de rigoureuses précautions.

Cette circonstance réside dans la constitution toute spéciale de la nébuleuse.

Une nébuleuse n'est pas un objet à contours arrêtés, comme le Soleil, la Lune, les planètes et les autres objets célestes. Son image présente l'aspect de nuages plus ou moins contournés et dont les diverses parties ont un pouvoir lumineux extrêmement variable. Il en résulte que, suivant la puissance de l'instrument, le temps de pose, la sensibilité de la plaque photographique, la transparence de l'atmosphère, etc., on obtient d'une même nébuleuse des images extrêmement différentes, souvent même des images qu'on ne soupçonnerait pas appartenir au même objet. Par exemple, si une nébuleuse présente des parties brillantes reliées à des portions plus sombres, et qu'on prenne de cette nébuleuse des images de poses très différentes, les images correspondant aux poses les plus courtes pourront ne montrer que les seules parties brillantes sans aucune trace des parties intermédiaires, figurant ainsi plusieurs nébuleuses distinctes. Les images de poses plus longues commenceront à montrer les parties moins lumineuses, et celle où le temps de l'action lumineuse aura été encore plus prolongée montrera la nébuleuse plus complète encore.

C'est ainsi que nous avons obtenu, avec notre télescope de

o m. 5o de diamètre et de 1 m. 6o de distance focale (1), trois photographies de la nébuleuse d'Orion, correspondant à des temps d'action lumineuse de 5 minutes, 10 minutes, 15 minutes et qui présentent des images d'aspects très différents. L'image de la nébuleuse, quand on passe de la pose la plus courte à la plus longue, tend à s'étendre et à se compléter. Mais ce qu'il faut bien remarquer ici, c'est que nos moyens photographiques actuels ne nous permettent pas d'obtenir des nébuleuses des images aussi complètes que celles qui nous sont présentées par nos grands instruments d'optique oculaire. La constitution de ces objets célestes exige donc impérieusement que les photographies qui en seront prises, si l'on veut qu'elles puissent servir plus tard de base à des comparaisons certaines, que ces photographies, dis-je, soient prises dans des conditions optiques et photographiques rigoureusement définies.

Ces conditions sont extrêmement difficiles à définir rigoureusement. Les plus simples sont celles qui se rapportent à la puissance optique de l'instrument et au temps de l'action lumineuse ; mais les conditions qui visent le degré de sensibilité des plaques photographiques, la transparence de l'atmosphère pour les rayons actifs, sont beaucoup plus difficiles à apprécier.

Si, par exemple, on a obtenu de la nébuleuse d'Orion une image photographique qui sera toujours plus ou moins complète et montrera certains détails de la structure de l'astre, sans en donner d'autres qui eussent demandé pour se produire, ou un instrument plus puissant, ou un degré de transparence photographique plus grand de l'atmosphère, ou des plaques plus sensibles, etc., comment pourra-t-on définir tous ces facteurs d'une manière assez rigoureuse pour permettre à l'observateur de l'avenir de se placer dans des conditions identiques, et d'avoir, en conséquence, le droit d'attribuer les différences

---

(1) J'ai construit, en 1870, un télescope de très court foyer, comme celui dont il est question ici, et qui m'a servi, pendant l'éclipse de 1871, à mettre en évidence la véritable nature de la couronne. Ce genre de télescope permet de résoudre certaines questions spéciales qui ne pourraient pas être abordées par les télescopes ordinaires.

accusées par son image à des changements véritables dans la structure de l'astre ?

Je sais qu'il est certains changements de l'image qu'on aurait toujours le droit de considérer comme correspondant à des changements réels ; mais, pour ces cas particuliers eux-mêmes, il faudrait une discussion bien délicate pour les mettre en évidence, et pour le reste on manquerait de toute espèce de base.

Je pourrais citer comme exemple remarquable de ces variations les images photographiques de la couronne qui furent prises à Siam en 1875, pendant l'éclipse totale. M. le Dr Schuster dirigeait l'expédition anglaise, et ce savant disposait d'un appareil destiné à prendre des photographies de l'éclipse. Je le priai de prendre pendant la totalité plusieurs images de la couronne, en donnant à ces photographies des temps de pose variables comme les nombres 1, 2, 4, 8.

Le résultat fut concluant : nous constatâmes que, dans chaque image, la hauteur de la couronne était différente et que chacune d'elles donnait une hauteur inexacte au phénomène. C'est que l'atmosphère coronale est une véritable nébulosité qui entoure le globe solaire et que le pouvoir lumineux de cette atmosphère décroît rapidement de la surface de l'astre vers les espaces. Dans ces conditions, qui oserait affirmer, d'après des photographies de la couronne prises à des époques différentes, et sans qu'on eût autrement défini les conditions de l'expérience, qui oserait affirmer, dis-je, que les différences que pourraient présenter ces images correspondent à une véritable variation dans la hauteur de cette enveloppe solaire ?

Il est donc indispensable que les photographies de nébuleuses soient accompagnées d'une sorte de témoin qui exprime la résultante des conditions dans lesquelles l'image a été obtenue. Ce témoin, je le demande aux étoiles.

Une étoile donne sur la plaque photographique placée au foyer de l'instrument un point noir ou sombre plus ou moins régulier. Ce point, à cause de ses petites dimensions, ne peut se prêter à aucune mesure photométrique, mais il en est tout autrement si, au lieu de placer la plaque au foyer, on la place un peu en dedans. On obtient alors un cercle de très petit diamètre, de teinte sensiblement uniforme (si la lunette est bonne), et dont on peut comparer le degré d'opacité avec des cercles de même origine. Il faut avoir soin de régler l'action lumineuse de manière que la teinte du cercle ne soit pas trop foncée et corresponde aux instants où la lumière produit les plus grandes variations possibles avec l'augmentation du temps de son action.

Les degrés d'opacité de deux cercles ainsi obtenus peuvent être comparés par des procédés photométriques, mais on doit s'attacher à n'avoir à constater que l'égalité des teintes, afin d'éviter l'emploi de tables donnant les variations d'opacité en fonction de l'intensité lumineuse.

Le diamètre du cercle se mesure soit directement, soit mieux par la connaissance de l'angle d'ouverture de l'instrument et celle de la distance de la plaque photographique au foyer.

Il faut bien remarquer que, comme le degré d'opacité de ces cercles stellaires est influencé non seulement par le temps de l'action de la lumière, mais par toutes les circonstances de sensibilité des plaques, de transparence photographique de l'atmosphère, etc., ils peuvent être considérés comme une résultante de tous ces facteurs et constituent le témoin que nous cherchons. Si une photographie de nébuleuse est accompagnée de cinq ou six de ces cercles stellaires obtenus d'ailleurs dans les mêmes conditions qu'elle, ils permettront aux observateurs de l'avenir de se placer dans des conditions non pas semblables pour chacune d'elles, mais équivalentes dans leur résultat final, ce qui est le but cherché. Dans cette méthode, l'observateur qui voudrait obtenir une photographie d'un objet céleste susceptible de donner des images différentes avec les conditions de l'observation commencerait d'abord par chercher à déterminer le temps convenable pour obtenir les témoins dont nous parlons ; ce temps déterminé, qui pourra être d'ailleurs fort différent de celui qui a été employé pour obtenir la photographie à laquelle il s'agit de se comparer, sera néanmoins celui qui sera nécessaire pour se placer dans les conditions où l'image soit comparable.

Il est clair d'ailleurs que, si les images de la nébuleuse qui doivent être comparées ne sont pas prises à la même échelle, il sera nécessaire que les mêmes rapports de grandeurs soient maintenus entre les cercles stellaires.

Je n'ai voulu pour aujourd'hui qu'appeler l'attention des astronomes physiciens sur l'emploi de ces cercles stellaires. Ils ont dans ma pensée un rôle beaucoup plus étendu.

D'après les études auxquelles je me suis livré, ils me paraissent constituer un moyen nouveau et très simple pour aborder l'étude du pouvoir photographique des étoiles et qui permettra de les classer en grandeurs à ce point de vue, comme elles l'ont été au point de vue oculaire.

J'aurai l'honneur, dans une autre Communication, d'entretenir l'Académie des efforts que je fais pour asseoir les bases de cette étude.

C. R. Acad. Sc., Séance du 7 février 1881, T. 92, p. 261.

II

NOTE SUR LA PHOTOGRAPHIE
DE LA LUMIÈRE CENDRÉE DE LA LUNE

J'ai l'honneur de présenter à l'Académie une photographie lunaire qui montre la partie de notre satellite éclairée par la lumière de la Terre.

C'est avec le télescope de o m. 5o de diamètre, à très court foyer, dont j'ai déjà entretenu l'Académie dans la Note sur les nébuleuses, que cette photographie a été obtenue. Une exposition de soixante secondes a suffi pour obtenir l'image en question. La Lune était alors âgée de trois jours.

Bien que cette image soit faible, on peut néanmoins reconnaître, dans la partie de la Lune brillant seulement par la lumière *cendrée*, la configuration générale des *continents lunaires*.

L'intérêt scientifique de cette application de la Photographie sera de permettre de prendre des mesures photométriques plus précises sur la lumière cendrée et d'étudier les phénomènes lumineux si intéressants qui se produisent dans la double réflexion de la lumière solaire sur les deux astres, suivant les diverses circonstances atmosphériques ou géographiques que la Terre peut présenter.

C. R. Acad. Sc., Séance du 7 mars 1881, T. 92, p. 496.

III

SUR LA PHOTOMÉTRIE PHOTOGRAPHIQUE ET SON APPLICATION A L'ÉTUDE DES POUVOIRS RAYONNANTS COMPARÉS DU SOLEIL ET DES ÉTOILES.

Les applications scientifiques de la Photographie ont pris une telle importance, spécialement en Astronomie, qu'il y a actuellement un intérêt capital à introduire dans cet art les méthodes rigoureuses de la Science, afin de le rendre capable, non plus seulement d'enregistrer les phénomènes lumineux, mais d'en donner la mesure précise, en un mot de créer une Photographie photométrique.

C'est le but que je me suis proposé, et que je poursuis depuis plusieurs années.

L'intervention de la Photographie dans les mesures photométriques présente un très grand intérêt.

D'une part, cette méthode permet aujourd'hui non seulement l'enregistrement de tous les rayons visibles, mais elle atteint encore ces radiations ultra-violettes qui nous donnent des notions si précieuses sur la température des corps.

Mais l'avantage le plus précieux de la Photographie consiste dans la permanence des résultats obtenus. Tandis que les comparaisons photométriques entre deux sources lumineuses sont essentiellement fugitives et exigent la présence simultanée de ces sources, la Photographie fournira des termes permanents de comparaison qui pourront être comparés quand on voudra et qu'on pourra même léguer à l'avenir. En outre, par l'ad-

mirable propriété de la plaque sensible de permettre l'accumulation presque indéfinie des actions lumineuses, la nouvelle
méthode permettra la comparaison et l'étude de radiations
d'une faiblesse extrême, inaccessibles à nos moyens actuels.

Le phénomène photographique final, provoqué par l'action
des radiations actives, consiste, pour les procédés actuels, dans
un dépôt métallique sur la plaque. On ne pourrait songer à peser ce dépôt : les quantités de matière en jeu sont trop faibles.
Il est plus simple et plus naturel de demander l'élément de mesure au degré d'opacité plus ou mo ns grand de ce dépôt métallique, puisque c'est par lui que sont constituées les images engen-
drées par la lumière.

C'est ce que nous avons fait.

Nous avons ensuite cherché un instrument qui pût donner les
bases des rapports qui existent entre l'intensité d'une radiation et le degré d'opacité du dépôt qu'elle provoque.

Après diverses recherches, nous avons été conduit aux dispositions très simples de l'instrument dont nous donnons la disposition essentielle, et que nous nommons le *photomètre photographique*.

Cet instrument consiste essentiellement en un châssis pouvant recevoir une plaque sensible devant laquelle un mécanisme fait passer, d'un mouvement uniforme et mesuré, un obturateur percé d'une fenêtre, qui règle l'action lumineuse sur la plaque, et dont la forme est variable avec les effets qu'on veut obtenir.

Le mouvement de l'obturateur est rendu uniforme, soit par
un mouvement d'horlogerie pour les mouvements lents, soit
par des ressorts, agissant dan. des conditions spéciales, pour
les mouvements rapides. Dans ce dernier cas, la vitesse est mesurée par un diapason.

Si l'on place dans le châssis une plaque sensible, et qu'on fasse
passer devant elle la fenêtre de l'obturateur, on obtient une teinte
uniforme sur toute la surface de la plaque, quand la fenêtre a la
forme d'un rectangle ; mais, si la forme de cette fenêtre est celle
d'un triangle, la teinte de la plaque décroîtra du bord qui correspond à la base du triangle vers le bord opposé, et, de plus, la
loi du décroissement d'intensité de ces teintes exprimera celle

qui les lie aux décroissements de l'intensité de la source, décroissements qui sont donnés par la forme même de la fenêtre.

En donnant à la fenêtre des ouvertures triangulaires de divers angles, on obtiendra les séries de teintes qui correspondent à des intensités variées et liées entre elles de la lumière.

L'instrument permet de constater immédiatement que l'opacité du dépôt photographique ne reste pas proportionnelle à l'intensité lumineuse dès que cette intensité s'accroît notablement, car, si l'on suppose en sens opposés deux plaques semblables obtenues avec la même ouverture triangulaire, on constate qu'elles ne présentent pas une teinte uniforme, mais, au contraire, qu'elles montrent une augmentation d'opacité vers le milieu, ce qui démontre que le dépôt photographique n'augmente pas aussi rapidement que l'intensité lumineuse.

Pour mesurer les rapports de sensibilité de deux plaques photographiques d'origines différentes, il suffit de les mettre l'une à la suite de l'autre dans le châssis du photomètre et de donner la pose par la fenêtre triangulaire. Les points où les plaques présenteront la même opacité seront rapportés aux points de la fenêtre qui leur correspondent, et le rapport des ouvertures en ces points exprimera le rapport des sensibilités. On trouve ainsi que les nouvelles plaques au gélatino-bromure d'argent qu'on prépare actuellement peuvent être jusqu'à vingt fois plus sensibles que les plaques collodionnées au procédé humide.

On peut, aussi facilement, chercher les rapports des intensités photogéniques de deux sources différentes. Il suffira de les faire agir successivement sur deux plaques semblables. Les points d'égale teinte dans ces plaques conduiront, comme tout à l'heure, à l'expression du rapport cherché.

Enfin l'on pourra aussi simplement vérifier, par la Photographie, les principales lois de la Photométrie.

Mais il y a ici un élément nouveau et fort important de mesure ; c'est celui de la durée des actions. Quand deux sources d'inégale intensité ont accompli sur la même plaque un travail photographique égal, leurs intensités sont dans le rapport inverse des temps qu'elles ont respectivement employés.

Il est évident, en effet, que, pour accomplir un même travail dans des conditions identiques, il faut la même somme d'énergie radiante.

On vérifie le principe au photomètre, en prenant une fenêtre divisée en deux parties rectangulaires dans le sens de sa hauteur, celle du haut ayant, par exemple, quatre fois l'ouverture de celle du bas. On fait agir sur l'ouverture quadruple une source d'intensité 1 et sur l'ouverture 1 une source d'intensité 4. On constate alors que les teintes sont égales.

Telle est la disposition générale de l'instrument. Il porte des dispositions spéciales pour les différentes applications qu'on peut lui demander, et notamment lorsqu'il s'agit d'affaiblir ou d'augmenter par des lentilles de quartz l'intensité de la source radiante. Dans ce résumé, je ne puis entrer dans les détails, qui seront donnés dans le Mémoire.

Je viens maintenant à l'une des applications qui ont été faites des principes posés ci-dessus.

Application à l'étude des radiations comparées du Soleil et des étoiles. — Il est superflu d'insister sur l'importance de cette application. On sait que de tout temps, mais surtout depuis les grands progrès des sciences physiques, les astronomes les plus célèbres ont cherché à obtenir des mesures de la puissance rayonnante des corps célestes.

La Photographie, qui, aujourd'hui, peut enregistrer des radiations d'une échelle d'ondulations beaucoup plus étendue que l'échelle oculaire, apportera des éléments nouveaux et de la plus haute importance dans la question.

Dans ce travail, je me suis attaché d'abord aux étoiles dont on connaît la parallaxe : Sirius, la Chèvre, Arcturus, etc., ont été l'objet des premières études.

La comparaison de la puissance du rayonnement photographique d'une étoile et du Soleil peut être obtenue directement, sans intermédiaire.

Il faut déterminer d'abord quelle est la durée d'action du Soleil qui correspond à la variation la plus rapide dans le degré d'opacité des dépôts photographiques. Cette donnée est fournie par le photomètre.

Si l'on se sert de plaques au gélatino-bromure d'argent, on trouve que pour remplir cette condition, il faut réduire l'action lumineuse de 1/20 000 à 1/40 000 de seconde pour l'action directe.

Pour obtenir sur la plaque sensible une teinte se dégradant uniformément d'un bord à l'autre et formant une échelle bien régulière, on est obligé de donner aux côtés de la fenêtre la forme d'une courbe qui corrige le défaut de proportionnalité entre la grandeur de l'action photogénique et l'opacité du dépôt produit.

Nous nommerons *échelles solaires*, ces plaques photographiques présentant des échelles de teintes, obtenues dans ces conditions rigoureusement déterminées pour la nature de la couche sensible, le temps de l'action solaire, la hauteur de l'astre, etc..

Il s'agit maintenant d'obtenir des termes analogues pour les étoiles.

Ainsi que je le disais à l'Académie dans une autre séance, les images photographiques données par les étoiles ne peuvent fournir des éléments précis de mesure photométrique, à cause de la petitesse et de l'irrégularité de ces images. On en peut tirer des indications générales déjà précieuses sur la puissance de rayonnement de ces astres, mais ces résultats échappent à toute mesure.

Il faut obtenir avec l'étoile une image assez grande et de teinte mesurable, c'est-à-dire qui puisse être comparée à celles que nous avons obtenues du Soleil.

Pour obtenir ce résultat, on place le châssis qui contient la plaque photographique à une certaine distance du foyer, comme je le disais dans une précédente séance. Le faisceau conique donné par la lumière de l'étoile est coupé par un plan perpendiculaire à son axe et donne un cercle. Si la lunette ou le télescope est très bon, ce cercle est uniformément éclairé dans toute sa surface, et l'image photographique présente une teinte uniforme qui se prête très bien aux comparaisons photométriques.

Sur la même plaque, nous obtenons ainsi de l'étoile une douzaine d'images correspondant à des temps régulièrement croissants. On élimine ainsi les erreurs accidentelles et on obtient plusieurs termes de comparaison avec les échelles solaires.

Le mouvement de l'instrument, du reste, doit être rigoureusement réglé sur le temps sidéral, pour se prêter à des poses un peu prolongées quand cela est nécessaire.

Ici, comme pour le Soleil, toutes les circonstances qui modifient l'intensité du rayonnement de l'étoile sont notées et appréciées.

On voit que dans ces expériences la puissance rayonnante de l'étoile est augmentée dans le rapport du carré du diamètre du miroir télescopique à celui du cercle stellaire. Il y a, bien entendu, à tenir compte des pertes par réflexion.

J'ai également une disposition qui permet d'obtenir avec le télescope lui-même, pour le Soleil, des cercles analogues aux cercles stellaires.

La série des cercles d'une étoile est alors comparée aux échelles fournies par le Soleil, et chaque cercle pour lequel on trouve une teinte égale dans les échelles fournit les éléments du rapport des intensités photographiques des deux astres.

Dans une Communication ultérieure, j'aurai l'honneur de faire connaître les résultats obtenus. Pour Sirius, les conditions étaient dernièrement assez défavorables, cependant on peut déjà prévoir, d'après les premières comparaisons, que ce corps doit avoir un volume considérable, même en admettant un pouvoir radiant, par unité de surface, beaucoup plus élevé que pour notre Soleil.

C. R. Acad. Sc., Séance du 4 avril 1881, T. 92, p. 821.

Note reproduite dans *Memorie della Societa degli spettrocopisti Italiani*, 1881, p. 101 et en abrégé dans *La Nature*, numéro du 21 mai 1881, p. 395.

IV

NOTE SUR LES APPLICATIONS GÉOLOGIQUES DE L'ÉTUDE PHYSIQUE DU SOLEIL (RÉSUMÉ)

M. Janssen expose que l'étude de la constitution du Soleil éclairera une foule de questions sur celle de notre propre globe et il y voit un motif nouveau et puissant pour poursuivre, avec une énergie plus grande encore, ces belles études.

Comme exemple, l'auteur cite la question de la salure des eaux de la mer. Par des considérations tirées de l'étude de la terre, il serait très difficile de décider, d'une manière certaine, si les premières nappes d'eau qui se sont formées à la surface du globe ont été douces ou salées. Or, l'étude de la chromosphère solaire conduit à admettre que les premiers océans ont dû contenir les principales substances minérales que nous constatons aujourd'hui dans leur sein.

L'auteur développe les raisons sur lesquelles s'appuie ce résultat.

Association française pour l'avancement des Sciences, Congrès d'Alger, Section de Physique, Séance du 19 avril, 1881, p. 340.

V

PHOTOGRAPHIE DE LA COMÈTE 1881 III

Dans la séance du 24 septembre 1881, j'ai eu l'honneur de mettre sous les yeux de la Société internationale d'Astronomie, une photographie de la Comète 1881 III, et j'ai donné à l'égard de la méthode suivie pour l'obtenir, des explications dont voici le résumé.

J'ai employé ici les méthodes dont je poursuis la recherche sur l'application de la photographie à l'Astronomie.

Ici, comme pour les autres branches de l'Astronomie, la photographie présente des avantages tout particuliers. Non seulement l'image même de l'astre se trouve fixée, mais cette image révèle des détails de structure que les instruments oculaires ne montrent pas ; en outre, elle permet des mesures photométriques qui seraient impraticables avec les méthodes ordinaires, enfin la photographie permet encore de résoudre d'importantes questions sur les proportions de lumière directe et réfléchie que l'astre peut émettre.

L'image photographique mise sous les yeux de la société a été obtenue dans la nuit du 3o juin au 1er juillet. Plusieurs autres photographies avaient été obtenues quelques jours auparavant.

La principale difficulté pour obtenir ces images réside d'une part dans la faiblesse actinique si considérable des queues cométaires, et d'autre part dans la rapidité de leur mouvement propre aux environs du périhélie. On trouve qu'avec le collodion humide et un télescope ordinaire, il faudrait environ quatre-vingts heures pour obtenir une image de la queue s'étendant seulement à 1º du noyau, opération absolument impraticable.

La difficulté a été surmontée, par l'emploi de trois moyens combinés.

1º L'emploi d'un télescope analogue à celui qui, aux Indes, pendant l'éclipse totale de 1871, m'a permis de découvrir la véritable nature de la couronne. Ce télescope a 5o centimètres de diamètre et 1 m. 6o de distance focale seulement ; il est six à huit fois plus lumineux qu'un télescope ordinaire.

2º Par l'usage de plaques sèches au gélatino-bromure d'argent, d'une sensibilité excessive.

3º Par la disposition du mouvement de l'instrument, qui lui permet de suivre exactement l'astre, pendant un temps considérable. On a décomposé en effet, le mouvement propre de la Comète, au moment de l'observation, en ses deux composantes, ascension droite et déclinaison ; la composante en ascension droite a été ajoutée algébriquement au mouvement horaire du télescope qui fut réglé en conséquence. Pour la composante en déclinaison, on y satisfit par un mouvement spécial de la plaque photographique au moyen d'une vis de rappel à mouvement extrêmement lent. En outre le noyau de la comète était maintenu, pendant la pose, au milieu d'une bande formée par un fil métallique excessivement fin placée dans le champ du chercheur.

Dans ces conditions, une pose d'une demi-heure a permis d'obtenir une image de la comète, avec une queue de 2 1/2° de longueur (1).

Cette image montre : une structure radiale très remarquable (ce qui, du reste, prouve que l'astre a été bien suivi pendant le temps de l'action lumineuse). Autour de la tête, on remarque des jets de lumière, principalement du côté de l'Occident. Un de ces jets fait un angle de 30° avec l'axe de la queue, et un autre plus rapproché, un angle de 15°. Au centre, un grand faisceau partant de la tête, s'étend en ligne droite, et forme la partie la plus intense et la plus longue de la queue. Il figure comme l'épine dorsale de l'astre, mais il ne divise pas la queue en deux parties absolument symétriques ; celle de l'Occident est plus étroite que celle de l'Orient, ce qui provient de ce que ce rayon ne part pas du centre du noyau, mais de sa circonférence. Une circonstance très remarquable, c'est que ce faisceau très droit et très étroit, est dirigé, à une minute près, suivant le prolongement d'une ligne qui irait du noyau cométaire au centre du Soleil.

La méthode de photométrie photographique a permis d'obtenir pour la première fois, des comparaisons d'intensités lumineuses de la comète et des corps célestes, comparaisons qui permettront d'importantes déductions pour l'avenir.

L'image photographique du 30 juin montre que la queue de la comète vers 1° du noyau envoie une radiation photographique qui est environ trois cent mille fois plus faible que celle de la pleine Lune. A une distance double, ce rapport tombe à plus d'un million.

Le noyau de la Comète, le 30 juin, a été comparé à l'aide des cercles stellaires (2), à l'étoile ε grande Ourse qui avait a

---

(1) Voir planche hors texte : Photographie de la comète β 1881.
(2) *C. R. Acad. Sc.*, Séance du 4 avril 1881, voir ci-dessus, p. 437.

peu près même hauteur. Ce noyau a été également comparé à l'étoile ζ de la grande Ourse.

Il ressort de ces comparaisons, que la lumière de la tête de la comète devait contenir de la lumière réfléchie. Les rapports ont été trouvés décroissant plus rapidement que ne le comportait l'augmentation de la distance à la Terre.

Enfin, il est une question d'un très haut intérêt sur la constitution des comètes, et que la photographie permet de résoudre, c'est celle qui se rapporte aux proportions de lumière directe et réfléchie que ces astres peuvent émettre. Cette question qui n'est pas encore résolue, peut être abordée par la photographie.

Supposons qu'on ait obtenu avec un même instrument, et dans les mêmes circonstances, des images de la comète à divers intervalles.

Si la comète émet seulement de la lumière directe, ces images, tout en changeant de grandeur suivant l'éloignement de l'astre, conserveront néanmoins la même intensité, tandis que si la comète contient de la lumière réfléchie mêlée à la lumière directe, l'intensité de l'image dépendra de la distance au Soleil.

Soient en effet, I et I', les intensités des images données par la comète aux distances δ et δ' du Soleil. Soient aussi i et i' les intensités des images élémentaires données par la lumière d'émission et de réflexion pour la distance δ de la comète au Soleil, de manière que l'intensité I de l'image de l'astre soit égale à $i + i'$.

A la distance δ' de la comète au Soleil, l'intensité i' de l'image de réflexion sera $i'\dfrac{\delta^2}{\delta'^2}$ et l'intensité totale sera :

$$i + i'\frac{\delta^2}{\delta'^2} = I'$$

d'où :

$$I - I' = i' - i'\frac{\delta^2}{\delta'^2}$$

et :

$$i' = \frac{I - I'}{1 - \dfrac{\delta^2}{\delta'^2}},$$

relation qui fera connaître l'intensité de l'image due à la réflexion pour la distance δ'.

Les intensités I et I' seront mesurées par les procédés de photométrie photographique dont nous avons exposé les principes à l'Académie des Sciences de Paris, le 4 avril 1881.

Si, par exemple, i' était le quart de I et δ' le double de δ, $I - I'$ serait égal à 3/16, quantité bien facilement appréciable.

Tout ceci suppose, bien entendu, que l'intensité intrinsèque ou par élément de surface de la comète pour la lumière d'émission ne change point pendant l'intervalle des observations.

Société Internationale d'Astronomie, Séance du 24 septembre 1881. *Vierteljahrschrift der Astronomischen Gesellschaft*, 1881, p. 308.

1882

I

NOTE SUR LA PHOTOGRAPHIE DE LA COMÈTE *b* 1881, OBTENUE A L'OBSERVATOIRE DE MEUDON

L'année qui vient de s'écouler aura vu se réaliser un progrès nouveau et intéressant dans l'histoire des comètes. C'est, en effet, l'année dernière qu'on a obtenu pour la première fois l'image photographique complète de l'un de ces astres, précisément celle de la grande comète dont l'apparition a excité pendant plusieurs mois la curiosité publique, et à propos de laquelle on a agité de nouveau les théories et les hypothèses depuis longtemps émises sur la nature de ces astres, dont la physique est encore si peu avancée, et sur la nature desquels l'esprit se pose tant de questions auxquelles la Science ne peut encore faire de réponse certaine.

C'est précisément cette ignorance où nous sommes encore de la nature exacte des comètes et des causes précises des phénomènes si curieux, mais si singuliers, qu'elles nous présentent quand elles s'approchent du Soleil, qui donne un intérêt considérable à toute méthode nouvelle d'investigation.

Or, je n'hésite pas à dire que la Photographie peut constituer ici un moyen d'études nouveau et puissant.

La Photographie, en effet, ne se contente pas ici, comme on pourrait le penser, de donner de l'astre une image qu'on pourrait obtenir par le dessin, et qui, à ce titre, ne présenterait qu'un intérêt de curiosité. Tout d'abord, il faut reconnaître que l'image photographique est impersonnelle, qu'elle est rigoureusement exacte, qu'elle est durable et qu'elle constitue un document

qui pourra servir de base à des comparaisons futures. Tout ceci
est déjà fort important ; mais je dis qu'on peut demander encore
plus à la Photographie, et que cette méthode, maniée scientifiquement, peut encore nous instruire sur des détails de structure que les lunettes ne donnent pas, sur certains points délicats d'orientation de la queue ; enfin, et c'est peut-être là le
point le plus nouveau et le plus important : l'image photographique peut se prêter à des études de photométric sur les pouvoirs
rayonnants de ces immenses appendices cométaires, études qui
sont absolument nouvelles, et qui ne pourraient être tentées
par aucune autre méthode.

C'est l'intérêt des résultats qui pouvaient être obtenus dans
cette direction inexplorée qui nous a déterminé à consacrer
exclusivement à ces méthodes nos études sur la grande comète
de 1881.

Nous nous proposons, dans cette courte Notice, de donner
aux lecteurs de l'*Annuaire* quelques explications sur la méthode suivie et les résultats obtenus.

La photographie d'une comète présente des difficultés dont
les personnes peu au courant de ces études se font difficilement
une idée.

Ces difficultés proviennent, d'une part, du pouvoir photographique étonnamment faible des queues de comète, et, d'autre part, du mouvement propre très rapide de ces astres à leur
passage près du Soleil.

On comprend, en effet, que moins un objet est lumineux,
plus il faut augmenter le temps de la pose, et, par conséquent,
plus il est nécessaire que cet objet soit fixe ou tout au moins
animé d'un mouvement très lent pour que la plaque sensible
puisse le suivre rigoureusement pendant tout le temps de la formation de l'image.

Or, il arrive ici que le pouvoir actinique de l'astre est tellement faible, que si l'on se plaçait dans les conditions où l'on obtient les photographies de la Lune avec le collodion humide, il
faudrait plus de trois journées, sans aucun arrêt, pour avoir
une image de la comète avec une portion de la queue s'étendant seulement à 1° du noyau ; et cette action lumineuse si

démesurément prolongée devrait être conduite dans des conditions de haute précision, malgré le mouvement diurne du ciel, compliqué du mouvement propre très rapide de la comète.

Mais, fort heureusement pour l'Astronomie, il s'est produit tout récemment une très importante découverte en Photographie : celle des plaques sèches au gélatino-bromure d'argent. Ces plaques unissent aux avantages des plaques sèches ceux d'une sensibilité qui peut devenir extraordinaire avec des soins spéciaux de préparation.

L'emploi de ces plaques permettrait déjà de réduire cette durée de l'action lumineuse, qu'il eût fallu prolonger pendant un temps si démesurément long avec le collodion humide, à quelques couples d'heures.

C'était encore trop, en raison du mouvement si rapide de la comète, surtout si l'on voulait obtenir une image précise, pouvant se prêter à des mesures et propre à mettre en évidence de délicats détails de structure.

Pour résoudre la difficulté, nous avons pensé à utiliser, en cette circonstance, un télescope de construction toute spéciale, semblable à celui qui, en 1871, nous permit de découvrir la véritable nature de cette *couronne* des éclipses totales qui a été reconnue constituée par une enveloppe gazeuse très rare et très étendue autour du Soleil.

Cet instrument, dont le miroir a o m. 5o et seulement 1 m. 6o de foyer, donne aux images une intensité lumineuse qui est plus du quadruple de celle des télescopes les plus lumineux et huit à dix fois pour les autres.

La combinaison des deux moyens a amené la solution de la question.

L'image photographique dont nous donnons ici une reproduction photoglyptique, d'après un dessin très exact, a été obtenue en une demi-heure.

Or, malgré cette durée de l'action lumineuse, relativement si réduite, l'opération a encore nécessité des soins spéciaux pour permettre à l'instrument de suivre très exactement l'astre pendant la pose.

Donnons ici une idée de la méthode employée.

Le mouvement du télescope était déjà réglé sur le mouvement diurne du ciel ; il s'agissait de modifier ce mouvement, de manière que l'instrument tînt compte, si l'on peut parler ainsi, du mouvement propre de la comète, mouvement qui venait se surajouter au mouvement diurne et le compliquer.

Nous avons d'abord calculé ce mouvement propre de l'astre au moment des observations, et nous l'avons décomposé en deux autres, l'un dirigé suivant un parallèle céleste, et l'autre suivant un méridien. Pour tenir compte du mouvement dans le parallèle, il n'y avait qu'à modifier convenablement la marche diurne de l'instrument en agissant sur le régulateur. Quant au mouvement suivant un méridien, on le réalisait au moyen de la vis de rappel en déclinaison, qui agit précisément suivant cette direction.

Pour guider dans la conduite de ce dernier mouvement, j'ai employé l'artifice suivant. Avec un fil métallique d'une finesse extrême, on a formé une petite boucle de 1′ d'arc environ de diamètre, qui a été placée dans le chercheur. La tête de la comète était amenée sur la boucle, qui se détachait en noir sur elle, et le noyau de l'astre était placé au milieu de cette boucle. Pendant toute la durée de la pose, le noyau de l'astre ne devait pas quitter cette position.

Après divers essais, qui durèrent plusieurs jours et au cours desquels nous obtînmes une première image que nous présentâmes à l'Académie, nous eûmes, dans la nuit du 3o juin au 1er juillet, une image plus complète, où la queue s'étendait à 2o,5 du noyau. Dans cette image, la tête est surposée, comme cela était inévitable et ne doit pas être considérée, mais la queue de l'astre montre de très importants détails, comme nous allons voir.

L'image était trop délicate pour être tirée sur papier, même en photoglyptie : les détails de la queue ne se reproduisaient pas. Nous avons dû reproduire très scrupuleusement par le dessin le cliché original et faire photographier celui-ci. Dans ce dessin, nous avons copié la tête d'après des photographies originales prises avec des temps de pose plus courts, comme cela convient pour ne pas exagérer les dimensions réelles par surpose. Mais si la photographie originale ne peut être reproduite sur papier, elle peut l'être sur verre, et l'on trouvera de ces épreuves chez M. Gauthier-Villars.

L'examen de la queue présente un intérêt particulier. Cet appendice est formé, sur l'image photographique, par des faisceaux lumineux, presque rectilignes, qui partent de la tête et vont en divergeant. Dans la partie médiane, règne un grand faisceau très étroit et très marqué, qui sort tangentiellement du côté occidental du noyau, traverse toute la queue, et se prolonge à plus d'un demi-degré au delà. Ce grand faisceau figure comme une épine dorsale, et, d'après nos mesures, basées sur la position des étoiles voisines, photographiées en même temps que la comète, il est exactement dirigé (à $1'$ près) dans le prolongement de la ligne qui joint le Soleil au noyau de la comète. Du côté de l'Ouest partent de la tête plusieurs autres faisceaux, dont les longueurs augmentent à mesure qu'ils se rapprochent du faisceau central.

Cette structure en faisceaux rayonnants est accusée de la manière la plus nette par la Photographie, et c'est elle qui nous la révèle, car l'examen de la queue cométaire avec l'œil, soit libre, soit armé d'une bonne lunette, ne l'indiquait pas au moment où l'on obtenait ces photographies.

Une circonstance très intéressante, et qui pouvait être prévue, s'est présentée à l'égard des étoiles. Une action lumineuse maintenue pendant une demi-heure, avec un instrument extra-lumineux et des plaques d'une sensibilité si étonnante, devait amener l'enregistrement des phénomènes lumineux les plus délicats de la région explorée. C'est ce qui est arrivé. La photographie montre en effet, dans la région occupée par la queue, nombre de très petites étoiles, dont plusieurs ne figurent sur aucun atlas.

Ainsi la Photographie nous révèle une structure dont il faudra tenir compte dans les discussions sur la nature des queues cométaires ; elle permet des mesures rigoureuses sur la direction des éléments de cet appendice, et par là pourra aider à remonter à la nature des forces dont les actions combinées ont déterminé sa figure.

Mais, de plus, et c'est ici que nous nous trouvons sur un terrain tout à fait nouveau, l'image photographique peut permettre (à l'aide des principes de photométrie dont nous avons entretenu l'Académie dans la séance du 4 avril 1881), elle peut permettre, disons-nous, des mesures et des études de photométrie qui conduisent à des déductions toutes nouvelles.

Tout d'abord, on peut se proposer de comparer l'intensité lumineuse de cette queue de comète avec celle d'un autre astre, afin de s'en former une idée. Cette comparaison est fort instructive. Nous l'avons obtenue en prenant, avec le même télescope, les mêmes plaques sensibles, et en employant des durées très variées de l'action lumineuse, une série d'images de notre satellite à son opposition.

Or, si l'on cherche dans cette série l'image lunaire qui correspond comme intensité moyenne (1) à celle de l'image cométaire en dehors du faisceau central et vers 1° de distance du noyau, on trouve que c'est une pose de 1/160 à 1/180 de seconde qui, pour la Lune, correspondrait à celle d'une demi-heure pour la comète. Le rapport des durées d'action lumineuse qui ont amené la même intensité d'image est supérieur à 300.000.

Nos lecteurs saisissent parfaitement l'esprit de la méthode. Nous admettons que deux sources lumineuses d'inégale puissance sont entre elles dans le rapport inverse des temps qui leur sont nécessaires pour accomplir le même travail photographique, c'est-à-dire produire le même dépôt d'argent ou amener la même opacité de teinte. Par exemple, quand une lumière demande un temps double d'une autre pour produire le même phénomène dans les mêmes conditions d'expérience, c'est que la puissance photographique de cette lumière est moitié de cette autre.

Il fallait donc placer nos deux astres dans ces conditions de comparaison, c'est-à-dire obtenir de la Lune une image qui pût être égalée à celle de la comète, et pour cela, on a pris avec le télescope qui avait servi pour la comète, et dans les mêmes conditions d'expérience, une série d'images de la pleine Lune.

---

(1) L'image photographique de la Lune présente des différences considérables d'intensité. On a pris ici une intensité moyenne.

Le télescope dont nous parlons est si lumineux que la Lune
y donne une image sensible, sur plaque à la gélatine, en un deux-
centième de seconde. Or, on a trouvé, comme nous venons de
de dire, que l'image lunaire obtenue en un cent soixante à un
cent quatre-vingtième de seconde avait une opacité moyenne
sensiblement égale à celle de la queue cométaire à la distance de
$1°$ du noyau. Ici encore il s'agit, pour la comète, de l'intensité
moyenne et non de celle du faisceau central. Cette base de comparaison obtenue, il ne s'agissait plus que de chercher le rapport
numérique des temps, qui est celui de trente minutes, à un cent
soixante-dixième de seconde, rapport égal à 306 000. La lumière de la queue cométaire au point indiqué a donc besoin d'un
temps environ trois cent mille fois plus grand que celle de la
pleine Lune pour accomplir le même travail photographique ;
elle est donc photographiquement trois cent mille fois plus faible.

Ainsi, cette queue cométaire, en la prenant même si près de
la tête, et dans un point où elle paraît encore si éclatante, n'envoie pas la trois cent millième partie de la lumière active qui
nous est donnée par un point moyennement éclairé de la pleine
Lune. Nous nous réservons de tirer de ce fait imprévu plusieurs
conséquences importantes.

Mais nous pouvons aller plus loin, et chercher quelle est,
approximativement, la loi du décroissement de la lumière dans
la queue, en fonction de la distance du noyau. Pour résoudre cette
nouvelle question, nous avons produit artificiellement des images de queues cométaires dans lesquelles le décroissement de l'intensité lumineuse est proportionnel à une puissance déterminée
de la distance au noyau. Le résultat de ces comparaisons montre que, dans certaines parties de la queue de la comète, l'intensité lumineuse décroît plus rapidement que suivant la raison inverse de la quatrième puissance de la distance au noyau.

Au contraire, la décroissance donnée par une parabole du
sixième degré paraît plus rapide. C'est donc entre ces limites
qu'il faut placer la loi du décroissement de la lumière dans la
queue cométaire.

Ici encore, la méthode expérimentale est fort simple. Sur la plaque photographique placée dans un châssis, on place un écran portant une ouverture qui figure la queue de la comète. Devant l'appareil, est placé un obturateur dans lequel on a découpé un triangle dont la base est rectiligne et dont les côtés sont des courbes semblables qui, partant des extrémités de la base, vont se rejoindre au sommet. On conçoit que, quand cette fenêtre triangulaire passera devant la plaque sensible, la lumière agira sur les divers points de cette plaque pendant des temps réglés par la largeur de la fenêtre en ce point. A la base du triangle, la durée de la pose sera la plus longue : c'est celle qui déterminera la formation de la queue près de la tête. Au sommet, au contraire, l'action lumineuse sera nulle : ce sera le point où la queue s'évanouit. Dans les points intermédiaires, la durée de l'action lumineuse dépendra de la largeur de la fenêtre en ces points, c'est-à-dire de la forme des courbes latérales. Or, comme nous venons de le dire, nous sommes partis de la parabole générale $ay = x^m$, et nous avons choisi les formes particulières de manière à obtenir une série de comètes artificielles dans lesquelles l'action lumineuse décrût, dans une première suivant la raison inverse du carré de la distance au noyau, dans une seconde, suivant la raison inverse du cube, etc..

Il est encore, sur la physique des comètes, une question très intéressante et qui a été fréquemment soulevée sans qu'elle ait encore reçu une solution définitive, surtout au point de vue numérique. Je veux parler de la question de reconnaître et de mesurer les quantités de lumière directe et réfléchie que peut contenir le rayonnement de ces astres. Or, puisque nous pouvons introduire des éléments de mesure dans les images photographiques, nous sommes en état d'aborder cette question. Je n'ai pas pu faire l'application de la méthode dont je donne ici le principe, mais je la recommande pour les prochaines apparitions.

Supposons donc qu'une comète n'envoie que de la lumière directe, et que nous en prenions des images à des instants différents pendant qu'elle s'éloigne de la Terre. Toutes ces images, de grandeurs différentes suivant les variations de distance, auront la même intensité (j'admets qu'il ne se modifie rien dans l'émission lumineuse de l'astre).

Mais, si au contraire, la comète n'envoyait que de la lumière réfléchie, alors non seulement les images diminueraient de grandeur, mais l'intensité même de ces images décroîtrait comme les carrés des distances croissantes de l'astre au Soleil.

Si maintenant nous imaginons les deux cas réunis, nous considérerons alors l'image de la comète, prise dans une de ses positions, comme résultant de la superposition de deux images : l'image de la lumière directe, l'image de la lumière réfléchie. Et la comparaison de l'intensité des images obtenues dans deux positions de l'astre montrera non seulement à quel cas nous avons affaire, mais permettra même une mesure très approximative des proportions de lumières mêlées.

Si, par exemple, pour une certaine distance de la comète au Soleil, la proportion de lumière réfléchie était le quart de la lumière totale, pour une distance double ce quart tomberait au quart de lui-même, c'est-à-dire au seizième ; et l'intensité de l'image, à cette distance double, serait diminuée de trois seizièmes, ou près de un quart, quantité bien facile à constater et à mesurer.

Nous n'insistons pas : nous avons seulement voulu montrer combien la Photographie, maniée scientifiquement, apporte de données nouvelles dans ces problèmes si complexes de Physique céleste que soulève la question des comètes. Combien cette voie nouvelle mérite d'être suivie et doit solliciter nos efforts, c'est le but de cette courte Notice.

Annuaire du Bureau des Longitudes pour l'an 1882.

II

REMARQUES SUR LA COMMUNICATION DE M. MAREY SUR LA PHOTOGRAPHIE DES DIVERSES PHASES DU VOL DES OISEAUX.

M. J. Janssen fait au sujet de cette communication les remarques suivantes :

Je dois dire combien je suis heureux que notre éminent confrère, M. Marey, ait réussi à saisir par la photographie les attitudes du vol dans les oiseaux.

La question de l'enregistrement photographique des attitudes des animaux dans le vol, la marche, et, en général dans la locomotion, m'a plus particulièrement intéressé depuis que je me suis occupé de la construction d'un appareil propre à saisir les diverses phases du contact de la planète Vénus dans ses passages sur le Soleil.

Dans une communication, déjà ancienne, à la Société française de Photographie, j'ai montré que l'intérêt du nouvel appareil consistait surtout dans ses applications biologiques.

Dernièrement notre confrère a bien voulu m'écrire pour me demander des détails sur les dispositions du revolver photographique, et je me suis empressé de lui répondre.

Je ne sais pas encore dans quelle mesure ces dispositions du revolver ont pu être utilisées par M. Marey, mais il n'est pas douteux que le principe de cet instrument qui permet de reproduire avec tant de facilité et de simplicité des phases extrêmement rapprochées de phénomènes variables, ne puisse donner de bonnes solutions de ces questions.

C. R. Acad. Sc., Séance du 13 mars 1882, T. 94, p. 684.
Reproduit dans *L'Aéronaute*, numéro d'avril 1882, p. 81.

III

NOTE SUR LE PRINCIPE D'UN NOUVEAU REVOLVER PHOTOGRAPHIQUE

Les applications que vient de recevoir le revolver photographique entre les mains de notre éminent confrère, M. Marey, sont un motif pour faire connaître le principe d'un nouveau revolver qui permettra de saisir les phases successives d'un phénomène s'accomplissant avec une rapidité considérable, comme, par exemple, le mouvement des ailes dans l'acte du vol chez les insectes.

On sait que le principe du revolver photographique consiste dans le mouvement rotatif d'une plaque sensible sur laquelle viennent se produire successivement, et par l'effet d'un mécanisme, les images des phases diverses d'un phénomène variable.

Mais, dans cet instrument, la plaque sensible est arrêtée chaque fois qu'une image va être prise, et elle ne se meut que pour permettre à la région voisine, non impressionnée, de recevoir une image nouvelle. Telle était la disposition du premier revolver qui a été conçu et exécuté à l'occasion du passage de Vénus en 1874.

En satisfaisant à cette condition de l'arrêt de la plaque photographique pendant la prise de l'image, on peut encore obtenir un certain nombre de photographies par seconde, et c'est le cas qui a été réalisé par M. Marey dans l'étude qu'il vient de présenter sur le vol des oiseaux ; mais il est aisé de comprendre que cette condition impose une limite bientôt atteinte dès qu'on veut dépasser une dizaine d'images par seconde. C'est qu'il est extrêmement difficile d'arrêter subitement, et pour un temps très court, un corps animé d'un mouvement rapide.

Par exemple, l'étude du vol chez les insectes exige qu'on prenne des images se succédant à des intervalles d'une petitesse extrême, probablement fort au-dessus d'un centième de seconde. Or, il serait impraticable d'imprimer à une plaque des mouvements et des arrêts se succédant avec une telle rapidité.

Les applications du revolver qui sont peut-être les plus intéressantes et les plus riches en faits nouveaux seraient demeurées inabordables si cette condition des arrêts successifs était absolument inéluctable.

Mais, depuis longtemps déjà que je songe à utiliser cet instrument pour l'étude de la mécanique animale (1), j'ai pensé qu'il serait possible de prendre des images photographiques sur une plaque en mouvement.

Si l'on analyse la question, on trouve qu'il existe un rapport,

(1) Voir ci-dessus, 1876, article II, p. 339.

suivant la délicatesse des éléments de l'image, entre le mouvement qu'on peut donner à la plaque et le temps de l'action
lumineuse.

La Communication de notre confrère M. Marey ayant appelé
de nouveau mon attention sur ces études, je me suis proposé de
donner une démonstration expérimentale du principe dont nous
parlons, et j'ai choisi pour sujet les images solaires.

On sait que la granulation de la surface solaire est un des
objets les plus difficiles à voir dans les lunettes, et que sa reproduction par la photographie n'a été obtenue que tout récemment. Or, pour donner du principe en question une démonstration tout à fait probante, je me suis proposé d'obtenir cette
granulation sur une plaque animée d'un mouvement de o m. 15
à o m. 20 par seconde.

Le résultat a pleinement répondu à ma prévision. J'ai l'honneur de mettre sous les yeux des Membres de l'Académie une
plaque sur laquelle on voit reproduites deux portions identiques de la surface solaire.

L'une de ces portions a été prise sur la plaque pendant qu'elle
était au repos, et l'autre pendant que la plaque était animée
d'un mouvement d'environ o m. 15 par seconde. La comparaison de ces deux images montre que le mouvement n'a empêché en rien la manifestation de la granulation, c'est-à-dire d'un
des phénomènes les plus délicats de la photographie astronomique.

Je n'insiste pas davantage aujourd'hui, voulant seulement
démontrer le principe.

On comprend que, la constatation de ce fait nous affranchis-
sant de l'obligation des arrêts successifs, rien en quelque sorte ne
limite le nombre des images que le revolver pourra fournir dans
un temps donné. Il y a seulement à établir un juste rapport entre la délicatesse des détails de l'image, la vitesse de la plaque
sensible et le temps de l'action lumineuse.

Dans la nouvelle disposition, le plateau portant la plaque
sensible, l'obturateur portant les fentes sont chacun animés
d'un mouvement rotatoire continu, et c'est la grandeur de ces
mouvements et leur rapport qui déterminent la rapidité dans
la succession des images et les conditions de leur formation.

D'après quelques supputations très simples, je me suis convaincu, depuis longtemps déjà, qu'il sera facile d'obtenir, d'un phénomène, des images se succédant à des intervalles d'un centième de seconde, et d'aller beaucoup au delà.

C. R. Acad. Sc., Séance du 3 avril 1882, T. 94, p. 909.
Reproduit dans *L'Aéronaute*, numéro de juillet 1882, p. 143.

IV

RAPPORT AU BUREAU DES LONGITUDES
SUR LA PROCHAINE ÉCLIPSE DU 6 MAI 1883

(Commissaires : MM. Fizeau, Amiral Cloué, Lœwy, Janssen, rapporteur.)

Le 6 mai de l'année prochaine verra s'accomplir, dans les régions lointaines de l'Océanie, un des plus rares et des plus importants phénomènes du siècle.

Il s'agit d'une éclipse totale de Soleil qui emprunte aux positions respectives, bien rarement réalisées, du Soleil et de la Lune, une durée tout à fait extraordinaire.

Or, dans l'état actuel de la Science, où sont encore pendantes les plus importantes questions sur la constitution du Soleil et celle des espaces inexplorés qui l'avoisinent, sur l'existence de ces planètes hypothétiques que l'analyse de Le Verrier signale en deçà de Mercure, un phénomène qui nous livre, pendant de longues minutes, toutes ces régions soustraites à l'éblouissante clarté du Soleil et les rend accessibles à l'observation, est un phénomène de premier ordre.

Nous allons examiner tout à l'heure les conditions dans lesquelles se produira cette rare occultation solaire ; voyons d'abord quel est l'état des questions qui devront être abordées en cette occasion. Une des plus importantes est celle qui regarde la constitution des espaces avoisinant immédiatement les enveloppes actuellement reconnues du Soleil.

La grande éclipse asiatique de 1868, qui arriva si merveilleusement à propos, et par sa longue durée et par la maturité des problèmes qu'on allait aborder, nous permit en quelque sorte de déchirer le voile qui nous cachait les phénomènes existant au delà de la surface visible du Soleil. C'est alors que l'on découvrit l'énigme tant cherchée de la nature de ces protubérances rosacées qui entourent d'une manière si singulière le limbe du Soleil éclipsé.

L'analyse spectrale nous apprit que ce sont d'immenses appendices appartenant au Soleil, et formés presque exclusivement de gaz hydrogène incandescent. Presque aussitôt, la méthode suggérée par cette même éclipse, et qui permet d'étudier journellement ces phénomènes, révéla bientôt les rapports de ces protubérances avec le globe solaire. On reconnut que ces protubérances ne sont que des jets, des expansions d'une couche de gaz et de vapeurs, de 8″ à 12″ d'épaisseur, où l'hydrogène domine, et qui est à très haute température, en raison de son contact avec la surface du Soleil. Cette basse atmosphère est le siège de fréquentes éruptions de vapeurs venant du globe solaire, et parmi lesquelles on remarque principalement le sodium, le magnésium, le calcium. On doit même admettre que dans les parties les plus basses de cette *chromosphère*, comme elle a été désignée, la plupart des vapeurs qui, dans le spectre solaire, donnent naissance aux raies obscures qu'il nous présente, existent à l'état de haute incandescence.

L'éclipse de 1869, qui fut visible en Amérique, permit, en effet, de faire l'importante observation, toujours confirmée depuis, du renversement du spectre solaire à l'extrême bord du disque, c'est-à-dire aux points où la photosphère est immédiatement en contact avec la chromosphère, phénomène qui ne signifie pas que la photosphère elle-même ne puisse contenir les mêmes vapeurs et concourir à la production des raies spectrales solaires.

Ainsi, la découverte d'une nouvelle enveloppe solaire, la nature reconnue des protubérances et la connaissance de leur rapport avec le Soleil ; enfin la conquête d'une méthode pour l'étude journalière de ces phénomènes, tels furent les fruits que donna l'analyse spectrale appliquée à l'étude de cette longue éclipse de 1868.

Mais une éclipse totale nous présente encore d'autres manifestations complètement inexpliquées jusqu'au moment dont nous parlons. On voit au delà des protubérances et de l'anneau chromosphérique une magnifique auréole ou couronne lumineuse, d'un éclat doux et de teinte argentée, qui peut s'étendre jusqu'à un rayon entier du limbe obscur de la Lune.

L'étude de ce beau phénomène, faite par les méthodes qui avaient donné de si magnifiques résultats, fut immédiatement entreprise et occupa les astronomes pendant les éclipses de 1869, 1870, 1871.

Mais l'auréole ou la couronne, bien que constituant un brillant phénomène, possède en réalité une faible puissance lumineuse. De là la difficulté d'obtenir son spectre avec ses vrais caractères. Aussi les astronomes différèrent-ils d'abord sur la véritable nature du phénomène. En 1871 et par l'emploi d'un instrument extrêmement lumineux, on parvint à prouver définitivement que le spectre de la couronne contient les raies brillantes de l'hydrogène et la raie verte dite 1474 des cartes de Kirchhoff : observation qui démontre que la couronne est un objet réel constitué par des gaz lumineux formant une troisième enveloppe autour du globe solaire.

Si, en effet, le phénomène de la couronne était un simple phénomène de réflexion ou de diffraction, le spectre coronal ne serait qu'un spectre solaire affaibli. Au contraire, les caractères du spectre solaire sont ici tout à fait subordonnés, et le spectre est celui des gaz protubérantiels et de la matière encore inconnue décelée par la raie 1474 (1).

Les éclipses subséquentes de 1875 et 1878, et celle qui vient

____

(1) L'un de nous a émis l'idée (*Annuaire du Bureau des Longitudes*, 1879) que l'atmosphère coronale qui est en dépendance avec la chromosphère et la photosphère doit offrir un aspect beaucoup plus tourmenté à l'époque du maximum des taches et protubérances, puisque les jets d'hydrogène qui y pénètrent sont alors beaucoup plus nombreux et plus riches. Les observations ultérieures, et notamment celles qui ont été faites pendant la dernière éclipse, au moment où les éruptions solaires étaient abondantes, ont confirmé cette prévision.

d'être observée en Egypte, sont venues confirmer ces résultats.

Mais, si la constitution du Soleil se dévoile ainsi rapidement, il nous reste encore de grands problèmes à résoudre, et sur cette dernière enveloppe solaire, et sur les régions qui l'avoisinent.

Tout d'abord, les immenses appendices que la couronne a présentés pendant quelques éclipses ont-ils une réalité objective, et sont-ils une dépendance de cette immense atmosphère coronale, ou plutôt ne seraient-ce pas des essaims de météorites circulant autour du Soleil, ainsi que l'a suggéré un des membres du Bureau ?

N'oublions pas la lumière zodiacale, dont il reste à déterminer les rapports avec ces dépendances du Soleil.

Mais ces problèmes importants ne sont pas les seuls que nous devions actuellement aborder pendant les occultations du globe solaire. Les régions qui nous occupent renferment-elles une ou plusieurs planètes que l'illumination de notre atmosphère, si vive dans le voisinage du Soleil, nous aurait toujours dérobées. Le Verrier a longuement examiné cette question, et ses travaux analytiques l'avaient conduit à admettre leur existence.

D'un autre côté, plusieurs observateurs ont annoncé avoir assisté à des passages de corps ronds et obscurs devant le Soleil ; mais ces observations sont loin d'être certaines. La surface du Soleil est souvent le siège de petites taches très rondes qui apparaissent et disparaissent dans un temps souvent assez court pour simuler le passage de corps ronds devant cet astre.

La question a une importance capitale ; aussi préoccupe-t-elle actuellement, à juste titre, tous les astronomes.

L'analyse de Le Verrier doit-elle enrichir le monde solaire vers ses régions centrales, comme elle l'a fait avec un si magnifique succès pour ses limites les plus reculées ?

Pour résoudre le problème dont la solution incombe encore plus particulièrement à l'Astronomie française, nous n'avons que deux moyens : l'étude attentive de la surface solaire, ou l'examen des régions circumsolaires quand une éclipse nous en rend l'exploration possible. Ce dernier moyen semble le plus efficace, mais à la condition que l'occultation sera assez longue pour permettre une exploration minutieuse de toutes les régions où le petit astre peut être rencontré.

Voilà ce qui donne une importance capitale à l'éclipse du 6 mai prochain, une des plus longues du siècle.

Examinons actuellement les circonstances de cette grande éclipse, et les moyens qu'il conviendrait d'employer pour son observation.

L'éclipse totale du 6 mai prochain aura une durée de six minutes au point où la phase est maximum ($5^m 59^s$) : c'est un temps triple de celui des éclipses ordinaires.

La ligne centrale est tout entière comprise dans l'océan Pacifique sud, et on ne peut espérer l'observer que dans les îles de cet océan.

Après une étude attentive de la question, il nous a paru que deux îles se prêtaient à peu près également bien à l'observation : ce sont les îles Flint et Caroline.

L'île Flint (latitude $11^o25'43''$ et longitude $154^o8'$O.) est la plus rapprochée de la ligne centrale. Le calcul donne pour la durée de la totalité dans cette île 5^m53^s. L'île Caroline ou les Carolines est par $152^o26'$O. et $9^o14'$S. ; la durée de la totalité y sera de 5^m20^s, c'est-à-dire seulement 13^s de moins qu'à l'île Flint.

On voit que les conditions astronomiques du phénomène sont extrêmement favorables dans ces îles, et c'est à ces stations que nous proposerions au Bureau d'envoyer une expédition.

Cette expédition partirait de Paris, se rendrait à New-York, traverserait le continent américain à l'aide du chemin de fer qui va à San-Francisco, et là elle trouverait un paquebot (service français qui va être établi) qui la conduirait aux îles Marquises. Là, un navire de guerre de la station française la prendrait, et irait déposer chaque fraction de l'expédition à l'île Caroline et à l'île Flint. Ce navire, qui d'ailleurs serait pourvu de tout ce qui est nécessaire pour l'établissement des stations, la sûreté et le vivre des observateurs, ne quitterait ces parages que pour ramener la Mission à Taïti, où nos envoyés trouveraient des moyens de transport pour effectuer leur retour, soit par la voie d'aller, soit, ce qui semblerait préférable, par la voie de l'Australie.

C. R. Acad. Sc., Séance du 13 novembre 1882, T. 95, p. 881.

Reproduit dans *L'Annuaire du Bureau des Longitudes*, pour l'an 1883, p. 813 et dans *L'Astronomie*, numéro de janvier 1883, p. 21.

V

NOTE SUR LES RAIES TELLURIQUES ET LE SPECTRE DE LA VAPEUR D'EAU

Notre savant confrère, M. Cornu, a fait dans la dernière séance une très importante Communication sur les raies telluriques du spectre solaire.

M. Cornu se propose d'asseoir, sur la comparaison des raies telluriques d'intensité variable avec les raies constantes du spectre solaire, une méthode pour estimer des rapports dans l'état hygrométrique de l'atmosphère.

Il est très naturel qu'à cette occasion je rappelle que je me suis donné le même but, mais par un moyen différent.

La méthode que j'ai proposée (1) est basée sur l'étude du spectre de la vapeur d'eau, obtenu avec un tube plein de cette vapeur.

Cette méthode a l'avantage de donner, non plus seulement des rapports entre les états hygrométriques, ce qui est le but que se propose M. Cornu, mais bien les quantités absolues de vapeur contenues dans l'atmosphère.

Ce qui ne signifie point que, dans ma pensée, la méthode qui donne des rapports serait sans utilité, tout au contraire. En particulier, je trouve que l'idée de chercher, dans les raies relati-

---

(1) *Comptes rendus*, 13 août 1866, 24 octobre 1870 ; *Conférence à la Société chimique de Paris*, 27 avril 1870. Cf. ci-dessus, 1866, article I, p. 114,

vement fixes du spectre solaire, des termes de comparaison pour les raies telluriques, est fort ingénieuse.

Mais, avant d'entrer dans plus de détails sur l'emploi du spectre de la vapeur d'eau, je voudrais que M. Cornu me permît d'ajouter quelques éclaircissements à l'historique qu'il donne dans sa Note.

Le point a trait à la dénomination des *raies telluriques* que j'ai proposée à la suite de mon travail de 1862-1863.

Notre confrère dit, au début même de sa Note :

« Aussi m'a-t-il paru plus simple de chercher à utiliser un phénomène secondaire qui se produit en même temps que l'affaiblissement général des radiations, à savoir l'existence dans le spectre solaire de bandes (Brewster) désignées sous le nom de *raies telluriques.* »

D'après ce passage, ne pourrait-on pas croire que ce sont les bandes sombres de Brewster qui ont été désignées sous le nom de *raies telluriques ?* Et comme c'est moi qui ai proposé cette dénomination, il en résulterait que j'aurais demandé une imposition de nom nouveau pour un phénomène déjà connu.

Or, voici sur ce point la vérité historique (1). On doit en effet à Brewster la découverte du phénomène désigné sous le nom de *bandes sombres* du spectre solaire. Mais les bandes de l'illustre physicien, telles qu'il savait les obtenir dans son instrument, n'étaient visibles qu'au lever et au coucher du Soleil. Dès que l'astre s'élevait notablement, elles disparaissaient du spectre. Cette circonstance empêcha toujours Brewster de conclure que le phénomène était dû à l'action de l'atmosphère terrestre.

Or, par des dispositions optiques nouvelles, je montrai :

1º Que les bandes de Brewster étaient entièrement résolubles en raies fines comparables aux raies d'origine solaire ;

2º Que ces raies étaient toujours visibles dans le spectre, quelle que fût la hauteur du Soleil ;

3º Que l'intensité de ces raies était sensiblement proportion-

____

(1) L'auteur cite ici un long passage de son *Rapport sur une Mission en Italie,* publié ci-dessus, 1867, article VII, p. 143.

nelle aux épaisseurs atmosphériques traversées. C'était la démonstration complète de l'origine atmosphérique du fait découvert par Brewster, et en même temps c'était la constatation d'un phénomène nouveau, celui de la production, par des gaz et vapeurs à la température ordinaire, d'un système de raies comparables aux raies métalliques d'origine solaire. Il était donc nécessaire de donner un nom pour désigner ce phénomène, qui se produisait alors d'une manière nouvelle et inattendue. Je proposai celui de *raies telluriques*, pour rappeler leur origine terrestre. Ce nom fut adopté.

Les *raies telluriques* sont donc, historiquement, bien différentes des *bandes de Brewster*.

Je sais que notre confrère connaît parfaitement ces faits ; aussi ma remarque n'est-elle faite ici que pour la généralité des lecteurs, et un peu aussi pour dégager ma responsabilité de *parrain*.

Je reviens maintenant au spectre de la vapeur d'eau.

L'Académie se rappelle que j'ai eu l'honneur de lui soumettre les résultats obtenus à l'usine de la Villette avec des tubes de vapeur dont le dernier avait 37 mètres de long.

Dans ce dernier tube, et en employant de la vapeur à 7 atmosphères, j'ai vu apparaître très nettement cinq bandes telluriques du spectre solaire (1), parmi lesquelles se trouve ce groupe près de D, et que M. Cornu prend pour sujet de son étude.

Il s'agissait de résoudre ces bandes en raies fines et de les rapporter au spectre solaire, afin de pouvoir distinguer dans ce spectre les raies d'origine aqueuse.

Pour atteindre ce but, j'employais la lumière solaire.

Un faisceau de cette lumière était partagé en deux parties : une partie était dirigée dans le tube de vapeur, et y éprouvait, en conséquence, l'action de cette vapeur ; l'autre longeait le tube extérieurement, et n'éprouvait aucune action. Toutes deux étaient amenées dans le même spectroscope et y formaient deux spectres juxtaposés, se correspondant raie pour raie. Dans

---

(1) L'auteur cite un passage de sa Note sur le spectre de la vapeur d'eau, 1866, article I, p. 114.

ces conditions, la comparaison était facile, et le renforcement considérable que les raies d'origine aqueuse éprouvaient par l'action du tube permettait de les distinguer des autres.

En même temps, on faisait varier la pression dans le tube, afin d'obtenir le phénomène d'absorption à divers degrés d'intensité.

On comprend en effet que, si l'on donne successivement divers degrés de pression dans le tube de vapeur, on pourra reproduire les effets que produit notre atmosphère pour divers états hygrométriques et pour diverses hauteurs du Soleil; et ces effets trouvent ici une mesure, car ils peuvent être estimés en longueur de colonne de vapeur à une pression connue.

En faisant ces études, je reconnus bientôt que le tube de 37 mètres était insuffisant pour obtenir une échelle hygrométrique suffisamment étendue. D'un autre côté, des missions dont je fus chargé de 1867 à 1875 m'empêchèrent de les continuer. Je m'occupe de les reprendre en ce moment à Meudon, où nous disposons de la place et des ressources nécessaires.

Tous ces travaux nous conduiront certainement à de précieuses connaissances sur la distribution de l'élément aqueux dans notre atmosphère.

C. R. Acad. Sc., Séance du 13 novembre 1882, T. 95, p. 885.

1883

1

NOTE SUR L'OBSERVATION DU PASSAGE
DE LA PLANÈTE VÉNUS SUR LE SOLEIL

A mon retour d'Afrique, où j'avais été observer le passage de la planète Vénus sur le Soleil, je m'empresse de donner à l'Académie un compte rendu sommaire de mes observations.

Ces observations avaient principalement pour but l'étude d'une question tout actuelle et d'une importance capitale, tant au point de vue de la constitution du système solaire qu'à celui de la philosophie naturelle : je veux parler de la composition de l'atmosphère de Vénus et de la présence ou de l'absence, dans cette atmosphère, de cet élément aqueux qui, pour la Terre, joue un si grand rôle dans tous les phénomènes qui se rattachent au développement de la vie.

Mais, outre l'étude de cette question principale, je m'étais proposé d'obtenir quelques photographies donnant des disques solaires de o m. 3o, principalement destinées à l'étude physique du phénomène, et d'autres épreuves d'un diamètre plus réduit, et se prêtant mieux à des mesures de précision.

Les instruments que j'emportais consistaient en :

Un équatorial de 8 pouces (o m. 216), le même qui m'avait servi en 1874 dans les mêmes circonstances ;

Une grande lunette photographique construite par M. Prazmowski pour l'expédition de 1874, donnant des images solaires de o m. 3o de diamètre ;

Une lunette photographique de M. Steinheil, également employée en 1874, donnant des images solaires très parfaites de o m. 1o de diamètre ;

Une lunette méridienne de Gautier et divers autres ;

Des appareils spectroscopiques variés, des appareils photographiques, etc..

Comme le principal but de mes observations se rapportait à des études d'Astronomie physique, je n'avais pas besoin du passage entier ; aussi ai-je cherché, près de la France, la station qui pouvait le mieux se prêter à l'étude des premières phases du phénomène.

L'Algérie me parut réunir les meilleures conditions.

En Algérie, en effet, le Soleil, au moment de l'entrée de la planète, était beaucoup plus élevé qu'en France, ce qui donnait une durée plus longue à la phase observable ; en outre, cette contrée, par la beauté ordinaire de ses hivers, offrait des chances de succès tout autres que la métropole.

Guidé par le même ordre d'idées, j'ai été conduit à choisir, en Algérie, la province d'Oran. Cette province, en effet, était d'une part, en raison de sa position à l'Ouest de nos possessions algériennes, la plus favorablement située au point de vue du passage ; et, d'autre part, en raison de la sécheresse de son climat, elle offrait en hiver les plus grandes chances relatives de ciel dégagé.

Je suis arrivé à Oran à la fin de novembre, muni d'une mission du Gouvernement et d'une recommandation spéciale du Ministre de la Guerre.

Cette recommandation fut précieuse pour moi ; car, sans le concours si empressé que l'armée nous prêta, il nous eût été impossible de réaliser les observations qui ont été faites sur les hauts plateaux du Sud-Oranais.

Le passage a été observé à Oran, au fort du Château-Neuf, où le colonel Guichard et ses officiers nous ont admirablement accueillis et donné toute l'aide et tous les secours que réclamait l'installation rapide de grands instruments. Nous nous sommes installés dans un petit bastion qui domine la mer, où l'horizon est presque dégagé. Les piliers furent rapidement élevés, les instruments montés, les observations méridiennes destinées à nous donner l'heure instituées, et, l'avant-veille, nous étions prêts aux observations.

Les lunettes photographiques étaient tenues par M. Pasteur, photographe attaché à l'Observatoire de Meudon, et j'étais assisté dans les observations spectroscopiques par M. le lieutenant du génie Royer, ancien élève de l'École Polytechnique, où il a suivi avec un goût tout particulier et beaucoup de fruit les cours de notre confrère M. Faye,

Le jour du passage, le temps était légèrement couvert dans la matinée ; mais, une demi-heure avant l'entrée, le ciel se découvrit complètement et nous pûmes faire nos observations dans des conditions atmosphériques très favorables, et suivre le phénomène jusqu'au coucher du Soleil. Nos grandes photographies solaires montraient la planète avec un diamètre d'environ o m. o1. Il m'a paru intéressant d'obtenir une mesure directe de ce diamètre par la photographie. Pour éliminer l'influence des déformations possibles de l'oculaire et l'incertitude que la définition défectueuse des bords solaires introduisait dans les mesures, j'ai fait photographier, avec la lunette même qui avait donné ces images, celle d'un système de deux lumières placées à grande distance et dont j'ai mesuré ensuite l'écartement du cercle géodésique. On a ainsi les éléments d'une mesure du diamètre de la planète.

A l'égard des observations spectroscopiques pendant le passage, je dois dire qu'elles ne m'ont pas conduit à des résultats qui s'accordent complètement avec ceux obtenus par les observateurs qui se sont occupés de la question.

Je portais surtout mon attention, ainsi que je le disais au début de cette Note, sur la question de la vapeur d'eau dans l'atmosphère de Vénus.

Sans entrer ici dans le détail des observations, ce qui fera l'objet d'une Communication ultérieure, je dirai que, bien que constatant un renforcement évident sur des raies que l'expérience de la Villette m'avait appris appartenir à la vapeur d'eau, je fus conduit, par des épreuves particulières, à attribuer ce renforcement, en grande partie du moins, aux conditions de l'observation, et je ne me crois pas autorisé à admettre, d'après ces épreuves, la présence évidente des caractères optiques de la vapeur d'eau dans le spectre de Vénus.

Comme cette conclusion était en opposition avec les résultats annoncés lors du passage de 1874, et même de celui-ci, je désirai alors ardemment lever mes doutes par de nouvelles observations. On me parlait beaucoup, à Oran, de l'éclat du ciel d'hiver sur les hauts plateaux ; c'était précisément l'époque où nous nous trouvions. Je résolus d'y transporter mes instruments et de suivre la planète à mesure que, se dégageant des feux du Soleil, elle commencerait à s'illuminer de lumière réfléchie.

L'entreprise offrait des difficultés ; car les hauts plateaux du Sud-Oranais sont des déserts, visités seulement par nos colonnes qui y ont établi quelques stations militaires et qui y supportent bien courageusement les effets d'un climat extrême qui les décime. Heureusement, on a établi tout dernièrement un petit chemin de fer stratégique, destiné à faciliter le ravitaillement de ces postes et qui, partant de Saïda, dans le Tell, s'élève sur les hauts plateaux, traverse la région des chotts et va actuellement jusqu'à Méchéria, grande station militaire, destinée à tenir toute cette région et ravitailler les postes avancés qu'on a jetés jusque sur la lisière du grand désert. J'utilisai ce chemin de fer, et, grâce au concours de l'armée, grâce surtout à l'appui du colonel de Négrier, commandant toutes nos forces dans le Sud-Oranais, j'ai pu dresser des lunettes et des équatoriaux au milieu de ces déserts qui n'avaient jamais vu jusque-là que des troupeaux nomades ou des colonnes guerrières.

A Méchéria, je suis resté près d'un mois en observation, temps triple de celui que je voulais d'abord consacrer à ces études ; mais le ciel était si beau, les circonstances astronomiques et atmosphériques *si favorables* à l'étude de cette atmosphère de Vénus, qui me préoccupait alors si fortement, que j'ai été conduit à retarder de jour en jour mon départ.

Pour donner une idée de la transparence de l'atmosphère de ces régions au moment où je m'y trouvais, je dirai que j'ai pu constater sûrement la vision à l'œil nu, et par des vues ordinaires, des satellites de Jupiter, et la possibilité d'appliquer une lunette de 8 pouces (o m. 216), et un grossissement de cent cinquante fois à l'étude des cratères lunaires éclairés seulement par la lumière cendrée, la Lune étant déjà âgée de 4 jours.

J'ai pu aussi relever la position de la grande comète de 1882 et recueillir, sur les apparences qu'elle présentait en septembre et octobre derniers, des données qu'il sera important de rapprocher de celles obtenues à la même époque en Europe et en Amérique.

A l'égard de Vénus et de son atmosphère, je dirai que j'en ai fait une étude tout à fait suivie pendant cette période, que l'éclat de la planète sur ces hauts plateaux était extraordinaire, ce qui m'a permis d'appliquer des appareils spectroscopiques très dispersifs et très parfaits, que la sécheresse de l'atmosphère était extrême, ce qui réalise pour cette étude les conditions très favorables, et qui, je crois, ont dû être bien rarement réalisées. Or je suis conduit à admettre que, quand on élimine ainsi l'influence de l'atmosphère terrestre, les caractères optiques de la vapeur d'eau dans le spectre de Vénus sont très faibles ; ceci ne veut pas dire, dans ma pensée, que cet élément est absent dans Vénus, mais que, si nous voulons nous appuyer sur l'analyse spectrale seule, nous devons être plus réservés qu'on ne l'a été pour affirmer cette présence et qu'il faudra reprendre cette difficile question dans des circonstances atmosphériques aussi favorables, mais avec de plus grands instruments.

Enfin j'ai pu faire quelques études sur le mirage, dont les manifestations sont presque permanentes en ces régions. J'ai pu même faire photographier plusieurs de ces manifestations, et constater que les causes de ces phénomènes, dans les cas les plus nombreux, sont tout autres que celles admises généralement. J'aurai aussi l'honneur de présenter à l'Académie une étude sur l'atmosphère de Vénus, étude dont j'ai présenté quelques résultats au Bureau des Longitudes, et qui donne l'explication de plusieurs phénomènes présentés par la planète pendant son passage, et notamment de celui qui a été observé par M. Bigourdan.

C. R. Acad. Sc., Séance du 29 janvier 1883, T. 96, p. 288.

II

NOTE SUR DIVERS POINTS DE PHYSIQUE CÉLESTE

Au moment de partir pour la mission dont le Gouvernement, l'Académie, le Bureau des Longitudes nous font l'honneur de nous charger, il nous paraît nécessaire, afin de prendre date, d'exposer à l'Académie l'état de plusieurs questions en cours d'étude à l'Observatoire de Meudon.

Un premier sujet, et qui nous occupe depuis longtemps déjà, est celui qui se rapporte à l'étude de la surface solaire par la Photographie. J'ai déjà eu l'honneur d'en entretenir plusieurs fois l'Académie. J'ai exposé comment la photographie de la surface solaire prise dans des conditions spéciales de grande amplification des images et de durée extrêmement courte d'action lumineuse pouvait nous révéler des détails de structure que les lunettes sont impuissantes à nous donner. J'ai montré notamment comment cette méthode nous permet d'obtenir, sur les formes, les mouvements, les transformations, les groupements des éléments granulaires de la surface solaire, des données toutes nouvelles.

Parmi les questions nouvelles que cette méthode permet d'aborder, celle qui se rapporte aux mouvements dont la matière photosphérique est animée est l'une des plus importantes. Nous nous en occupons depuis assez longtemps déjà.

L'étude des mouvements de la matière photosphérique, en dehors des taches, présente, par les moyens optiques ordinaires dont dispose l'astronome, des difficultés presque insurmontables, tandis que la photographie nous offre ici des bases sûres et relativement faciles.

Pour mettre en évidence et mesurer ces mouvements, nous prenons d'une même région solaire des photographies à des intervalles déterminés.

Nous avons d'abord reconnu que les mouvements de la matière granulaire sont tels que l'aspect d'une région photosphérique change en de très courts instants ; quelquefois l'espace d'une seconde suffit pour amener dans la forme d'un élément granulaire un changement complet.

Pour cette recherche, le passage du revolver photographique est tout indiqué. L'instrument donne, en effet, à des intervalles connus et aussi courts qu'il est nécessaire, des images d'une région déterminée. Un réticule placé devant la plaque photographique, mais rendu solidaire avec la lunette et entraîné avec elle et de manière à suivre rigoureusement le mouvement du Soleil, fournit des repères auxquels on rapporte les mouvements décelés par les images successives.

Ce travail est en cours d'exécution. Je ne publierai des nombres que lorsqu'il sera terminé. Mais je puis dire dès maintenant que les mouvements de la matière photosphérique sont de vitesse extrêmement variable, et, en général, du même ordre de grandeur que ceux que mon illustre ami, M. Lockyer, a reconnus dans la matière gazeuse des éruptions solaires.

On s'occupe aussi à l'Observatoire de poser les bases de la photométrie photographique. Le principe que j'ai énoncé, à savoir que les intensités de deux sources sont entre elles dans le rapport inverse des temps qui leur sont nécessaires pour produire le même travail photographique, par exemple pour déterminer sur deux plaques photographiques identiques la même teinte, ce principe, qui est le parallèle du principe de photométrie optique, a été l'objet de vérifications toutes spéciales.

En s'appuyant sur la loi du décroissement d'intensité suivant le carré de la distance, on a vérifié le principe avec la gélatine entre des limites déjà très étendues, par exemple pour des temps variant entre 1 et 300 000. Il reste encore à varier les sources radiantes et les substances sensibles. Dès que ces études seront terminées, nous pourrons reprendre notre étude sur les étoiles et donner à l'Académie le travail sur la comète de 1881, où ces mesures de photométrie photographique interviennent, pour faire connaître les rapports d'intensité lumineuse entre les diverses parties de la comète et celle de la pleine Lune.

Nous reprenons également l'étude du spectre de la vapeur d'eau, question qui m'a occupé, il y a longtemps déjà, et dont j'avais dû suspendre la poursuite tant à cause des missions dont j'ai été chargé qu'en raison de la difficulté de construire les grands appareils que cette étude exige. Mais Meudon nous donne sous ce rapport des facilités bien précieuses. J'espère donc être bientôt en mesure de présenter à l'Académie une étude complète du spectre de la vapeur d'eau, étude qui comprend l'ensemble des radiations depuis la chaleur obscure jusqu'à l'ultra-violet.

La connaissance du spectre de la vapeur d'eau est indispensable pour déterminer sûrement l'origine d'une grande partie des raies telluriques ; elle intervient également dans l'étude des atmosphères planétaires. Dans les étoiles, elle peut nous conduire à des notions toutes nouvelles sur la température de leurs atmosphères.

Enfin, le spectre de la vapeur d'eau a une grande importance théorique. Tout ici m'invite donc à terminer le travail que j'ai commencé sur ce sujet ; je prie seulement qu'on veuille bien me faire un peu de crédit.

C. R. Acad. Sc., Séance du 26 février 1883, T. 96, p. 527.

III

LES PROGRÈS DE L'ASTRONOMIE PHYSIQUE

La Photographie céleste.

La première application de la Photographie à la Science du Ciel a été faite en France. La *première image* d'un astre fixée sur la plaque daguerrienne fut celle du Soleil, et cette photographie céleste est due aux auteurs des admirables procédés pour mesurer sur terre la vitesse de la lumière, à MM. Fizeau et Foucault (2 avril 1845).

Peu après, on obtenait aux États-Unis des images de la Lune. Après ces premiers essais, vinrent des travaux suivis dont le

Soleil et la Lune surtout furent les objets. Tout le monde connaît les belles épreuves de photographie lunaires dues à M. Warren de la Rue et surtout à M. Rutherfurd. Dans plusieurs observatoires, on a pris régulièrement, depuis vingt ans, des photographies du Soleil au point de vue des taches et facules de l'astre.

Plus récemment, M. Rutherfurd et M. Gould ont abordé la confection des cartes célestes, et, dans ces derniers temps, on a obtenu, à New-York (M. Draper), et à Meudon, des photographies de la nébuleuse d'Orion.

Tous ces travaux sont fort importants ; ils se rapportent à un premier objet de la Photographie astronomique : obtenir des astres, et des phénomènes qui s'y produisent, des images durables et fidèles, qui se prêtent à des études et à des mesures ultérieures. Jusqu'ici, les observateurs n'avaient, pour conserver le souvenir d'un phénomène, que la mémoire, la description écrite ou le dessin. La Photographie y substitue l'image matérialisée du phénomène lui-même, admirable artifice qui empêche en quelque sorte le phénomène de s'éteindre, d'entrer dans le domaine du passé, et nous le conserve toujours présent pour l'examen ou pour l'étude.

Mais, quelle que soit l'importance de ces résultats, les derniers travaux dont la Photographie a été l'objet, spécialement en ce qui concerne le Soleil, ont montré que cette méthode peut être employée comme moyen de découvertes en Astronomie.

Les grandes images solaires qui ont été obtenues, dans ces dernières années, à Meudon, ont révélé des phénomènes de la surface du Soleil, que ne peuvent montrer nos plus puissants instruments, et qui ouvrent un champ tout nouveau à ces études. Par leur aide, nous connaissons enfin la véritable forme de ces éléments de la photosphère sur lesquels il avait été émis tant d'assertions différentes et contradictoires. Ces éléments sont constitués par une matière fluide qui obéit avec facilité à l'action des forces extérieures.

Dans les points de calme relatif, la matière photosphérique prend des formes qui se rapprochent plus ou moins de la sphère, et l'aspect est celui d'une granulation générale. Au contraire,

partout où règnent des courants et des mouvements de matière
plus violents, les éléments granulaires sont plus ou moins étirés et prennent des aspects qui rappellent les formes de grains
de riz, de feuilles de saule ou même de véritables filaments.

Mais ces régions où la photosphère est plus agitée sillonnent
des plages limitées. Dans les intervalles, c'est la forme granulaire qui s'observe. Il résulte de cette constitution particulière
que la surface du Soleil offre l'aspect d'un réseau, dont les mail-
les seraient formées par des chapelets de grains plus ou moins
réguliers, montrant, dans les intervalles, des corps étirés, allon-
gés dans toutes les directions.

Ces images montrent encore l'énorme différence qui existe
entre le pouvoir lumineux de ces éléments de la photosphère et
le milieu où ils nagent et qui semble tout à fait obscur à côté
d'eux. Il résulte de cette constitution que, suivant le nombre et
l'éclat de ces éléments, le pouvoir rayonnant du Soleil sera
affecté dans la même proportion. Les taches ne peuvent donc
plus être considérées comme l'élément principal des variations
que le rayonnement solaire peut éprouver : il faut y ajouter désormais ce nouveau facteur, dont l'action peut être prépondérante.

Ces photographies permettent encore une étude qui promet
des résultats d'une extrême importance : je veux parler des
mouvements qui animent les éléments granulaires sous l'action des forces qui bouleversent la couche photosphérique.
Pour étudier ces mouvements, on prend, à de très courts intervalles, à l'aide du revolver photographique, des images successives d'un même point de la surface solaire. La comparaison de
ces images montre, en effet, que la matière photosphérique est
animée de mouvements d'une violence dont nos phénomènes
terrestres ne peuvent donner qu'une bien faible idée.

La photographie de la surface solaire, prise dans des conditions spéciales de grande amplification des images, et de durée
extrêmement courte d'action lumineuse, peut nous révéler des
détails de structure que les lunettes sont impuissantes à nous
donner. Cette méthode nous permet d'obtenir, sur les formes,
les mouvements, les transformations, les groupements des éléments
granulaires de la surface solaire, des données toutes nouvelles.

Pour mettre en évidence et mesurer ces mouvements, nous prenons d'une même région solaire des photographies à des intervalles déterminés.

Nous avons d'abord reconnu que les mouvements de la matière granulaire sont tels que l'aspect d'une région photosphérique change en de très courts instants ; quelquefois l'espace d'une seconde suffit pour amener, dans la forme d'un élément granulaire, un changement complet. Ces mouvements de la matière photosphérique sont de vitesse extrêmement variable, et, en général, du même ordre de grandeur que ceux que mon illustre ami, M. Lockyer, a reconnus dans la matière gazeuse des éruptions solaires.

On s'occupe aussi, à l'Observatoire de Meudon, de poser les bases de la photométrie photographique. Le principe que j'ai énoncé, à savoir que les intensités des deux sources sont entre elles dans le rapport inverse des temps qui leur sont nécessaires pour produire le même travail photographique, par exemple pour déterminer sur deux plaques photographiques identiques, la même teinte, ce principe, qui est le parallèle du principe de photométrie optique, a été l'objet de vérifications toutes spéciales.

A l'exemple de l'analyse spectrale, la Photographie a commencé l'inspection générale des cieux. L'année 1881 a vu la première photographie de comète obtenue avec une portion très considérable de la queue de l'astre (1). Cette photographie a révélé de curieux détails de structure et a permis diverses mesures photométriques, notamment celle qui montre que l'appendice caudal, malgré l'état dont il semble briller, est, à quelques degrés seulement du noyau, deux à trois cent mille fois moins lumineux que la Lune ! Il y aura sans doute lieu de chercher à perfectionner ces premiers essais, car il sera de la plus haute importance d'obtenir, par la Photographie, des documents aussi incontestables pour l'histoire de ces astres singuliers, dont la nature présente encore tant d'énigmes.

Des essais non moins intéressants ont été tentés à l'égard des nébuleuses. Ces astres ont une grande importance, au point de

____

(1) Voir ci-dessus, 1882, article I, p. 448.

vue de la théorie de la formation des systèmes stellaires et de la genèse des mondes. Il y aurait un intérêt immense à constater nettement l'existence et la nature des changements survenus dans leur structure ; aussi serait-il précieux, à ce point de vue, d'avoir de bonnes photographies de nébuleuses.

Un premier essai, en Amérique (M. Draper), et à Meudon, a été tenté ; mais le sujet présente des difficultés considérables : c'est d'abord l'extrême faiblesse lumineuse de ces nuages de matière cosmique, puis l'incertitude de leurs contours, et enfin, l'éclat si différent de leurs diverses parties. Il en résulte que, suivant la longueur de la pose, la pureté du Ciel, la sensibilité de la plaque, on peut obtenir de la même nébuleuse des images plus ou moins complètes et nullement comparables. Il y a donc ici une nécessité impérieuse de définir les conditions dans lesquelles les images sont obtenues. Un des plus sûrs moyens consiste à prendre, en même temps que l'image de la nébuleuse, celle de quelques belles étoiles voisines ; quand ces images sont obtenues en dehors du foyer, elles forment des cercles dont l'opacité plus ou moins grande peut servir de témoin des conditions de l'expérience et être appliquée à une reproduction ultérieure. Il faudra, pour que la seconde image de la nébuleuse soit comparable à la première, que les temps de l'action lumineuse pour ces deux images soient dans le même rapport que les temps qui auront donné des cercles stellaires de la même intensité.

Les photographies que nous reproduisons ici (voir planches hors texte) donnent une idée des résultats obtenus exactement à l'Observatoire de Meudon. Sur l'une, on peut juger exactement de la nature *de la surface solaire*, dont nous exposions tout à l'heure les mouvements, et de cette granulation qui en représentent les mobiles éléments lumineux. Sur l'autre, on peut juger des résultats obtenus en essayant de photographier directement *la lumière cendrée de la Lune*. Cette photographie lunaire montre la partie de notre satellite éclairée par la Terre (1).

---

(1) Ces *deux photographies directes*, l'une de la surface solaire, l'autre de la lumière cendrée de la Lune, ont été reproduites ici par l'héliogravure, de sorte que la main de l'homme n'a touché ni à l'une ni à l'autre, et que la na-

C'est avec un télescope de o m. 5o de diamètre, à très court foyer, que cette photographie a été obtenue. Une exposition de soixante secondes a suffi pour obtenir l'image en question. La Lune était alors âgée de 3 jours.

Bien que cette image soit faible, on peut néanmoins reconnaître, dans la partie de la Lune brillant seulement par la lumière *cendrée*, la configuration générale des *continents lunaires*.

L'intérêt scientifique de cette application de la Photographie sera de permettre de prendre des mesures photométriques plus précises sur la lumière cendrée, et d'étudier les phénomènes lumineux si intéressants qui se produisent, dans la double réflexion de la lumière solaire sur les deux astres, suivant les diverses circonstances atmosphériques ou géographiques que la Terre peut présenter.

Résumons, en terminant, l'ensemble des avantages que la Photographie apportera à l'Astronomie, à l'étude générale de l'Univers.

Notre vue est constituée de manière à nous donner des images du monde extérieur. Ces images doivent se former aussitôt que nous dirigeons notre vue sur un objet, et cesser dès que nous la détournons. De cette nécessité première dérive une propriété fondamentale de la rétine : elle ne conserve les impressions lumineuses que pendant un temps très court. Toute impression qui a environ un dixième de seconde de date est effacée, et la rétine est prête à en recevoir une autre. Aussi, pour conserver dans l'œil une image en permanence, nous sommes obligés de le maintenir sur l'objet, afin de recevoir de celui-ci des impressions toujours nouvelles.

De cette propriété de la rétine découle la fugacité des images oculaires et le faible degré de leur intensité. Nous venons

---

ture seule a fixé chimiquement ces deux spectacles astronomiques. Sans parler de la lumière cendrée, de ce clair de Terre réfléchi par la Lune, de ce « reflet d'un reflet » photographié pour la première fois, ne semble-t-il pas, lorsqu'on examine avec attention la photographie de la surface solaire, que l'on distingue les courants dont sont animées ces vagues incandescentes, que l'on assiste aux *mouvements* tumultueux qui transforment en quelques secondes chaque hectare de l'océan solaire ?

d'expliquer la cause de leur fugacité, leur intensité est réglée par la durée du temps pendant lequel la rétine peut additionner les actions de la lumière. Ce temps étant d'un dixième de seconde, les actions augmentent sur la rétine depuis le commencement de l'action lumineuse jusqu'à la fin de ce temps. Au delà, les actions ultérieures ne font que remplacer celles qui ont plus d'un dixième de seconde de date, et l'intensité reste constante.

Si la rétine pouvait accumuler les actions lumineuses pendant un temps double, les images oculaires auraient une intensité double ; si cette accumulation pouvait se produire pendant une seconde entière, les images auraient une intensité presque décuple. Alors, la lumière du jour nous serait insupportable, et la nuit serait si constellée d'étoiles que la voûte céleste nous semblerait comme une immense voie lactée. Telles seraient les conséquences d'un simple changement dans la durée des impressions rétiniennes.

Or, la couche sensible que nous formons sur nos plaques photographiques possède cette propriété de pouvoir accumuler presque indéfiniment les actions lumineuses et d'en conserver la trace. Voilà ce qui la différencie essentiellement de la rétine humaine. De là, des défauts qui la rendraient absolument impropre à remplir l'admirable fonction de notre organe visuel, mais de là aussi des propriétés qui la rendent précieuse pour la Science.

Cette rétine photographique, quand elle a reçu les derniers perfectionnements de l'art, peut nous donner des images dans les limites de durée qui confondent l'esprit. Nous obtenons aujourd'hui du Soleil des impressions photographiques en un cent millième de seconde.

D'un autre côté, les images de la comète, et celles de la nébuleuse d'Orion ont exigé des temps de pose qui ont varié d'une demi-heure à deux ou trois heures. On trouve ainsi que, dans le second cas, les actions lumineuses ont été jusqu'à un milliard de fois plus longues que dans le premier. Quels phénomènes, par la diversité de leur éclat, pourraient échapper à une si admirable élasticité ?

Mais, il y a plus : les plaques photographiques qu'on sait préparer aujourd'hui, sont, non seulement sensibles à tous les rayons élémentaires qui excitent la rétine, mais elles étendent encore leur pouvoir dans les régions ultra-violettes et dans ces régions opposées de la chaleur obscure où l'œil demeure également impuissant.

Quels précieux avantages pour toutes nos expériences !

La conservation des images, l'étendue de la sensibilité, la faculté d'embrasser les phénomènes lumineux les plus opposés par leur faiblesse ou leur puissance !

Aussi n'hésitè-je pas à dire que *la plaque photographique sera bientôt la véritable rétine du savant.*

L'Astronomie physique est déjà à la hauteur de sa sœur aînée l'Astronomie mathématique. Ne sont-elles pas dignes l'une de l'autre, et ne peuvent-elles pas désormais marcher d'un pas égal à la conquête des cieux ? Comparons-les, en effet.

D'une part, nous voyons le calcul, ce merveilleux levier intellectuel, qui, mettant en œuvre quelques données de l'observation, sait en tirer les conséquences les plus belles et les plus inattendues. D'autre part, ces appareils étonnants, qui analysent la lumière comme si elle était matière, lui font produire des images d'objets proches se peignant simultanément avec des objets éloignés, ou enfin, saisissant ces images fugitives, les rendent fixes et durables.

D'un côté, ce génie mathématique qui a créé l'analyse de l'infini, génie de justesse et de profondeur, qui sait pénétrer tous les éléments d'une question et dégager de la complication des données les dernières conséquences qu'elles comportent. De l'autre, ce génie de l'observation, qui tantôt observe les phénomènes avec ce sens inné et supérieur qui en fait découvrir les rapports intimes, tantôt, illuminé par une inspiration soudaine, fait d'un trait un de ces rapprochements qui ouvrent des horizons immenses.

D'un côté, enfin, les cieux mesurés, le monde solaire placé dans la balance, ses mouvements si bien enchaînés par la loi qui les régit que, bientôt peut-être, le passé, le présent et le futur n'existeront plus pour l'astronome. Et, de l'autre, des merveilles peut-être plus étonnantes encore : des astres nous révélant leurs formes et les derniers détails de leur structure, comme s'ils avaient abandonné les profondeurs des espaces pour venir docilement s'offrir à notre étude ; les mondes confiant les secrets de la matière qui les engendre aux rayons qu'ils nous envoient ; et l'histoire du Ciel écrite par le Ciel lui-même.

Enfin, par ces efforts réunis, l'univers entier, dans sa majesté et sa grandeur, devenu le domaine intellectuel de l'homme !

L'Astronomie, Revue mensuelle d'Astronomie populaire, publiée par Camille Flammarion, numéro d'avril 1883, p. 121.

IV

DÉPÊCHE TÉLÉGRAPHIQUE SUR L'OBSERVATION DE L'ÉCLIPSE TOTALE DU 6 MAI 1883

M. le Secrétaire perpétuel donne lecture de la dépêche suivante, datée de San Francisco, que Mme Janssen a transmise à l'Académie :

Janssen : Découverte du spectre de Fraunhofer et des raies obscures du spectre solaire dans la couronne, accusant matière cosmique autour du Soleil. Grandes photographies de la couronne et des régions circumsolaires jusqu'à 15° de distance pour planètes intramercurielles. *E. Palisa* et *Trouvelot :* exploration des régions circumsolaires. Point trouvé planètes intramercurielles. *Trouvelot :* Dessin de la couronne. *Tacchini :* Polarisation couronne et panaches, spectres panaches montrant analogie avec spectre comètes, spectre continu couronne, spectre protubérances, protubérances blanches et dessin.

C. R. Acad. Sc., Séance du 18 juin 1883, T. 96, p. 1745.
Dépêche reproduite dans *L'Astronomie*, numéro de juillet 1883, p. 264.

V

RAPPORT A L'ACADÉMIE SUR LA MISSION EN OCÉANIE POUR L'OBSERVATION DE L'ÉCLIPSE TOTALE DU 6 MAI 1883.

La mission dont nous avions été chargé par le Gouvernement, l'Académie et le Bureau des Longitudes, avait pour but, comme on sait, d'observer la grande éclipse totale du 6 mai dernier et de profiter de la rare durée de ce phénomène pour essayer de résoudre certaines questions sur la constitution du Soleil et sur l'existence de planètes dites intra-mercurielles.

Le lieu d'observation avait été fixé dans l'île Caroline, île située à 152°20′ de longitude Ouest et 10° de latitude Sud, c'est-à-dire à peu près par le méridien de notre belle île de Tahiti, mais à 200 lieues plus au Nord. Cette station n'était pas absolument placée sur la ligne de centralité, mais elle s'en approchait beaucoup. Elle avait été jugée la moins défavorable pour l'observation d'un phénomène qui ne visitait que les parties maritimes de l'Océanie.

A notre mission s'étaient adjoints MM. Tacchini, l'habile directeur de l'Observatoire de Rome, et Palisa, de l'Observatoire de Vienne, auquel la Science doit tant d'astres nouveaux.

La partie française de l'expédition comprenait, outre son chef, M. Trouvelot, astronome attaché à l'Observatoire de Meudon, M. Pasteur, photographe, et un aide.

Des circonstances indépendantes de notre volonté ne nous avaient laissé que très peu de temps pour les préparatifs de cette grande expédition. Et cependant l'étude des questions que nous allions aborder avait nécessité l'emploi d'instruments nouveaux de grandes dimensions, dont il eût été bien désirable que l'usage nous fût rendu sûr et familier par de suffisantes études préliminaires. Ces études n'avaient pu avoir lieu ; il ne nous restait qu'à faire les plus grands efforts pour arriver à notre station avec une avance qui nous permît un essai suffisant de nos grands appareils. Ces appareils consistaient, indépendamment des grands instruments de MM. Tacchini et Palisa, et pour la partie française, en équatoriaux de 6 et 8 pouces (o m. 16 et o m. 21), destinés à la recherche oculaire des planètes intra-mercurielles, en un grand pied parallactique en acier et fonte, entraînant des appareils photographiques pour les photographies de la couronne et celle des régions circumsolaires, en des télescopes de o m. 5o et o m. 4o d'ouverture, instruments méridiens, tentes, etc., etc. C'était le matériel d'un bon observatoire de second ordre qu'il s'agissait de transporter à plus de 4ooo lieues.

Nous partîmes de Saint-Nazaire, le 6 mars, sur le paquebot de la Compagnie Transatlantique, *le Saint-Nazaire*. Le 27, nous abordions à Colon.

Nous devons dire ici que nous n'eûmes qu'à nous louer de la manière dont la Compagnie traita la mission. A Colon, je trouvai M. Charles de Lesseps, qui était appelé à l'isthme par les affaires du canal. M. Ch. de Lesseps nous reçut avec une grande courtoisie et facilita beaucoup à notre matériel la traversée de Colon à Panama.

A Panama, nous trouvions le navire de guerre *l'Eclaireur*, que M. le Ministre de la Marine avait bien voulu mettre à la disposition de la mission, et qui avait reçu l'ordre de quitter Callao, de venir nous prendre à Panama, et de nous conduire directement à Caroline.

Nous étions alors fin mars, et nous avions environ 43oo milles à faire, pour atteindre notre station. La situation était presque critique.

J'obtins du commandant qu'il prît un supplément de charbon en sus des provisions des soutes. Ce charbon fut placé sur le pont, ainsi que notre grand matériel. Ce fut cet approvisionnement supplémentaire, à mon sens encore insuffisant, qui sauva pour ainsi dire la situation, car nous trouvâmes l'alizé bien faible dans la région où l'on comptait le trouver frais et bien établi.

L'aide que le vent nous apporta pendant cette longue traversée fut en réalité très faible, et le trajet dut s'effectuer presque entièrement par la vapeur.

Nous nous dirigeâmes d'abord sur les Marquises, où nous fîmes du charbon, ce qui permit une marche un peu plus rapide sur Caroline. Enfin, le 22 avril au soir, nous étions en vue de cette île que j'attendais si anxieusement.

Le navire américain, *le Hartford* était au large : il venait de débarquer la mission américaine et s'apprêtait à partir pour Tahiti. Un officier vint nous visiter et nous instruisit des difficultés du débarquement.

Le lendemain matin, nous commençâmes cette opération. Je descendis d'abord à terre, accompagné de MM. Tacchini, Palisa, Trouvelot, pour reconnaître les lieux, voir les astronomes américains et arrêter notre point d'observation.

Caroline est une île basse, dont la partie émergée est entièrement formée de corail. Elle consiste en une série d'îlots disposés en forme de couronne et réunis entre eux par des récifs corallifères à fleur d'eau, sur lesquels la mer déferle constamment.

Du côté où nous abordions l'île, le mur des récifs présente une lacune fort étroite, à peine suffisante pour le passage d'un canot. Cette passe nous fut signalée par l'officier américain. C'est par elle que nous pénétrâmes dans le Lagon ou mer intérieure. La Commission astronomique américaine nous reçut très cordialement. Ces Messieurs, quoique partis de Lima une quinzaine de jours avant nous, étaient arrivés depuis deux jours seulement. L'île Caroline contient des gisements assez importants de phosphate de chaux provenant de guano lavé par les pluies si abondantes de ces régions. Ce phosphate est exploité par une maison de commerce (MM. Houlder frères, de Londres) qui y envoie de temps en temps des travailleurs et qui, pour ses opérations, a fait construire deux grands chalets en bois. Les astronomes américains occupaient déjà à notre arrivée ces deux chalets, mais M. Holden, leur chef, m'offrit gracieusement l'un d'eux. Sur cette île déserte où les orages et les pluies diluviennes sont si fréquents, on comprend combien une telle ressource nous fut précieuse : aussi n'est-il que juste d'adresser ici nos remerciements aux propriétaires.

Ce point si important fixé, nous arrêtâmes le lieu de nos observations. Nous retournâmes ensuite au navire pour l'opération du débarquement. Cette opération se fit ainsi : Les caisses étaient d'abord prises sur le pont par un palan et descendues dans un canot. Quand celui-ci était chargé, on le conduisait à l'entrée de la passe et, par une manœuvre rapide, on l'y faisait pénétrer. Il se trouvait alors dans les eaux calmes du Lagon intérieur, mais bientôt il était forcé de s'arrêter par manque de fond. Il fallait alors transborder les caisses qu'il contenait dans un petit bateau plat, calant seulement quelques centimètres et qui, poussé par les matelots marchant dans l'eau, amenait la charge très près du rivage. On reprenait alors les caisses sur les épaules et on les conduisait au lieu que nous avions désigné. Nos lourdes caisses nécessitèrent jusqu'à quinze et dix-huit porteurs.

De ces diverses opérations, la plus difficile était la traversée de la passe dans les récifs de coraux. La mer y brisait avec fureur, et les récifs dissimulés sous les eaux permettaient difficilement de reconnaître la position exacte de l'entrée. Il fallait saisir le moment où le flot, en s'abaissant, montrait la position de l'ouverture et profiter du flot suivant pour pénétrer d'un seul coup, à travers la passe, jusqu'à l'entrée du Lagon.

Malgré l'habileté de nos braves marins, plusieurs canots furent crevés pendant ces difficiles opérations, et des caisses furent mouillées ; celles-là étaient mises à part et ouvertes immédiatement, afin d'empêcher les suites de ces accidents.

L'opération dura ainsi deux jours. Le 24 avril au soir, elle était terminée.

Avant de partir, *l'Eclaireur* nous laissait, d'après les ordres que le Ministre avait bien voulu donner, sur ma demande, un détachement de dix-sept hommes comprenant des timoniers, des ouvriers et des matelots.

Dès le lendemain matin, les emplacements étaient assignés, les tentes se dressaient et les instruments se tiraient de leurs caisses.

Il est indispensable que nous donnions maintenant une courte description de nos appareils et du plan de nos observations.

Pour la recherche des planètes intra-mercurielles, M. Palisa avait une lunette de 6 pouces (o m. 16), à court foyer, à grand champ, montée équatorialement et très propre à la recherche en question. Pour le même objet, M. Trouvelot disposait de deux lunettes : une de 3 pouces (o m. 08) d'ouverture, à grand champ, avec réticule et cercle intérieur de position, et une de 6 pouces donnant un fort grossissement. La lunette de 3 pouces, formant chercheur et ayant un champ d'environ 4°,5, devait servir à l'exploration des régions circumsolaires ; la croisée de fil permettait de relever une position ; le cercle de position intérieur, dont les larges divisions étaient gravées sur une couronne de verre, était destiné à orienter les détails de la couronne pour le dessin que M. Trouvelot devait en faire. Quant à la lunette de 6 pouces, qui était également munie de réticule, elle devait servir à vérifier si un astre soupçonné d'être une planète possédait réellement un diamètre, et le réticule permettait d'en relever la position exacte. Ces lunettes étaient montées sur un pied parallactique, un de ceux qui avaient servi au dernier passage de Vénus. Pour rendre plus rapide le relevé d'une position et dispenser de lectures qui eussent fait perdre un temps si précieux, j'avais fait adapter, par M. Gautier, aux cercles d'ascension droite et de déclinaison, des tracelets de microscope. Chacun de ces tracelets, placé sous la main d'un timonier, permettait de faire, sur l'ordre de l'observateur, un trait fin à travers le cercle divisé et son vernier, de manière à pouvoir ensuite, à l'aide de ce repère très précis, replacer l'instrument dans sa position d'observation et faire à loisir les lectures nécessaires.

Je dois ajouter que, sur ma proposition, MM. Palisa et Trouvelot se divisèrent le travail et voulurent bien explorer seulement chacun un côté du Soleil. On sait que la grande difficulté de ces recherches de planètes pendant les éclipses réside dans le peu de temps dont on dispose ; il est donc de la plus haute importance de réduire autant que possible le champ qui doit être exploré par un observateur.

Telles étaient les dispositions prises pour la recherche des planètes intra-mercurielles par l'observation oculaire, mais nous y avions ajouté un élément nouveau, la Photographie.

Sur mes indications, M. Gautier nous avait disposé un pied parallactique ayant un axe horaire de 2 mètres de longueur, portant une forte et large plate-forme sur laquelle étaient fixés les appareils photographiques suivants : une grande chambre portant un objectif de 8 pouces (o m. 21) de Darlot, embrassant un champ de 20° sur 25° (glace de o m. 40 à o m. 50) et destiné à la photographie de la couronne et des régions circumsolaires au point de vue des astres que ces régions pouvaient présenter.

Une deuxième chambre portant un objectif de 6 pouces (o m. 16) de Darlot, embrassant un champ de 26° sur 35° (glace de o m. 30 à o m. 40), destinée au même usage.

Un appareil de Steinheil très parfait, pour l'étude de la couronne.

Un second appareil parallactique portait des chambres à objectifs de 4 pouces (o m. 10) très lumineux, destinés à constater quelles seraient les limites de la couronne avec des plaques très sensibles, un appareil très lumineux et une exposition embrassant toute la durée de la totalité.

Pour l'analyse spectrale, j'avais emporté deux télescopes :

L'un de o m. 50 d'ouverture, à très court foyer (1 m. 60), muni d'un spectroscope à vision directe, à 10 prismes, très lumineux ; la fente de ce spectroscope pouvait prendre diverses positions angulaires et s'ouvrir ou se fermer rapidement à la volonté de l'observateur ; un excellent chercheur, muni de réticule, était placé près du spectroscope et à la distance des axes visuels, de manière que, l'un des yeux se portant par le chercheur sur un point de la couronne, l'autre pût obtenir l'analyse spectroscopique de ce point ; j'ai déjà décrit cette disposition si commode, employée par moi dès 1871.

Ce télescope portait, en outre, une lunette polariscopique à biquartz de M. Prazmowski, et une autre du même opticien donnant les anneaux de Respighi.

Tout l'instrument était monté sur un pied parallactique.

Craignant beaucoup le climat maritime de Caroline, j'avais associé au télescope de o m. 50 un autre de o m. 40, portant les mêmes dispositions ; le miroir de ce télescope resta dans sa boîte et ne devait être ouvert que dans le cas où le télescope de o m. 5o eût été gravement attaqué par l'atmosphère de notre station. Heureusement, je ne fus pas obligé de recourir à ce second instrument. Par des précautions très minutieuses, j'ai pu, malgré les orages et l'humidité de ces climats, conserver mon miroir absolument intact.

Nous avions encore divers autres instruments et une méridienne qui ne nous servit pas, M. Palisa ayant bien voulu, pour nous soulager, se charger de la détermination du temps.

Notre installation fut fortement contrariée par les orages qui se succédèrent pendant notre séjour à Caroline. Nos tentes étaient enlevées ou déchirées et nos instruments inondés. Nous étions obligés de lutter continuellement pour maintenir notre matériel en état de fonctionner. Le miroir de mon télescope devait être démonté chaque soir, rapporté à notre habitation et placé dans une atmosphère rendue sèche par un foyer de charbon. Dans l'un de ces orages, nous mesurâmes une chute d'eau de o m. 17.

Malgré tous ces obstacles, notre installation avançait rapidement. Nous fîmes plusieurs jours de suite des répétitions destinées à bien fixer le rôle de chacun et, le jour de l'éclipse, nous étions prêts.

Afin de bien fixer les droits de chacun, il avait été convenu, à ma demande, qu'aussitôt l'éclipse observée, chaque observateur rédigerait un rapport succinct de ses observations, que ces rapports seraient lus en présence de tous et signés de chacun de nous, comme constatation de cette lecture.

Mais le temps ne semblait guère nous favoriser ; car, le matin même du 6 mai, nous éprouvions un orage, et si l'éclipse fut observée, elle le fut dans une éclaircie, éclaircie, il est vrai, qui laissa le ciel très dégagé et très pur, mais seulement aux environs de la totalité.

RAPPORT SUCCINCT, RÉDIGÉ IMMÉDIATEMENT
APRÈS LES OBSERVATIONS

Mes observations ont été de deux ordres : observations optiques, observations photographiques.

Les observations optiques avaient principalement pour but de décider si le spectre coronal est un spectre à fond continu avec raies brillantes, ou si les raies fraunhofériennes y existent d'une manière générale (1). Déjà, en 1871, j'avais annoncé que, indépendamment des raies de l'hydrogène, j'avais constaté dans le spectre coronal la présence de la raie D et de plusieurs autres.

Dans la présente éclipse, je m'étais principalement proposé de résoudre cette question. Or, par des dispositions optiques qui seront décrites, j'ai pu constater que le fond du spectre coronal est formé par le spectre fraunhoférien complet. Les principales raies du spectre solaire, notamment D, *b*, E, etc., étaient tellement accusées qu'aucun doute n'est possible à cet égard ; j'ai reconnu une centaine de raies peut-être (2).

J'ai reconnu cette constitution surtout dans les parties les plus basses ou les plus brillantes de la couronne, mais non d'une manière égale à même distance du limbe lunaire. Ces détails seront donnés et discutés plus tard.

J'ai étudié aussi la question des anneaux de Respighi. Les anneaux ne se sont pas montrés réguliers autour du limbe lunaire mais ils ont présenté des particularités de structure qui seront discutées principalement dans leurs rapports avec la question des raies fraunhofériennes.

A cette étude, j'ai ajouté celle de la polarisation, mais en y donnant peu d'instants. C'est une excellente lunette polariscopique à biquartz, de M. Prazmowski, qui a servi à cette étude. La polarisation s'est montrée très vive et avec les caractères déjà reconnus (3).

Avant ces observations j'avais fait un examen préalable de la couronne à l'œil nu et dans une excellente lunette de Praz-

------

(1) Etude faite principalement en vue de la question des matières cosmiques extra-solaires.

(2) J'ai été tellement frappé de la netteté du phénomène que j'appelai avec joie M. Trouvelot pour le voir lui-même, en lui disant avec quelle évidence il se montrait.

(3) Les images de couleur complémentaire rappellent les formes de la couronne reconnues par l'œil.

mowski. Cet examen avait pour but de me diriger dans les observations ultérieures.

Toutes ces études : étude des formes, analyse spectrale, anneaux de Respighi, polarisation, étaient associées en vue de
résoudre la question des matières cosmiques extra-solaires.
Nous pensons que la découverte du spectre fraunhoférien complet dans celui de la couronne avance beaucoup cette question.

Photographie. — Deux grands appareils entraînant huit
chambres photographiques avaient été dressés dans le but d'étudier la question des planètes intra-mercurielles et celles des formes et de l'étendue de la couronne.

Au point de vue des étoiles et astres de la région circumsolaire, ces photographies demanderont un examen minutieux,
mais à l'égard de la couronne, on peut dire déjà que la grande
puissance de plusieurs des objectifs employés [objectif de 8 pouces (o m. 21) et objectif de 6 pouces (o m. 16)] et la longue durée d'exposition ont permis de constater que la couronne a une
étendue beaucoup plus grande que l'examen optique ne le montrait soit à l'œil nu, soit dans ma lunette.

Plusieurs de nos grandes photographies de la couronne sont
d'une grande netteté. Elles révèlent d'importants détails de
structure qui devront être discutés. Les formes de la couronne
ont été absolument fixes pendant toute la durée de la totalité.

Ile Caroline, 6 mai 1883.

Après avoir cité les rapports des membres de la Mission,
P. Tacchini, J. Palisa, E.-L. Trouvelot, Janssen résume en ces
termes les « Résultats des observations » :

Planètes intra-mercurielles. — On voit, par les observations
de M. Palisa, que dans la région Est qu'il avait à explorer, aucun astre supérieur en éclat à la cinquième grandeur ne s'est
montré. Dans la région Ouest, M. Palisa a jeté les yeux aussi,
et il y a vu un astre qu'il a reconnu être une étoile. Si l'on con-

sidère l'extrême habileté de M. Palisa dans ce genre de recherches, il est impossible de ne pas attacher la plus haute importance à ses conclusions négatives.

M. Trouvelot arrive à un résultat moins net pour le côté
Ouest, mais nous savons que cet observateur distingué désire
revoir la région où se trouvait le Soleil au moment de l'éclipse,
avant de se prononcer.

M. Holden, chef de la mission américaine, a exploré toutes
les régions circumsolaires, et à notre prière, plus spécialement
la région Ouest. Ce savant astronome arrive également à une
conclusion négative relativement à l'existence des planètes
intra-mercurielles.

D'un autre côté, quand on considère que les astres signalés
par M. Wattson en 1878 peuvent être identifiés dans les limites
des erreurs que comportait la méthode employée par cet astronome avec deux étoiles de l'Écrevisse, on arrive à cette conclusion, qu'il est aujourd'hui extrêmement peu probable qu'il
existe un ou plusieurs astres planétaires de quelque importance
entre Mercure et le Soleil (1).

Sous ce rapport, nous considérons que les missions française
et américaine ont largement contribué à éclaircir un des problèmes les plus importants de la constitution du système solaire.

Les contacts. — Les heures données dans le Rapport de M. Trouvelot ont été observées au chronomètre sidéral Leroy n° 3429.
Ce chronomètre, comparé le matin de l'éclipse, a accusé un retard de $4^h21^m40^s,3$, et un retard horaire de $0^s,189$ à partir de
18^h50^m à ce chronomètre.

Ces corrections, appliquées aux lectures correspondant aux
observations de M. Trouvelot, donnent :

Pour le second contact ou commencement de la totalité :

$23^h31^m51^s,8$ temps moyen à Caroline ;

Pour le troisième contact ou fin de la totalité :

$23^h37^m18^s,8$ temps moyen à Caroline.

______

(1) Nos photographies, bien que n'étant pas examinées encore d'une
manière complète, paraissent conduire à la même conclusion.

La différence, soit $5^m24^s,1$, donne la durée de la totalité d'après les observations de M. Trouvelot.

D'après M. Tacchini, on trouve 5^m23^s. C'est un accord satisfaisant (1).

La couronne. — Le Rapport de M. Tacchini témoigne que cet habile astronome a fait de remarquables observations à Caroline, notamment en ce qui concerne l'analogie de la constitution du spectre de certaines parties de la couronne avec le spectre des comètes. Cette analogie, il entrait dans mon programme de la rechercher, ainsi qu'en témoigne une Note rédigée par moi bien avant l'éclipse, et que j'ai lue à mes collaborateurs au moment où nous nous communiquions nos Rapports respectifs. C'est un point qui devra être vérifié avec le plus grand soin dans les prochaines éclipses.

Du reste, je laisse à M. Tacchini le soin de développer lui-même ses observations.

On voit, par mon Rapport, que le but principal de mes observations était de décider un point de la constitution du spectre de la couronne qui m'a paru toujours très important, à savoir, si la lumière de la couronne contient une importante proportion de lumière solaire.

Le résultat a dépassé mon attente à cet égard. Le spectre fraunhoférien si complet dont j'ai été témoin à Caroline prouve que, sans nier une certaine part due à la diffraction, il existe dans la couronne, et surtout en certains points de la couronne, une énorme quantité de lumière réfléchie ; et comme nous savons d'ailleurs que l'atmosphère coronale est très rare, il faut qu'il se trouve dans ces régions de la matière cosmique à l'état de corpuscules solides, pour expliquer cette abondance de lumière solaire réfléchie.

Plus nous avançons, plus nous voyons se compliquer la constitution de ces régions circumsolaires immédiates ; aussi n'est-ce que par des observations persévérantes et très variées et une

---

(1) D'après le Rapport de M. Trouvelot, la fin de la totalité aurait été observée un peu en retard, ce qui accuserait une durée de totalité un peu plus courte pour M. Trouvelot et rapprocherait les deux résultats.

discussion très complète de ces observations, que nous pourrons arriver à une connaissance exacte de ces régions.

Dans cette voie, la grande éclipse de 1883 nous a fait faire un nouveau pas.

Photographie de la couronne. — Le résultat des études des photographies sera donné postérieurement, car celles-ci, accusant plusieurs phénomènes très intéressants, demandent un examen approfondi. Je dirai seulement aujourd'hui que ces photographies montrent une couronne plus étendue que ne le donne l'examen dans les lunettes et que le phénomène a paru limité et fixe pendant la durée de la totalité.

Intensité lumineuse de la couronne. — J'avais préparé une mesure photométrique, par la Photographie, de l'intensité lumineuse de la couronne. Cette expérience a montré qu'à Caroline l'illumination donnée par la couronne a été plus grande que celle de la pleine Lune. Les nombres exacts seront donnés plus tard. Il faut remarquer que c'est la première fois qu'on prend une mesure précise de l'intensité lumineuse de ce phénomène (1).

Voyage de retour. — L'*Eclaireur* vint nous reprendre le 13 mai et nous conduisit à Tahiti, où nous fûmes reçus de la manière la plus cordiale et la plus distinguée, par le Gouverneur, le Directeur de l'intérieur et les habitants.

M. le Gouverneur nous fit visiter les points les plus intéressants autour de Papetee, notamment la pointe de Vénus, lieu encore plein des souvenirs de Cook, et sur la côte Ouest Paea, où la Mission fut reçue par des chefs Tahitiens et suivant les anciens usages.

Les cercles militaire et civil nous offrirent des fêtes charmantes. Enfin, nous reçûmes de tous les marques les plus vives de sympathie, et Tahiti restera certainement comme le plus charmant souvenir de ce grand voyage (2).

____

(1) Voir planche hors texte : Photographie de la couronne de l'éclipse totale du 6 mai 1883.

(2) Retenu au lit par une maladie qui était sans doute une suite des fati-

Maintenant, je dois dire que nous avons été frappés et du désir ardent de développement manifesté par nos colons, et des ressources de ce beau pays ; aussi est-il de notre devoir d'appeler l'attention du Gouvernement sur la nécessité d'augmenter les ressources d'une colonie si admirablement placée et si digne de notre intérêt par son dévouement, son énergie et son patriotisme.

En quittant Tahiti, nous devions nous rendre à San-Francisco, mais ayant appris que l'île d'Hawaï présentait alors d'importants phénomènes volcaniques, je demandai au commandant de l'*Eclaireur* d'y faire une relâche, demande appuyée par le Gouverneur. Du reste, cette relâche aux Sandwich, qui permettait d'y prendre du charbon et en conséquence de faire la route plus rapidement, accélérait plutôt notre arrivée à San-Francisco.

A Hawaï, je me rendis au cratère de Kilauea et j'étudiai avec le plus grand intérêt les beaux phénomènes dont je fus témoin. Une nuit passée dans ce grand cratère, le plus remarquable du monde, et sur les bords d'un lac de lave en fusion, me permit de faire des études d'où il résulte de curieuses analogies entre ces phénomènes volcaniques et ceux de la surface solaire. J'ai pu en outre faire l'analyse spectrale de flammes sortant de ces laves et y constater la présence du sodium, de l'hydrogène et de combinaisons carburées. Enfin j'ai recueilli pour nos établissements une collection de minéraux et des échantillons de gaz qui, dans ces circonstances, ont toujours de l'intérêt.

A San-Francisco, nous avons assisté à la célébration, par la colonie française, de notre fête nationale et nous avons été touchés du patriotisme qui anime nos concitoyens des rives du Sacramento. Avant de traverser l'Amérique, nous avons voulu, M. Trouvelot et moi, visiter l'Observatoire du Mont Hamilton, qui doit posséder la plus grande lunette du monde. J'ai visité ensuite les Observatoires de Madison, de Chicago, de Washing-

---

gues éprouvées à l'île Caroline, je ne pus assister aux dernières fêtes qui furent offertes à la Mission. Je dois ici renouveler mes remerciements à M. le Dr Chassagnol, médecin en chef de l'hôpital militaire, pour ses soins éclairés et si empressés.

ton, de Cambridge où se trouvent de grands et célèbres instruments qui avaient pour moi le plus vif intérêt. A Washington, j'ai rencontré mon illustre ami Alexandre Graham Bell qui
m'a rendu bien agréable et bien fructueux mon séjour dans cette
belle cité.

Enfin, je dois dire que nous avons reçu de tous les savants
américains l'accueil le plus flatteur et le plus cordial.

Le 15 août, le paquebot *le Canada*, de la Compagnie Transatlantique, partant de New-York, nous ramenait en France.

Après cette lecture, M. le Président de l'Académie a prononcé
les paroles suivantes :

MONSIEUR JANSSEN,

....Vous venez de si loin, qu'il doit m'être permis de saluer
votre retour et de me faire l'interprète du sentiment de tous nos
Confrères en applaudissant aux résultats de votre mission.

Vous nous avez tant accoutumés à vos départs pour des contrées lointaines lorsque venait à luire l'espoir d'une découverte
dans la constitution du Soleil ou d'une planète, que nous n'avons
pas éprouvé une très grande surprise à l'annonce de votre projet de vous rendre dans une île déserte de l'océan Pacifique.
On savait que les obstacles ne vous ont jamais déconcerté ;
car personne n'oublie qu'aux jours malheureux où nous étions
emprisonnés dans Paris, ce fut pour vous affaire toute simple
de vous envoler par dessus les murs de la ville et les armées
ennemies ; la suite a prouvé que l'inspiration avait été bonne (1).

Cette fois, pourtant, on se sentait touché par un rapproche-
ment : votre enthousiasme pour la durée exceptionnelle de
l'éclipse de Soleil du 6 mai, un peu plus de cinq minutes, et
votre insouciance pour la longueur de la navigation à travers
l'Atlantique et le Pacifique, sans compter le voyage sur le continent américain, des mois d'ennui et de fatigue.

Votre résolution vous avait mérité le succès, vos études antérieures vous l'avaient préparé, les circonstances atmosphé-

---

(1) Voir *Comptes rendus*, t. LXXII, p. 218.

riques vous l'ont assuré. C'est une bonne fortune pour la Science. Il ne me reste, Monsieur Janssen, qu'à vous prier de transmettre à vos habiles coopérateurs les félicitations de l'Académie.

C. R. Acad. Sc., Séance du 3 septembre 1883, T. 97, p. 586.

Ce rapport a été reproduit dans l'*Annuaire du Bureau des Longitudes* pour l'an 1884, p. 847, dans la *Revue Scientifique*, numéro du 8 septembre 1883, p. 289 et partiellement dans *L'Astronomie*, numéro de novembre 1883, p. 397, et dans l'*Annuaire du Club Alpin français*, 1883.

VI

NOTE SUR LES RÉSULTATS DES OBSERVATIONS DE L'ÉCLIPSE TOTALE DU 6 MAI 1883, A L'ILE CAROLINE (LONGITUDE 152°20′ OUEST PARIS, LATITUDE 10° SUD) OCÉAN PACIFIQUE.

Observations optiques.

En général, la couronne présente le spectre fraunhoférien complet.

L'auteur s'était principalement proposé de résoudre la question des raies obscures de Fraunhofer dans le spectre de la couronne.

Cette question ayant une grande importance pour la constitution de la Couronne et des espaces circumsolaires, il était important qu'elle fût résolue définitivement.

En 1871, l'auteur avait annoncé avoir découvert dans le spectre de la Couronne quelques raies obscures, D, *b*, etc.. Ce résultat fut confirmé par quelques observateurs et non confirmé par d'autres.

Toutes les dispositions instrumentales furent prises cette fois-ci en vue d'obtenir un spectre de la Couronne plus lumineux que ceux obtenus jusqu'ici.

Le télescope employé porte un miroir qui a o m. 5o de diamètre et seulement 1 m. 6o de distance focale. Le spectroscope
est à vision directe et extrêmement lumineux. Tout l'instrument
a été conduit sur le plan de celui employé en 1871 et décrit
dans le rapport publié alors.

Par ces dispositions, l'auteur a pu reconnaître :

Qu'en général le spectre de la couronne présente le spectre
Fraunhoférien complet (excepté bien entendu les raies brillantes propres à la Couronne).

Les raies D, b, E, etc. étaient on ne peut plus accentuées. On a
vu une centaine de raies peut-être.

Le phénomène s'est montré dans les parties très brillantes
de la Couronne, mais non tout à fait à la base où le spectre paraissait continu.

Le phénomène ne s'est pas montré avec la même intensité
à des distances égales du limbe lunaire.

Anneaux de Respighi.

Les anneaux de Respighi ne se sont pas montrés réguliers
autour du limbe lunaire, mais leurs formes rappelaient celles
de la couronne elle-même.

Conséquences.

La présence du spectre Fraunhoférien complet dans la lumière
de la Couronne indique la présence d'une abondante quantité
de lumière d'origine solaire.

Une portion de cette lumière peut devoir son origine à la diffraction, mais cette cause ne pourrait expliquer que la présence
d'une faible partie de cette abondante lumière. La très grande
partie est nécessairement due à la réflexion. Et comme nous
savons d'ailleurs que les gaz qui forment l'atmosphère coronale sont très rares, il faut nécessairement que cette réflexion
ait lieu sur des matériaux de grande densité solides ou liquides.

D'un autre côté, nous savons aussi que des comètes ont passé
très près de la surface solaire et qu'elle ont dû traverser les ré-

gions en question. Ces comètes n'auraient pu traverser des milieux gazeux à forte densité sans y rester.

Par l'ensemble des phénomènes, on est conduit à admettre, dans ces régions de la couronne, des corpuscules solides ou liquides circulant autour du Soleil et produisant ces phénomènes d'abondante réflexion de lumière solaire que le spectre Fraunhoférien nous accuse.

Photographies.

Les appareils photographiques employés avaient des objectifs de 4, 6 et 8 pouces de diamètre.

Le but principal que je m'étais proposé était de constater : 1° si l'étendue de la Couronne augmente indéfiniment avec le temps de pose ; 2° si les formes de la Couronne sont fixes pendant toute la durée de la totalité.

Il a été constaté nombre de fois que l'étendue de l'image photographique de la couronne augmente quand le temps d'exposition, d'abord très court, croît ensuite successivement. Or, on peut se demander si le phénomène croit indéfiniment ou s'il est limité.

La couronne est un phénomène limité.

Nos photographies montrent que le phénomène est limité. Des images de la couronne obtenues avec des objectifs de pouvoirs lumineux très différents, mais correspondant à une même durée de l'action lumineuse de 5 minutes ont sensiblement la même étendue. Il résulte de cette expérience que la couronne a des limites et que, quand la pose est assez longue en raison du pouvoir lumineux de l'instrument, une pose plus grande n'ajoute pas sensiblement à l'étendue de l'image obtenue. Ainsi la couronne est un phénomène qui a des limites dans le Ciel.

La couronne a conservé des formes fixes pendant la durée de la totalité.

Nos appareils photographiques pour la couronne étaient réglés sur le mouvement du Soleil. Comme la Lune a un mouvement relatif assez rapide par rapport au Soleil, nos photographies montrent ce mouvement relatif de la Lune, dont l'image, sur les photographies, est de forme elliptique, mais ce qui est très remarquable, c'est que les formes et les détails de l'image coronale sont très nets, quoique les plaques fussent restées exposées pendant tout le temps de la totalité, ce qui montre que les formes de la Couronne n'ont pas changé pendant tout le temps de l'éclipse. Ce fait montre que le phénomène est bien réel et que la part de la diffraction dans la Couronne est sinon nulle, au moins très faible.

De l'ensemble des observations qui seront discutées, il résulte suivant l'auteur :

1º Que la couronne des éclipses totales est en grande partie un phénomène d'origine solaire et circumsolaire,

2º Que ce phénomène est limité,

3º Que la Lune et l'atmosphère terrestre interviennent pour modifier l'aspect de la couronne.

Association astronomique internationale, Séance du 17 septembre 1883. *Vierteljahrschrift der Astronomischen Gesellschaft.* 18. Jahrgang, 1883, p. 263.

Cette Note a été reproduite dans *Report of the British Association for the Advancement of Science*, 53th Meeting, Southport, september 1883, p. 429.

1884

DÉTAILS VERBAUX SUR LES CONDITIONS DANS LES-
QUELLES S'EST MANIFESTÉE L'OPINION DE LA
CONFÉRENCE INTERNATIONALE DE WASHINGTON
AU SUJET DE L'OPINION EXPRIMÉE PAR LA FRANCE
CONCERNANT L'APPLICATION DU SYSTÈME DÉCI-
MAL A LA MESURE DES ANGLES ET A CELLE DU
TEMPS.

M. le Ministre de l'Instruction publique et des Beaux-Arts
adresse à l'Académie la lettre suivante :

« La Commission instituée en vue de préparer les résolutions
à porter, au nom de la France, devant la Commission internationale de Washington, relativement à l'adoption d'un premier
méridien unique et d'une heure universelle, a émis l'avis qu'il
appartenait à la France de saisir cette haute réunion d'une
importante réforme dont elle a eu l'initiative, à savoir : l'application du système décimal à la mesure des angles et à celle
du temps.

« Il était convenu que notre représentant insisterait pour la
prise en considération de cette proposition, laquelle, si le Congrès se déclarait sans qualité pour la résoudre, pourrait devenir, après demande de pouvoirs, le sujet d'un nouveau Congrès, suivant de près le premier....

« En vue de répondre aux intentions exprimées par la Conférence, je serais tout disposé à constituer prochainement une
Commission chargée d'examiner l'opportunité et les conséquences d'un débat scientifique aussi important, mais je ne saurais prendre aucune mesure à cet égard avant que l'Académie
des Sciences m'ait désigné elle-même les savants qui devraient
être appelés à participer aux travaux de cette Commission. »

(Renvoi aux Sections de Géométrie, d'Astronomie et de Géographie et de Navigation.)

M. le Président, après cette lecture, demande à M. Janssen, qui assiste à la séance, de vouloir bien donner à l'Académie quelques détails sur sa mission.

M. Janssen se rend à cette invitation, et, après avoir exprimé son intention de présenter incessamment à l'Académie un compte rendu de sa mission, entre dans quelques développements sur les travaux du Congrès de Washington et sur le rôle scientifique et désintéressé que la France y a tenu.

A l'égard de l'un des objets les plus importants de la Mission, et qui est visé dans la lettre de M. le Ministre, à savoir l'application du système décimal à la mesure des angles et à celle du temps, M. Janssen dit qu'il a la satisfaction d'informer l'Académie que le vœu émis à cet égard par l'Assemblée de Washington l'a été à la presque unanimité et sans voix opposante.

C. R. Acad. Sc., Séance du 17 novembre 1884, T. 99, p. 849.

1885

I

RAPPORT SUR LE CONGRÈS DE WASHINGTON ET SUR LES PROPOSITIONS QUI Y ONT ÉTÉ ADOPTÉES, TOUCHANT LE PREMIER MÉRIDIEN, L'HEURE UNIVERSELLE ET L'EXTENSION DU SYSTÈME DÉCIMAL A LA MESURE DES ANGLES ET A CELLE DU TEMPS.

Les matières qui ont été discutées au Congrès international, réuni à Washington le mois d'octobre dernier, intéressent trop directement les intérêts de la Science française et, par conséquent, l'Académie, pour qu'un membre de cette Compagnie, qui a eu l'honneur d'être le représentant scientifique de la France au Congrès, ne considère pas comme un devoir de lui rendre compte des travaux auxquels il a pris part.

On sait que la question d'un premier Méridien unique pour toutes les nations et celle d'une heure universelle ont été très considérées dans ces derniers temps. Presque tous les Congrès qui avaient la Géodésie ou la Géographie pour objet ont touché à ce sujet.

Mais, parmi les assemblées où cette question a été traitée, il convient de citer surtout le septième Congrès géodésique, tenu à Rome en 1883, parce que les propositions adoptées par ce Congrès exercèrent une très grande influence sur les résolutions proposées aux divers Gouvernements par le Congrès de Washington.

Le Congrès, réuni à Washington, par les soins du Gouvernement des États-Unis, était formé par les représentants diplomatiques et scientifiques des divers États invités. Il était officiellement chargé d'étudier les matières en question et de formuler des propositions qui, il est vrai, ne devaient pas engager les Gouvernements représentés, mais devaient servir de base à des négociations ultérieures et à des résolutions définitives.

Dès que l'invitation du Gouvernement américain parvint au Gouvernement français, celui-ci s'adressa à l'Académie pour lui demander de lui désigner les délégués destinés à représenter scientifiquement la France au sein du Congrès. Cette démarche fut suivie de la nomination d'une grande Commission, renfermant des représentants de toutes les sciences et services intéressés et où l'Académie des Sciences fut très largement représentée.

Cette Commission, présidée par le doyen de notre Section d'Astronomie, eut de nombreuses réunions et examina, avec le plus grand soin et une haute autorité, les questions qui formaient le programme du Congrès de Washington. Les résolutions qu'elle adopta, formulées dans un remarquable Rapport de M. Caspari et pleinement acceptées par le Gouvernement, formèrent la base des instructions données au délégué scientifique français.

Le Congrès s'ouvrit le 1er octobre 1884, dans la salle diplomatique du Département d'État (1).

Le Congrès nomma pour président M. l'amiral Rodgers (2), pour secrétaires MM. Strachey (3), Janssen, Cruls (4).

Sur la demande formelle de la délégation française, le Congrès décida que les motions et discours faits en langue anglaise seraient traduits en français et que les procès-verbaux seraient rédigés dans les deux langues. Pour assurer l'exactitude de la version française, M. Janssen accepta les fonctions de secrétaire.

Le Congrès invita certains savants présents à Washington à

---

(1) L'auteur donne ici la liste des délégations des vingt-six Etats qui prirent part aux travaux. La délégation de la France se composait de A. Lefaivre, Ministre plénipotentiaire et Consul général, et de Janssen.

(2) Délégué des Etats-Unis.

(3) Membre du Conseil des Indes, délégué de la Grande-Bretagne.

(4) Directeur de l'Observatoire de Rio-de-Janeiro, délégué du Brésil.

assister aux séances et prendre part aux discussions. Parmi eux, il convient de citer MM. Newcomb, Asaph Hall, sir Williams Thompson, Hilgard.

Si l'on examine la composition du Congrès, on voit combien l'Angleterre et l'Amérique s'étaient fait largement représenter, et cependant, à la force déjà si considérable que cette représentation nombreuse et éminente allait donner dans les discussions, on adjoignit encore, sous forme d'invitation, l'appui des plus éminents savants américains ou anglais présents à Washington.

Enfin, sans vouloir en aucune façon douter de l'indépendance de personne, il est peut-être difficile de ne pas être frappé des invitations adressées à tous les petits États liés politiquement aux États-Unis.

Voilà sur quel terrain la France était appelée à défendre ses intérêts.

Mais heureusement nous n'avions pas d'intérêt personnel à défendre. La France du xixe siècle, pas plus que celle du xviiie et du xviie, ne croit qu'il lui soit permis de considérer l'intérêt national dans les questions d'ordre scientifique et universel.

Aussi, conformément à l'esprit qui avait présidé à l'institution du système métrique, la représentation française au Congrès de Washington a-t-elle uniquement soutenu le principe d'un méridien que la Science désignerait et qui répondrait le mieux à l'intérêt général.

Dès le début des séances, un membre de la délégation américaine, traduisant sans doute le sentiment de ses collègues, proposa d'emblée le méridien de Greenwich comme méridien international. Si cette proposition eût été adoptée, la question capitale qui motivait la réunion même du Congrès était tranchée; et tranchée pour ainsi dire sans discussion et sans que les questions de principe et d'intérêt général que nous voulions défendre pussent être abordées.

Le délégué de France s'éleva contre ce mode sommaire et inadmissible de procéder. Il montra qu'on devait, avant de procéder au choix d'aucun méridien en particulier, statuer tout d'abord sur l'institution même d'un méridien universel, et, si l'institution était admise, décider d'après quel principe on choisirait ce méridien.

La légitimité de la demande était évidente ; elle fut acceptée et la proposition du délégué américain retirée temporairement.

On soumit alors au Congrès la question de l'institution d'un méridien de départ unique pour toutes les nations. L'institution fut unanimement acceptée.

Il restait alors à décider d'après quel principe on choisirait ce méridien, c'est-à-dire si ou le prendrait parmi ceux des observatoires existants, ou si on le déterminerait en n'ayant égard qu'aux conditions géographiques et au rôle que ce méridien doit remplir.

Sur cette question, le délégué scientifique français demanda la parole et prononça le discours suivant :

Nous pensons, Messieurs, que si cette question de l'unification des longitudes est encore reprise après tant d'essais infructueux que l'histoire a enregistrés, il n'y a de chances de succès définitif pour elle que si on l'assoit enfin sur des bases d'ordre exclusivement géographique et qu'il faut écarter à tout prix les compétitions nationales.

Aussi ne venons-nous pas soutenir ici une candidature, nous nous mettons complètement en dehors du débat, ce qui nous donne une attitude infiniment plus libre pour exprimer notre opinion, et discuter la question au seul point de vue des intérêts de la réforme projetée.

L'histoire de la géographie nous montre de bien nombreuses tentatives d'unification des longitudes, et, quand on recherche les motifs qui ont fait échouer ces tentatives, dont plusieurs étaient, cependant, très heureusement conçues, on est frappé de ce fait qu'ils paraissent dus à deux causes principales : une cause d'ordre scientifique et une cause d'ordre moral. La cause d'ordre scientifique réside dans l'impuissance où étaient les anciens de déterminer exactement les positions relatives de points pris sur le globe ; surtout s'il s'agissait d'une île éloignée d'un continent et qui, par conséquent, ne pouvait être reliée à ce continent par des mesures itinéraires.

C'est ainsi, par exemple, que le premier méridien de Marin de Tyr et de Ptolémée, placé aux îles Fortunées, malgré ce qu'il y avait d'heureux dans le choix de sa position à l'extrémité occidentale du monde alors connu, ne put continuer à être employé à cause de l'incertitude du point de départ.

Cet échec, très regrettable, a fait dévier la question. On fut obligé de revenir sur le continent. Mais alors, au lieu d'une origine commune des longitudes, indiquée par la nature, on eut des premiers méridiens de capitale, de lieux remarquables, d'observatoires. La seconde cause à laquelle je faisais tout à l'heure allusion, la cause d'ordre moral, l'amour-propre national a conduit à multiplier les origines géographiques là où la nature des choses en eût demandé, au contraire, la réduction à une seule.

Au xviiᵉ siècle, à l'occasion d'une question de droit maritime, le cardinal de Richelieu, témoin de cette confusion, voulant revenir à l'unité, fit assembler dans ce but une Commission de savants et de navigateurs. Le fameux méridien de l'île de Fer sortit de leurs conférences.

C'est ici, Messieurs, que se trouve un enseignement que nous ne devrons pas perdre de vue. Ce méridien de l'île de Fer, qui avait d'abord ce caractère purement géographique et de neutralité qui pouvait seul le rendre et le maintenir comme premier méridien international, fut déplacé de sa position première par le géographe Guillaume Delisle, qui le plaça à 20° en nombre rond à l'Ouest de Paris. Cette simplification malheureuse altérait complètement le principe d'impersonnalité. Ce n'était plus alors un méridien indépendant, c'était le méridien de Paris déguisé. Aussi les conséquences ne tardèrent-elles pas à se faire sentir. Le méridien de l'île de Fer, considéré depuis comme méridien purement français, froissa les susceptibilités nationales et perdit ainsi l'avenir qui lui était certainement réservé s'il fût resté d'accord avec sa première définition.

Ce fut un véritable malheur pour la Géographie. Nos Cartes, tout en se perfectionnant, eussent conservé l'unité de départ, qui, au contraire, s'altéra de plus en plus.

Ah ! si, dès que les méthodes astronomiques furent assez avancées pour permettre de fixer des positions relatives avec cette précision moyenne qui est suffisante pour la Géographie générale (et ceci pouvait être fait dès la fin du xviiᵉ siècle), on eût déterminé la position exacte d'un point précis dans l'île de Fer pour y rapporter toutes les longitudes, la réforme eût été réalisée deux siècles plus tôt, et aujourd'hui nous en jouirions pleiment. Mais, après Richelieu, on commit la faute de perdre, encore une fois, de vue les principes mêmes de la question, et la fondation des observatoires, qui se multiplièrent alors, y contribua grandement. Fournissant naturellement des positions relatives très précises, chacun de ces établissements fut choisi par la nation qui le possédait pour lui donner un point de départ de longitudes, en sorte que l'intervention de l'Astronomie dans ces questions d'ordre géographique, intervention qui, bien comprise, pouvait être si utile, nous écarta davantage du but à atteindre.

C'est qu'en effet, Messieurs, l'étude de ces questions conduit à établir une distinction très nécessaire entre les méridiens d'ordre géographique ou hydrologique et les méridiens d'observatoire.

Les méridiens d'observatoire doivent être considérés comme essentiellement nationaux. Leur rôle est de permettre aux observatoires de se relier entre eux pour l'unification de leurs observations. Ils servent encore de point d'appui aux travaux géodésiques et topographiques qui s'exécutent autour d'eux. Mais leur rôle, d'un ordre tout particulier, doit être limité en général, au pays qui les possède.

Au contraire, les méridiens d'origine, en Géographie, n'ont pas besoin d'être fixés avec cette haute précision réclamée par l'Astronomie ; mais, en revanche, leur domaine doit s'étendre au loin, et, tandis qu'il y a intérêt à multiplier les méridiens d'observatoire, il y a nécessité de réduire autant qu'on le peut les origines de longitudes en Géographie.

On peut dire encore que, si l'emplacement d'un observatoire doit être choisi d'après des considérations d'ordre astronomique, un méridien de départ en Géographie ne doit être fixé que d'après des motifs d'ordre géographique.

Messieurs, ces deux rôles si différents ont-ils toujours été bien compris et a-t-on respecté une distinction si nécessaire ? En aucune façon.

Comme tous les observatoires, en raison des travaux de haute précision qui s'y accomplissent, fournissent d'admirables points de repère, chaque nation qui était en mesure de le faire a rapporté à son observatoire principal, non seulement les travaux géodésiques ou topographiques qu'elle faisait chez elle, ce qui était bien naturel, mais encore les travaux de Géographie ou d'Hydrographie générales qu'elle exécutait au loin, méthode qui contenait en germe toutes les difficultés dont nous souffrons aujourd'hui.

Aussi, à mesure que les travaux cartographiques s'accumulaient, le besoin de mettre de l'unité, surtout pour ceux qui concernent la Géographie générale, se fit-il de plus en plus sentir.

C'est ce qui explique comment cette question d'un méridien de départ unique a été, dans ces derniers temps, si souvent soulevée.

Parmi les assemblées qui se sont occupées de la question, celle qui doit principalement appeler notre attention est celle tenue à Rome l'année dernière. Pour beaucoup de nos collègues les conclusions adoptées par le Congrès de Rome fixent la matière. Ces conclusions doivent donc attirer notre attention d'une manière toute particulière.

Messieurs, en lisant les comptes rendus des séances de cette Assemblée, j'ai été frappé de ce fait, que dans une réunion qui comptait tant de savants et de théoriciens éminents, c'est le côté utilitaire de la question qui a été surtout envisagé, et qui finalement a dicté le sens des résolutions prises.

Ainsi, au lieu de poser ce grand principe, que le méridien qu'on offrirait au monde comme point de départ de toutes les longitudes terrestres devait avoir avant tout un caractère essentiellement géographique et impersonnel, on s'est simplement demandé quel était, parmi les méridiens d'observatoires, celui qui, permettez-moi cette expression, avait la clientèle la plus nombreuse.

Dans une question qui intéresse surtout la Géographie beaucoup plus que l'Hydrographie, ainsi que l'avouent presque tous les marins (il n'existe, en effet, que deux méridiens initiaux hydrographiques, Greenwich et Paris), on prend un premier méridien qui règne surtout sur mer. Et ce méridien, au lieu d'être choisi d'après la configuration des continents, est demandé à un observatoire, c'est-à-dire qu'il se trouve placé sur le globe d'une manière quelconque et très gênante pour la fonction qu'il doit remplir. Enfin, au lieu de profiter des leçons du passé, on introduit dans une question qui doit rallier toutes les volontés des compétitions nationales.

Eh bien, Messieurs, je dis que des considérations d'économie et d'habitudes prises ne devaient pas faire perdre de vue les principes qui doivent dominer la question et qui seuls peuvent assurer à l'institution son acceptation universelle et sa durée.

Mais, il y a plus, ce motif d'économie et d'habitudes prises qu'on invoque comme raison déterminante existe, il est vrai, pour la majorité pour laquelle il a été proposé, mais il n'existe que pour elle seule, et nous laisse

tout le poids du changement dans les habitudes, les publications, le matériel.

Puisque le rapport nous trouve si légers dans la balance, permettez-moi,
Messieurs, de rappeler brièvement le passé et le présent de notre Hydrographie, et pour cela je ne puis mieux faire que d'emprunter quelques passages d'un travail qui m'a été communiqué et émane d'un de nos plus savants hydrographes. La France, dit-il, a créé, il y a plus de deux siècles, les
plus anciennes éphémérides nautiques existantes. Elle a, la première,
conçu et exécuté les grandes opérations géodésiques ayant pour but la
construction des cartes civiles et militaires, la mesure d'arcs de méridiens
en Europe, en Amérique, en Afrique. Tous ces travaux étaient et sont réglés sur le méridien de Paris. Presque toutes les tables astronomiques dont
se servent aujourd'hui les astronomes et les marines du monde entier sont
françaises et calculées pour le méridien de Paris. En ce qui regarde plus
particulièrement la marine, les méthodes précises dont se servent aujour-
d'hui toutes les nations pour les levés hydrographiques sont d'origine française, et nos cartes, rapportées toutes au méridien de Paris, portent des
noms tels que ceux de Bougainville, La Pérouse, Fleurieu, Borda, d'En-
trecasteaux, Beautemps-Beaupré, Duperrey, Dumont d'Urville, Daussy,
pour n'en citer qu'un petit nombre parmi ceux qui ne sont plus.

Nos collections hydrographiques actuelles comptent plus de quatre mille
numéros de cartes. En défalquant celles que le progrès des explorations ne
permet plus d'employer, il reste environ deux mille six cents cartes en
usage.

Sur ce nombre, plus de la moitié représentent des levés originaux français, que les nations étrangères ont en grande partie reproduits : parmi
celles qui restent, les Cartes générales sont le résultat de travaux de discussion faits au Dépôt de la Marine en utilisant tous les documents connus, tant français qu'étrangers, et il y en a relativement peu qui soient la
traduction pure et simple de travaux étrangers. Nos levés se ne sont pas
bornés aux côtes de la France et de ses colonies ; il n'est guère de région du
globe pour laquelle nous ne possédions des travaux originaux : Terre-Neuve,
les côtes de la Guyane, du Brésil et de la Plata, Madagascar, de nombreux
points au Japon et en Chine, cent quatre-vingt-sept cartes originales relatives à l'Océan Pacifique. Nous ne saurions omettre le beau travail de nos
ingénieurs hydrographes sur la côte ouest d'Italie, qui a été honoré, par le
jury international, de la grande médaille d'honneur à l'Exposition universelle de 1867. L'emploi exclusif par nos marins du méridien de Paris est
motivé par les considérations d'un passé deux fois séculaire, que nous venons
de rappeler brièvement.

S'il s'agissait d'adopter un autre méridien initial, il faudrait changer la
graduation sur les deux mille six cents planches de notre hydrographie ; il
faudrait en faire autant pour nos instructions nautiques, dont le nombre
dépasse six cents. Ce changement devrait, de toute nécessité, entraîner
dans la *Connaissance des temps* un changement correspondant.

Voilà des titres qui ont leur valeur. Eh bien ! si dans ces conditions la
réforme projetée, au lieu de s'inspirer des principes supérieurs qui doivent
dominer le sujet, doit prendre uniquement pour base le respect des habi-

tudes prises par le plus grand nombre, et l'absence pour eux de tout sacrifice, en nous réservant à nous seuls le poids du changement et l'abandon
d'un passé cher et glorieux, ne sommes-nous pas fondés à dire qu'une proposition qui se formulerait ainsi ne serait pas acceptable ?

Quand la France, à la fin du siècle dernier, institua le mètre, a-t-elle procédé ainsi ? A-t-elle, par mesure d'économie et pour ne rien changer à ses
habitudes, proposé au monde son Pied-de-Roi ? Messieurs, vous savez les
faits. La vérité est que chez nous tout a été bouleversé, habitudes et matériel. Et la mesure choisie, n'ayant de rapport qu'avec les dimensions de
notre globe, est si bien dégagée de toute attache française, que, dans les
siècles futurs, le voyageur qui foulera les ruines de nos cités pourra se demander pour quel peuple a été inventée la mesure métrique que le hasard
pourra amener sous ses pas.

Permettez-moi de dire que c'est ainsi qu'on institue une réforme et qu'on
la fait accepter. C'est en donnant soi-même l'exemple des sacrifices, c'est
en s'effaçant complètement devant son œuvre qu'on désarme les résistan-
ces et qu'on prouve son amour sincère du progrès.

Je me hâte de dire maintenant que je suis persuadé que la proposition
votée à Rome n'a été ni faite, ni suggérée par l'Angleterre, mais je doute
que, si elle est agréée, elle rende un vrai service à la nation anglaise. Une
immense majorité, dans les marines du globe, navigue avec les cartes anglaises, cela est vrai, et cela est un hommage de fait, rendu à la grande activité maritime de cette nation. Le jour où cette suprématie librement con-
sentie sera transformée en suprématie officielle et imposée, elle subira les
vicissitudes de tout pouvoir humain, et cette institution, qui par sa nature
est d'ordre purement scientifique, et à laquelle nous voudrions assurer un
avenir long et paisible, deviendra l'objet des compétitions ardentes et
jalouses des nations.

Tout ceci montre, Messieurs, combien il serait plus sage de prendre pour
origine des longitudes terrestres un point choisi par les seules considérations géographiques. Sur notre globe, la nature a si nettement séparé le continent où se développe actuellement la grande nation américaine, qu'il n'y
a, au point de vue géographique, que deux solutions possibles, toutes deux
très naturelles.

La première solution consisterait à revenir, en la modifiant un peu, à la
solution des anciens, en plaçant notre méridien vers les Açores. La seconde,
de le rejeter dans l'immense nappe d'eau qui sépare l'Amérique de l'Asie,
vers ces confins du Nord où le nouveau monde donne la main à l'ancien.

Les deux solutions peuvent être discutées ; elles l'ont été souvent et tout
récemment encore, par un de nos plus savants géologues, M. de Chancour-
tois (1).

Chacun de ces méridiens réunit les conditions fondamentales que la Géographie réclame, et sur lesquelles on s'est toujours accordé quand on a
écarté du débat les méridiens nationaux. Quant à la détermination du

____

(1) Parmi les savants qui ont proposé le méridien de Behring ou plutôt
son antiméridien, il convient de citer M. Bouthilier de Beaumont, Président de la Société géographique de Genève.

point adopté, les méthodes astronomiques, aujourd'hui si parfaites, en donneraient la position avec un degré d'exactitude aussi grand qu'on le voudrait.

Mais qu'est-il besoin d'une détermination spéciale et coûteuse de longitude pour un point qui peut être placé arbitrairement, pourvu qu'il reste compris dans certaines limites, comme, par exemple, de satisfaire à la condition de passer par un détroit ou de traverser une île. On peut se contenter de relever le point adopté d'une manière approximative. La position ainsi obtenue sera rapportée à chacun des grands observatoires, bien reliés entre eux, qu'on aura choisis à cet effet, et c'est cette liste de positions relatives qui devient la définition du premier méridien. Quant au signe matériel sur le globe, si l'on en veut un, ce qui n'est nullement nécessaire, il devra être placé conformément à cette définition. On devra le déplacer jusqu'à ce que sa position y soit conforme.

Enfin, si nous examinons la question des changements à introduire dans le matériel cartographique, lesquels dans notre proposition seraient imposés à tout le monde, ils pourraient être fort réduits, surtout si l'on se contentait, ce qui serait suffisant pour les commencements, de ne tracer sur les planches existantes que des amorces d'échelles, qui permettraient déjà de faire immédiatement usage du méridien international. Plus tard, et à mesure qu'on graverait de nouvelles planches, on donnerait une échelle plus complète, mais je crois qu'il y aurait toujours avantage à conserver, à l'exemple de ce qui se fait sur plusieurs atlas, les deux cadres, le national et l'international.

S'il est nécessaire aujourd'hui de faciliter les rapports extérieurs, il est bon aussi de conserver chez chaque peuple toutes les manifestations de sa vie personnelle et de respecter les signes qui représentent ses traditions et son passé.

Messieurs, je n'insiste pas sur les détails de l'institution d'un semblable méridien. Nous n'avons à soutenir devant vous que le principe de son acceptation.

Si ce principe était admis par le Congrès, nous avons mission de vous dire que vous trouveriez là un terrain d'entente avec la France.

Sans doute, en raison de notre long et glorieux passé, de nos grandes publications, de nos travaux hydrographiques si considérables, un changement de méridien amènerait pour nous des sacrifices lourds et cruels. Cependant, si l'on venait à nous en nous donnant l'exemple des sacrifices, et en prouvant par là un sincère désir du bien général, la France a donné assez de preuves de son amour du progrès pour qu'on ne puisse douter de son concours.

Mais nous aurions le regret de ne pouvoir nous associer à une combinaison qui, pour sauvegarder les intérêts d'une partie des contractants sacrifierait le caractère scientififique supérieur de l'institution, caractère indispensable à nos yeux pour lui donner le droit de s'imposer à tous et lui assurer un succès définitif.

Immédiatement après ce discours, la discussion générale s'engagea. Tous les délégués anglais, américains et les savants

américains invités prirent successivement la parole pour combattre la proposition du délégué français : celui-ci eut à répondre successivement à une dizaine de discours embrassant les
diverses faces de la question suivant la compétence spéciale de
chaque orateur. Il est peut-être permis de dire que, malgré l'autorité, le talent, le nombre des savants combattant le principe
de la neutralité du Méridien, ce principe a supporté tous ces
chocs sans être ébranlé et sans qu'on ait pu l'entamer scientifiquement. Le méridien proposé par la France reste toujours
comme représentant la solution impartiale, scientifique, définitive de la question. Nous pensons qu'il y a eu honneur pour
notre pays d'avoir défendu cette cause.

Avant le vote, M. Cruls, le savant directeur de l'Observatoire de Rio de Janeiro et délégué du Brésil, prévint la délégation française qu'il avait reçu de l'Empereur l'instruction de
voter avec la France. Nous fûmes très heureux de cet accord et
nous demandons qu'il nous soit permis ici de féliciter l'auguste
Associé étranger de l'Institut de France de sa détermination.

Je dois ajouter qu'avant le vote, M. Galvan, le représentant
très distingué de la République Dominicaine, qui a fait ses
études à Paris auprès de nos maîtres les plus éminents, m'avait
très cordialement prévenu que l'attitude de la France en cette
circonstance lui paraissait si conforme à celle que le monde était
habitué à lui voir tenir dans toutes les questions d'intérêt général, qu'il serait heureux de contribuer à donner une fois de plus
un témoignage d'admiration à la nation à la *puissante initiative intellectuelle*, suivant son expression, qu'en conséquence, il
voterait avec la France.

Quant au vote, il fut conforme à nos prévisions, puisque,
comme je l'ai dit, la presque totalité des délégués avait reçu
mission de voter pour le méridien de Greenwich.

Le principe du méridien neutre étant écarté, nous nous abs-
tînmes de prendre part à la discussion sur le choix du méridien
national appelé à devenir international. Comme nous l'avons
déjà dit, nous ne venions pas à Washington pour soutenir une
candidature, mais bien un principe.

Avant le vote, M. Valera, délégué d'Espagne, annonça qu'il était chargé par son Gouvernement de dire qu'en votant pour Greenwich, l'Espagne exprimait l'espoir que l'Angleterre et les États-Unis accepteraient le système des poids et mesures français.

Cette déclaration amena M. le général Strachey à dire qu'il était autorisé à annoncer à la Conférence que l'Angleterre avait demandé à se joindre à la Convention du mètre.

Nous ne pouvons passer sous silence la part prise à cette discussion par l'éminent Associé étranger de l'Institut de France, Sir William Thompson, qui se trouvait alors en Amérique et avait été bien naturellement invité à nos séances.

Sir William Thompson prit la parole pour exprimer son désir d'un accord à l'égard du méridien et du système métrique.

Dès que le méridien de Greenwich fut adopté, l'Assemblée pensa qu'elle devait préciser d'après quel mode on numérerait les longitudes. Les compterait-on dans une seule direction, suivant l'avis presque unanime des savants de la Conférence de Rome, ou bien continuerait-on à les compter dans deux directions opposées jusqu'à l'anti-méridien ? C'est ce dernier mode qui a été adopté.

Le mode de compter les longitudes Est et Ouest, à partir d'un méridien central, qui est actuellement d'un usage général, a été évidemment introduit et motivé par l'emploi des méridiens nationaux. Mais quand, au lieu de considérer un pays en particulier, on envisage la Terre entière et qu'on vise à mettre le système général des longitudes en rapport avec celui d'une heure universelle, on comprend difficilement que, pour les longitudes, on s'arrête à moitié chemin, tandis que pour l'heure, on parcourt le jour entier en comptant les heures de o à 24, ainsi que le Congrès l'a décidé.

Nous ne voulons pas croire que l'avantage de ne rien changer aux habitudes prises, pas même quelques chiffres sur les Cartes anglaises, ait été le motif qui a décidé la majorité.

Cette majorité, au reste, n'a été que de trois voix et, parmi les voix contraires ou d'abstention, nous remarquons toutes les grandes puissances, excepté la Russie.

La question du méridien étant complètement réglée, l'Assemblée devait aborder la seconde partie de son programme, celle qui concerne *l'heure universelle*.

Tout le monde sait aujourd'hui ce qu'on entend par cette expression : *l'heure universelle*.

Les relations commerciales et maritimes actuellement si développées par les progrès de la Navigation et de la Télégraphie font sentir chaque jour davantage la gêne apportée à ces relations par la diversité du point de départ des mesures horaires. On a donc pensé à instituer un jour qui aurait la même origine pour tout le globe. Pour atteindre ce but, on prend l'heure locale d'un point déterminé et, par convention, on en fait l'heure universelle. Dans ce système, l'influence de la longitude disparait complètement. Un même instant physique reçoit la même expression horaire pour toute la Terre, et les actes de la vie internationale se rapprochent les uns des autres, comme s'ils s'accomplissaient au sein d'une même ville. Quant au point à choisir pour lui faire donner l'heure universelle, il est évident qu'il doit être le même que celui qu'on adoptera comme point de départ des longitudes. Les deux systèmes ne sauraient être séparés.

Il va sans dire que cette heure universelle, qui est une expression horaire tout à fait artificielle, ne saurait avoir la prétention de remplacer les heures locales, ni même celles dites nationales. L'heure locale, qui est pour chaque lieu l'expression, au moins très rapprochée, du cours des phénomènes naturels, éternels régulateurs des actes de la vie, ne pourra jamais disparaître. Bien plus, pour certains usages, comme celui des chemins de fer, par exemple, on a trouvé très commode d'étendre l'emploi de l'heure locale de la capitale au pays entier, quand celui-ci n'a pas une étendue trop considérable en longitude. C'est le cas pour la France.

Le Congrès a adopté, en principe, l'institution d'une heure universelle définie comme je viens de le faire. Mais, se séparant encore sur ce point du Congrès de Rome, il a donné pour origine, au jour universel, le minuit moyen de Greenwich qui, suivant les propositions du Congrès de Washington, deviendrait ainsi l'heure des transactions internationales pour le monde entier.

La divergence des résolutions adoptées à Rome et à Washington à l'égard de l'origine du jour international met bien en évidence les inconvénients du désaccord fâcheux qui existe encore actuellement entre l'origine du jour astronomique placée à midi et celle du jour civil qui part du minuit précédent. Cet inconvénient devient de plus en plus grand, à mesure que les éphémérides et les études astronomiques se répandent davantage ; aussi, nous sommes-nous associés avec empressement au vœu que le Congrès a émis relativement à l'unification des deux systèmes, en faisant commencer le jour astronomique à minuit, comme le jour civil.

Les astronomes comprendront, nous l'espérons, qu'étant infiniment moins nombreux et, d'un autre côté, beaucoup plus au courant de ces matières, c'est à eux qu'il incombe de faire un léger sacrifice pour permettre la réalisation d'un progrès très désirable aujourd'hui.

Après l'examen de ces diverses questions, les travaux du Congrès touchaient à leur terme ; ce fut alors que la délégation française fit la proposition qu'elle avait mission de présenter. Cette proposition se rapportait à une importante extension du système décimal.

Le Congrès de Washington, par son importance et par son objet, qui visait, en définitive, la continuation de cette grande œuvre française d'unification et de progrès, inaugurée à la fin du siècle dernier, offrait une occasion précieuse pour demander au monde de compléter ces applications du système décimal qui avait fait tout le mérite et toute la fortune de notre réforme des poids et mesures.

Cette extension était relative à la mesure des angles et à celle du temps.

On sait que, au moment de l'institution du système métrique, on avait étendu la division décimale à la mesure des angles et à celle du temps. De nombreux instruments furent même construits d'après le nouveau système.

Pour ce qui concerne le temps, la réforme, introduite trop brusquement et, on peut le dire, sans qu'on y mît assez de discernement, se heurta à des habitudes trop anciennes et fut rapidement abandonnée ; mais, à l'égard de la mesure des angles, où la division décimale présente tant d'avantages, la réforme se maintint beaucoup mieux et s'est conservée, pour certains usages, jusqu'à aujourd'hui. Ainsi la division de la circonférence en 400 grades fut adoptée dès l'origine par Laplace, et on la trouve couramment employée dans la *Mécanique céleste*. Dans les instruments dont se servirent Delambre et Méchain pour la mesure de l'arc du méridien d'où découla le mètre, on remarque des cercles répétiteurs divisés en grades. Enfin, de nos jours, le colonel Perrier, chef du Service géographique de notre Ministère de la Guerre, se sert d'instruments à division décimale, et fait calculer en ce moment même des Tables logarithmiques à huit décimales appropriées à ce mode de division.

Mais, c'est surtout quand il s'agit d'exécuter de longs calculs sur les mesures angulaires que la division décimale présente d'immenses avantages. A cet égard, on ne rencontre plus, pour ainsi dire, que l'unanimité parmi les savants.

La Conférence de Rome, qui réunissait précisément tant d'astronomes, de géodésiens, de topographes éminents, c'est-à-dire les hommes les plus compétents et les plus intéressés dans la question, a émis à cet égard un vœu dont il est impossible de méconnaître la haute autorité.

Il est donc aujourd'hui évident que le système décimal, qui a déjà rendu tant de services pour les mesures de longueur, de volume, de poids, est appelé à rendre des services analogues dans le domaine des grandeurs angulaires et de durée.

Je sais que cette question de la division décimale rencontre, principalement en ce qui concerne la mesure du temps, de légitimes appréhensions. On craint qu'on ne veuille violenter des habitudes séculaires et bouleverser des usages consacrés.

A cet égard, je crois que nous devons être pleinement rassurés. Les enseignements du passé seront mis à profit. On comprendra que c'est pour avoir voulu une réforme qui ne se renfermait pas assez dans le domaine scientifique, mais qui violentait les habitudes de la vie journalière, qu'on a échoué à l'époque de la Révolution.

Il faut reprendre la question ; mais il faut la reprendre avec le sentiment des limites que le bon sens et l'expérience indiqueront toujours à des hommes sages et expérimentés.

Je crois que le caractère de la réforme serait bien défini en disant qu'il s'agit surtout de faire un nouvel effort vers l'application du système décimal dans l'ordre scientifique.

Nous rencontrâmes d'abord une assez vive opposition. M. le Président n'était pas d'avis de mettre la proposition en discussion, mais je dois reconnaître qu'il se rendit enfin très courtoisement, *par déférence*, dit-il, *pour le délégué de la France, et parce que nous sommes heureux de lui faire honneur en toute chose.*

On passa au vote. Les délégués anglais et américains votèrent contre la prise en considération, mais nous eûmes néanmoins la majorité.

La proposition étant admise en discussion, le délégué français reprit la parole et l'on passa ensuite au vote définitif. Le succès fut alors complet, car le vœu fut adopté par vingt et une voix, sans voix opposante. C'était un succès pour la Science et pour la France.

Telle est l'œuvre du Congrès.

Cette œuvre est considérable. Mais son importance découle beaucoup plutôt des principes que le Congrès a proclamés que des solutions qu'il a adoptées.

L'institution d'un méridien unique et d'une heure universelle ; l'unification des jours astronomique et civil ; l'extension du système décimal, sont des réformes que les progrès de la Science et des relations internationales rendaient opportunes et désirables.

Mais, dans l'application des principes, le Congrès a été moins heureux. Pour le choix d'un premier méridien, il s'est laissé trop séduire par les avantages pratiques et immédiats que lui offrait un méridien déjà très répandu, et il a méconnu les conditions qui auraient assuré à son œuvre une adoption universelle et définitive.

Quant à nous, nous avons tenu dans cette question, le rôle

qui nous était dicté par notre passé, nos traditions, le caractère
même de notre génie national. Notre proposition a été précisément celle que nous aurions adoptée nous-mêmes, si nous
avions eu à prendre l'initiative de cette réforme. La nation qui
a créé le système métrique ne pouvait en proposer une autre.
Si notre avis tout scientifique et désintéressé n'a pas rallié la
majorité, l'échec n'est pas pour la France, il est pour la Science.
Mais la Science est la vraie souveraine des temps modernes, et
aujourd'hui, on ne s'en sépare pas impunément. Vainement,
dira-t-on que le méridien de Greenwich est déjà, de fait, le méridien universel, qu'il règne aujourd'hui sur la presque totalité
des marines du globe, que son adoption ne fait que consacrer
un fait déjà acquis, et transformer en droit une institution de
fait. Je réponds que tout cela est vrai, j'ajoute même, si l'on
veut, que tout cela est mérité par les grands travaux de la Marine anglaise, travaux que nous, les initiateurs de l'hydrographie, nous apprécions plus que personne à leur juste valeur.
Mais, quelques considérables que soient ces travaux et quelque grand que soit le nombre de ceux qui s'en servent actuellement, je dis, avec l'expérience du passé et au nom de l'histoire,
que ces mérites ne pourront empêcher les conséquences inévitables qui découleront du caractère personnel de ce méridien.
Et en effet, la France n'a-t-elle pas eu, elle aussi, une grande
fortune géographique ? Le méridien de l'île de Fer, devenu bientôt français, entre les mains de Guillaume Delisle et de nos
grands géographes du xviiie siècle, n'a-t-il pas régné, sur la
cartographie, pendant plus de deux siècles, et cela avec une
autorité que n'égale même pas aujourd'hui celui d'Outre-Manche ? Et cependant le méridien de l'île de Fer, après cette brillante carrière, est aujourd'hui de plus en plus délaissé, et la
belle tentative française du xviie siècle se trouve tout à fait
compromise ! Quelle cause a donc amené ce fâcheux résultat ?
Une toute petite en apparence. Ainsi que nous l'avons déjà dit,
c'est que, au lieu de laisser le méridien de l'île de Fer conforme
à sa première définition, au lieu de lui conserver ce caractère
purement géographique qu'il avait reçu des mains de Richelieu, de ce grand esprit qui avait si bien compris qu'une insti-

tution d'ordre universel ne doit porter la livrée de personne, on altéra imprudemment ce caractère en rapportant la position de ce méridien à celle de Paris, au lieu de lui rapporter celle de cette capitale comme de tout autre point. Voilà la faute qui a compromis la fortune de cette réforme si fermement et si judicieusement établie tout d'abord par son illustre auteur. Or, cette faute, ne la commet-on pas aujourd'hui, en prenant encore une fois un méridien national pour en faire le point de départ universel des longitudes ? Dès lors, n'est-on pas fondé à prévoir que les mêmes causes amèneront les mêmes effets ? avec cette différence, toutefois, qu'aujourd'hui, dans l'état avancé de la civilisation, chez les diverses nations, une suprématie particulière, quelle qu'en soit la nature, sera beaucoup plus promptement abandonnée qu'il y a deux siècles !

Il est donc bien à craindre que l'institution du nouveau méridien, si même elle réussit à s'établir, ne soit encore qu'une tentative sans avenir.

La France, qui trouve dans l'histoire même de son passé le double enseignement qui résulte, d'une part, de l'abandon progressif de son méridien national et, de l'autre, au contraire, de la faveur de plus en plus grande du système scientifique et impersonnel des poids et mesures, devait faire entendre au Congrès un avis dicté par son expérience même.

Mais cette attitude nous dégage-t-elle suffisamment ? Avons-nous acquitté envers le monde et envers nous-mêmes la dette d'une nation généreuse et éclairée qui a toujours aimé à prendre les initiatives utiles à l'intérêt général ? Je ne le pense pas, et s'il m'était permis d'émettre un vœu, je voudrais que nous joignissions ici encore l'exemple au précepte. Je voudrais que la France du xixe siècle, se considérant comme l'héritière de celle du xviie, reprît, avec le bénéfice de l'expérience acquise, la belle tentative de Richelieu, et qu'elle instituât elle-même le méridien neutre.

Cette institution bien conçue, assise sur des bases exclusivement scientifiques, rallierait peu à peu toutes les adhésions. L'Angleterre elle-même, qui, si elle a un si vif sentiment national, a aussi l'estime de ce qui est juste et grand, finirait par s'y rallier. Et alors cette réforme désirée depuis si longtemps, toujours tentée en vain, compromise encore tout récemment, serait enfin acquise au monde et à la science.

Quoi qu'il en soit, et en dehors de la question du méridien, qui n'est pas encore résolue, n'oublions pas que l'accession de l'Angleterre à la Convention du mètre et le vœu pour l'extension du système décimal sont des résultats importants qui montrent que notre présence à Washington n'a été inutile ni à la science ni au progrès.

C. R. Acad. Sc., Séance du 9 mars 1885, T. 100, p. 706.

II

LE MÉRIDIEN ET L'HEURE UNIVERSELS

Conférence faite a la Société de Géographie de Paris

Mesdames, Messieurs,

La France a été engagée dernièrement dans une affaire qui, par les sciences géographiques, touche directement à nos intérêts, à nos traditions, à nos gloires même.

Je veux parler de la question du méridien et de l'heure universels, question traitée, en octobre dernier, au Congrès international de Washington.

Une question d'heure et de méridien est bien technique par elle-même, bien spéciale et votre Comité a dû se demander s'il y avait dans un semblable sujet des éléments d'intérêt général suffisants pour une conférence du genre de celles qui vous sont offertes par la Société de Géographie.

Sans doute, Messieurs, s'il se fût agi de traiter un sujet ne se recommandant par aucune raison d'actualité, nous n'aurions peut-être pas choisi celui-là. Mais dans une circonstance où nos intérêts ont été en cause, il nous a paru qu'il était nécessaire que le public français fût mis au courant de ce qui s'est passé, qu'il connût la nature des débats engagés, les conclusions adoptées et les raisons de l'attitude de la France au Congrès.

Aujourd'hui, Messieurs, il est plus que jamais nécessaire que nous ne nous désintéressions d'aucune des questions qui, à l'étranger, peuvent toucher à nos intérêts, soit matériels, soit moraux, et plus encore à nos intérêts moraux qui, en somme, contiennent tous les autres.

En vous présentant ce sujet, nous avons donc compté sur votre patriotisme, non seulement pour nous excuser, mais même, nous l'espérons, pour nous approuver.

Mais, avant d'aborder l'analyse des travaux du Congrès de Washington, il est nécessaire que nous donnions quelques courtes explications sur les objets qui ont fait le sujet et la base même des discussions. Je veux parler des coordonnées géographiques, et spécialement des méridiens, des longitudes et des durées horaires qui s'y rattachent.

Nous ne pouvons pas avoir la prétention de reprendre ici la longue et incertaine histoire des tâtonnements par lesquels l'homme a passé pour obtenir, non pas la description exacte et méthodique de la Terre entière, mais seulement celle des contrées qui lui ont été d'abord le plus connues.

Les anciens mesuraient mal, en général ; ils se rendaient compte des distances par des itinéraires de voyageurs, des routes de marins, etc., et ces moyens grossiers se trouvaient encore viciés dans leur application par l'ignorance où ils ont toujours été, malgré ce qu'on nous rapporte de quelques tentatives heureuses, des véritables dimensions du globe.

Or, cette donnée est indispensable, si l'on veut transformer une mesure géographique de longueur en fractions de la circonférence terrestre, c'est-à-dire en degrés.

Aussi trouvons-nous dans les anciens, relativement aux distances et aux longitudes, les erreurs les plus grossières.

Par exemple, Ptolémée donnait à la longueur de la Méditerranée près de 5oo lieues de trop, et il plaçait l'embouchure du Gange à 1.200 lieues de sa vraie position. Marin de Tyr esti-

mait 225° entre les Canaries et l'extrémité de l'Asie, et il y en a
seulement 160.

Il est remarquable que les géographes de l'antiquité ont toujours eu une tendance marquée à étendre les limites de l'Asie
vers l'Est. Je crois que cette tendance avait sa cause dans leur
opinion que les terres occupaient à la surface du globe une étendue beaucoup plus considérable que celle des eaux, opinion
naturelle, du reste, chez des hommes qui avaient peu navigué
et qui devaient être très frappés des immenses étendues que
leur offraient les continents d'Asie et d'Europe, comparées à
celles des mers intérieures ou côtières qu'ils fréquentaient.

De là est venue l'idée que l'élément aqueux ne devait occuper à la surface du globe qu'une étendue comparativement petite. De là, par conséquent, l'opinion que la mer qui séparait
l'extrémité orientale de l'Asie des confins de l'Europe et de
l'Afrique, vers l'Ouest, était peu importante. C'était une idée
préconçue, mais par laquelle il fallait nécessairement passer,
étant données les conditions de la vie géographique des anciens, avant d'arriver aux connaissances que nous a values l'admirable mouvement maritime de la Renaissance. A cet égard,
le préjugé sur le rapport entre les éléments solides et aqueux
était aussi naturel que celui de cette même antiquité sur le cercle. Le mouvement diurne et les idées géométriques les avaient
conduits à considérer cette courbe comme la plus noble et la
seule qui pouvait être suivie par les corps célestes, conception
qui amena l'invention si artificielle des épicycles pour mettre
d'accord la théorie avec la réalité.

Il est bien remarquable toutefois que ce soient précisément
ces erreurs géographiques qui aient amené la plus splendide des
découvertes en cette Science.

C'est, en effet, sur la foi des connaissances si grossières et si
erronées de son époque que Colomb fonda la possibilité de son
voyage pour aller en Asie par l'Ouest. Il partit, croyant n'avoir
qu'un court voyage à accomplir pour toucher aux extrémités
orientales de l'Asie ; heureusement, l'Amérique lui barra le passage et l'empêcha de s'engager dans le Pacifique, où il serait
mort de faim.

N'en admirons pas moins Colomb. Son erreur fut celle de son siècle. Mais ce qui lui appartient, c'est l'instinct de génie qui le pousse irrésistiblement vers ces régions fécondes et inconnues de l'Ouest ; c'est, pour la réalisation de son voyage, cette persévérance que rien ne lasse ; c'est, enfin, ce courage magistral dans l'exécution. Tout cela est bien à Colomb, et c'est à cet ensemble de dons supérieurs que nous devons l'Amérique.

Il est vrai que si, au XVe siècle, une erreur géographique nous valut une grande découverte, une erreur semblable faillit nous en coûter une non moins grande, quoique d'un ordre différent. Je veux parler de la gravitation universelle.

Newton, ayant conçu l'expression mathématique de la loi à laquelle le conduisaient ses profondes méditations sur l'attraction, avait besoin de soumettre sa loi au contrôle des faits. Il lui fallait comparer la chute de la Lune vers la Terre avec celle d'un grave à la surface de cette planète. La grandeur du rayon terrestre entrait donc dans son calcul. Or, à cette époque (ceci se passait vers 1666), ce rayon était encore très mal connu. Newton, égaré par cette donnée inexacte, crut s'être trompé et abandonna son idée. Heureusement, quelques années plus tard, Picard fournissait une mesure beaucoup plus exacte du degré terrestre, et Newton, reprenant sa recherche, put, cette fois, se convaincre de l'exactitude de sa loi. On dit que la joie immense qu'il ressentit de cette découverte, dont son génie lui montrait l'immense portée, le fit tomber dans une sorte d'évanouissement qui le rendit hors d'état de vérifier son calcul. Il fallut qu'un ami se chargeât de ce soin.

C'est l'Astronomie qui a donné la solution précise de ce problème des longitudes, si longtemps et si vainement cherchée par l'antiquité.

On sait que, dans le système adopté pour fixer les positions relatives des divers points à la surface du globe, on divise cette surface en fuseaux par de grands cercles passant par les pôles, et nommés *méridiens* ; ces fuseaux sont ensuite divisés par des cercles perpendiculaires aux premiers et nommés *parallèles*.

La surface du globe est ainsi partagée systématiquement

par un ensemble de lignes auxquelles on peut rapporter tous les points dont on veut définir la position.

Maintenant, il reste à numérer ces méridiens et parallèles, pour ne pas les confondre entre eux et se faire une idée exacte des distances. C'est ici que vont commencer les difficultés.

Pour les parallèles, la nature a indiqué dans l'équateur un point de départ si naturel et si imposé par la nature elle-même, que les opinions n'ont jamais varié à cet égard

Mais, pour les longitudes, il n'en est plus ainsi ; du moins, il faut s'adresser, pour fixer une origine, à des considérations plus délicates et moins évidentes. Cependant, la Géographie peut indiquer la véritable solution.

Or, cette question de savoir quel est le méridien, parmi tous ceux qui enveloppent la Terre, qui doit servir de point de départ dans la numération générale des longitudes, cette question est celle dite du *premier méridien*, question fameuse, reprise bien des fois, jamais résolue définitivement, et que le Congrès de Washington avait la mission de trancher. Du moins, il le pensait ainsi.

C'est ici que nous entrons dans le vif de la question.

Les anciens, qui ont eu des idées justes en toutes choses, avaient parfaitement compris qu'un premier méridien doit être placé à l'origine des terres à mesurer. Marin de Tyr et, après lui, Ptolémée avaient choisi tout naturellement pour point de départ de leurs longitudes l'extrémité du monde qui leur était la mieux connue. Quelle était cette extrémité ? C'étaient des îles que des navigateurs avaient rencontrées au delà des colonnes d'Hercule, dans un climat enchanteur, où les habitants, affranchis de tout travail, vivaient paisibles et heureux, des fruits abondants et spontanés d'une terre prodigue, îles Fortunées, comme on les appelait, et qu'on se plaisait à donner comme demeure dernière (Champs Elysées) aux âmes des héros.

Homère, Hésiode, Pindare, Plutarque nous parlent de ces îles Fortunées, alors regardées comme l'extrême limite des dépendances de l'Afrique vers le couchant, et après, c'étaient les solitudes inconnues de l'Océan.

C'est donc de ces îles que le grand héritier de la géographie des Grecs fait partir sa numération des longitudes. Mais, ici, encore, l'ignorance des anciens en fait de mesures ne permit pas de conserver un point de départ si naturel. La position mal connue des îles Fortunées viciait tout le système, et l'on fut plus tard obligé de revenir sur le continent où les mesures étaient moins incertaines. Après la science grecque vient le moyen âge. L'idée scientifique disparaît ; elle est remplacée par l'idée religieuse ou politique. Les origines des longitudes sont prises partout. On eut des méridiens de capitales, de lieux remarquables ; chacun se fait centre et la confusion devient intolérable.

Il est remarquable que c'est la France qui donne le signal du réveil de l'idée scientifique dans cette question, et c'est à notre grand Richelieu que nous le devons.

Cependant, on se ferait une idée fausse de la réforme de Richelieu, si on la considérait comme amenée par une pure intention de réforme scientifique, et par le seul désir de servir les intérêts généraux. Richelieu est avant tout un esprit politique, et les intérêts politiques dominent ses préoccupations. Mais, en même temps, c'est un génie unificateur et novateur, qui sent le besoin de l'ordre, et qui sert ce besoin par des mesures générales, grandes et élevées, parce que telle est la taille de son esprit.

Quel fut, en effet, le point de départ d'une réforme que la Science, dégagée de tout intérêt personnel, pourrait seule dicter aujourd'hui ? Une querelle jalouse entre nations maritimes, à propos de commerce !

Au commencement du XVII⁰ siècle, la France s'essayait au commerce lointain, et notamment du côté des Indes et de l'Amérique.

Mais la navigation et le trafic de ces contrées étaient alors aux mains des Espagnols et des Portugais, qui s'entendaient peu entre eux à l'égard des riches dépouilles, mais qui s'unissaient cependant à merveille quand il s'agissait d'en interdire à d'autres le partage. De fait, les navires français qui paraissaient dans les mers des Indes orientales ou occidentales étaient poursuivis pas les Espagnols et les Portugais. Richelieu, en attendant qu'il eût rendu la Marine française assez forte pour disputer à ces nations un bien qui, en somme, devait apparte-

nir à tout le monde, voulut créer autour de la France une zone
maritime de protection ; il négocia et obtint qu'en deçà du premier méridien, fixé à cette occasion et au Nord du Tropique du
Cancer, tout navire français, quels que fussent sa provenance
et son chargement, serait à l'abri des poursuites des navires
étrangers. Passé ces limites, c'était la raison du plus fort qui
régnait ; la France était en paix avec l'Espagne et le Portugal
en deçà du méridien et en guerre au delà, singulier état de choses, qui rappelle un peu le mot de Pascal : « Vérité en deçà,
erreur au delà . »

Et cependant, avons-nous bien le droit aujourd'hui même
de trouver si étrange un pareil arrangement ? N'avons-nous pas
usé naguère envers une nation de l'Extrême-Orient du droit
nommé *droit de représailles*, en vertu duquel on peut bloquer
les ports d'une nation, incendier ses arsenaux, détruire ses armées, sans être en guerre déclarée avec elle, et sans cesser les
relations diplomatiques ?

Le but du grand Ministre était évidemment d'assurer un re-
fuge à notre marine, en attendant qu'elle fût en état de lutter
avec les autres, ce à quoi il travailla avec un succès admirable,
car il est de fait qu'avant sa mort notre marine de guerre était
constituée et les bases de la grandeur coloniale qui va suivre
avec Louis XIV et Colbert déjà posées.

Voilà donc la pensée politique. Mais, à propos de cette question du commerce colonial, l'esprit de Richelieu fut tourné un
instant vers la Géographie. Il avait besoin d'une ligne nette de
démarcation non sujette à contestation, et il la trouva dans
l'ancien méridien des Canaries. Il reprend l'idée géographique
de Marin de Tyr et de Ptolémée ; il place son méridien aussi à
l'Ouest que possible dans l'archipel canarien, c'est-à-dire à l'île
de Fer, et les longitudes durent être comptées vers l'Est.

Tous les autres méridiens du continent sont exclus.

Ainsi, et j'insiste sur ce point, tous les caractères d'un méridien universel, tel que la Science pourrait l'instituer aujour-
d'hui, se trouvent dans le méridien de Richelieu.

En effet : 1º il est universel et digne de l'être, parce qu'il ne
personnifie aucune nation, mais que c'est au contraire une idée

purement géographique qui l'a désigné, à savoir la position la plus avancée dans l'Ouest de l'ancien monde.

2º La numération des longitudes est très naturelle. Elle met en accord l'augmentation numérique de la longitude avec·celle de l'heure locale. Elle n'énonce pas de longitude négative, système défectueux à notre avis, quand il s'agit d'une numération universelle de longitudes.

3º Elle place le premier méridien en mer, comme l'ont toujours voulu les géographes. L'institution de Richelieu n'eut qu'un tort, elle devançait trop son époque, non sous le rapport de son utilité, de son urgence même, mais sous celui des moyens de réalisation.

Pour instituer un méridien en un point quelconque, il faut pouvoir rattacher exactement ce point à l'ensemble des points bien connus qu'on lui rapporte. Or, en raison de diverses circonstances, parmi lesquelles figure surtout l'état de guerre qui régnait alors, la longitude de cette île de Fer ne fut connue qu'un siècle après, quand le P. Feuillée, minime, astronome et naturaliste, alla aux Canaries par ordre du roi et de l'Académie, et y fit des observations des occultations des satellites de Jupiter, d'où il conclut la position d'Orotava dans Ténériffe, et par suite, au moyen d'une triangulation, celle de l'île de Fer.

Dans l'intervalle, on avait déjà admis une position conventionnelle pour l'île de Fer. On trouve, en effet, que, dès le commencement du xviiie siècle, notre géographe Delisle plaçait sur ses cartes le méridien de l'île de Fer à 20º juste de Paris. (Ce méridien tombe en mer.)

Ainsi l'idée grande et géographique de Richelieu ne fut pas maintenue dans son intégrité. En fait, c'est Paris qui donne le point de départ.

Delisle fut un très grand géographe ; il accomplit une véritable réforme dans la Science en cherchant toujours à donner pour base à la géographie les déterminations astronomiques.

Delisle et d'Anville placèrent la France, au xviiie siècle, au premier rang en Géographie.

Ajoutons que, pendant que la France avait ainsi une supériorité incontestée en Géographie, elle prenait en même temps

34

l'initiative de la création des méthodes et des plus beaux travaux hydrographiques, ainsi que j'ai eu l'occasion de le rappeler au Congrès.

Enfin, puisque nous parlons des travaux de la France, nous
sera-t-il permis de rappeler l'activité actuelle dans les branches qui nous occupent ? Je n'en dirai qu'un mot en passant.
Mais enfin n'accomplissons-nous pas aujourd'hui même de
grandes choses ?

La création du port de la Rochelle, fondée sur des principes
scientifiques nouveaux et profonds ; la jonction géodésique de
l'Espagne et de l'Afrique ; les grands travaux géodésiques de la
France repris ; la publication de l'Éphéméride astronomique et
nautique le plus complet et le plus parfait qui existe ; cette belle
série de déterminations de longitudes de haute précision, entreprises sous les auspices du Bureau des Longitudes ; ces hautes
théories cosmogoniques qui s'élaborent en ce moment même ;
enfin, et sans sortir du domaine géographique, pouvons-nous
oublier les grandes entreprises du Président de la Société de
Géographie qui affirme partout le génie de la France, et que
l'âge semble épargner dans l'intérêt de notre gloire ? N'y a-t-il
pas là un ensemble qui a sa valeur, et n'était-il pas juste de le
rappeler au moment où chacun fait valoir ses titres ?

Ces explications préliminaires données, nous pouvons maintenant aborder, si vous le voulez bien, l'analyse des travaux
du Congrès de Washington.

L'orateur termina sa conférence en citant le Rapport présenté à l'Académie des Sciences, le 9 mars 1885. Cf p. 5!5.

Revue Scientifique, numéro du 9 mai 1885, p. 577.

Cet exposé a été traduit en anglais et publié sous le titre « The
Universal Meridian », dans *Nature*, vol. XXXII, June 18, 1885,
p. 148,

Le même exposé a été publié dans *l'Annuaire du Bureau des Longitudes*
pour l'an 1886 (p. 835), avec une introduction différente que voici :

Le Bureau des Longitudes a estimé qu'il ne pouvait se dispenser de donner dans son *Annuaire* une analyse des travaux

du Congrès international tenu en Amérique sur la question de l'heure et du méridien universels.

La France est trop directement intéressée dans ces questions, qui touchent à ses intérêts scientifiques et commerciaux, pour qu'il nous soit permis d'ignorer les résolutions prises à l'étranger sur ce sujet.

On peut dire que le besoin d'unification est un besoin de notre époque. Il est sans doute très légitime. Les relations des nations entre elles s'étant multipliées à un degré étonnant par l'application de la vapeur à la Marine et par celle de l'électricité aux transactions commerciales, on sent chaque jour davantage les inconvénients de mesures spéciales à chaque nation, qui nécessitent des traductions continuelles.

La France, qui, dès la fin du siècle dernier, avait pris l'initiative de la création d'un système vraiment international, ne saurait trouver mauvaises des aspirations aussi naturelles et aussi légitimes. Il est seulement une condition qui doit être impérieusement remplie dans ces innovations (et la suite de cette Notice montrera si elle l'a été), c'est que la mesure nouvelle proposée soit pour tous d'un usage pratique, commode, et que cette mesure revête un caractère absolu d'impersonnalité, afin qu'aucune des nations qui la propose ne puisse être soupçonnée d'imposer, par amour-propre ou intérêt, une mesure aux autres nations.

Depuis plusieurs années déjà, la question d'un méridien géographique unique et celle d'une heure qui serait la même pour tout le globe avaient été agitées dans les Congrès géographiques des dernières années ; cependant la question n'était pas sortie du domaine scientifique.

Mais bientôt le Sénat de Hambourg prit l'initiative de demander que la réunion de la Société géodésique internationale, qui devait avoir lieu à Rome en 1883, fût saisie de la question du méridien et de l'heure universels, et qu'elle formulât des propositions à cet égard. Les membres du Congrès furent autorisés par leurs Gouvernements à s'occuper de ces questions, sans avoir reçu cependant de mandat officiel, et des instructions précises sur le sens des résolutions à défendre au sein de l'Assemblée.

34*

C'est dans ces conditions que le Congrès géodésique de Rome formula sur ce sujet une série de propositions. La question parut alors suffisamment élucidée à la plupart des Gouvernements des grands États de l'Europe, pour qu'ils acceptassent le rendez-vous que l'Amérique leur avait proposé à ce sujet. C'est ainsi qu'eut lieu le Congrès international tenu en octobre 1884 à Washington, et ce sont ses travaux et ses résolutions qui forment l'objet principal de cette Notice.

<hr>

III

SPECTRES TELLURIQUES

J'ai l'honneur d'informer l'Académie que l'appareil se rapportant aux études sur les gaz de l'atmosphère terrestre et à la vapeur d'eau, dont j'ai entretenu l'Académie, est actuellement terminé dans les ateliers de M. Ducretet.

Depuis l'année 1862, époque à laquelle j'ai annoncé à l'Académie que j'étais parvenu à résoudre en raies fines les bandes de Brewster et à constater leur présence permanente dans le spectre solaire du lever au coucher de l'astre avec les variations d'intensité qui correspondent aux épaisseurs d'atmosphère traversées, je n'ai guère cessé de m'occuper de ce sujet. Comme je l'ai dit tout d'abord, je m'étais donné la tâche, non seulement de faire la part du phénomène dû à l'atmosphère terrestre dans le spectre solaire, mais encore de rechercher dans le spectre tellurique l'influence de chacun des éléments gazeux qui se trouvent dans l'atmosphère (1).

Ce programme n'a été rempli qu'en partie par la découverte du spectre de la vapeur d'eau en 1866, et par les études sur la variation d'intensité des raies telluriques avec le degré hygrométrique de l'atmosphère, études qui montrent que la vapeur d'eau n'est pas le seul élément qui intervient dans le phéno-

____

(1) Dans cette première note, j'exprimais l'intention d'étudier notamment les spectres de l'azote et de l'oxygène.

mène ; ce programme, dis-je, a été souvent interrompu dans sa
réalisation par les missions dont l'Académie m'a fait l'honneur
de me charger, mais j'ai toujours témoigné dans mes communications que j'avais l'intention de le poursuivre complètement, et c'est dans ce sens que, avant de partir pour l'île Caroline, en 1883, j'entretenais l'Académie de ce sujet.

Aujourd'hui, l'appareil principal vient d'être terminé, et j'espère avant peu entretenir l'Académie de la suite de ces études.

C. R. Acad. Sc., Séance du 13 juillet 1885, T. 101, p. 111.

IV

ANALYSE SPECTRALE
DES ÉLÉMENTS DE L'ATMOSPHÈRE TERRESTRE

Je viens rendre compte à l'Académie de la reprise de mes
études sur les éléments gazeux de l'atmosphère terrestre.

L'étude des propriétés spectrales des gaz et des vapeurs qui
constituent l'atmosphère terrestre est une des plus importantes de la Physique astronomique. Elle constitue une des bases
principales sur lesquelles la Science s'appuie pour asseoir ses
déductions sur la composition des atmosphères planétaires et
stellaires.

Cependant nos connaissances sur les spectres d'absorption des
gaz sont encore peu avancées, même pour les plus importants.
La cause en réside dans les difficultés toutes particulières de ces
études. Il faut monter des tubes de longueur considérable, résistant à de hautes pressions et donnant passage à des faisceaux
lumineux de grande intensité.

Pour aborder un travail de ce genre, l'Observatoire de Meudon offre des ressources toutes spéciales. Nous possédons des
locaux qui permettent d'installer, dans une même salle, une
ligne d'expériences de 120 mètres de long, et nous avons, en
outre, des facilités spéciales pour l'emploi de la lumière solaire,

électrique, etc.. J'ai donc pensé que l'étude de ces questions, si importantes pour l'Astronomie physique, nous incombait naturellement, et c'est une des principales raisons qui m'ont conduit à la reprendre.

Nous avons actuellement installé quatre tubes, dont un de 60 mètres de longueur. L'hydrogène, l'air atmosphérique, l'oxygène sont en expérience. Pour l'hydrogène, nous avons déjà pu nous convaincre qu'il faudra recourir à des épaisseurs énormes de ce gaz pour obtenir son spectre d'absorption. L'oxygène est étudié dans des tubes de 20 mètres et de 60 mètres de longueur, pouvant supporter de hautes pressions. Quand, dans le tube de 60 mètres, on part des basses pressions pour s'élever peu à peu, on constate, comme d'habitude, l'apparition successive de raies, ou faisceaux de plus en plus nombreux. Ce sont d'abord les raies et faisceaux du rouge que M. Egoroff, qui les a reconnus le premier, considère comme étant les raies A et B du spectre solaire. Mais, en élevant la pression, nous avons déjà obtenu une pression de 27 atmosphères et, surtout en augmentant considérablement par des dispositions spéciales le pouvoir lumineux de notre source, nous avons pu constater des phénomènes d'absorption au delà de A. Entre A et B, B et C, il paraît exister des raies qui ont besoin d'une pression encore supérieure pour être sûrement constatées. Enfin, nous avons vu apparaître, avec les fortes pressions, trois bandes obscures : une dans le rouge, près de α ; une dans le jaune-vert, près de D ; une dans le bleu. Le spectre solaire ne présente pas de bandes semblables : il serait donc difficile d'attribuer à l'oxygène, dans l'état où il existe dans l'atmosphère terrestre, l'existence de ces bandes. Nous aurons à revenir sur l'origine du phénomène. Cette Communication n'a d'ailleurs pour but que de faire connaître à l'Académie les premiers résultats obtenus.

Je ne veux pas terminer sans dire combien j'ai été secondé dans ces études, avec zèle et capacité, par M. Stanoïevitch, attaché en ce moment à l'Observatoire comme élève serbe.

C. R. Acad. Sc., Séance du 5 octobre 1885, T. 101, p. 649.

V

LA PRESSE ET LES ENTREPRISES GÉOGRAPHIQUES ET COLONIALES

*Allocution prononcée au Banquet de la Société de Géographie,
le 19 décembre 1885.*

MESSIEURS,

Après les toasts si bien motivés qui viennent d'être portés
au Président de la République, au grand Français qui nous
préside, aux Sociétés de géographie nos sœurs, à nos chers et
glorieux voyageurs, il en est un qu'il y aurait ingratitude à oublier. Je veux parler du toast à la grande coopératrice de toutes
les entreprises moderne, à la Presse, Messieurs.

Dans les expéditions géographiques, son rôle a déjà été carac-
térisé bien des fois dans nos banquets, aussi n'ai-je pas à revenir sur ce qui a été si bien et si justement dit à cet égard. Mais,
Messieurs, il va se résoudre en ce moment même une question
si grave, si importante pour notre tenue morale et nos intérêts
d'avenir, que je voudrais saisir l'occasion de ce toast pour appeler sur cette question toute l'attention patriotique de la Presse
française.

Vous savez, Messieurs, combien notre Société de Géographie montre de sollicitude pour tous les voyageurs ; combien
elle les suit avec sympathie, anxiété, admiration : combien elle
est heureuse de leurs succès. C'est qu'il s'agit ici d'une œuvre
scientifique, c'est-à-dire qui intéresse l'humanité tout entière.
Mais, cette belle part faite, la Société ne peut pas oublier qu'elle
est française et que tous les intérêts français la doivent préoccuper. Or, parmi ces intérêts, ceux de nos entreprises coloniales
tiennent le premier rang : c'est qu'ils intéressent à la fois notre
renommée, nos intérêts, notre avenir.

Messieurs, on répète trop légèrement que la France n'a pas
le génie colonial et d'expansion. Vous, Messieurs, dont les rangs

représentent de si hautes lumières géographiques et économiques, une connaissance si complète des nations et de leur histoire, vous savez ce que vaut cette affirmation qui pourrait viser tout au plus la courte période de notre révolution et de nos guerres continentales. Mais la France ne date pas de la fin du siècle dernier et le peuple qui a fondé les colonies du Canada, de la Louisiane, des Antilles, de Bourbon, de l'Ile de France, de l'Inde et qui a jeté de si vigoureux rameaux en Californie, dans l'Amérique du Sud, en Afrique, a sa belle part dans l'œuvre civilisatrice des nations.

Il y a plus, Messieurs, non seulement nous avons su coloniser, mais nous avons su donner à la colonisation son expression la plus haute et la plus parfaite. J'en trouve la preuve dans les souvenirs que nous avons laissés dans nos anciennes colonies, où l'amour de la France a survécu à nos abandons et aux fautes de notre politique. Je ne vous parlerai pas du Canada et de la Louisiane. Tout le monde connait les sentiments qui animent ces sympathiques populations restées si françaises de cœur. Mais, dans l'Inde même, où nous n'avons fait, en quelque sorte, que poser le pied, nous trouvons les mêmes sentiments. Messieurs, j'ai visité ces belles et mystérieuses contrées, et bien souvent j'ai été étonné et ému des souvenirs de la France que j'y rencontrais. Pourquoi cette belle terre n'est-elle pas française ? Hélas ! vous le savez. Ce n'est pas la faute des hommes héroïques que nous y avions envoyés. A leur tête était le grand, l'admirable Dupleix, génie politique de premier ordre, auquel nous allons élever une trop tardive statue. Dupleix avait trouvé la formule qui devait nous livrer les Indes et faire de nous des dominateurs bienfaisants et acceptés. Mais, par une défaillance gouvernementale qui fut un crime de lèse-patrie, nous nous sommes dérobés. Nos avisés successeurs n'eurent qu'à appliquer les idées de Dupleix pour accomplir la grande œuvre de civilisation que le monde admire aujourd'hui.

Eh bien, Messieurs, par un retour inespéré de la fortune, une occasion, moins magnifique sans doute que la première, mais belle encore, se présente à nous. Et, circonstance frappante, la situation est tout à fait analogue à ce qu'elle fut au siècle der-

nier, sinon que nos sacrifices ont été cette fois infiniment plus
considérables et notre prise de possession encore plus solennelle.
Serons-nous maintenant instruits par le passé, ou bien la nation majeure aujourd'hui, pleinement responsable de ses actes
va-t-elle renouveler la faute commise au temps passé par l'un
de ses plus tristes monarques ?

Sachons-le bien, Messieurs, une nation ne commettrait pas
deux fois inopinément une aussi lourde faute. Qui peut dire de
quel poids a pesé sur la monarchie sa défaillance dans cette
grande affaire des Indes ? Qui pourrait prévoir également pour
l'avenir les conséquences d'un acte analogue accompli aujour-
d'hui ? Certes, Messieurs, je ne suspecte aucune intention. Tous
les Français ne cherchent ici que l'intérêt de la France ; mais,
dans une conjoncture aussi grave, je crois que les hommes qui
ont acquis par de longues études et de grands voyages des lumières spéciales sur ces questions ont le devoir d'élever la voix.
Quant à moi, parlant au nom d'une société scientifique, j'aurais voulu rester dans le calme domaine de la science ; mais mon
patriotisme me crie qu'il faut parler. Et puisque je dois m'adresser à la Presse, disons-lui combien nous souhaitons de la convaincre. Ah ! qu'elle en croie nos lumières, qu'elle élève la voix
et que cette grande voix, retentissant jusque dans les conseils
de la nation, y pèse d'un poids décisif. L'histoire dira qu'elle a
bien mérité de la patrie.

Je bois donc à la Presse, à cette Presse, auxiliaire puissante
de la science, et servante éclairée et passionnée des intérêts et
de la grandeur de la France !

Revue Scientifique, numéro du 26 décembre 1885, p. 808.

1876. Fig. 1. Pyramide élevée en 1874 à Nagasaki par Janssen en souvenir
du séjour de la mission française du passage de Vénus.

1876. Fig. 2. Monument Commémoratif élevé en 1874 à Kobé
par le gouverneur de la Province en souvenir
de la mission française du passage de Vénus.

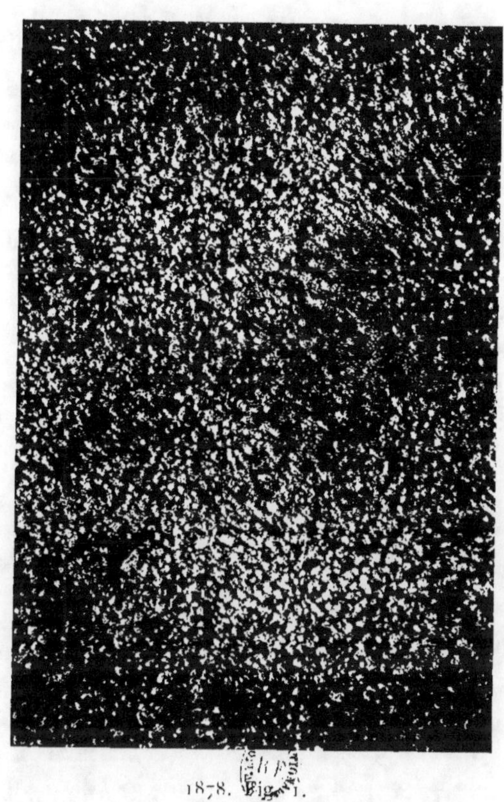

1878. Fig. 1.
Observatoire de Meudon.
Surface solaire, 10 octobre 1877, 9^{h}36^m (diamètre du disque, 0^m,92).
Épreuve photoglyptique
obtenue sans aucune intervention de la main humaine.

1879. — Observatoire de Meudon.

Surface solaire 1er juin 1878.

Passages d'une même région de la surface de l'astre, prises à 50m d'intervalle et montrant les transformations rapides du réseau et de la granulation photosphériques.

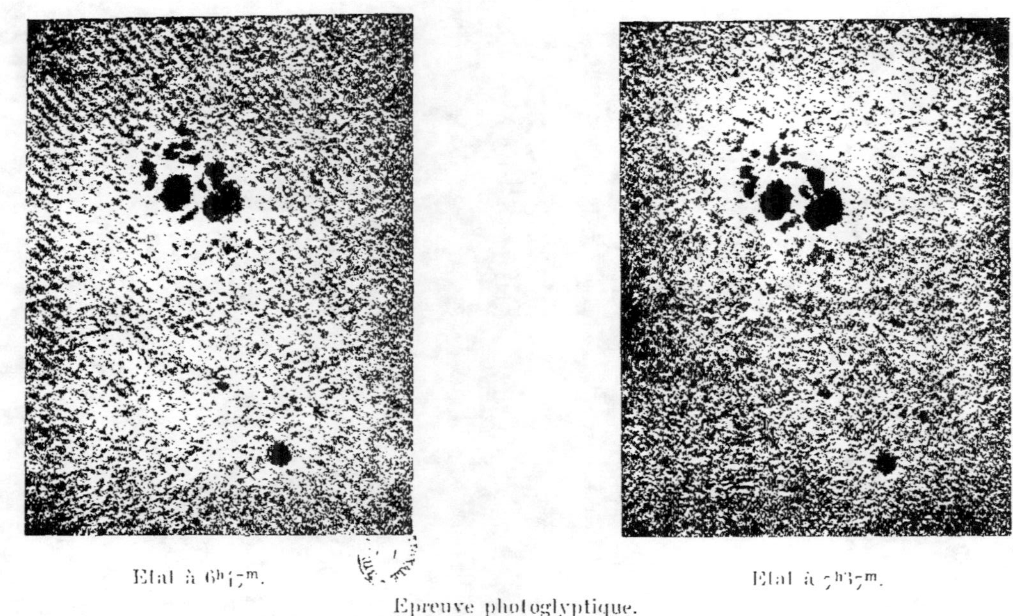

Etat à 6h 17m.

Etat à 7h 37m.

Epreuve photoglyptique.

1882. Fig. 1.
Photographie de la Comète β 1881.

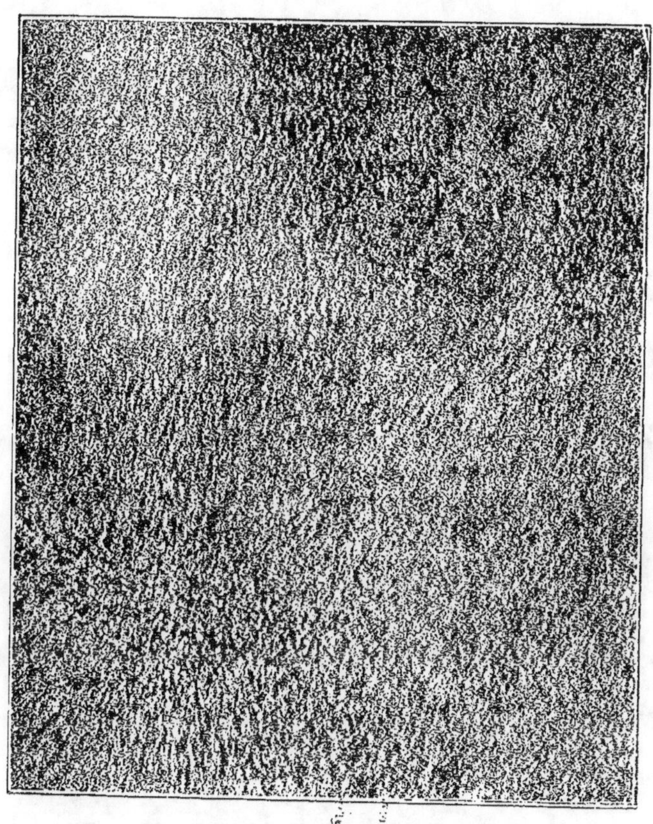

1883. Fig. 45.

Photographie directe de la surface du Soleil. Vagues lumineuses et courants.

Figure extraite de la *Revue d'Astronomie*.

1885. — Fig. 2.

Photographie directe de la lumière cendrée de la Lune.

Figure extraite de la *Revue d'Astronomie*.

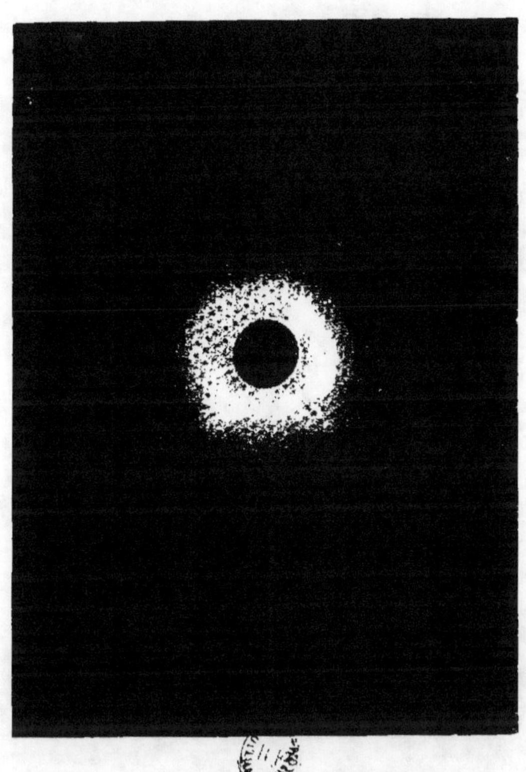

1883. Fig. 3.
Photographie de la couronne de l'éclipse totale du 6 mai 1883.

Cette photographie n'a subi ni retouche ni agrandissement.
L'instrument qui l'a donnée était monté parallactiquement et portait un
objectif de 8 pouces ($0^m,21$ et de $1^m,20$ de foyer).
L'action lumineuse a été prolongée pendant toute la durée de la totalité
(environ 5 minutes).
La figure donne le phénomène comme il se présentait à Caroline à un observateur le regardant à l'œil nu, l'Orient à droite, l'Occident à gauche.

OCCIDENT. ORIENT.

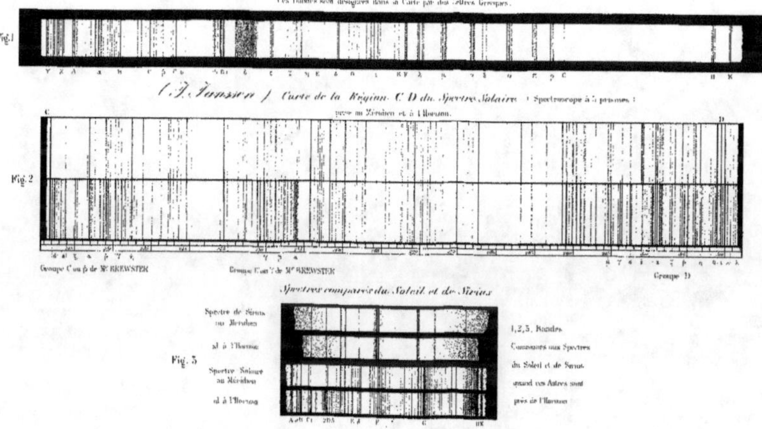

Reproduction de la Carte de M. M. Brewster et Gladstone présentant les bandes atmosphériques quand le Soleil est près de l'horizon.
Ces Bandes sont désignées dans la Carte par des Lettres Grecques.
Fig.1
(J. Janssen) Carte de la Région C D du Spectre Solaire (Spectroscope à 5 prismes)
prise au Zénith et à l'horizon.
Fig.2
Groupe C ou β de Mr BREWSTER
Groupe C ou γ de Mr BREWSTER
Groupe D
Spectres comparés du Soleil et de Sirius
Fig. 3
Spectre de Sirius au Méridien
et à l'horizon
Spectre Solaire au Méridien
et à l'horizon
1,2,3. Bandes
Communes aux Spectres
du Soleil et de Sirius
quand ces Astres sont
près de l'horizon

Croquis d'une Carte Spectrale
présentant la distinction des raies telluriques et solaires
proprement dites par les régions Rouge Orangée, Jaune et Verte
du Spectre Solaire par J. JANSSEN.

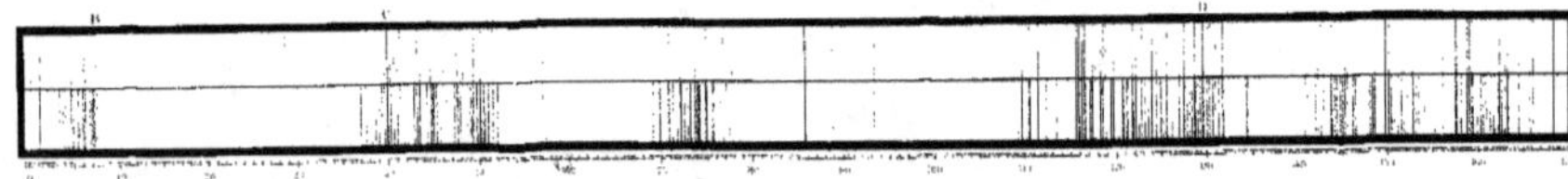

Légende

La Carte supérieure présente le Spectre observé vers le passage du Soleil au Méridien et la Carte inférieure dans ce Spectre au coucher de cet astre ; les raies telluriques s'accusent par la différence de leur intensité dans les deux spectres.

Les raies solaires proprement dites sont au contraire de même intensité; les parties noires dans la Carte inférieure indiquent des groupes non encore résolubles en raies distinctes.
B C D, raies désignées par FRAUNHOFER.

TABLE DES MATIÈRES

1870

1871

1872

1876

1877

1878

1884

1885

ORLÉANS. — IMP. H. TESSIER. — 7-1929.

www.ingramcontent.com/pod-product-compliance
Lightning Source LLC
LaVergne TN
LVHW020936050726
842519LV00001B/56